D1691510

Herbert Schlenker

Die Fachkunde
der Bauklempnerei

mit 63 Skizzenseiten, 33 Skizzen im Text und 66 Abbildungen.

3., überarbeitete Auflage 1983.

GENTNER VERLAG · STUTTGART

Alle Rechte, insbesondere die des auszugsweisen Nachdrucks,
der fotomechanischen Wiedergabe
und der Übersetzung in andere Sprachen, vorbehalten.
Copyright by Gentner Verlag Stuttgart.
Printed in Germany.
Satz und Druck: Vereinigte Buchdruckereien
A. Sandmaier & Sohn, Bad Buchau
Einband: Großbuchbinderei Moser, Weingarten
ISBN Nr. 3 87247 299 2.

CIP-Kurztitelaufnahme der Deutschen Bibliothek

Schlenker, Herbert:
Die Fachkunde der Bauklempnerei
Herbert Schlenker,
3., überarbeitete Auflage
Stuttgart: Gentner, 1983.
ISBN 3-87247-299-2

Inhalt

I. Teil: Allgemeine Bauklempnerei

Vorwort	5
Dachrinnen, Allgemeines	8
Dehnungsmöglichkeiten für Dachrinnen	10
Halbrunde Dachrinnen	12
Profilrinnen, Gesimsrinnen, Kastenrinnen	14
Shedrinnen, Kehlrinnen	16
Traufbleche	18
Regenfallrohre, Regenablaufrohre	20
Regenfallrohre, Rinnenanschlüsse	22
Dachwasserabläufe	24
Rinnenheizungen	24
Kehlbleche	26
Eckbleche, Firstbleche	28
Seitenbleche	30
Noggen	32
Ortgangbleche	34
Dachrandabschlüsse mit System-Bauteilen	36
Dehnungsausgleicher	38
Gesimsabdeckungen	42
Mauerabdeckungen	44
Abdeckung von Gebäude-Dehnungsfugen	44
Brustbleche, Fensterbankabdeckungen	46
Dachgaupen	48
Dachspitzen, Wetterfahnen	50
Verwahrungen	52
Schornsteinverwahrungen	54

II. Teil: Metalldächer

Allgemeines	59
Beanspruchungen, Unterkonstruktion	60
Unterkonstruktion, Kondenswasser	62

I. Falzdächer

Material	65
Begriffe	66
Werkzeuge	68
Traufenanschlüsse	70
Firstanschlüsse	72
Modellanfertigung	
Übergang Längsfalz-Querfalz	74
Mauerecke	74
Maueranschlußfalz	76
Firstanschluß	78
Obere Schornsteinecke	78
Untere Schornsteinecke	80

Wandanschlüsse 82
Kehlen und Grate 84
Schornsteinanschlüsse 88
Eindeckmöglichkeiten 98
Eindeckungszeiten 102
Berechnung der Einfalzverluste 104
Berechnung des Materialaufwands 104
Projektbearbeitung 105

II. Leistendächer

Allgemeines 109
Systeme 109
Dehnungsmöglichkeiten 112
Leistenanschlüsse 114
Kehlen 116
Firste und Grate 116
Schornsteine und ähnliche Anschlüsse 116
Sondersysteme 118
Berechnung der Eindeckverluste 120
Berechnung des Materialaufwands 120
Projektbearbeitung 120

Dachdeckungen mit Profilblechen

Allgemeines 123
Wellbleche 126
Wellblechanschlüsse 128
Stahldachpfannen 130
Stahldachpfannen-Anschlüsse 132
Wandverkleidungen 134
Wandverkleidungen, Anschlüsse 136

Anhang

DIN 18 339 VOB Teil C, Allgemeine technische Vorschriften für
      Bauleistungen, Klempnerarbeiten 138
DIN 18 460 Regenfalleitungen außerhalb von Gebäuden und Dachrinnen,
      Begriffe, Bemessungsgrundlagen 149
DIN 18 461 Hängedachrinnen, Regenfallrohre außerhalb von Gebäuden
      und Zubehörteile aus Metall 152
Arbeitssicherheit, Unfallverhütung 163
Gebietseinteilung und Anschriften der Bau-Berufsgenossenschaften 169
Gesetz-Auszüge 170
Beiträge der Beratungsstellen zu den Werkstoffen:
      Aluminium-Zentrale e.V. 171
      Deutsches Kupfer-Institut 174
      Deutscher Verzinkerei Verband e.V. 176
      Informationsstelle Edelstahl-Rostfrei 178
      Zinkberatung e.V. 184
Anschriften der Beratungsstellen 187
Wichtige Veröffentlichungen der Beratungsstellen 188
Konstruktionsskizzen von Dehnungsausgleichern
      für Traufbleche 189
      für Ortgangbleche 190
      für Maueranschlüsse 191
Tabellen 192
Fachfragen über alle Kapitel, Teil 1 193
Fachfragen über alle Kapitel, Teil 2 197

Vorwort

Die gute Aufnahme, die das Buch meines verstorbenen Mannes in Fachkreisen und Schulen fand, der vielfach geäußerte Wunsch, es weiterhin auch dort einzusetzen, machten eine aktualisierte Neuauflage notwendig. Mein Mann hatte bereits intensiv mit der Überarbeitung begonnen. Das nun vorliegende Buch ist, auch unter Berücksichtigung der neuen DIN-Vorschriften, auf den neuesten Stand gebracht.

Dabei, und das war ein ganz persönliches und wichtiges Anliegen, sollte der Charakter und Stil des Buches in seiner vertrauten Form erhalten und gewahrt bleiben.

Mein ganz besonderer Dank gilt daher Herrn Klaus Zeller, der nicht nur die Nachfolge meines Mannes in der Heinrich-Meidinger-Schule, Bundesfachschule für Sanitär- und Heizungstechnik in Karlsruhe, antrat, sondern auch die fachliche Koordination der Neuauflage übernahm.

Vielseitige Hilfe wurde uns auch aus Kreisen der Fachlehrer, des Handwerks, der Verbände und der Industrie zuteil. Bereitwillig vermittelte man uns neue Erkenntnisse und stellte technische Daten und Bildmaterial zur Verfügung.

Allen Freunden und Mitarbeitern sei herzlich gedankt, sie alle machten ein Neuerscheinen erst möglich.

So hoffe ich, daß in Werkstätten und Schulen, bei Beratungen und auf dem Bau wieder ein Buch zur Verfügung steht, das ganz im Sinne meines Mannes – Herbert Schlenker – dem Handwerker und dem Handwerk dient.

Karlsruhe, im Januar 1983　　　　　　　　　　　　　　　　　　　　　　　　Margret Schlenker

I. Teil:
Allgemeine Bauklempnerei

Dachrinnen, Allgemeines

Für die Herstellung von Dachrinnen gelten die Bestimmungen der DIN 18 460, 18 461 und 18 339 – Allgemeine Technische Vorschriften.

Für die Bestimmung der Rinnengröße galt die Faustregel: „Pro m² Dachgrundfläche (Einzugsfläche) wählt man 1 cm² Rinnenquerschnitt".

Im DIN-Blatt 18 460 hat man die Bemessungsgrundlagen auf die mitgeltende Norm DIN 1986, Teil 2 – Entwässerungsanlagen für Gebäude und Grundstücke, Bestimmungen für die Ermittlung der lichten Weiten für Rohrleitungen – umgestellt.

Es werden die lichten Querschnittsflächen der wasserführenden Regenfalleitungen bestimmt, die Dachrinnen werden den Rohren zugeordnet.

Bemessung der Regenfalleitung

Die Bemessung erfolgt mit der Einzugsfläche, der örtlichen Regenspende und einem Abflußbeiwert.

Wegen der erhöhten Verschmutzungsgefahr von Dachrinnen werden Regenfalleitungen für eine Regenspende von mindestens 300 l/s · ha bemessen. Sind örtlich höhere Niederschlagsmengen zu erwarten (z. B. Karlsruhe bis 532 l/s · ha, München 416 l/s · ha), so ist mit diesen Werten zu rechnen.

Mit der Dachgrundfläche („A" in ha $\hat{=}$ m²/10 000), der Regenspende („r" in l/s · ha) und dem Abflußbeiwert („ψ") wird der Regenwasserabfluß („Q_r" in l/s) errechnet:

$$Q_r = A \cdot r \cdot \psi \text{ in l/s}$$

Mit dem errechneten Regenwasserabfluß kann in der Tabelle die Größe der Regenfalleitung abgelesen werden. (Tabelle 1 DIN 18 460, Anhang Seite 150.)

Bei der Bemessung der Falleitung nach dieser Tabelle ist Voraussetzung, daß trichterförmige Einlaufstutzen verwendet werden.

Berechnungsbeispiel 1

(bei einer örtlichen Regenspende $r \leq 300$ l/s · ha)

Regenspende:	r	$= 300$ l/s · ha
Dachgrundfläche 12,5 m × 17,5 m:	A	$= 220$ m²
Abflußbeiwert: (Dach $\geq 15°$)	ψ	$= 1,0$
Regenwasserabfluß:	Q_r	$= \dfrac{220}{10\,000} \cdot 300 \cdot 1,0$
	Q_r	$= 6,6$ l/s

Nach Tabelle gewähltes Rohr für $Q_r \leq 7,3$ l/s: 1 Regenfalleitung mit Nennmaß 120 mm, oder wahlweise 2 Regenfalleitungen mit Nennmaß 100 mm

Berechnungsbeispiel 2

Bei einer örtlichen Regenspende von 532 l/s · ha (z. B. in Karlsruhe):

Dachgrundfläche 12,5 × 17,5 m:	A	$= 220$ m²
Abflußbeiwert (Dach $< 15°$)	ψ	$= 0,8$
	Q_r	$\dfrac{220}{10\,000} \cdot 532 \cdot 0,8$
	Q_r	$= 9,36$ l/s

Nach Tabelle gewähltes Rohr für $Q_r \leq 13,3$ l/s: 1 Regenfalleitung mit Nennmaß 150 mm, oder wahlweise 2 Regenfalleitungen mit Nennmaß 120 mm, oder wahlweise 3 Regenfalleitungen mit Nennmaß 100 mm

Zu beachten ist, daß die Dachgrundfläche als Einzugsfläche für die Berechnung der Regenfalleitung angesetzt wird ⓐ. Dabei ist die Lage der Ablaufpunkte maßgebend, ebenso wie die Anzahl der Regenfalleitungen.

Bei zwei Falleitungen an den Rinnenenden wird nur die Hälfte der Dachgrundfläche zur Größenbestimmung der Regenfalleitung und damit der Dachrinne eingesetzt ⓑ.

Dagegen ergibt sich bei Anordnung der Abflüsse in der Mitte ⓒ und ⓓ die Größe der Falleitung und damit der Rinne aus der gesamten Dachgrundfläche, obwohl die Dachrinne nur einen Teil der Regenspende fassen muß.

Bei Dachflächen mit vielen Abflußrohren ist für die Rinnengröße die größte Einzugsfläche des Daches maßgebend.

Zuordnung der Rinne

Der ermittelten Regenfalleitung wird nun eine Rinne nach der Tabelle 1 der DIN 18 460 zugeordnet. Entspricht die gewählte Rinne der DIN 18 461, so kann das Nennmaß sofort abgelesen werden. Bei selbst angefertigten Rinnen muß der Rinnenquerschnitt mindestens den Werten der Tabelle entsprechen.

Im Berechnungsbeispiel 1

Bei einer Regenfalleitung (120 mm):

Gewählte Dachrinne Nennmaß (Zuschnitt) nach DIN 18 461	400 mm
oder angefertigte Rinne Querschnitt	≥ 140 cm²

Bei zwei Regenfalleitungen (100 mm):

Gewählte Dachrinne Nennmaß (Zuschnitt) nach DIN 18 461	333 mm
oder angefertigte Rinne Querschnitt	≥ 90 cm²

Im Berechnungsbeispiel 2

Bei einer Regenfalleitung (150 mm):

Gewählte Dachrinne Nennmaß (Zuschnitt) nach DIN 18 461	500 mm
oder angefertigte Rinne Querschnitt	≥ 240 cm²

Bei zwei Regenfalleitungen (120 mm)

Gewählte Dachrinne Nennmaß	400 mm

Bei drei Regenfalleitungen (100 mm)

Gewählte Dachrinne Nennmaß	333 mm

Zwischen vorgehängten und innenliegenden Rinnen wird bei der Berechnung kein Unterschied gemacht. Wegen des höheren Risikos innenliegender Rinnen wählt man diese im Zweifelsfall größer. Auch sollte zur Sicherheit bei einer Verstopfung jede innenliegende Dachrinne mindestens zwei Regenfalleitungen erhalten, von denen jede die ganze Regenspende faßt.

Konstruktion der halbrunden Hängedachrinne

Zur Benennung der Rinnenteile im Skizzenblatt ist nichts hinzuzufügen. Wichtig ist, daß bei jeder Dachrinne die Hinterkante höher liegt als die Vorderkante. Diese Überhöhung ist je nach Rinnengröße unterschiedlich und in den Tabellen 1 bzw. 4 der DIN 18 461 (Seite 153/155) festgelegt.

Als Querschnitt bei der halbrunden Rinne rechnen wir nur die Fläche des Halbkreises. So haben wir eine kleine Reserve zur Verfügung, die bei Verschmutzung der Rinne oft gebraucht wird. Die Berechnung des Rinnendurchmessers soll beherrscht werden. Der Durchmesser ist nämlich nicht so groß, wie er an irgendeinem Rinnenhalter gemessen wird; er entspricht auch nicht genau der Richtgröße. Der Durchmesser kann, je nach Ausführung der Rinne, verschieden sein.

Bei der halbrunden Dachrinne ist der Durchmesser abhängig vom Zuschnitt, dem Wulstdurchmesser, der Überhöhung und der hinteren Einkantung. Weiter ist zu beachten, daß beim Wulsten mit einem 18-mm-Stab ein Rinnenwulst mit 20 mm Durchmesser entsteht.

Wir ziehen von der Abwicklung (im Beispiel 333 mm) alle Strecken ab, die außerhalb des Halbkreises liegen. Das sind der Wulstumfang (63 mm), die hintere Einkantung (8 mm), die Überhöhung (10 mm) und nochmals ein halber Wulstdurchmesser (10 mm). Die letzte Angabe darf man nicht vergessen, denn der Wulstkreis und der Rinnenhalbkreis liegen mit ihren Einsatzpunkten auf einer Linie.

Die so gefundene Halbkreislänge (242 mm) wird nun verdoppelt und durch 3,14 geteilt. Das Ergebnis ist der Rinnendurchmesser. Es darf nun nicht schwerfallen, mit den gegebenen Maßen einen Rinnenboden zu konstruieren. Für gelötete Rinnenböden gibt man eine Bördelbreite zu, für solche zum Auffalzen zwei Falzbreiten. Die Oberkante des Bodens soll mindestens 15 mm auf die Rinne abgebogen werden, sie erhält zusätzlich einen Umschlag zur Versteifung. Auf beiden Seiten der Einkantung brauchen wir eine Zugabe, damit beim Löten eine Haftfläche bleibt.

$$D = \frac{(333-63-10-10-8) \cdot 2}{3{,}14}$$

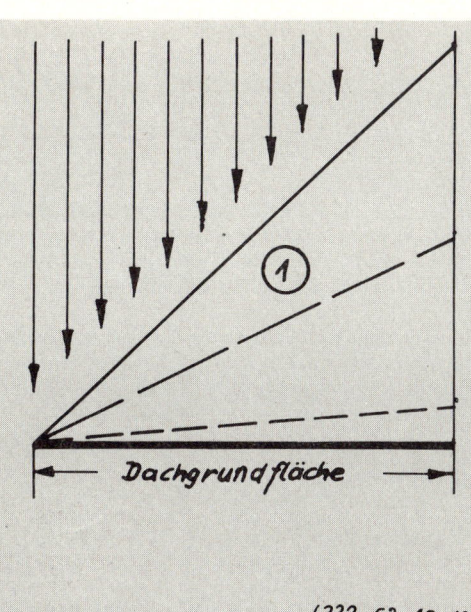

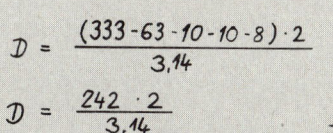

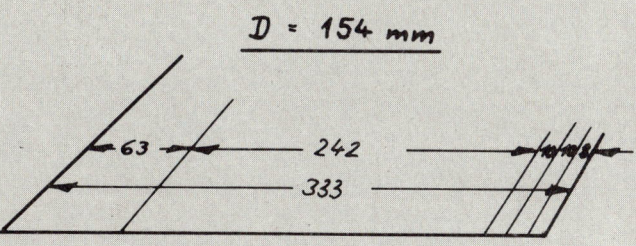

$$D = \frac{242 \cdot 2}{3{,}14}$$

$$D = 154 \text{ mm}$$

Berechnung des Rinnendurchmessers

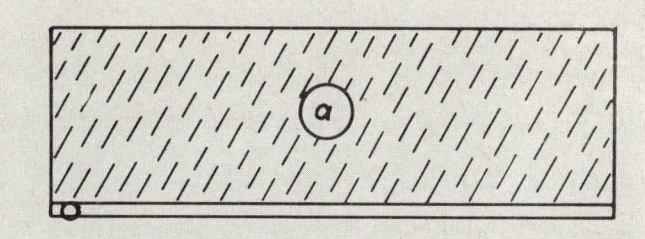

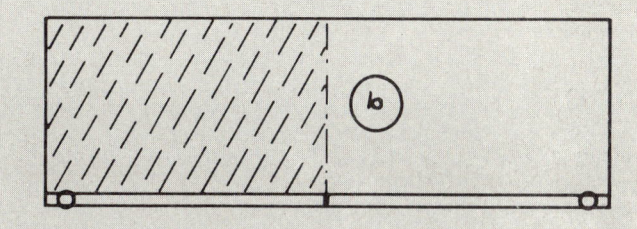

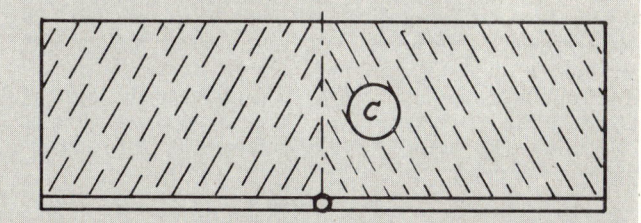

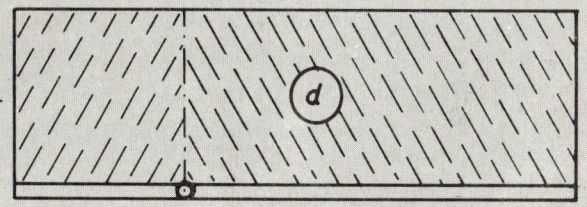

Anzahl und Lage der Ablaufpunkte

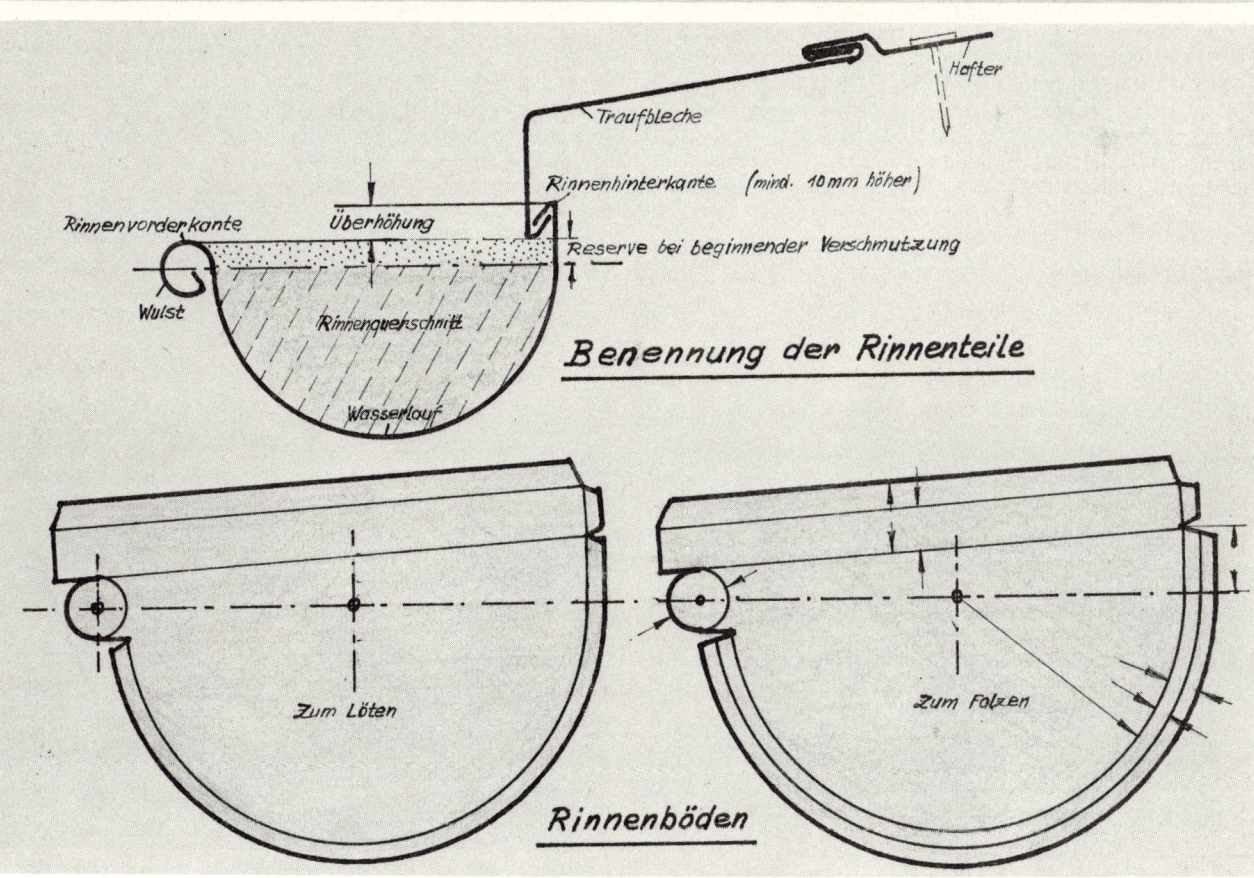

Benennung der Rinnenteile

Hafter
Traufbleche
Rinnenhinterkante (mind. 10 mm höher)
Überhöhung
Reserve bei beginnender Verschmutzung
Rinnenvorderkante
Wulst
Rinnenquerschnitt
Wasserlauf

Zum Löten

Zum Falzen

Rinnenböden

Dehnungsmöglichkeiten für Dachrinnen

Der weitaus größte Teil aller Schäden, die an Dachrinnen auftreten und zum Teil auf dem Klageweg durch einen Sachverständigen festgestellt wurden, sind auf die Nichtbeachtung der Dehnung zurückzuführen.

Die Beachtung dieser Tatsache könnte in der weiteren Zukunft vielen Ärger für den Bauherren und für den Klempner ersparen. Aus diesem Grunde wird sich die „Dilatation", wie es im internationalen Sprachverkehr heißt, wie ein roter Faden durch dieses Buch ziehen.

Jeder Werkstoff dehnt sich bei einer Temperaturerhöhung aus und zieht sich beim Kälterwerden zusammen. Die genauen Werte für die Metalle und andere Werkstoffe sind sehr verschieden. Sie sind im „Ausdehnungskoeffizienten" festgelegt.

Diese Zahl nennt die Ausdehnung in Metern bei einem Prüfstab von einem Meter Länge und dem Temperaturunterschied von einem Grad Celsius.

Diese Zahl ist sehr klein und ist z. B. für Kupfer 0,000017.

Umgerechnet aber auf eine Dachrinne von 20 m Länge und 100 Grad Temperaturunterschied ergibt sich eine Längenänderung von 34 mm!

Es dehnen sich bei einer Prüflänge von 1 m und einem Temperaturunterschied von 100 °K. (Diese Temperaturdifferenz ist nach DIN 18 339 Abschnitt 3.1.7 bei Berechnung der Dehnung zugrundezulegen):

Aluminium	2,4 mm	Walzblei	2,9 mm
Kupfer	1,7 mm	Zink	2,9 mm
Stahlblech, verzinkt	1,2 mm	Titanzink	2,2 mm
Edelstahl-Rostfrei	1,6 mm	Kunststoff PVC	8,0 mm

Jede Dachrinne arbeitet zwischen Tag und Nacht. Durch auftretende Reibungswiderstände und Haftkräfte wirkt sich die Dehnung nicht in der vollen Länge aus.

Ein Millimeter Dehnung auf einen Meter Länge genügt, um eine Rinne sichtbar zu deformieren. In kurzer Zeit sind Rinnenwinkel eingerissen. Bei größeren Längen wurden durch die Dehnungskraft bei verzinktem Stahlblech schon Nietnähte abgeschert. Es ist also kein Metall sicher.

Andererseits ist es möglich, jeder Dachrinne und jedem Material eine entsprechende Dehnungsmöglichkeit zu schaffen. Schon bei der Montage müssen wir darauf achten, daß im Rinnenhalter eine Bewegungsmöglichkeit gegeben ist. Die Rinne soll im Halter nur ruhen und nicht festgeklemmt sein. Darum wird man auch nicht den Träger in den Wulst stecken, da nach dem Schließen der Feder kaum noch eine Bewegung möglich ist.

Zwischen zwei Mauern ist entsprechend der Jahreszeit genügend Platz zu lassen. Dabei ist die Rinnenlänge zu beachten. Im Sommer verlegte Rinnen können weniger Spiel haben, bei Kälte ist reichlich Platz zu belassen.

Die Schiebenaht ist in der Zwischenzeit so bekanntgeworden, daß sie auch schon den Lehrlingen ein Begriff ist. Die Teile dazu können in der Werkstatt serienweise hergestellt werden. Die Dachrinne wird beim Einbau einer Schiebenaht nur gesteckt. Die Böden werden – ohne die Zugaben für Bördel und Einkantung – nur als Halbkreis zugeschnitten. Dadurch sitzt die Abdeckkappe um eine halbe Wulstbreite tiefer als die Rinnenvorderkante. Die Anbringung eines Abweisers erübrigt sich dadurch. Der Kappe selbst gibt man am Scheitelpunkt ein leichtes Gefälle nach links und rechts.

Sehr wichtig ist, daß die Abdeckkappe mit viel Luft um die Einkantungen herumgebogen wird. Wäre sie zu knapp gebogen, dann würden beim Zusammenziehen der Rinne die Böden oder einer davon losgerissen. Die ganze Schiebenaht wäre „für die Katz".

Nach DIN 18 339 müssen Rinnen von über 15 m Länge diese Dehnungseinrichtungen haben. Kürzere Teilstrecken sind vorteilhafter, da sich Dehnungs- und Schrumpfspannungen entsprechend geringer auswirken (siehe auch Tabelle Seite 38).

Ist die Rinnenlänge größer, dann müssen wir auch am Ablaufpunkt eine Dehnungsmöglichkeit schaffen.

Am Rinnenkasten werden die Dachrinnen nicht festgelötet. Damit sich kein Wasser zurücksaugen kann, werden die Rinnenenden im Wasserlauf kräftig „angereift" (mit einem Bördel versehen). Der Rinnenkessel selbst muß gut und haltbar befestigt sein.

Neuere Ausführungen sind Sammeltrichter, in die das Wasser aus beiden Rinnen durch Schrägstutzen eingeführt wird. Diese Trichter werden nur im Wulst und über die Rinnenhinterkante eingehängt. Sie dürfen auf keinen Fall mit der Rinne fest verbunden werden. Gleicher Art ist ein Sammelkasten, wie er bei Shedrinnen gezeigt ist.

Wo bei langen Rinnen aus baulichen Gründen nur an einer Seite ein Ablauf vorgesehen ist, bieten sich als Lösungsmöglichkeit Dehnungsausgleicher an, bei denen ein elastischer Kunststoff- oder Gummistreifen zwischen den Blechen einvulkanisiert ist. Die Dehnelemente sind für übliche Rinnengrößen vorgefertigt. Als Meterware geliefert, können die Streifen auch selbst angefertigten Profilen angepaßt werden. Sie werden bei einer nicht ausgelöteten Baunaht innen eingelegt und auf beiden Seiten dicht angeschlossen. Der Dehnungsausgleicher ist, wie die Schiebenaht auch, von außen nicht sichtbar (siehe Skizze bei den Shedrinnen Seite 17).

Hierzu allerdings ein Vorbehalt: Auch die Dehnungsausgleicher müssen die „Lebenserwartung" haben, die man für das Rinnenmaterial und für die sonst verwendeten Materialien (Dichtung und Befestigung) annehmen kann. Ob die Dehnelemente so lange elastisch und damit funktionsfähig und dicht bleiben, wird die Erfahrung zeigen. Sie werden – das gilt auch für andere in diesem Buch gezeigte Anwendungsmöglichkeiten – die handwerklich hergestellten und bewährten Dehnungsmöglichkeiten nicht überflüssig machen.

Bei der zu langen Rinne mit nur einem Ablauf kann man die Rinnenlänge dadurch verkürzen, daß man sie in Teilstücken stufenförmig verlegt. Diese Treppen werden durch eine Blende verdeckt. Der Übergang in die nächste Stufe muß sehr sorgfältig hergestellt werden. Es darf kein Wasser zurückziehen, darum müssen die Tropfkanten einwandfrei sein.

Rinnenerweiterung. Sie eignet sich gut als Sammler und Schaustück, gibt jedoch keine Dehnungsmöglichkeit.

Rinnenschiebenaht

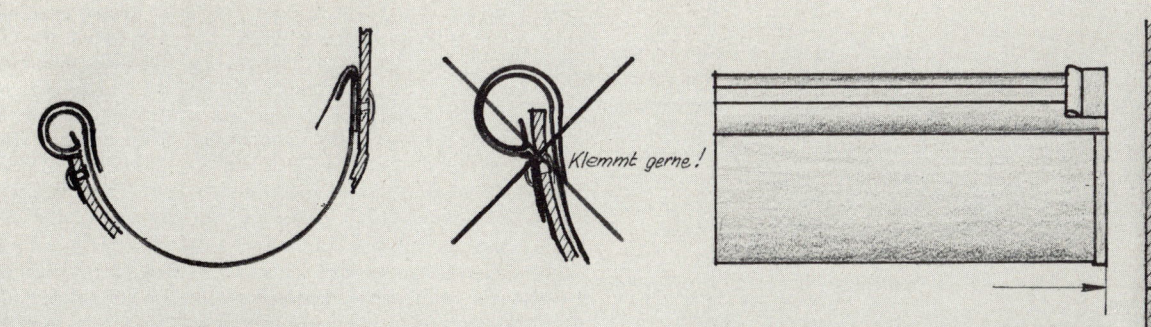

Bewegungsmöglichkeit im Rinnenhalter — Klemmt gerne! — Platz lassen zwischen zwei Mauern

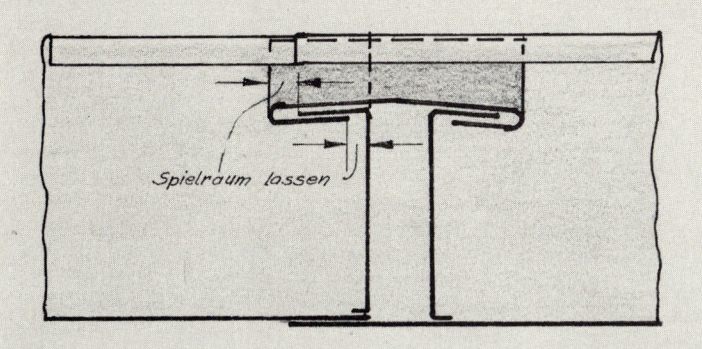

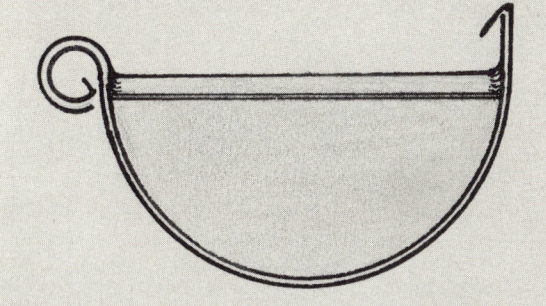

Spielraum lassen

Rinnenschiebenaht am oberen Gefällebruch

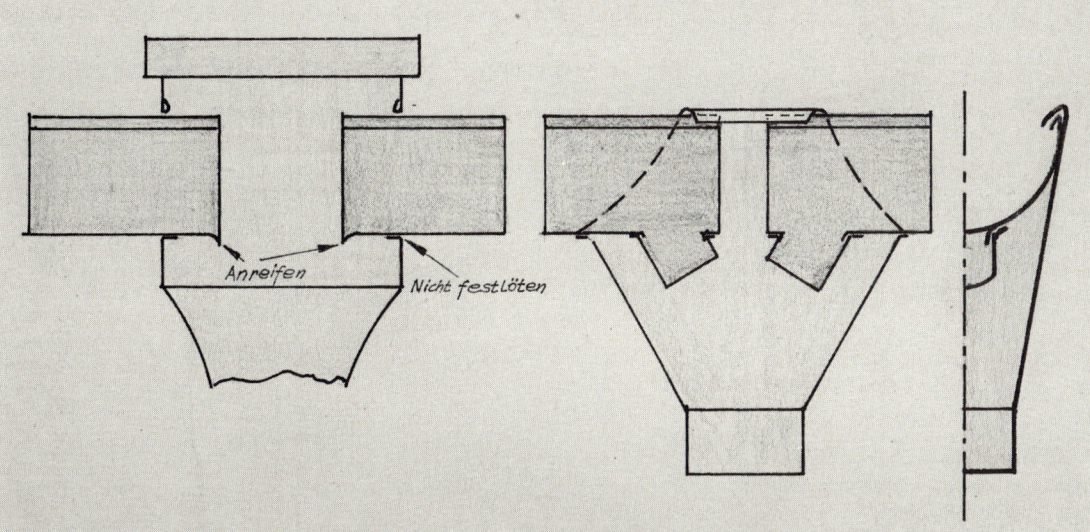

Anreifen — Nicht festlöten

Dehnungsmöglichkeiten an den Ablaufpunkten

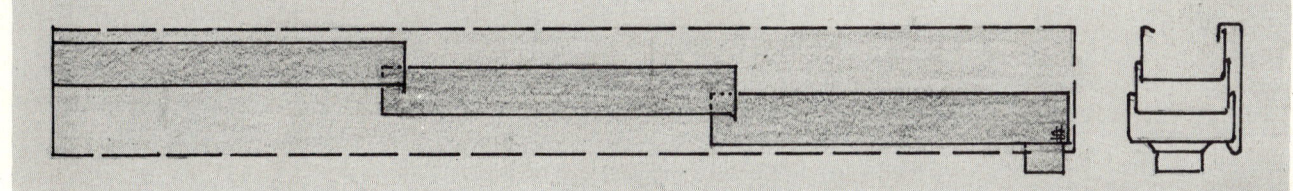

Verkürzung der Rinnenlänge durch Abtreppen hinter einer Verkleidung

Halbrunde Dachrinnen

Unter den Rinnenarten nimmt die halbrunde Dachrinne eine Sonderstellung ein. Im Vergleich zu anderen Rinnen hat sie bei gleicher Zuschnittbreite den größten Querschnitt. Bei gleichem Querschnitt benötigt sie den geringsten Zuschnitt. Durch ihre Form bleibt sie steif und läßt sich gut transportieren. Sie ist einfach herzustellen und dadurch billig im Angebot. Und sie hat – auch durch ihre Form – bei geringen Wassermengen noch soviel Schwimmtiefe, daß die Schmutzstoffe leicht mitgeführt werden. Hier ist das Beste zugleich das Billigste. Wo es also auf Zweckmäßigkeit ankommt, wird der Klempner immer eine halbrunde Rinne empfehlen.

Die halbrunde Rinne, freihängend angeschlagen ①, ist die einfachste und zweckmäßigste. Bei einer Verstopfung und dem daraus folgenden Überlaufen ist das Haus nicht gefährdet. Der Schaden ist sofort festzustellen und kann schnell beseitigt werden. Die Rinnenhalter dürfen in einem solchen Fall nicht unter 5 mm Materialdicke haben, da die ganze Last beim Knick am Sparren ruht.

Durch herabrutschenden Schnee kann die Rinne leicht verbogen werden. Wo dies zu befürchten ist, muß die Rinne etwas tiefer hängen. Auch sollten die Ziegel, die normal etwa ins erste Drittel der Rinne vorspringen, bis über die Rinnenhälfte hinausreichen. Statt dem Halter mit Feder kann natürlich auch eine andere Halterart gewählt werden.

Die Rinne mit der Rinnenleiste wurde vor dem Krieg fast ausschließlich angeschlagen. Damals waren die Sparren meist durch Holzgesimse verkleidet. Nach dem Anschlagen der Rinne wurde die Holzleiste unter die Halter gesetzt und ans Gesimsbrett angenagelt. Die Halter bekommen dadurch einen zusätzlichen Halt. Die Dicke der Halterprofile kann schwächer sein. Die Rinne selbst ist die gleiche wie oben ②.

Verwandt mit der halbrunden Rinne ist die sogenannte Dreieckrinne. Der Wasserlauf ist hier noch etwas besser als beim Halbrundprofil. Die Rinnenansicht am Haus ist breiter und kräftiger. Die Herstellung dieser Rinne ist aber wesentlich schwieriger als die der halbrunden. Durch die geraden Flächen ist ein Verziehen und Verwerfen leicht möglich. Es können sich Falten oder Blasen bilden, die im Sonnenlicht häßlich aussehen. Die Kosten liegen etwa 50% höher als bei der halbrunden Rinne. Halter, Rinnenwinkel, Stutzen und Böden sind Handarbeit. Sie bedingen weitere Preiszuschläge ③.

Die Rinne auf Pickeisen ist selten geworden. Sie kann nur dort angebracht werden, wo das Dach knapp über die Mauer vorspringt. Sie wird der Vollständigkeit halber erwähnt. Bei größeren Dachvorsprüngen müssen die Mauerstifte zusätzliche Stützen erhalten ④.

Die Liegerinne trifft man noch viel in schneereichen Gegenden an. Sie ersetzt dort das Schneefanggitter. Die Vorderkante muß dann aber mit Rundstahl armiert sein. Starke und breite Halterprofile sind zu verwenden. Bei dieser Rinne ist besonders darauf zu achten, daß der hintere Rinnenrand höher liegt als die Rinnenvorderkante. Je nach der Dachschräge ist der Zuschnitt verschieden. Er liegt kaum unter 0,50 m. Dazu kommt in vielen Fällen noch das Fußblech, welches die Traufkante bildet und unter die Rinne läuft. Daraus ergibt sich eine Gesamtabwicklung von über 0,80 m. Das ist fast dreimal mehr Material als bei der normalen halbrunden Rinne.

Ein Wort zu den Haltern. Im süddeutschen Raum hat der Halter mit Feder vorn und hinten den Vorzug. Vor dem Anschlagen ist es zweckmäßig, die Feder am Wulst winklig zu biegen, wie die Skizze zeigt. Die Halter werden ohne Ausnahme nach der Richtschnur über Vorderkante und Körner im Wasserlauf angeschlagen. Wird diese Arbeit sorgfältig ausgeführt, liegen die Rinnen immer sauber und gerade. Der Flachstahl des Halters darf nicht in den Wulst hineinreichen. Die Feder darf die Rinne nicht festklemmen, sie soll sie nur niederhalten. Dadurch wird das Dehnen der Rinne bei Temperaturschwankungen wesentlich erleichtert ⓐ. Die Nase als Haltervorderkante geht dagegen in den Wulst hinein, d. h. die Rinne wird beim Einlegen darübergedreht ⓑ.

Hierzu ein Einwand:
Bei Dächern mit Gesimse oder Traufbrett ist es nicht möglich, den Ablaufstutzen oder gar einen Ablauftrichter vor dem Eindrehen der Rinne anzubringen. Das ist bei Zinker kein Problem, doch bei verzinkten Stahlblechen sowie Kupfer und Aluminium muß man bereits in der Werkstatt die Ablaufstutzen anbringen, wenn man saubere Arbeit liefern möchte. Das Einlegen in die Halter ist dann nur bei Federhaltern möglich. Ein Auswechseln der Rinne an Metalldächern ist bei Nasenhaltern ohne Beschädigung der Dachhaut nicht möglich, bei Federhaltern dagegen kein Problem.

Der Halter mit Spreize ist der beste. Gewiß, er ist teurer, die Verlegung ist zeitraubender. Doch einmal angeschlagen, sitzt die Rinne wie gegossen. Diese Halter sollen so konstruiert sein, daß sich die Rinne gut darin bewegen läßt. Die Nagel- oder Schraubenlöcher müssen z. T. auf dem Dach gebohrt werden, da durch das Gefälle die Löcher von Haltern und Spreizen selten übereinstimmen. Durch Schlitze im Halter kann man hier abhelfen ⓒ.

In schneereichen Gegenden und aus architektonischen Gründen kann das Flachprofil des Halters auch hochkant gestellt werden. Besser ist aber dann ein T-Profil ⓓ.

Diese Halter finden wir auch bei der originellsten halbrunden Dachrinne: einem schlanken, ausgehöhlten Baumstamm. O ja ..., was für die alten Germanen gut war, das findet man auch jetzt hin und wieder an ausgefallenen Berghäusern und Wochenendhäuschen. Bei ganz guten Ausführungen wird man den Wasserlauf mit Kupferblech beschlagen!

Die Feder für die Hochkanthalter wird unten gerollt, der Halter erhält eine Bohrung und einen Einschnitt, in den die Feder gesteckt wird. Ein Hammerschlag klemmt die Feder fest. Für Zinkrinnen sind hochgestellte Flachprofile nicht zu empfehlen.

Bei bereits gedeckten Dächern und in besonderen Fällen können die Halter durch Verdrehen auch seitlich fixiert werden. Die Knickfestigkeit wird dadurch größer, der Anschlag selbst wirkt aber unschön ⓔ.

In schneereichen Gegenden und wo der Bauherr oder Architekt eine attraktive Gestaltung wünschen, lassen sich statt der Spreizen Halterstützen verwenden ⓕ. Die Stützen müssen nach der Schnur gerichtet sein. Die Dicke des Flachprofils soll mindestens 6 mm betragen. Diese Stützen wirken noch dekorativer, wenn sie in der Mitte einmal oder mehr um ihre Längsachse verdreht sind.

Nach dem Anschlagen einer Dachrinne ist das Aufmessen eine wichtige und notwendige Arbeit. Nach DIN 18 339 werden Dachrinnen nach der fertigen Baulänge in m an der Vorderwulst gemessen. Als Zuschläge zu den Preisen der Rinne gelten nur die Rinnenwinkel, die Ablaufstutzen oder Rinnenkasten und die Schutzkörbe in den Ablauföffnungen. Alle anderen Leistungen sind mit dem Preis abgegolten, was vor allem bei Verwendung von Schiebenähten zu beachten ist.

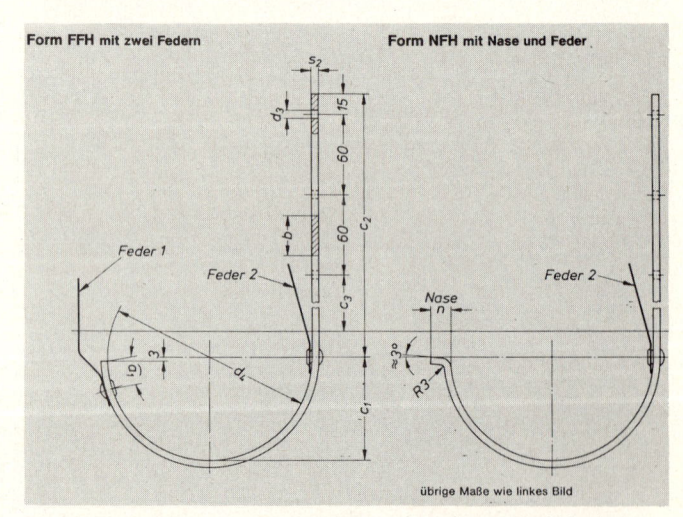

Rinnenhalter für halbrunde Hängedachrinnen nach DIN 18 461. (Die Maße der verschiedenen Rinnengrößen können in Tabelle 2 – Anhang Seite 154 – abgelesen werden.)

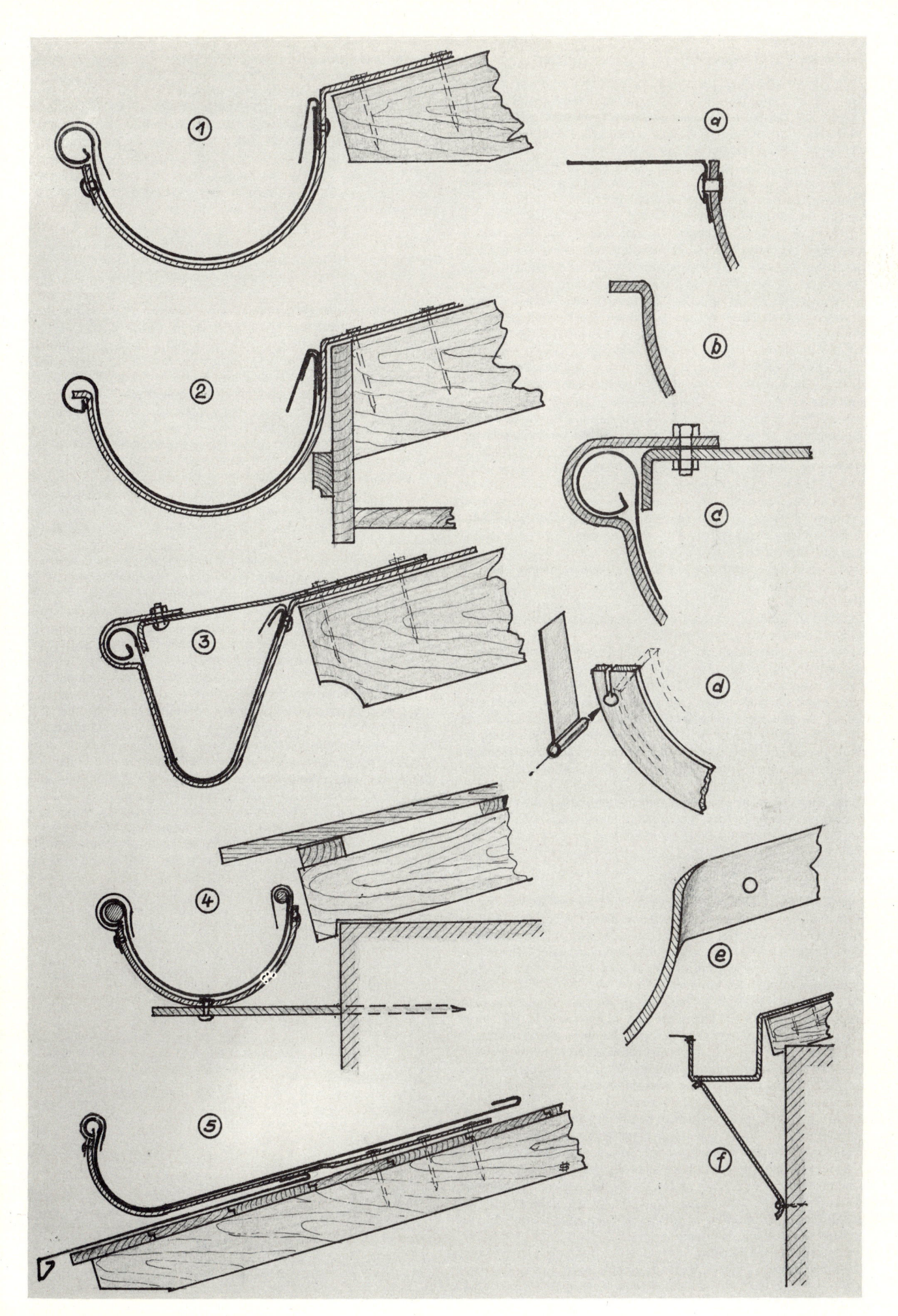

13

Profilrinnen, Gesimsrinnen, Kastenrinnen

Nicht immer wird es möglich sein, halbrunde Rinnen an Gebäuden anzubringen. Die Architektur fordert vielfältige Arten und Formen. Besonders bei älteren Gebäuden mit ihren reichen Verzierungen ergeben sich daraus interessante Aufgaben. Der Architekt ist so zu beraten, daß die beste Form gefunden wird. Der Handwerker selbst muß darauf achten, daß die zweckmäßigste Art gewählt wird. Die einfachste Konstruktion, die am besten den Zweck erfüllt, wird am meisten befriedigen.

Neben der herkömmlichen halbrunden Rinne ist es vor allem die Kastenrinne, die am meisten Verwendung findet. Die heutige Bauweise mit ihren klaren Formen wird auf diese Rinne nicht verzichten, obwohl sie in bezug auf Zweckmäßigkeit und Billigkeit mit der halbrunden Rinne nicht konkurrieren kann. Der Rinnenquerschnitt ist bei gleichem Zuschnitt kleiner, der Zuschnitt ist also von vornherein größer zu wählen. Die Kanten verlangen sorgfältiges Arbeiten, die Rinnenhalter müssen stärkere Profile haben, die Herstellung ist zeitraubender. Eine Kastenrinne muß aus diesen Gründen immer teurer sein als eine halbrunde Rinne.

Der Querschnitt der Kastenrinne ist meist rechteckig. Die Vorderkante kann mit einem Wulst oder mit einem Dreikant versehen werden. Die Hinterkante muß mindestens 10 mm höher liegen; sie muß mit einer Einkantung bzw. einem Umschlag versehen sein ⑦.

Wichtig ist, daß die Bodenfläche ein leichtes Gefälle nach innen oder außen bekommt. Dadurch wird eine gewisse Schwimmtiefe im Wasserlauf erreicht, die Schmutzstoffe werden leichter mitgenommen. In diesem Fall ist es aber notwendig, die Rinnenhalter sehr sorgfältig herzustellen, zu richten und anzuschlagen, damit die Bodenneigung in jedem Stück der Rinne vorhanden ist. Sonst bilden sich Schmutzablagerungen und „Spatzenbäder", die zu einer vorzeitigen Zerstörung der Rinne führen.

Noch besser ist, die Bodenfläche auszurunden. Neben dem günstigeren Wasserlauf erhalten wir dabei eine bedeutende Versteifung des Rinnenprofils (wie bei 6).

Damit die Bodenkanten der Rinne beim Zusammensetzen genau passen, ist es besser, vor dem Abkanten den Wulst oder den Dreikant anzubiegen. Die einzelnen Stücke werden zusammengeschoben, dann erst die Abkantpunkte festgelegt. Es ist dabei darauf zu achten, daß jedes Einzelstück ein weites und ein enges Teil hat. Zusätzlich ist auch noch die Gefällerichtung zu berücksichtigen. Man kann für diese Arbeiten auch Schablonen anfertigen, doch in jedem Fall muß der Geselle und sein Helfer mit allen Sinnen bei der Arbeit sein.

Leider sieht man viele Kastenrinnen, denen man ansieht, daß ihren Herstellern die erforderlichen Kenntnisse fehlen. Durch aufgetretene Spannungen sind sie verbogen, an den Stößen der Rinne sind häßliche Absätze sichtbar. Dies verrät auch dem Laien die Nachlässigkeit bei der Herstellung.

Zu den Profilrinnen gehört vor allem die Simarinne. (Nach dem Duden bedeutet **die Sima** die Traufrinne auf dem Kranzgesims antiker Tempel. In einem Lexikon steht: „Oberster Teil des Hauptgesimses altgriechischer Gebäude, das in Marmor oder Stein rinnenartig als Wasserablauf ausgebildet war.") Die Simarinne führt also in der ursprünglichen Anwendung die Form des Gesimses weiter. Die einfache Form ① wurde in den meisten Fällen errichtet. Man verwende dazu keine Halter, sondern nur starke Spreizen. Der Wulst wurde nach innen gedreht. Die Rinne wurde auf das exakt verlegte Steingesims aufgesetzt, das meist waagrecht, zum Teil auch mit leichtem Gefälle versehen war. Eine durchgehende, ununterbrochene Tropfkante (Traufstreifen) sorgte für das unschädliche Abtropfen von Wasser vor dem Steingesims.

Diese Rinne hat Nachteile. Sie liegen im großen Materialverbrauch (kaum weniger als 40 cm Zuschnitt), der zeitraubenden Erstellung und der Anfälligkeit für Schäden. Ausnahmslos am Aufsetzpunkt hinter dem Traufstreifen bekommt die Rinne die ersten Löcher, die durch das Scheuern bei Dehnungsbewegungen hervorgerufen werden. Dabei entsteht immer Wasserschaden am Gebäude. Es ist daher möglichst zu vermeiden, eine Rinne so zu montieren oder zu erneuern.

Wo solche Rinnen verlangt werden, ist es ratsam, eine Gesimsrinne mit einer Sima-Verkleidung anzubieten (② und ③). Hier erscheint eine andere, bekannte Rinnenart: Die Attikarinne.

(**Die Attika:** „Über dem Hauptsims eines Gebäudes laufende Brüstungsmauer, die zur Verdeckung des Daches, zur Aufnahme von Statuen, Reliefs oder Inschriften dient.")

Man hat also damals das Dach verdeckt. Bei der Attikarinne verdeckt man das Rinnengefälle. Bei niederen und langen Gebäuden mit einfachen Rinnen werden jedem Beschauer die schräglaufenden Rinnenkanten auffallen. Dies ist gar nicht im Sinne des Architekten. Darum verdecken wir mit einem Vorstellblech, das horizontal verlegt wird, das unschöne Gefälle. Die Form dieser Vorstellbleche kann sehr verschieden sein. Skizzen 2 und 3 zeigen eine Attika mit Sima-Profil. In den Skizzen 4, 5 und 6 haben wir glatte Bleche. Damit sich glatte Vorstellbleche nicht werfen, sind hier Blechdicken von mindestens 1,00 mm zu wählen. Sonst müssen Kanten oder Rundungen für die Stabilität sorgen.

Hier kommen sehr wirkungsvoll die stranggepreßten Aluminiumprofile zur Geltung. Bei Materialdicken von etwa 3 mm und der zusätzlichen Versteifung durch das Profil kommt es zu keinen Verwerfungen ⑧. Nur an den Stößen der bis zu 5 m langen Teilstücke ist ein Spalt von 5 bis 8 mm Breite zu belassen. Die Befestigung erfolgt mit Halteprofilen und Haltewinkeln. Nähere Angaben sind beim Skizzenblatt über Ortgangprofile aus stranggepreßtem Aluminium zu finden.

Die Befestigung der Vorstellbleche ist verschieden. Wichtig ist, daß die waagerechten Linien genau eingehalten werden. Da wir für die schweren und großen Rinnen ohnehin starke Träger- und Befestigungskonstruktionen brauchen, ist es am besten, durchgehende Winkelbleche oder Winkelstahl zu verwenden, die einmal die Träger versteifen und zum anderen die beste Befestigung der Attika ermöglichen.

Wo für besonders wertvolle Bauten ein Höchstmaß an Sicherheit verlangt wird, wird vor dem Verlegen der Gesimsrinnen zuerst das Gesimse mit Blech abgedeckt. Bei einem Undichtwerden der Rinne kann das Wasser ablaufen, ohne am Gebäude Schaden anzurichten. Der Fehler kann gleich entdeckt werden und ist schnell zu beheben. Es ist Sorge zu tragen, daß die Vorderkante dieser Abdeckung mindestens 40 mm über das Gesimse hinausreicht. In einem späteren Abschnitt wird nochmals eingehend über Gesimsabdeckungen gesprochen werden. Die Skizzen 2, 3 und 4 sind Beispiele für Gesimsrinnen einfacherer Art. Sie beweisen, daß es keiner umständlichen Konstruktionen bedarf, um gute Arbeit zu liefern. Voraussetzung für solche Rinnen ist eine entsprechende Dachkonstruktion. Deswegen sollte man sich frühzeitig mit den Bauherren und Architekten in Verbindung setzen.

Die Abwicklung solcher Rinnen sind mit Vorstellblech und Gesimsabdeckung oft über 1,00 m breit. Träger und Spreizen müssen angefertigt werden. Die Dilatation muß beachtet werden. Gehrungen, Rinnenwinkel und Abläufe sind Handarbeit und erfordern viel Arbeitszeit.

Deswegen wird man diese sehr teuren Rinnen dort vorschlagen, wo das Gebäude und dessen Zweck den Einsatz solcher Summen rechtfertigen. Dann aber übernimmt der Meister auch die Verpflichtung, eine tadellose Arbeit zu liefern.

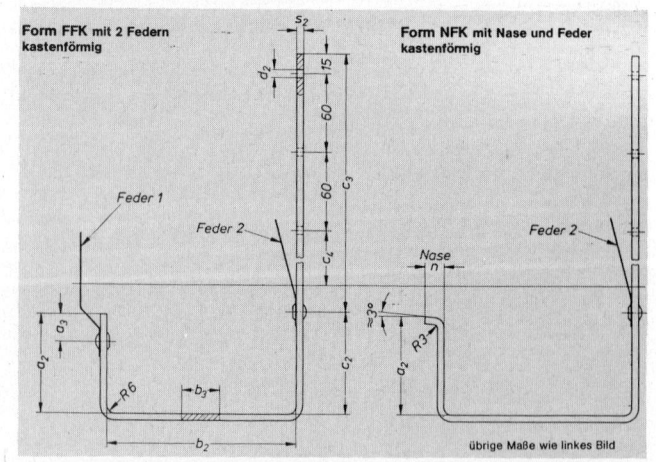

(Rinnenhalter für kastenförmige Hängedachrinnen nach DIN 18 461. (Die Maße der verschiedenen Rinnengrößen können in Tabelle 5 – Anhang Seite 156 – abgelesen werden.)

① Tropfnase

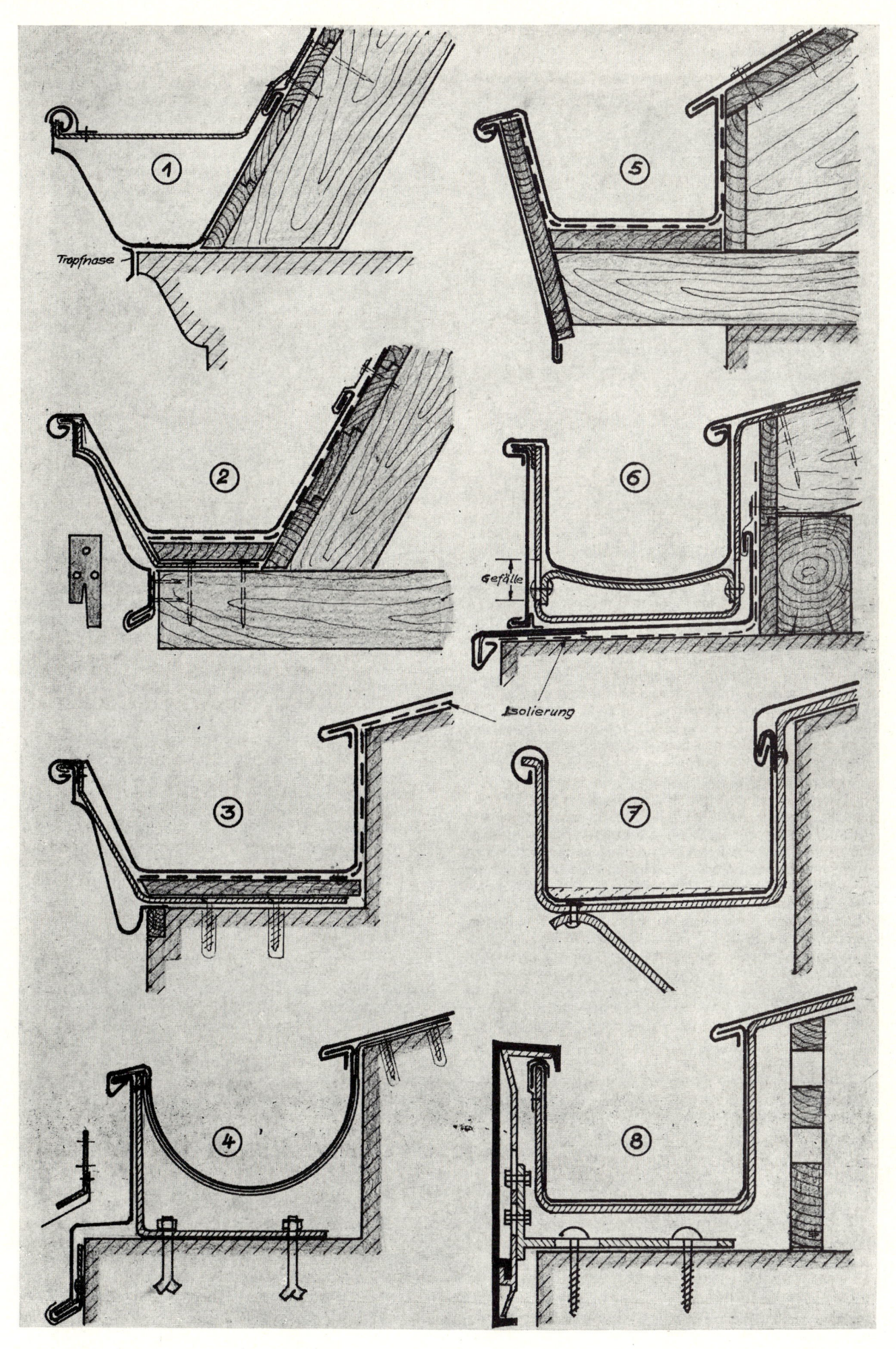

②

③

④

⑤

⑥ Gefälle
Isolierung

⑦

⑧

Shedrinnen, Kehlrinnen

Beim Bau von großen Werkhallen wurden früher und werden auch heute Dachkonstruktionen ausgeführt, die die Zufuhr des Tageslichts von oben ermöglichen. Von der Seite gesehen bieten diese Fabrikgebäude eine Dachform, die den Zähnen einer Säge gleicht. Daher stammt auch der Ausdruck „Sägedach". Die Bezeichnung „Shed" kommt aus dem Englischen und bedeutet in der richtigen Übersetzung Schuppen.
Früher wurden diese Dächer in der Holzbauweise erstellt, heute werden fast alle Dächer dieser Art aus Beton gegossen oder mit Fertigbauteilen gebaut. Jeweils die steile Dachfläche ist verglast. Auf diese Weise erhalten die Betriebsräume sehr viel Tageslicht.
Für jeden „Sägezahn" eines Sheddaches ist eine Ablaufrinne für das Regenwasser notwendig. Wir erkennen, daß alle Rinnen quer über die darunterliegenden Arbeits- oder Lagerräume laufen. Wenn es hier zu einem Wasserschaden kommen sollte, sind große Summen für die Beseitigung dieser Schäden aufzubringen. Sollte es sich um Lagerräume mit wertvollem Gut handeln, kommen die Schäden und Verluste an diesen Waren noch dazu.
Auch bei Kehlrinnen über Wohngebäuden, z. B. bei der Sanierung eng bebauter Altstädte oder bei Reihenhäusern, die mit der Traufe zusammengebaut sind, entstehen bei fehlerhafter Arbeit hohe Wasserschäden.
Aus diesem Grund werden an die Ersteller die Shedrinnen große Anforderungen gestellt. Diese Rinnen erfordern von allen Dachrinnen die größte Sorgfalt und zusätzliche Sicherheitsvorkehrungen.
Shedrinnen haben Zuschnitte zwischen 0,50 und 2 m. Die Längen solcher Rinnen liegen oft über 30 m. Hier sind deshalb die herkömmlichen Blechdicken nicht mehr am Platze. Bis zu einem Zuschnitt von 1 m sollten Zink und Aluminium mindestens 1 mm, verzinktes Stahlblech 0,87 mm, Kupferblech mindestens 0,8 mm dick sein. Bei größeren Abwicklungen sind noch dickere Bleche zu wählen. Walzblei ist nicht zu empfehlen. Beim Dehnen wirft es Falten auf, die beim Strecken aufreißen. Man müßte dafür Materialdicken wählen, die nicht mehr wirtschaftlich sind.
Die einfachste Ausführung ist eine halbrunde Shedrinne, die in entsprechenden Trägern zwischen den beiden zusammenlaufenden Dachflächen verläuft. Der Anschluß an das Dach erfolgt auf beiden Seiten durch ein Traufblech, das je nach der Dachdeckung verschieden sein kann. Da die Rinne zum Sauberhalten oder Schneeräumen begehbar sein muß, sind starke Halter erforderlich ①.
Besser als die freihängenden Rinnen sind die in einem entsprechenden Bett eingelegten Shedrinnen, wie in Skizze 2 und 3 gezeigt. Diese Rinnen sind ohne weiteres zu begehen, denn es ist oft notwendig, das Dach zu betreten, sei es zum Reinigen des Wasserablaufs, zum Reparieren des Daches oder der Fenster. Zwischen den Holz- oder Betonkanal und die Rinne muß zur Isolierung eine Lage talkumierte Pappe. Bei sehr breiten Zuschnitten und großen Rinnenlängen ist der Untergrund für die Rinnen genau so herzustellen, wie es bei Metalldächern notwendig ist.
Wenn man in die Ecken flacher Rinnenkanäle eine Dreikantleiste einbaut, erhält man einen günstigeren Wasserlauf und bei kleineren Wassermengen eine größere Schwimmtiefe für Schmutzstoffe.
Der Anschluß an das Dach erfolgt bei den gezeigten Rinnen zum Teil mit Traufblechen ③ oder ohne solche Bleche ②, wenn die Seitenteile der Rinne bereits in der Neigung der beiden Anschlüsse hochlaufen. Da wird die Rinne nur durch einige Hafter gehalten. Bei großen Rinnen mit Blechdicken um 2 mm wird am besten gar keine Befestigung verwendet. Um so besser kann sich die Rinne in ihrem Kanal bewegen.
Auf die Dehnungsmöglichkeit muß hier ganz besonders hingewiesen werden. Das Wasser kann meistens nur an den beiden Enden der Rinne ablaufen. Ein Trennen der Rinnenlänge ist also nur in der Mitte am Gefällebruch möglich. Kommen trotzdem noch zu große Längen zustande (siehe Tabelle Seite 38), ist es dringend nötig, weitere Dehnungsmöglichkeiten zu schaffen. Am einfachsten wäre ein weiterer Ablauf in der Mitte. So haben wir doppelte Sicherheit gegenüber vorher.
Kritischer wird es, wenn eine Ablaufmöglichkeit in der Mitte nicht gegeben ist. Dort muß man versuchen, in das Rinnengefälle eine Treppe einzubauen. Diese Möglichkeit läßt sich in den meisten Fällen durch zusätzliche bauliche Maßnahmen erreichen. Die Mehrkosten dafür stehen in gar keinem Verhältnis zu einem evtl. auftretenden Schaden, wenn Regenwasser in den Raum gelangt. Hier gilt es für den Handwerker, auf seinem Standpunkt zu verharren. Sonst muß er jegliche Verantwortung für seine Arbeit ablehnen. Er darf dabei nicht vergessen, seine Bedenken gegen die geforderte Ausführung schriftlich mitzuteilen!
Auf die Möglichkeit von Dehnungsausgleichern mit einvulkanisiertem, elastischem Material sei hier noch einmal hingewiesen ④. Bauliche und vor allem isoliertechnische Maßnahmen sind vorzusehen. Es darf keine Kältebrücke entstehen, die sonst mit Bestimmtheit zur Kondenswasserbildung und damit zur Korrosion der Rinne führen würde.
Eine weitere Sicherheitsmaßnahme, die an keiner Shedrinne fehlen darf, ist ein Überlauf ins Freie, der über jeder Ablauföffnung angebracht ist. Wenn durch Laub oder anderen Schmutz eine Verstopfung des Ablaufs hervorgerufen wird, kann sonst eine Badewanne entstehen, in der sich Tonnen von Wasser sammeln. Hier wirkt der Überlauf als Signalgeber. Er muß deshalb immer frei und sichtbar auslaufen und darf nicht in ein Ablaufrohr gefaßt werden.
Wenn ein Kanal zum oberen Punkt hin aufgefüttert ist, um ein Gefälle zu erzielen, dann ist die Sohle der Shedrinne am oberen Ende viel breiter als am tiefen Punkt. Bei solchen Rinnen werden die Abkantpunkte der Teillängen am einfachsten so ermittelt, daß man auf einer Blechtafel bei wahren Zuschnittbreiten verkürzte Längen (1:10 oder 1:25) anträgt. Man verbindet die Kantpunkte vom hohen zum tiefsten Ende und kann die Maße an den einzelnen Teilstrichen ablesen ⑤.
Die Nähte können entsprechend dem verwendeten Material unterschiedlich verbunden werden. Die Angaben der Tabelle gelten auch für andere Anwendungsgebiete (z. B. Verbindungen an Abdeckungen und Verwahrungen):

Werkstoff	Weichlöten	Hartlöten	Schweißen	Nieten und Weichlöten	versetzt nieten mit Beilage
verz. Stahl				X	X
Titanzink	X				
Kupfer		X		X	X
Aluminium		X	X		X
Edelstahl		X	X	X	X

Je nach der Durchführbarkeit (am Bau oder in der Werkstatt, Brandgefahr usw.) wird man die zweckmäßigste Verbindungsart wählen. Beim Weichlöten muß wegen der großen Nahtbreite vorverzinnt, und die Überlappungsbreite so gewählt werden, daß „durchgelötet" werden kann.

Falze sind bei dicken Blechen nicht zu empfehlen. Sie tragen zu viel auf, außerdem lösen sich solche Nähte bei Spannungen leichter als Nietnähte.
Die Ablauföffnungen werden, da meist große Wassermengen anfallen, zweckmäßig als Trichter ausgebildet. Um Verstopfungen zu vermeiden, werden drahtgeflochtene Schutzkörbe aus dem gleichen Material wie die Rinnen angefertigt und eingesetzt. Ein Schutzanstrich, vor allem der Unterseite, ist bei verzinktem Stahlblech und Aluminium zu empfehlen.
Werden solche Rinnen oft begangen, wird über der Rinne durch eine entsprechende Konstruktion ein Laufsteg angebracht.

① ② ③ ④

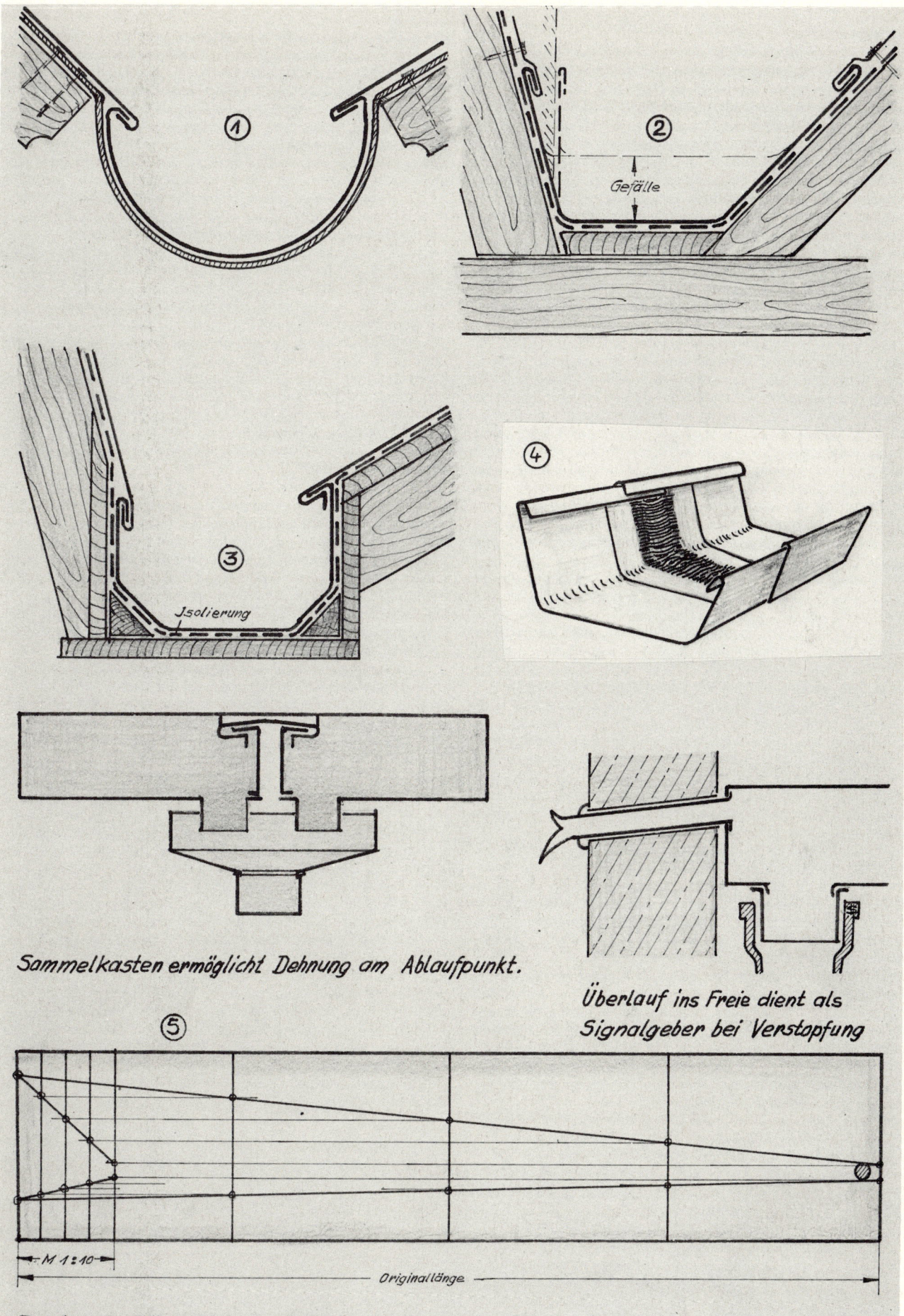

Sammelkasten ermöglicht Dehnung am Ablaufpunkt.

Überlauf ins Freie dient als Signalgeber bei Verstopfung

⑤

M 1:10 Originallänge

Durch maßstäblich verkürzte Tafellängen bei wahren Breiten lassen sich die Abkantpunkte für alle Rinnenlängen auf einer Blechtafel ermitteln.

Traufbleche

Mit dem Traufblech wird die Verbindung der Dachrinne mit der Dachdeckung hergestellt. Es verhindert, daß das herabtropfende Wasser durch den Wind zwischen Deckung und Rinne an das Gesimse oder das Gebäude geweht wird. Weiter ermöglicht es die Zurücknahme der ersten Ziegelreihe, so daß der ganze Rinnenquerschnitt freibleibt. Die Anbringung von Traufblechen, die in verschiedenen Gegenden auch Einlaufbleche, Fußbleche, Traufstreifen heißen, ist nicht überall üblich. Doch zu einer guten, fachgerechten Arbeit wird man mit der Dachrinne auch das Traufblech liefern. Der Kunde wird sich den Argumenten nicht verschließen.

Die Maßgabe, das Traufblech in die Hinterkante der Rinne einzuhängen ①, kann nicht immer eingehalten werden. Ich bin der Meinung, daß es sogar besser ist, wenn das Traufblech in die Feder des Rinnenträgers eingehängt wird ③. In vielen Gegenden Süddeutschlands, in der Schweiz, Österreich und Frankreich wurde bisher keine Einkantung an der Rinnenhinterkante gemacht. Außer Zinkblech behält jedes andere Material auch so seine Form. In diesen Fällen wird beim Anbringen das Traufblech richtig angesetzt und die Unterkante auf den Federn angezeichnet. Nachdem die Federn an dieser Stelle abgeschnitten wurden, läßt sich das Traufblech gut und sicher einhängen. Diese Methode hat folgende Vorteile: Man hat durch die Länge der Federn eine größere Ausgleichsmöglichkeit. Man muß bei welligen Traufkanten nicht jedes Einzelstück anders abbiegen. Man kann die Dachrinne auswechseln, ohne das Dach aufzureißen. Wenn keine Einkantung an der Rinne ist, geht das sehr gut. Ist außerdem die Dachdeckung aus Metall, so hat man eine Menge Arbeit gespart.

Die Zuschnittbreite der Traufbleche wird je nach der Art der Dachdeckung und der Dachneigung 200 mm (10teilig) bis 250 mm (8teilig) sein.

Wenn das Traufblech für ein Metalldach bestimmt ist, bekommt es zusätzlich eine mindestens 30 mm breite Vorkantung zum Einhängen der Dachhaut. Es ergeben sich daraus Zuschnittbreiten von 250 bis 333 mm (8-, 7- und 6teilig).

Bei Metalldächern und Ziegeldächern, bei denen die Ziegel in die Rinne hineinragen, werden die Traufbleche nur überdeckt. Die Nahtkanten werden leicht angereift, um ein Wasseransaugen zu verhindern. Auch ein 25 bis 30 mm breiter Falz wird gerne gemacht. Die Hinterkante erhält einen Wasserfalz. Die Bleche werden in den meisten Fällen indirekt mit Haften befestigt. Dadurch kann jede Zweimeterlänge für sich arbeiten; häßliche Verwerfungen können nicht auftreten ①.

Bei Traufblechen für Metalldächer ist jedoch zu beachten, daß sie in der Hauptsache der Befestigung und Sicherung der Traufkante der Dachhaut dienen sollen. Die Sogwirkung bei Sturmböen ist enorm; sie ist imstande, die Traufe aufzureißen. Wir sichern durch versetzreihige Nagelung der Zweimeterstücke. Eine zusätzliche Verstärkung läßt sich durch einen zuvor aufgenagelten, 1 mm starken Vorsprungstreifen erzielen ②.

Für Asphalt- und Pappdächer, weiter für Kiesdächer müssen die Traufbleche durchgehend dicht verlegt sein. Damit bei großen Traufenlängen die Dehnung gesichert ist, muß man in ausreichenden Abständen Dilatationskasten einbauen. Ihre Arbeitsweise gleicht denen der Lyrabogen bei langen Heizleitungen. Auf einem besonderen Blatt wird später der Bau und die Wirkungsweise erläutert. Gehrungen werden bei den genannten Dächern genietet oder gefalzt und verlötet.

Bei Asphaltdächern soll die Anschlußfläche 80 bis 100 mm breit sein, für Pappe 120 bis 150 mm. Bei Kupferblech soll diese Anschlußfläche wegen der besseren Haftung verzinnt werden. Die beste Befestigungsart ist die mit Wasserfalz und Haften. Auch für die Bleche, die der Hitze von Asphalt oder Bitumen ausgesetzt sind, ist es die zweckmäßigste Form der Anbringung. Bei der direkten Befestigung muß man, um die Dehnung sicherzustellen, statt der Nagellöcher Schlitze in die Bleche stanzen, die etwa 12 bis 15 mm lang und 4 mm breit sind. Beim Anschlagen ist die größte Sorgfalt anzuwenden. Der Nagel muß in die Mitte des Schlitzes gesetzt werden, und beim Einschlagen sind Nägel oder Schrauben nicht stark anzuziehen.

Nach dem gleichen Prinzip, jedoch mit indirekter Befestigung, funktioniert ein Laschenhaft ④. Gegenüber dem Normalhaft trägt er nur zwei Falzbreiten auf. Für den Dachdecker bringt das Überkleben eines Wasserfalzes gewisse Probleme; wir kommen ihm auf diese Weise entgegen.

Die indirekte Befestigung garantiert das Arbeiten der Bleche. Wir dürfen uns nicht davon abbringen lassen; so vermeiden wir sichere Schäden an der Klempnerarbeit auch auf die Gefahr hin, daß später an der nicht mehr elastischen Pappe Risse erscheinen. Dann ist es an der Zeit, den Belag zu erneuern, das Traufblech ist jedoch unbeschädigt.

Die Verbindung von Blechen mit dem Bitumen der Dachdeckung birgt noch ein Risiko:

Durch den Einfluß der Witterung, vor allem durch die UV-Strahlung wird Bitumen „zersetzt". Die Zerfallsprodukte werden – zusammen mit den „Bestandteilen" unserer verschmutzten Luft – vom Wasser auf nachgeschaltete Blechverwahrungen transportiert. Das kann, vor allen Dingen bei geringem Niederschlag ohne Schwemmwirkung, auf Traufblechen aber auch in Rinnen und Regenrohren zu Korrosion führen.

Um den Zerfall des Bitumens zu verhindern, wird dieser in der Regel bekiest. Vor allem wenn das nicht der Fall ist, sollte der Klempner dafür sorgen, daß seine Blechteile vor Korrosion geschützt werden. Dies ist duch Anstrich – zweckmäßig nicht mit Bitumen, sondern mit z. B. mit Chlorkautschuk-Farben – möglich.

Direkte Anschlüsse, die in den Skizzen a–d gleichzeitig verschiedene Tropfkanten darstellen, lassen sich nur ausführen, wenn die Hinterkante der Rinne mit der Traufkante des Daches in einer Höhe verläuft. Die Rinne muß deswegen horizontal verlaufen oder in das Gefälle geschnitten sein. Durch die breitere Einkantung der Rinne wird deren Querschnitt verringert.

Bei der Asphaltdeckung richtet sich die Höhe der Aufkantung am Traufblech nach der Dicke des Belags. Sie dürfte um 20 mm betragen. Eine Rücksprache mit der Asphalt-Verlegerfirma ist hier angebracht. Die Aufkantung muß nicht an der Vorderkante, wie in der Skizze dargestellt, sein. Sie kann auch an der Stelle sitzen wie der Dreikant beim Pappdach in der Skizze darunter.

Bei einem Kies- oder Holzzementdach erhält das Traufblech zusätzlich eine Kiesleiste. Diese hält die Rinne frei vom Kies. Diese Leiste muß aber so gestützt werden, daß sie nicht nachgeben kann, was besonders bei Zink zu beachten ist. Die Kiesleiste wird aufgenietet, in besonderen Fällen aufgepunktet (geschweißt) und dann erst verzinkt. Damit das Wasser ablaufen kann, müssen genügend Ablauföffnungen vorgesehen sein. Die Höhe der Leisten liegt zwischen 80 und 100 mm, je nach der Qualität des Belages (5 und 6).

Aufgemessen werden Traufbleche nach der größten Länge in Meter unter Zugrundelegung der Zuschnittsbreite.

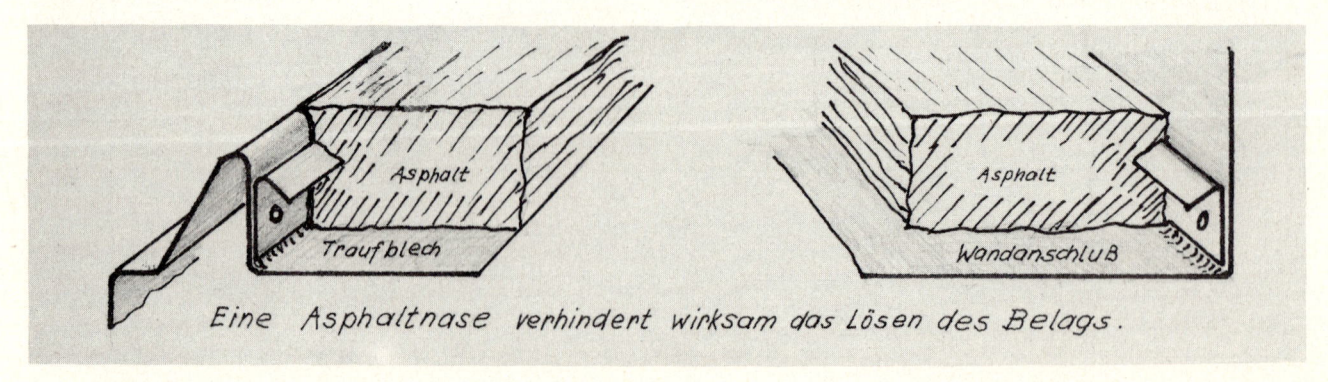

Eine Asphaltnase verhindert wirksam das Lösen des Belags.

① Normalausführung

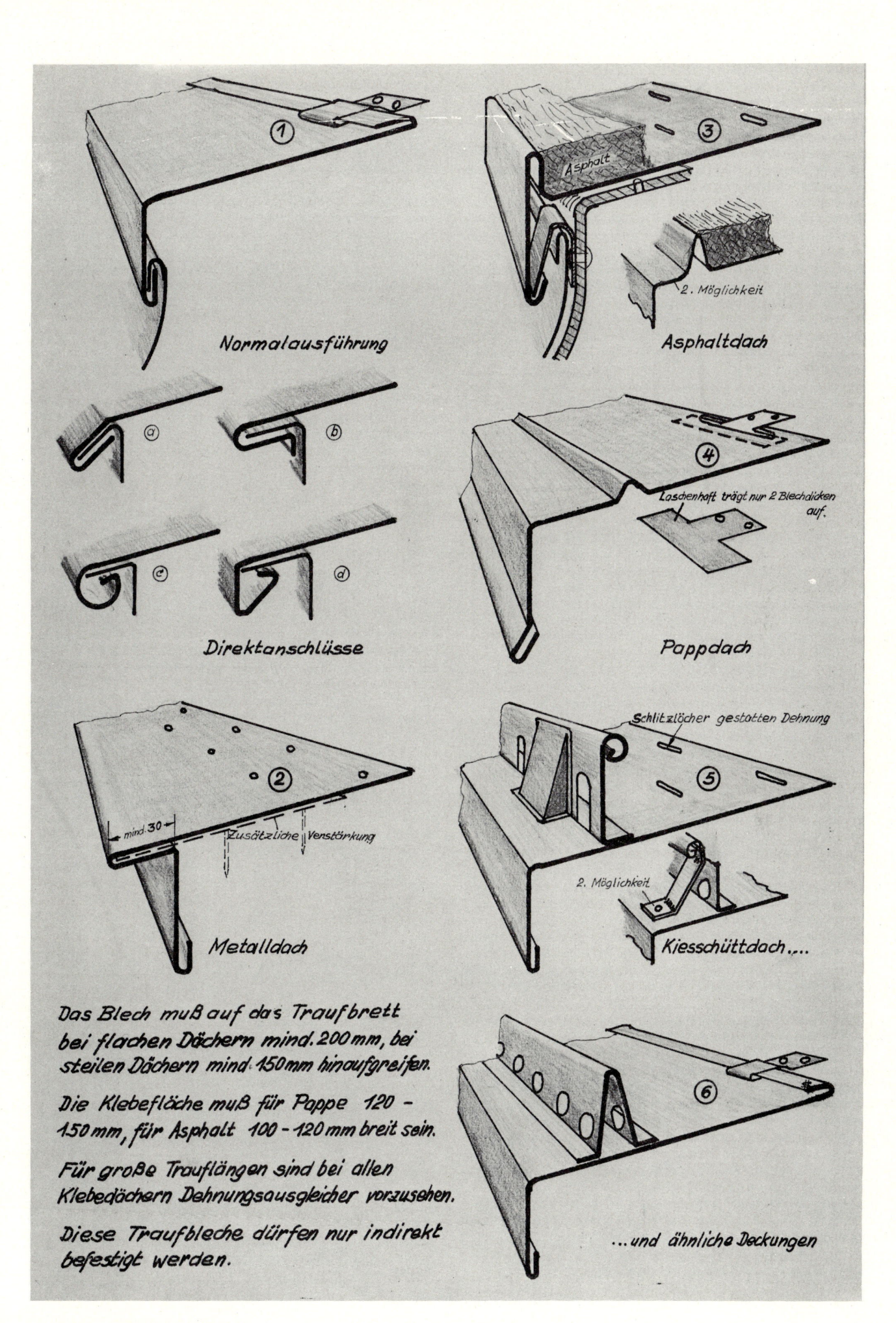

ⓐ ⓑ ⓒ ⓓ Direktanschlüsse

② Metalldach
mind. 30
Zusätzliche Verstärkung

③ Asphalt — Asphaltdach
2. Möglichkeit

④ Pappdach
Laschenhaft trägt nur 2 Blechdicken auf.

⑤ Kiesschüttdach,...
Schlitzlöcher gestatten Dehnung
2. Möglichkeit

⑥ ...und ähnliche Deckungen

Das Blech muß auf das Traufbrett bei flachen Dächern mind. 200 mm, bei steilen Dächern mind. 150 mm hinaufgreifen.

Die Klebefläche muß für Pappe 120 – 150 mm, für Asphalt 100 – 120 mm breit sein.

Für große Trauflängen sind bei allen Klebedächern Dehnungsausgleicher vorzusehen.

Diese Traufbleche dürfen nur indirekt befestigt werden.

Regenfallrohre (Regenablaufrohre)

Für die Herstellung der Regenablaufrohre gelten die Bestimmungen der DIN 18 460, 18 461 und DIN 18 339 – VOB, Teil C – Allgemeine Technische Bestimmungen.

Die Regenfallrohre sollen das anfallende Wasser von der Rinne auf dem kürzesten Weg zur Erde führen. Es kann ins Freie oder in die Kanalisation geleitet werden.

Die Größe der Rohre wurde bereits bei der Zuordnung der Dachrinnengröße auf Seite 8 behandelt. Das Normblatt DIN 18 460 im Anhang Seite 149 gibt die Berechnungsgrundlagen in vollem Umfang wieder.

Die Form der Rohre ist kreisförmig (KR) oder rechteckig (RR).

Die Maße der kreisförmigen Regenfallrohre sind im Normblatt DIN 18 461 in Tabelle 6 niedergelegt.

Rechteckige Regenfallrohre sind nicht genormt. Die kleinere Seite solcher Rohre muß jedoch mindestens den Wert des Durchmessers (Nennwert) des entsprechenden runden Regenfallrohres aufweisen. Die Blechdicke muß mit der Blechdicke der zugeordneten Dachrinne übereinstimmen.

Die Rohrführung sei den Bauteilen angepaßt. Früher hat man hier des Guten oft zuviel getan und liebevoll jede Gurte, jedes Gesimse umfahren. Fallstränge mit über einem Dutzend Rohrwinkeln waren nicht selten. Das barg viele Gefahren, und man durfte keine Rohrschellen sparen, wenn man diese Rohre anbrachte. In den vielen Knicken war die Verstopfungsmöglichkeit häufiger, und bei Reparaturen waren umfangreiche Arbeiten nötig.

Heute wird man soviel Wandabstand halten, daß wenig vorspringende Gurten hinter dem Rohr bleiben. Bei kleineren Gesimsen wird das Rohr ausgespart, größere Gesimse erhalten am besten eine Rohr-Durchführung. So wird bei einem Neubau heute neben dem Schwanenhals nur noch ein Sockelknie übrigbleiben.

Wanddurchführungen müssen in jedem Falle lösbar bleiben. Eine Wandhülse, die man zusätzlich noch mit Isoliermaterial ausstopfen kann, erfüllt diesen Zweck.

An der Außenseite verdeckt eine Rosette, die mit einer vorspringenden Abtropfnase versehen ist, das Mauerloch.

Bei der Herstellung werden Zinkrohre in den Längsnähten gelötet, die anderen Rohre gefalzt. Wir achten darauf, daß jedes Rohr, ob 1- oder 2-m-Stück, ein weites und ein enges Ende hat.

Beim oberen Ende unterscheiden wir zwischen der Steckweite und der Schiebeweite. Die Steckweite dient mit ihrem satten Sitz zur Herstellung der unlösbaren Verbindungen. Die 1- oder 2-m-Längen werden damit zur Baulänge zusammengesetzt. Die Schiebeweite soll ein leichtes Zusammenfügen der Baulängen zu lösbaren Verbindungen ermöglichen. Die Umfangslänge der Schiebeweite soll mindestens 2 mm länger sein als die der Steckweite. Hat man dies versäumt, so muß man durch Auftreiben des oberen Endes das Rohr erweitern. Wenn das Rohr später noch einen Anstrich erhält, muß man beim Zuschneiden bereits Vorsorge treffen.

Um zu vermeiden, daß die Rohre zuviel ineinandergeschoben werden, kann man entweder am engen Teil eine Sicke nach außen oder am weiten Ende eine Sicke nach innen eindrücken. Der ersteren Art ist der Vorzug zu geben, da sie den Rohrquerschnitt nicht verringert.

Nach DIN 18 339 müssen die Rohre an den Stößen mindestens 50 mm ineinandergreifen.

Bei eckigen Rohren ist bei der Herstellung besondere Sorgfalt anzuwenden. Die Abkantpunkte für die weite und enge Seite werden mit einer entsprechenden Schablone angezeichnet. Beim Löten oder beim Falzen muß peinlich darauf geachtet werden, daß sich die Seitenflächen nicht verwinden. Solche Rohre können sonst am Bau „um die Ecke" laufen. Alle Fehler und jede Nachlässigkeit bei der Herstellung ergeben Mängel bei der Passung, in Form und Aussehen, die in vielen Fällen zu Reklamationen führen.

Verschiedene Anschlüsse an das Standrohr zeigen die Skizzen. Dabei ist dem Gußrohr ohne Muffe der Vorzug zu geben. Das Anschlußstück soll kurz sein, es muß als Schiebestück eingerichtet werden; so lassen sich die Ablaufrohre mühelos entfernen. Das Schiebestück dient zugleich als Putzstück.

Balkonentwässerungen durch Wasserspeier können nur auf das eigene Grundstück geleitet werden.

Das Anbringen und Befestigen erfolgt mit Rohrschellen. Wir kennen solche mit geradem und mit gekröpftem Stift. Für eckige Rohre braucht man Sonderanfertigungen. Gekröpfte Schellen werden so gesetzt, daß sich der Stift unterhalb befindet (Skizzen). Die Befestigungsschraube sitzt rechts vom Rohr.

Der Abstand von der Wand soll mindestens 20 mm von der fertigen Putzfläche betragen, wenn in der Leistungsbeschreibung nichts anderes vorgeschrieben ist. Der Abstand der Rohrschellen untereinander soll bei Rohren bis 100 mm Durchmesser nicht über 3 m, bei größeren Rohren nicht über 2 m betragen. Die Rohrschellen sollen so befestigt sein, daß sie sich auch bei mehrmaligem Herausnehmen der Rohre nicht lösen. Bei dem heutigen Stand der Befestigungstechnik dürfte das kein Problem sein.

Die Rohre sollen so befestigt werden, daß die Schelle am oberen Ende der jeweiligen Baulänge ist. Auf diese Weise kann man die einzelnen Rohrstücke bequem zusammenschieben oder lösen und auf dem gleichen Standpunkt auf der Leiter auch die Rohrschelle schließen oder umgekehrt. Wenn das Rohr unten befestigt wäre, könnte es beim Herausnehmen das Übergewicht bekommen. Man wäre kaum in der Lage, auf dem oberen Ende einer Leiter das fallende Rohr zu halten. Schäden oder gar Unfälle wären die Folgen.

Die Längsnähte sind sichtbar anzuordnen. Dies gestattet die Kontrolle, bedeutet aber nicht zwangsläufig, daß die Naht vorne sein muß, es sei denn, das Rohr ist in einem Mauerschlitz verlegt.

Haben wir große Baulängen, so daß an eine Länge zwei Rohrschellen kämen, dann dürfen wir die untere Schelle nicht festspannen. Die Bewegung des Rohres beim Dehnen könnte im Laufe der Zeit den Stift lösen. Das Rohr soll also in den Schellen hängen.

Damit die Rohre nicht abrutschen können, bringen wir über den Schellen Wulste, Halbwulste oder Nasen an. Sie sind am Rohr anzulöten oder zu nieten. Auch kräftig durchgedrückte Sicken erfüllen den gleichen Zweck.

Bei alten Bauten und entsprechenden Neubauten mit historischem Wert finden wir kunstvoll geschmiedete Schellen. Dort setzt man oft über und unter die Rohrschellen einen Wulst oder eine Sicke. Man darf in einem solchen Fall keine Rücksicht auf eine Mauerfuge nehmen, sondern muß die Schellen so einsetzen, wie es der gleichmäßige Abstand der Sicken gebietet. Während der Bauzeit sollen Wasserabweiser angebracht werden, die über die Rüstung hinausreichen. In besonderen Fällen müssen Not-Regenfallrohre angebracht werden.

Aufgemessen wird in Metern in der Mittelachse.

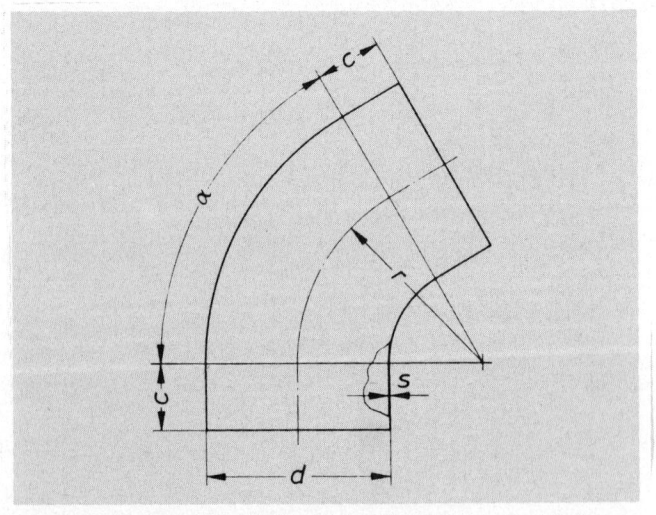

Rohrbogen für kreisförmige Regenfallrohre nach DIN 18 461
(Die Maße der verschiedenen Rohrdurchmesser können in Tabelle 8 – Anhang Seite 159 – abgelesen werden.)

Allg. Begriffe

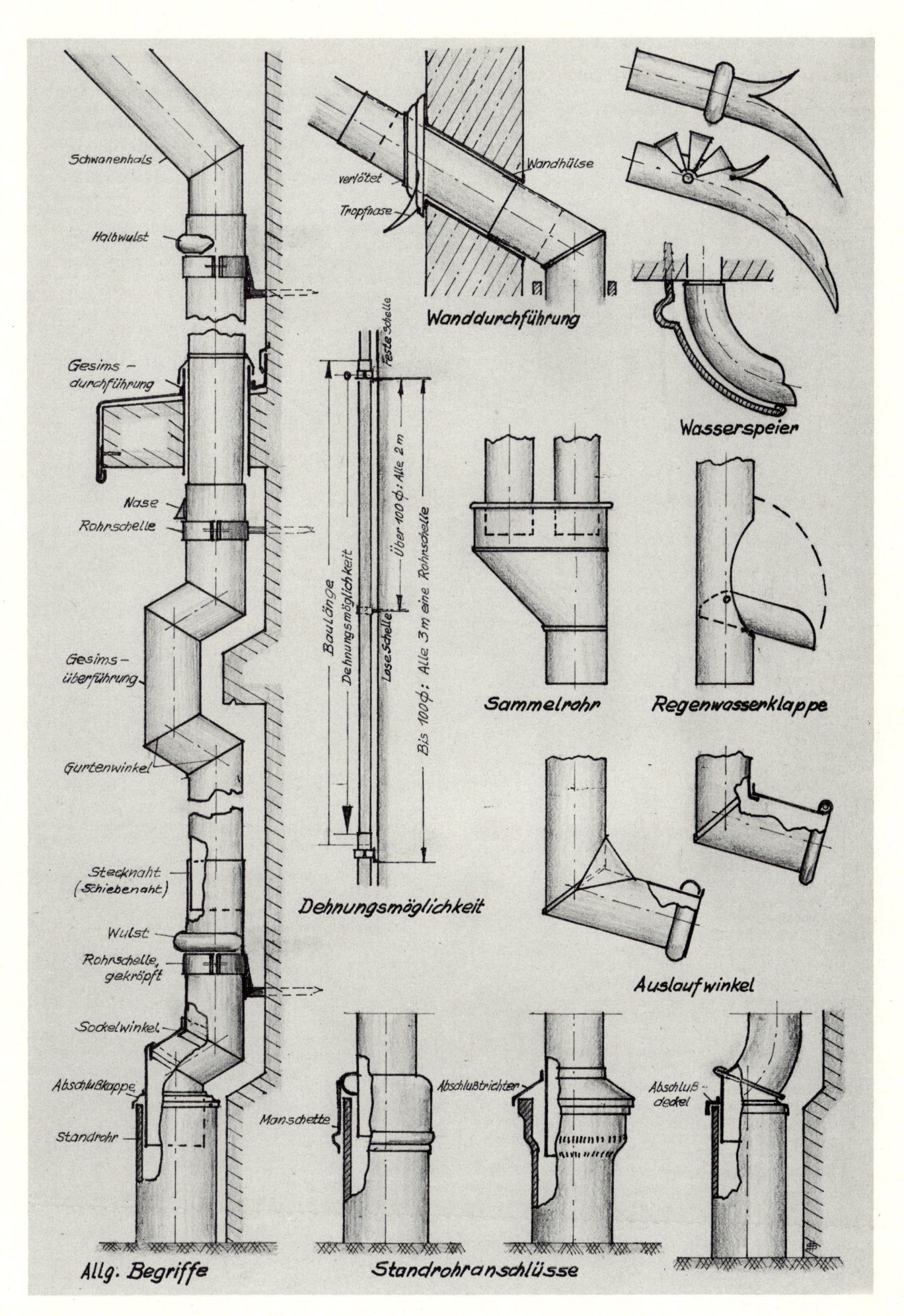

- Schwanenhals
- Halbwulst
- Gesimsdurchführung
- Nase
- Rohrschelle
- Gesimsüberführung
- Gurtenwinkel
- Stecknaht (Schiebenaht)
- Wulst
- Rohrschelle gekröpft
- Sockelwinkel
- Abschlußkappe
- Standrohr

Wanddurchführung
- verlötet
- Tropfnase
- Wandhülse

Dehnungsmöglichkeit
- Baulänge
- Dehnungsmöglichkeit
- Feste Schelle
- Lose Schelle
- Bis 100 ⌀: Alle 3 m eine Rohrschelle
- Über 100 ⌀: Alle 2 m

Wasserspeier

Sammelrohr

Regenwasserklappe

Auslaufwinkel

Standrohranschlüsse
- Manschette
- Abschlußtrichter
- Abschlußdeckel

Regenfallrohre (Rinnenanschlüsse)

Der Übergang von der Dachrinne in das Regenfallrohr erfolgt über den Ablaufstutzen, den Ablauftrichter, den konischen Schrägstutzen, über eine Rinnenerweiterung oder einen Rinnenkessel.
Dies schließt keine weiteren Ablaufmöglichkeiten aus, wie sie hin und wieder aus architektonischen Gründen gefordert werden.
Während der einfache Ablaufstutzen nur für kleinere Dachrinnen verwendet werden sollte, wird man den Trichter vor allem dort verwenden, wo das Regenwasser von beiden Seiten einströmt. Der trichterförmige Stutzen ist außerdem Voraussetzung bei der Größenbestimmung der Regenfall-Leitung nach DIN 18 460.
Die im Regenfallrohr befindliche Luft muß auch bei einem Platzregen entweichen können.
Der Anschluß an die Dachrinne erfolgt mit dem sogenannten Schwanenhals. Unter Verwendung von Winkeln und Bogen, durch Kombinieren dieser beiden oder mit Bogen verschieden großer Radien ergeben sich viele Gestaltungsmöglichkeiten. Die viel gemachten und gerne gesehenen Schweizerbogen werden mit der Krümmung nach oben oder nach unten eingebaut. Dabei sollte der nach unten gekrümmte Bogen nur an höheren Gebäuden Verwendung finden. Für den Wasserlauf sind die Schweizerbogen nicht günstig, da wir auf der einen Seite immer einen scharfen Knick von fast 90° haben.
Die konischen, schräglaufenden Anschlüsse, wie sie heute fast ausschließlich Verwendung finden, sind sehr zweckmäßig. Wir haben auch bei großem Wasseranfall einen günstigen Einlauf, und bei einem Stau kann daraus auch die eingeschlossene Luft besser entweichen als bei einem normalen Rohr. In modernen Wohngebieten finden wir diese Schrägläufer in allen Abwandlungen. Vom ganz flachen Abgang bis zum Fallrohr, das vom Rinnenstutzen schräg zum Standrohr führt oder gar vom Stutzen senkrecht nach unten geht, ist für jeden Geschmack etwas drin. Bei den ausgefallenen Lösungen wird man die entsprechende Befestigung beachten müssen. Vor allem darf man den eigentlichen Zweck der Wasserableitung nicht vergessen.
Bei Garagen und einstöckigen Gebäuden mit weit vorspringenden Dächern ist es oft nicht möglich, einen normalen Schwanenhals anzubringen, da er in den Bereich der Kopfhöhe von Passanten käme. Wenn die Giebelwand frei ist, kann man die Dachrinne verlängern und mit einem Rinnenwinkel auf die Giebelwand führen. Im anderen Fall wird ein geschlossenes, waagerecht verlaufendes Kastenprofil mit dem Querschnitt der Dachrinne direkt unter dem Gesimse angebracht. Ein Stau am Einlauf soll nicht entstehen (Skizze).
Neben den geraden Rohrstücken braucht man bei jedem Regenfallrohr Bogen und Winkel. Der Anschluß an die Dachrinne muß hergestellt werden, Gesimse erfordern Um- oder Durchführungen; Sockelknie, Standrohranschlüsse, Auslauf oder Abzweige verlangen einem guten Klempner schon einiges Können ab.
Richtungsänderungen des Fallrohres werden mit einem Bogen oder einem Rohrwinkel, auch Kniestück genannt, hergestellt. Wegen des günstigeren Wasserlaufs geben wir dem Rohrbogen den Vorzug. Diese gibt es gepreßt von der Fabrik oder sie werden in der Werkstätte aus mehr oder weniger Einzelteilen zusammengebaut. Bei Zink werden die Nahtstellen gelötet, bei den anderen herkömmlichen Metallen gefalzt, hartgelötet oder geschweißt. Der Zusammenbau mit dem Falz wird am meisten angewendet. Fast immer bleibt er dann ein Stehfalz, nur in seltenen Fällen wird er zusätzlich noch niedergelegt. Eine gute Wirkung erzielt man bei gelöteten oder hartgelöteten Teilen mit einer gesickten Gehrung (siehe Skizze im Textteil).
Bei Rohrwinkeln aus verzinktem Blech und einer Schräge von mehr als 45° kann man die Teile auch zusammenbördeln. Wichtig ist, daß vor dem Zuklopfen des Bördels eine stramme Passung erreicht ist. Sollte dies nicht der Fall sein, so kann man durch Nachschneiden des weiten Teils an der Außenseite und des engen Teils an der Innenseite rasch nachhelfen. Wir erhalten dabei eine sichere Verbindung, die zum Abdichten noch zusätzlich gelötet wird.
Gesimsdurchführungen erhalten zuerst ein Futterrohr. Dies soll oben etwa 40 bis 60 mm über die Gesimsfläche hinausreichen und wird mit der Gesimsabdeckung direkt verbunden. Das untere Ende soll 10 mm länger sein als das Gesimse dick ist. Dieses vorspringende Stück dient bei eventuellen Schäden als Tropfkante. Ein Abschlußtrichter, der ans Rohr gelötet ist, dichtet den Durchgang ab. Wenn es möglich ist, sollten die unteren Enden der Baulängen gerade durch das Rohrfutter durchgehen. So sind die Rohre am einfachsten zu entfernen oder einzuführen.
Gesimsumführungen sind zu vermeiden. Ob es sich um weit oder wenig vorspringende Gesimse oder Gurten handelt, bilden die vier Winkel immer eine Schadensquelle. Dies gilt sinngemäß auch für Sockelwinkel.

Standrohranschluß mit Blitzableitererdung

Wenn die Ablaufrohre zwecks Blitzschutz geerdet werden, so ist dieser Anschluß über dem Schiebebereich des Schiebestückes anzubringen.
Bei freiem Auslauf wird der Auslaufwinkel verstärkt. Dies geschieht am besten mit einem Wulst, mit einer Drahteinlage oder mit einem gesickten Blechband. Statt rechtwinklig zur Rohrachse kann der Auslaufwinkel auch so abgeschnitten werden, daß die Schnittfläche senkrecht steht.
Zum Sammeln von Regenwasser können Regenwasserfänger (oder Regenrohrklappen) eingebaut werden. Die Wirkungsweise, der Bau und der Zuschnitt derselben dürften hinreichend bekannt sein.
Mündet in einen Fallstrang ein zweites Rohr, so kann dies durch Einbau eines Sammelkastens geschehen. Gegen einen Abzweigstutzen ist nichts einzuwenden, wenn er so gearbeitet ist, daß sich die Rohre mühelos auseinandernehmen lassen. Im unteren Teil des Standrohres können Sandfang und Geruchverschluß eingebaut werden.

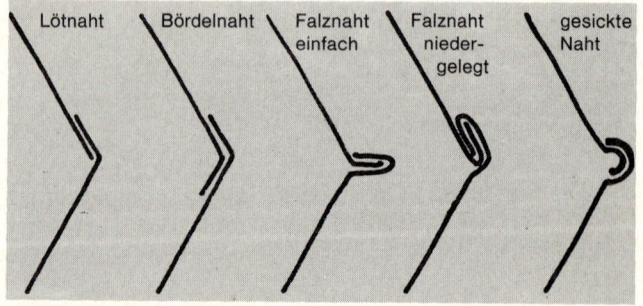

Verbindungsarten für Rohrwinkel: Lötnaht, Bördelnaht, Falznaht einfach, Falznaht niedergelegt, gesickte Naht

Öse zur lösbaren Verbindung

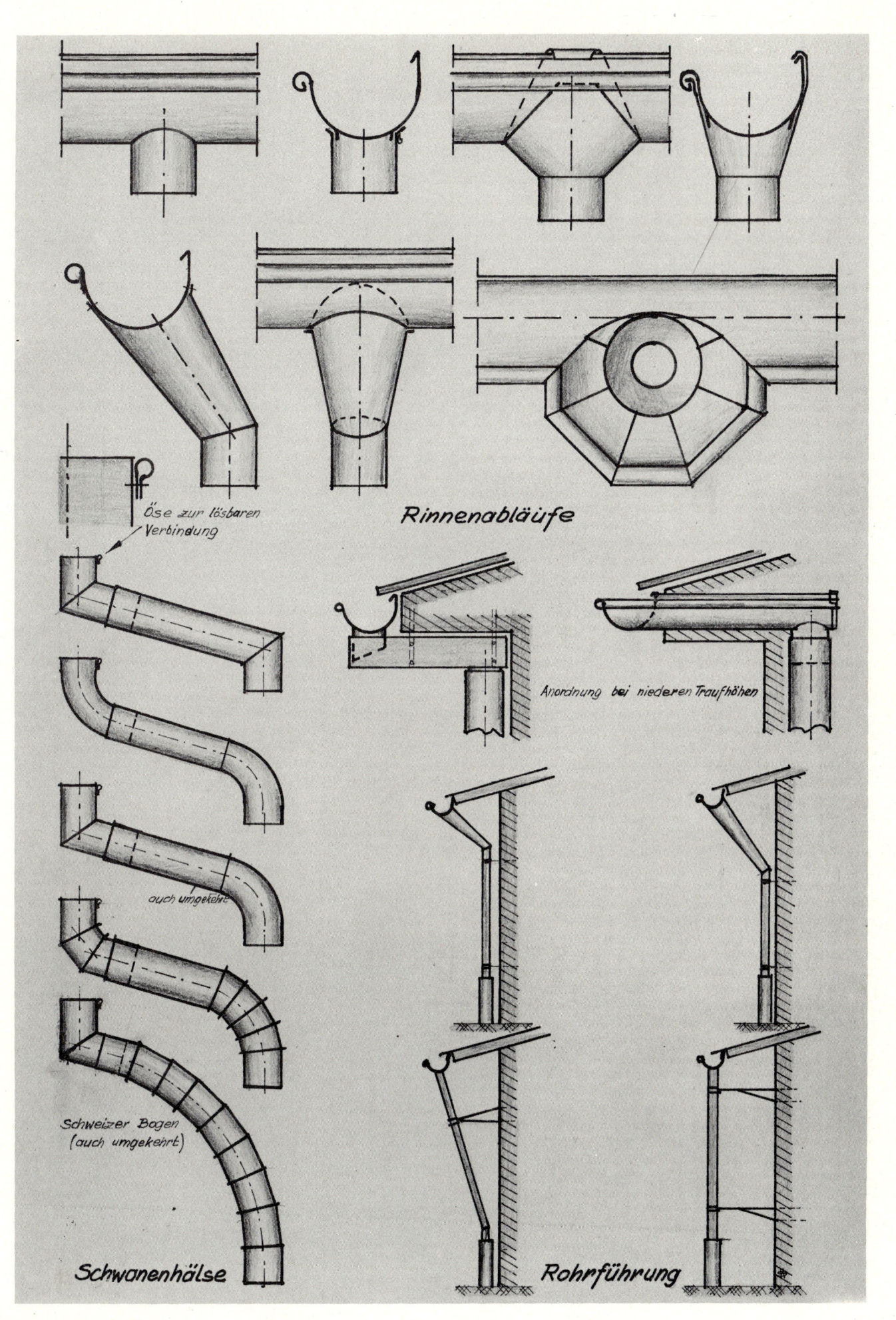

Rinnenabläufe

auch umgekehrt

Schweizer Bogen (auch umgekehrt)

Schwanenhälse

Anordnung bei niederen Traufhöhen

Rohrführung

Dachwasserabläufe

Unter dieser Bezeichnung verstehen wir die Sammel- und Ableitungsvorrichtungen für Regenwasser, das hauptsächlich bei Flachdächern durch das Gebäudeinnere abgeführt wird. Da meist industriell gefertigte Abläufe verwendet werden, welche aus Gußeisen, verzinktem Stahlblech, kunststoffüberzogenem Stahlblech, aus Blei oder ganz aus Kunststoff mit und ohne Heizung angeboten werden, bleiben für den Klempner nur einige besondere Fälle übrig, in denen er diese Abläufe selbst herstellt.

Bei der Montage solcher Abläufe ist zu beachten, daß die Ablaufstellen Gefahrenpunkte erster Ordnung sind. Jede Nachlässigkeit bei der Abdichtung kann Gebäudeschäden zur Folge haben. Oft ist es ja nicht nur der normale Wasserablauf, sondern bei Stauungen oder gar Verstopfungen kommt ein bestimmter Wasserdruck dazu. Findet das Wasser dann plötzlich einen Weg, kann es verheerend wirken.

Die Ablaufpunkte sind aber auch von unten her gegen schädliche Einflüsse zu schützen. Über bewohnten Gebäuden sind die Ablauftrichter besonders gut zu isolieren. Wenn nämlich beim Fehlen dieser Wärmedämmung die Kälte ins Innere gelangt, kann sich an dieser Stelle die Feuchtigkeit, die in jedem Raum mehr oder weniger vorhanden ist, niederschlagen.

An der Unterseite von Metalldächern führt Kondenswasser zum gefürchteten Lochfraß, wenn diese Dächer nicht belüftet sind. So darf auch an den Abläufen auf gar keinen Fall Kondenswasser entstehen. Darum sind die vorbereiteten Trichteröffnungen genauso zu isolieren wie die ganze Dachfläche. Unter der Wärmedämmung muß am besten eine Folienpappe als Dampfsperre wirken, die den im Gebäude befindlichen Wasserdampf erst gar nicht an das Metall heranläßt.

Manchmal wird schon vor dem Verlegen der Wärmeschutzschicht ein Doppeltrichter in die Gußrohrmuffe geführt, um bei einem Undichtwerden die schlimmsten Schäden zu verhindern.

Der Klempner muß sich in jedem Falle vor dem Einbau eines Ablaufes von der richtigen Beschaffenheit des Untergrundes überzeugen.

Nur bei Ableitungen an Vordächern, die ja von unten her genauso kalt werden wie von oben, kann man auf die Anbringung der Wärmedämmschicht verzichten. Dort genügen die normalen Isolierungsmaßnahmen durch Zwischenlegen einer Pappe oder durch einen zweimaligen Isolieranstrich mit Bitumen.

Auch für die Oberseite der Einläufe ist zum Schutz vor Korrosion durch die Zerfallsprodukte des Bitumen (siehe Seite 18) in den meisten Fällen ein Schutzanstrich zu empfehlen.

Gegen Verstopfungen durch Laub oder Spielbälle werden Drahtkörbe oder -gitter angebracht. Der Querschnitt des Ablaufs darf aber damit nicht verengt werden. Eine öftere Kontrolle, vor allem im Spätherbst, ist dem Bauherrn zu empfehlen.

Der Dachwasserablauf besteht aus dem Ablaufstutzen, -trichter oder -kessel mit der daran befindlichen Dachscheibe. Die Größe richtet sich nach der Einzugsfläche. Wir geben aber, da sich der Ablauf über dem Gebäude befindet, den doppelten Wert der Berechnung für außenliegende Dachrinnen als Sicherheit.

Nur für kleine Vordächer und innerhalb einer im Dach geformten Rinne sollte man den einfachen Stutzen verwenden. Der trichterförmige Einlauf ist besser. Die Dachscheibe soll eine ausreichend breite Anschlußfläche haben. Sie kann rund oder eckig sein. Je nach Dachdeckung bleibt sie entweder glatt oder erhält am Rand einen Wasserfalz. Für Asphalt wird man einen entsprechend hohen Rand aufsetzen; für Kiesdächer bringt man die Kiesleiste in der Höhe der Kiesschüttung an. Man achte in diesem Falle auf genügend Löcher in der Kiesleiste und auf eine solide Abstützung.

An Metalldächern mit innenliegendem Abgang sollte der Ablauf zu einem tiefen Kessel erweitert werden. Es darf zu keiner Verstopfung kommen, da das gestaute Wasser an der Traufe eindringen könnte. Ein Traufblech ist unbedingt zu verwenden. Werden kleinere Terrassen- oder Balkonabläufe in das Regenfallrohr des Hauptgebäudes geleitet, so ist diese Verbindung lösbar zu machen (Skizze). Man beachte dabei auch die Durchführung und die Abdichtung des Hauptrohres. Aufmaß und Abrechnung erfolgen nach Größe und Ausführung in Stück.

Rinnenheizungen

Bei Temperaturen wenig unter 0 °C ist die Gefahr der Eisbildung gegeben. Die Hauswärme bringt den Schnee auf dem Dach zum Schmelzen.

Das Schmelzwasser erstarrt in der kalten Zone, am Dachvorsprung, in der Rinne, im Regenfallrohr wieder zu Eis.

Dabei können die Rohre platzen und die Rinne deformiert werden; auf dem Dach bildet sich ein Eiswulst, der das Schmelzwasser staut. Je nach Lage entstehen dabei leichte bis schwere Gebäudeschäden.

Hier helfen elektrische Heizkabel mit etwa 25–35 Watt Leistung pro Kabelmeter. Diese werden über der kalten Dachzone, in der Dachrinne und im Fallrohr verlegt. Da der Endpunkt wegen des Anschlusses wieder zum Anfang zurückkehren muß, beginnt man mit der Verlegung in Höhe des Ablaufrohres und führt das Kabel zunächst zickzackförmig über die kalte Zone des Dachvorsprungs. Nur bei Wellplattendächern legt man eine Schleife am Plattenstoß nach unten. Von hinten her wird das Kabel in die Dachrinne entweder glatt bei halbrunden, oder leicht wellenförmig bei breiten Flachrinnen gelegt und als eine Schleife in das Ablaufrohr gehängt. Diese Schleife sollte bis zur Frosttiefe im Boden hinabführen.

Die Kabellänge errechnet sich demnach aus der Wellenlänge auf dem Dach (die Länge einer Schleife wird nach dem Pythagoras-Lehrsatz bestimmt), der Rinnenlänge und zweimal Fallrohrlänge bis zur Frosttiefe. Eine kleine Zugabe läßt sich bei Überlänge leicht in der Rinne oder im Fallrohr unterbringen.

Zur Montage auf dem Dach benutzt man kleine Wendescheiben in der Form einer Radfelge. Diese werden auf ein Bandeisen genietet und unter der nächsten Ziegelreihe auf der Dachlatte befestigt. An der Rinne hängt man das Kabel an der hinteren Feder des Rinnenhalters ein.

Das Kabel besteht aus dem eigentlichen Heizleiter, der steinharten Isolierung aus Magnesiumoxid und dem nahtlosen, druckdichten Kupfermantel. Dieser Mantel wird bei der Verwendung auf Zinkdächern oder solchen aus verzinktem Stahlblech mit einer PVC-Kunststoffschicht umhüllt, damit keine elektrochemischen Angriffe auftreten.

Die Berechnung der erforderlichen Kabeltype überläßt man dem Hersteller. Die Kabel haben an den Enden etwa 2 m lange verstärkte Enden (Kaltkabel), damit sich die Temperaturen nicht auf die Klemmen und Verbindungen auswirken können.

Vor Inbetriebnahme der Anlage ist der Durchgang und der Isolierwert zu prüfen.

Betreiben kann man die Anlage entweder ganz mit Handschaltung, durch Zeitschalter (Einschalten von Hand, automatische Abschaltung nach der eingestellten Zeitspanne), oder dies in Verbindung mit einem Temperaturschalter, welcher die Stromzufuhr nur freigibt, wenn die Außentemperaturen unter 2–4 °C absinken. Eine Lampe, die den Betrieb der Heizung anzeigt, ist zu empfehlen.

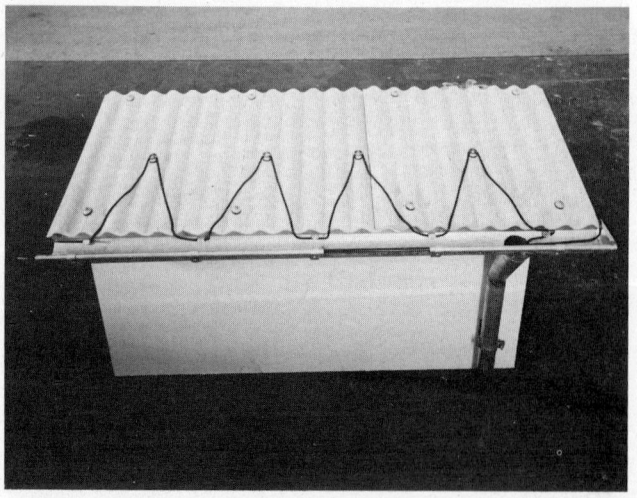

Modell einer Dach- und Rinnenbeheizung

Für kleine Flächen

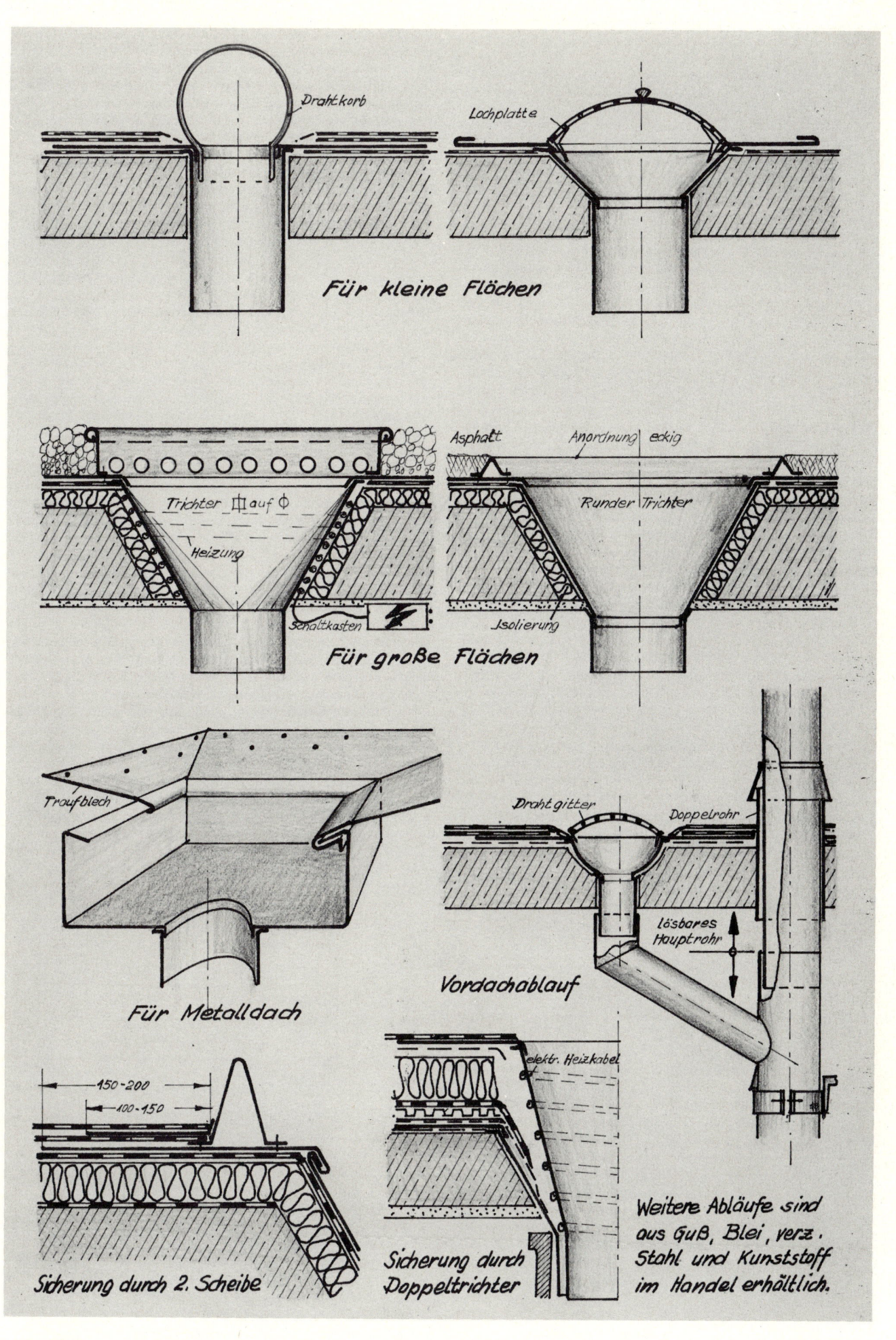

Für große Flächen

Für Metalldach

Vordachablauf

Sicherung durch 2. Scheibe

Sicherung durch Doppeltrichter

Weitere Abläufe sind aus Guß, Blei, verz. Stahl und Kunststoff im Handel erhältlich.

Kehlbleche

An den Dächern entstehen Kehle, wenn zwei Dachflächen in einem Winkel unter 180° gegeneinanderlaufend sich berühren. Dabei ist es nicht immer möglich, mit der Dachdeckung allein eine Abdichtung herbeizuführen. Hier greift dann der Klempner ein, denn er hat mit Blech ein Material zur Verfügung, das ihm auch schwierige Eindeckungen ermöglicht.

Die Kehlen eines Daches haben immer den geringsten Neigungswinkel des Daches und damit auch das geringste Gefälle. Aus dieser Erkenntnis heraus muß man also bei diesen Anschlüssen sorgfältig verfahren.

Wie wir aus den Profilskizzen ersehen, können Kehlbleche sehr verschiedene Formen haben. Die einfachste Art besteht aus einem abgewinkelten Blech, das zum Schutz gegen überschießendes Wasser auf jeder Langseite einen Wasserfalz erhält. Auf dieser Grundform bauen die anderen Profile auf. Wo viel Wasser zu erwarten ist, wird man eine vertiefte Kehle verwenden oder eine Rinne mit verschiedenem Querschnitt anbiegen. Bei ungleich großen und ungleich steilen Dächern verhindert ein angebogener Steg oder eine der angeführten Rinnen, daß das Wasser auf der Gegenfläche unter die Ziegel schießt.

Für Metalldächer verwendet man möglichst tiefergelegte Kehlrinnen. Die Verbindung mit der Dachdeckung erfolgt dann wie bei der Traufe. Dabei erhalten wir zusätzlich eine Ausdehungsmöglichkeit für die Dachhaut.

Bei Pfannenziegeln und anderen stark verformten Ziegeln geben zusätzliche Ziegelstützen die Gewähr, daß angeschrotete Ziegel nicht abrutschen können. Der Wasserlauf bleibt frei. Die Stützen werden aufgenietet oder bei Zink aufgelötet. Sie haben die Form der Kiesleiste bei den Traufblechen. Das Regenwasser muß durchfließen können. Die Stützen werden gehalten durch Sprossen aus Wulsten oder verzinktem Flachstahl. Die Abstände dieser Sprossen sollten nicht über 0,50 m sein.

Die Zuschnitte unserer Kehlbleche sind verhältnismäßig groß. Schon für kleine und steilere Dächer braucht man mindestens 333 mm Zuschnittbreite. Meistens trifft man sie bei Dachgaupen. Normalzuschnitte sind allgemein 400 und 500 mm; biegen wir einen Steg oder Rinnenformen an, so kommen auch Breiten von 666 mm zustande.

Bei der Verlegung von Kehlblechen werden diese im Normalfall an den Stößen nur überdeckt. Je nach der Dachschräge geben wir eine Nahtbreite von 50 bis 100 mm. Damit sich hier kein Wasser zurücksaugen kann, werden die Nahtkanten leicht angereift. Um das Abrutschen zu verhindern, erhält jedes Zweimeterstück am oberen Ende zwei Stifte oder besser noch zwei Hafte in einem Wasserfalz. Auch auf den Dachflächen werden die Bleche durch Hafte, die im Wasserfalz eingehängt sind, niedergehalten. Am unteren Ende, am Traufpunkt der Kehle, werden wir das Blech nicht einschneiden, sondern rund ausschneiden und diese Rundung senkrecht nach unten schweifen. Wir erhalten damit eine Versteifung und eine einwandfreie Abtropfmöglichkeit. Ist viel Wasser zu erwarten, dürfen wir nicht vergessen, den äußeren Rinnenrand mit einem Blech zu erhöhen, damit kein Wasser aus der Kehle überspritzen kann.

Das größte arbeitstechnische Problem taucht dort auf, wo zwei Kehlbleche am First zusammentreffen. In vielen Fällen wird diese Aufgabe nicht gemeistert, sondern die Bleche auf die unmöglichsten Arten zusammengeflickt. Das Zinkblech schneidet dabei noch am besten ab. Wo man aber Stahlblech, Aluminium oder Kupfer zusammenführt, sollte dieser Anschluß nicht nur gut aussehen, sondern auch dicht sein.

Unser Skizzenblatt zeigt die Arbeitsgänge, die an diesem Punkt auszuführen sind. Für die Aufkantungen sind mindestens 45 und 35 mm zuzugeben; diese Höhen brauchen wir, um eine schlanke Rundung schneiden zu können. Damit wir das dreifache Blech der Quetschfalte nicht auf einem Punkte haben, wird man an einem Blech diese Falte mehr nach oben, am anderen Blech mehr nach unten ziehen. Wird nun die Rundung geschweift, so ist unbedingt darauf zu achten, daß schon beim ersten Falz keine Risse entstehen. Sie würden beim Herumnehmen des zweiten Falzes unweigerlich weiterreißen und wir hätten zusätzliche Lötarbeit. Wenn der Verbindungsfalz doppelt gefalzt ist, wird man ihn auf der Dachseite so niederlegen, daß er nach unten zu liegen kommt. Auf der Firstseite kann der Falz stehenbleiben. Bei Bandzink wird man genauso verfahren, während man bei Tafelzink eine Lötnaht macht.

Die Skizzen unter dem Text zeigen, wie man bei Kehlen mit angebogenem Steg verfährt. Der Verbindungsfalz muß noch über der Steghöhe geschlossen sein, der Einschnitt am Steg muß darum mindestens 30 mm tief sein; um dieses Maß wird dann die Aufkantung über den Steg hinausragen. Die Verfalzung geschieht dann wie oben. Diese Verbindung ist nicht leicht herzustellen. Erst sollte man die einfache Möglichkeit beherrschen, bevor man diese schwierige Arbeit probiert.

Die einfachste, sauberste und sicherste Verbindung bei Steg- wie auch bei Rinnenkehlen bekommt man, wenn man nach dem Gehrungsschnitt an diese Kehlenden einen Boden, auch Kopfstück genannt, auflötet, aufnietet oder auffalzt. Hier kann man vorher alle Undichtigkeiten beseitigen und hat auf dem Dach zum Zusammenfalzen nur die beiden Blechdicken der Böden.

Aufgemessen werden Kehlbleche nach der größten Länge in Metern unter Zugrundelegung der Zuschnittbreite.

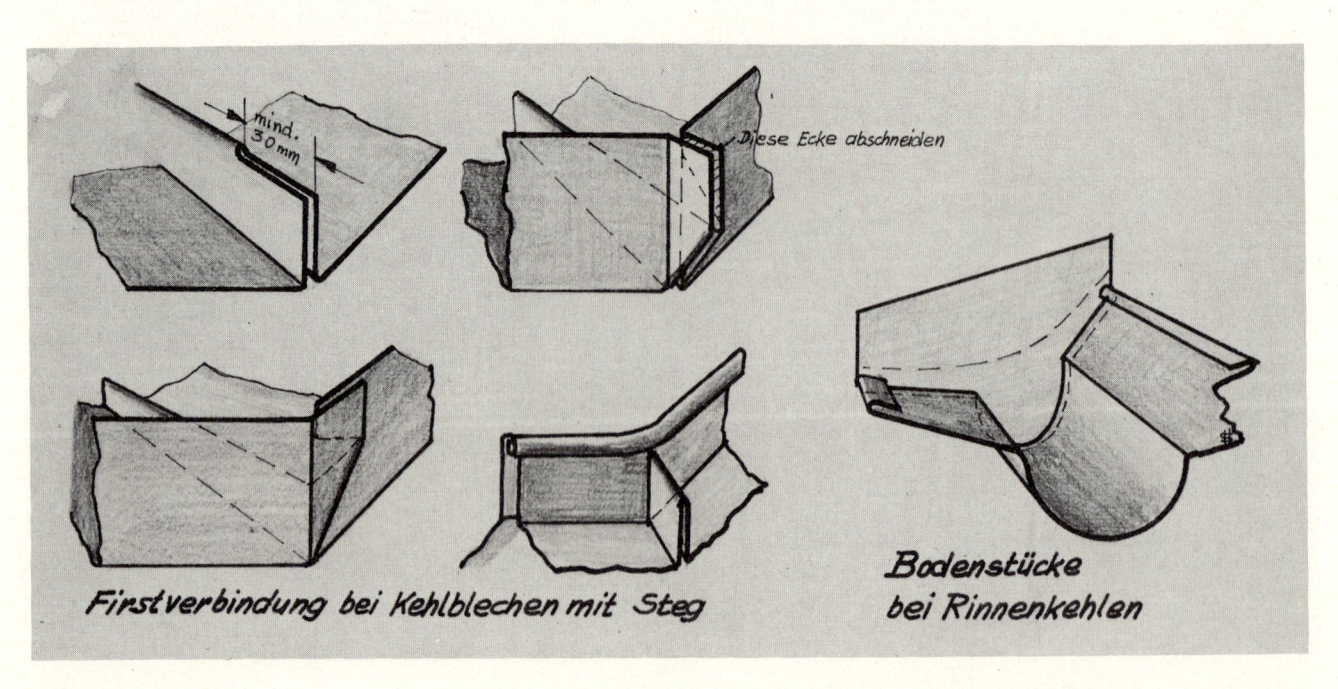

Firstverbindung bei Kehlblechen mit Steg

Bodenstücke bei Rinnenkehlen

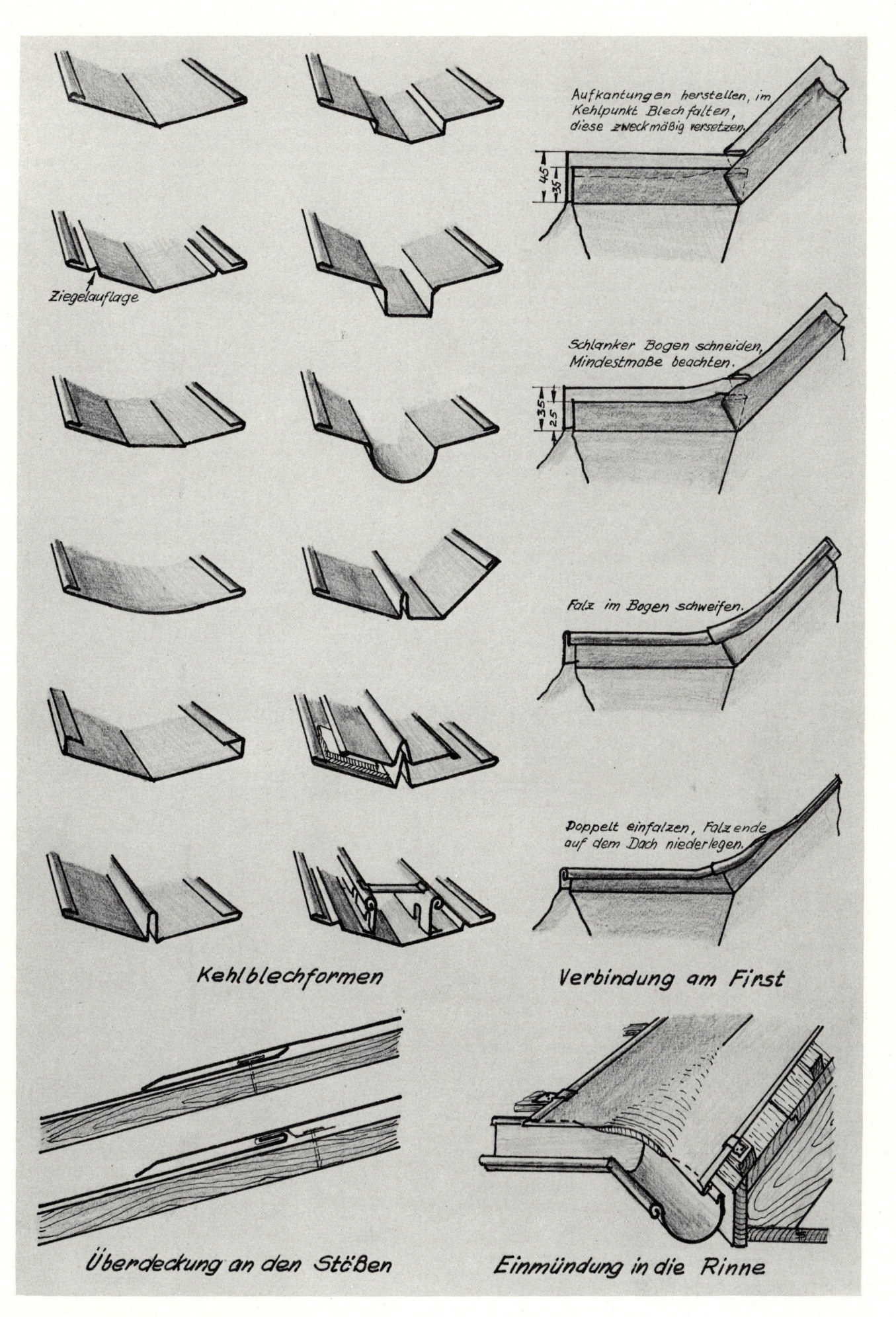

Aufkantungen herstellen, im
Kehlpunkt Blech falten,
diese zweckmäßig versetzen.

Ziegelauflage

Schlanker Bogen schneiden,
Mindestmaße beachten.

Falz im Bogen schweifen.

Doppelt einfalzen, Falzende
auf dem Dach niederlegen.

Kehlblechformen

Verbindung am First

Überdeckung an den Stößen

Einmündung in die Rinne

Eckbleche, Firstbleche

Eckbleche. Sie werden dort verwendet, wo bei einer Platten-Wandverkleidung eine saubere und vor allem dichte Ecke gewünscht wird. Dabei kann, je nach Konstruktion, das Blech unsichtbar sein, es kann als Kante oder als Fläche sichtbar gemacht werden. Durch diese Bleche wird das Eindringen von Wasser wirksam verhindert, und wir erhalten weiterhin damit eine klare Abschlußlinie.

Je nach der Art der Wandverkleidung wird man einen Wasserfalz anbringen und mit Haften befestigen oder aber direkt nageln. Die Dehnungskräfte treten hier nämlich kaum in Erscheinung, da wir nur mit Einmeter- oder Zweimeterstücken arbeiten. Eine fortlaufende feste Verbindung ist nicht notwendig. Die Nähte werden unter Anreifen der Kanten bis 50 mm überdeckt. Das Abrutschen wird durch zwei direkt genagelte Stifte verhindert, die am oberen Ende der Bleche eingeschlagen und durch die Überdeckung verdeckt werden. Die Breite der Anschlußfläche soll bei Klebeanschluß 100 bis 120 mm betragen; bei vorspringenden Blechkanten und abgebogenem Wasserfalz, wie man bei Schiefer oder Asbestzementplatten vorgeht, genügen 60 bis 80 mm. Aufgemessen werden Eckbleche nach der fertigen Baulänge in Meter unter Zugrundelegung der Zuschnittbreite.

Firstbleche sind verhältnismäßig selten zu finden, nur noch in einzelnen Gegenden trifft man sie häufiger. Sie sind für Ziegel- und Schieferdächer gedacht und werden an Stelle von Firstziegeln angebracht. Der Vorteil der Firstbleche ist, daß bei Gebäudesenkungen oder bei einem unterschiedlichen Arbeiten der Dachkonstruktion das Firstblech diese Bewegungen mitmacht und dicht bleibt, während bei Firstziegeln der Mörtel Risse bekommt oder gar ausbröckelt. Hier können dann im Laufe der Zeit Schäden entstehen, um so mehr, als das Gebälk unter dem First ja nie beachtet wird.

Bei Firstblechen haben wir die Umkehrung der Kehlbleche. Neben der Abdeckung des Firstes werden sie auch zur Gratabdeckung verwendet. In der einfachen Ausführung bekommt das Blech neben der Abwinklung des Firstwinkels an den Außenkanten einen Umschlag und eine Anreifung. Der Umschlag dient neben der Versteifung der Kante auch zur Verhinderung von sichtbarer Rostbildung an der Schnittkante von verzinkten Stahlblechen. Denn jetzt tropft das Wasser nicht am Schnitt mit dem blanken Eisen, sondern von der Zinkschicht ab. Die Verbindung der Bleche untereinander geschieht im einfachen Fall durch genügende Überdeckung. Je nach Zuschnittbreite wird man 50 bis 100 mm überdecken.

Die Nahtkanten werden wiederum angereift, damit kein Wasser zurückgesaugt werden kann.

Die Breite der Bleche richtet sich nach der Dachdeckung. Je nach der Deckungsart und dem Abstand der letzten Ziegelreihe vom First schneidet man die Bleche zu. Der geringste Zuschnitt wird wohl nicht unter 333 mm liegen.

Die Form der Firstbleche kann je nach der Gebäudeart verschieden sein. Neben der Rundung, wie sie in der Skizze gezeigt ist, können auch noch reichere Profile Verwendung finden. Wir brauchen dafür aber mehr Blech, mehr Zeit und genaueres Arbeiten.

Der Anschluß an das Dach kann verschieden sein. Neben dem einfachen Umschlag mit Anreifen, der für Biberschwanzziegel, Schiefer und andere glatte Platten am besten ist, brauchen wir für Falzziegel und andere stark profilierte Ziegelformen entweder einen angelöteten Bleistreifen, der nach der Verlegung sorgfältig angeklopft wird, oder eine breite Abkantung, die nach dem Ziegelprofil ausgeschnitten wird. Die Bleilappen sollen nicht zu breit gemacht werden und müssen mindestens 1 mm dick sein, sonst könnten sie vom Sturm aufgebogen werden.

Die Verbindung von Firstblechen mit dem Gratblech erfolgt durch Falzen, Nieten und Löten. Um die Jahrhundertwende wurde an diesen Eckpunkten eine Dachspitze aufgesetzt, deren Stiefel kunstgerecht in First- und Gratblech hineinlief.

Als Abschluß der Bleche ist ein aufgesetzter Boden oder Kopfstück das beste. Beim Satteldach sitzt er am Firstblech, beim Walmdach am unteren Ende des Gratbleches. Dort ist der Boden abgewinkelt und ist entsprechend der Dachschräge schräg aufgesetzt, damit er nach der Montage senkrecht steht. Die Befestigung der Bleche erfolgt durch entsprechend geformte Bügel aus verzinktem Flachstahl oder Flachkupfer. Der Bügel muß die ganze Breite des Bleches erfassen und muß mit einem sehr kräftigen und langen Nagel in der Firstpfette verankert sein. Wo diese Pfette fehlt, wird man den Bügel an der Sparrenunterseite mit einer langen Schraube und eckigen Unterlegscheiben verschrauben. Der Abstand der Bügel soll nie größer sein als der Sparrenabstand, also 0,70 m im allgemeinen nicht überschreiten.

Damit über das Nagelloch kein Wasser eindringen kann, überdecken wir den Nagelkopf mit einem Bleistreifen, der unter dem Bügel bereits festgenagelt ist und nach dem Einschlagen des Nagels sorgfältig angeklopft wird. Wir haben so eine Dichtung zwischen Blech und Bügel und zugleich die Abdeckung des Nagelkopfes.

Für Well- und Pfannenbleche wie auch für profilierte Metallbänder zu Dachdeckzwecken werden fertig geformte Firstbleche geliefert und verwendet. Aufgemessen wird auch hier nach der größten Länge in Meter unter Zugrundelegung der Zuschnittbreite.

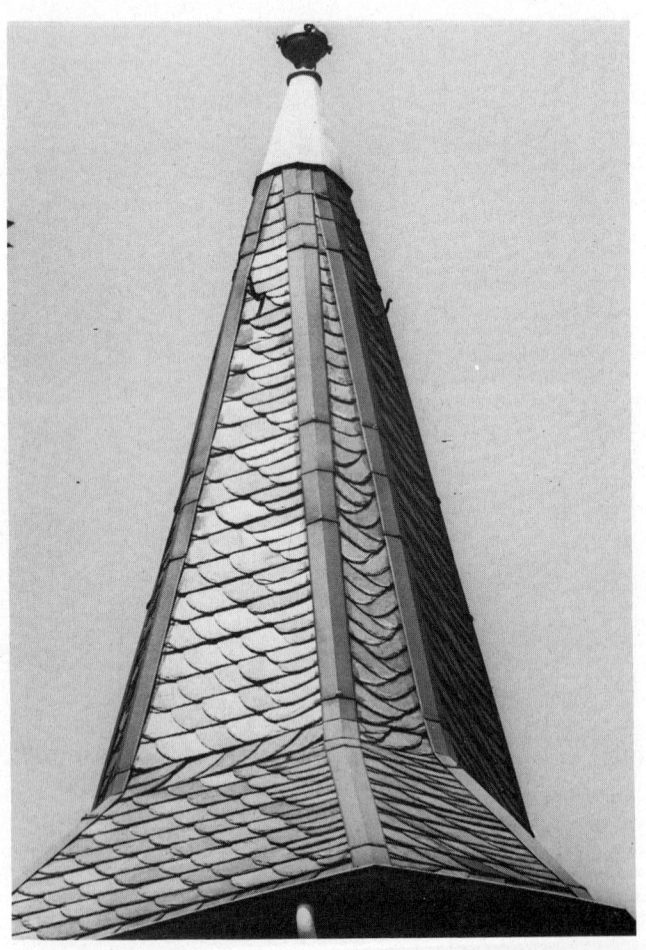

Firstbleche (Gratbleche) nach der Renovierung eines schiefergedeckten Türmchens an einem Wohnhaus, das kurz vor der Jahrhundertwende gebaut wurde.

Eckbleche

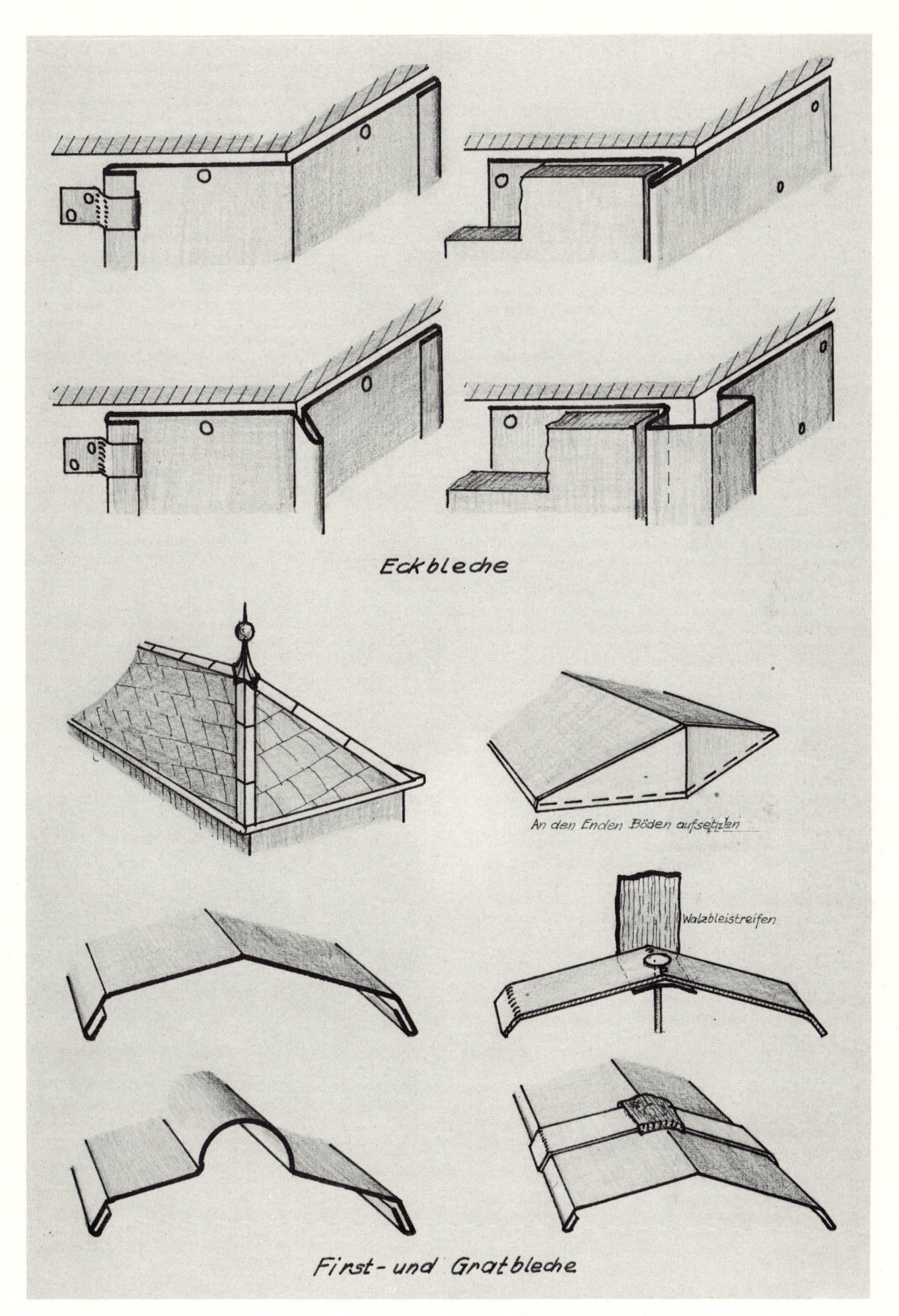

An den Enden Böden aufsetzen

Walzbleistreifen

First- und Gratbleche

Seitenbleche

Wo ein Dach seitlich an eine Mauer stößt, ist ein dichter Anschluß notwendig. Für alle Dachdeckungsarten ist hier Blech das richtige Material, besonders dann, wenn ein Neubau an einen Altbau angelehnt wird. Dort ist zu erwarten, daß sich das neu erbaute Gebäude senkt oder setzt. Dabei würde eine feste Verbindung zwischen den Bauten zerstört werden.

Das Seitenblech wird mit der Mauer, an die es anschließt, nicht fest verbunden. Wir erreichen die Abdichtung und gleichzeitige Bewegungsmöglichkeit der Bauteile durch den Überhangstreifen. Wenn wir diesen anschlagen, muß er dicht über der Oberkante des Seitenbleches sitzen, damit bei einer Gebäudesenkung immer noch eine Überdeckung vorhanden ist.

Das Seitenblech, auch Maueranschluß genannt, ist im Normalfall ein abgewinkelter Blechstreifen, der auf der Dachseite einen Wasserfalz erhält. Die seitliche Aufkantung muß nach DIN 18 339 – VOB, Teil C, mindestens 150 mm hoch sein. Je nach der Deckungsart des Daches ist die Ausführung der Bleche verschieden. Der Zuschnitt der Bleche schwankt zwischen 250 bis 333 mm Breite. Die Anfertigung erfolgt in Zweimeterlängen, seltener in Meterstücken ①.

Bei den üblichen Dachneigungen werden die Nähte nur überdeckt, wie wir es bei den Kehlen machten. Man macht dabei je nach Dachschräge 50 bis 100 mm breite Nähte. Wenn die Längen nicht zu groß sind, kann man auch eine starre Verbindung wählen. Befestigt werden die Seitenbleche auf der Dachseite mit Haften. Damit sie nicht herabrutschen können, gibt man ihnen am oberen Ende einen Stift, der durch das nachfolgende Blech überdeckt wird. Man reift auch hier die Nahtkanten an. An der Mauerseite dürfen wir die Bleche nicht befestigen!

Betrachten wir die Skizzen, finden wir unter der Normalausführung ein Blech mit angebogenem Steg. Der Steg kann je nach Ziegelart bis zu 80 mm noch sein. Er verhindert bei stürmischen Winden das Einwehen von Dachwasser und Schnee. Diese Gefahr besteht besonders bei Schornsteinen und Oberlichtern. Der Steg grenzt den Wasserlauf ab, die Ziegel haben hier einen Anschlag. Soll oben ein solches Blech unter einen Ziegel laufen, wird unter gleichzeitigem Schweifen der Steg niedergelegt. So kann man auch am Traufpunkt verfahren ②. Wenn das Seitenblech möglichst unsichtbar bleiben soll, verwendet man solche mit angebogener Rinne. Hier überdecken die Ziegel das Blech bis zur Mauer. Anfallendes Wasser kann darunter weglaufen. Im Laufe der Zeit werden solche Bleche ein beliebter Unterschlupf für Spatzen, die auch mal eine Überschwemmung in Kauf nehmen. Man wird diese Bleche aber unbedingt brauchen, wenn die Mauer schräg einwärts zur Dachrinne verläuft, dann muß das anfallende Wasser aufgenommen werden ③.

Als Profil wählt man zweckmäßig die halbrunde Form, denn sie hat den günstigsten Wasserlauf und die geringste Abwicklung. Wenn bei solchen Blechen das Profil noch unter die Ziegel reicht, entsteht der Nachteil, daß bei der Dachdeckung kaum eine Möglichkeit zur Ziegelbefestigung vorhanden ist ⑦. Das Einwehen von Schnee wird am sichersten verhindert, wenn man zusätzlich noch Bleilappen anbringt. Diese sollen mindestens 1 mm dick sein, ihre Breite schwankt zwischen 80 und 120 mm; nach der Ziegelart verschieden. Ihre Befestigung kann erfolgen wie in der Skizze, dabei bleibt dann der ganze Rinnenquerschnitt frei. Man kann auch genauso gut die Lappen an der Seitenaufkantung befestigen. Bleiabdichtungen sollen nicht in einer ganzen Länge aufgelötet werden, sondern noggenartig in Ziegellängen. Dann wird jedes Bleistück vom darüberliegenden Ziegel festgehalten, während sonst eine Böe die ganze Zusatzabdeckung aufstellen und damit wertlos machen kann. Allerdings braucht man bei der Noggenabdeckung etwa 25% mehr Material ④.

In vielen Gegenden Norddeutschlands werden die Seitenanschlüsse ganz mit Blei ausgeführt. Dabei liegen die Bleilappen auf den Ziegeln. Nach dieser Art verlegen wir auch unsere Seitenbleche bei Well-Asbestzement- oder Wellblechplatten. Zur Sicherheit lassen wir unsere Abdeckung ins zweite Tal laufen.

Bei Papp- und Asphaltdächern kann man das Seitenblech unter oder über den Belag führen. Bei flachen Dächern müssen wir vernieten und verlöten. Das bedeutet aber auch, daß wir bei Längen über 5 m an Dehnungsmöglichkeiten denken müssen, ohne die die ganze Abdeckung fraglich würde. Eine Nagelung ist nicht zweckmäßig, besser ist ein Wasserfalz mit Haften, wobei man den Falz zuklopfen kann. Liegt in dieser Kehle eine Dreikantleiste, soll auch die Pappe auf diesen Dreikant hinaufgeführt werden, was für die Dichtheit des Daches wesentlich ist. In unseren Gegenden ist das Seitenblech meist über den Belag geführt. Dies hat den Vorteil, daß der Klempner der letzte Dacharbeiter ist. Hier wird die Pappe an der Wand hochgeführt. Das Seitenblech ruht an der Unterkante lediglich in Haftstreifen, die mit 50 cm Abstand verlegt sind. Damit wird unser Blech vor Wegrutschen gesichert ⑤ und ⑥.

Überhangstreifen müssen mindestens 60 mm breit sein. Sie erhalten an der Unterkante einen Umschlag und eine Anreifung, oben eine Ein- und Aufkantung oder Einkantung mit Wasserfalz. Dies allein verhindert das Eindringen von Wasser. Damit der Putz nicht ausbröckeln kann, schneidet man an der Oberkante sog. „Fleischerhaken" und schlägt sie zu Löckchen herum. Die Nähte werden gesteckt, eine feste Verbindung ist nicht zu empfehlen, da sie die Dehnung erschwert. Gehrungen werden gelötet oder gefalzt, Aluminium muß vor der Verlegung gegenüber dem Mauerwerk gut isoliert werden (zweimaliger Bitumenanstrich).

Neu und praktisch sind seit einiger Zeit Profilleisten auf dem Markt, die vor allem bei Betonwänden, aber auch an geputzten Wänden sehr gute Dienste leisten.

Diese Profile, deren Öffnung zunächst noch mit einem lösbaren Streifen verschlossen sind, werden bereits bauseits in den Beton mit eingegossen. Mit passenden Haken sind sie an der Schalung befestigt. Nach dem Abbinden und zur Montage wird der Schutzstreifen entfernt, der mit angegebenen und genauen Maßen angefertigte Überhangstreifen eingesetzt und mit mitgelieferten Federn befestigt.

Aufgemessen wird nach der größten Länge unter Zugrundelegung der Zuschnittbreite.

Seitlicher Maueranschluß bei der Renovierung eines Schieferdaches. Die Überhangstreifen sind angeschraubt und haben oben eine Vorkantung. Die entstehende Fuge ist mit dauerelastischem Kitt abgedichtet.

Walzblei 1mm

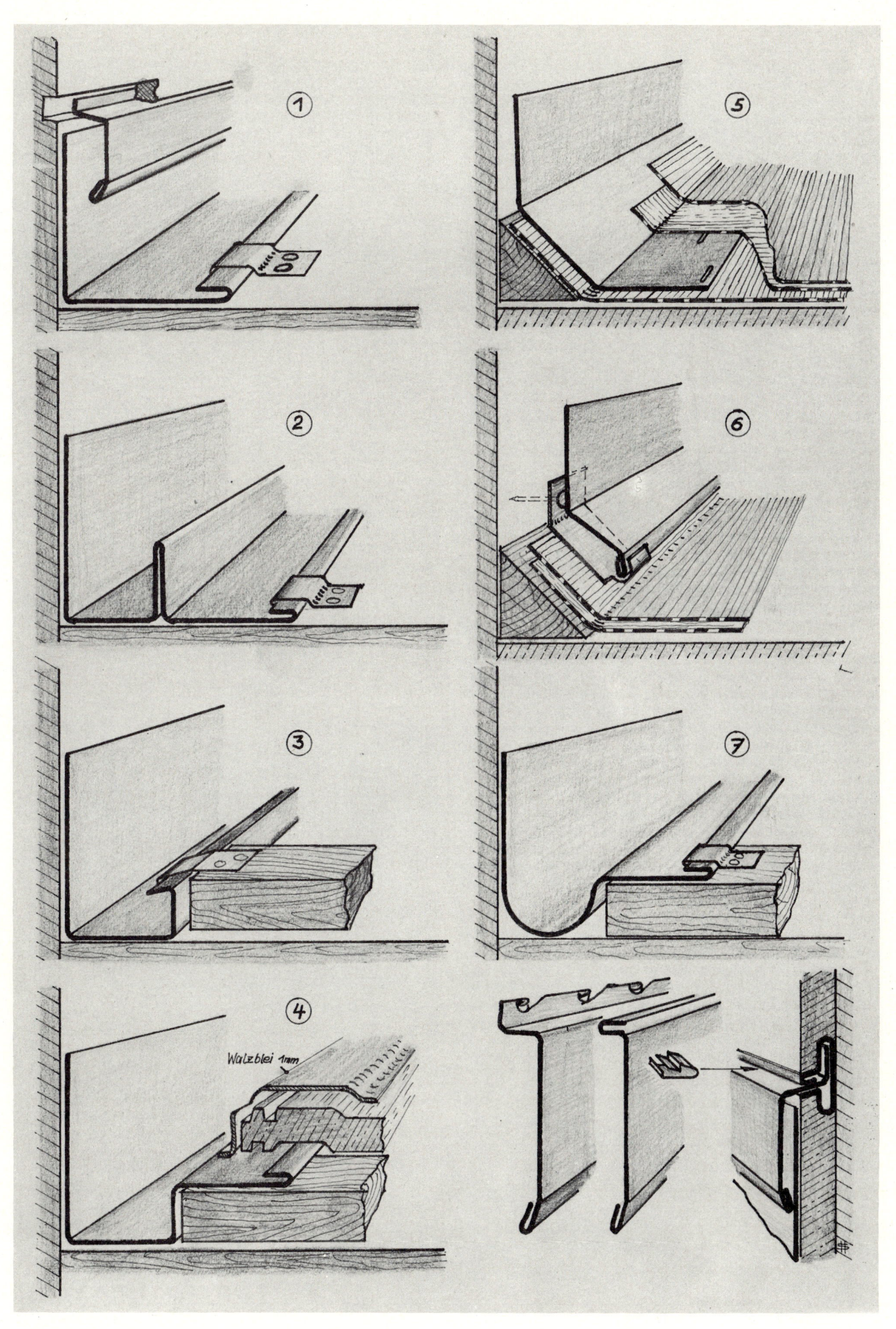

31

Noggen

Unter der Gruppe von Wandanschlüssen, aber auch bei Dachabschlüssen, nehmen die Noggen einen besonderen Platz ein. Im süddeutschen Raum, wo die Biberschwanzziegel verbreitet sind, werden diese Bleche meistens verwendet. Denn mit ihnen läßt sich bei den herkömmlichen Dachneigungen ein vollkommen dichter Abschluß erzielen. Auch sieht man auf der Dachfläche kein Blech, was dem Architekten wünschenswert ist.

Da Noggen in der Hauptsache in der Verbindung mit Biberschwanzziegeln verlegt werden, wollen wir diese Deckungen kurz betrachten. Wir kennen im allgemeinen die Einfachdeckung, die Doppeldeckung und die Kronendeckung. Bei der Einfachdeckung werden die Ziegelstöße mit Holzschindeln unterlegt. Diese Art finden wir viel in ländlichen Gegenden, bei Nebengebäuden usw. Am bekanntesten ist die Doppeldeckung. Hier wird der Stoß der ersten Ziegelreihe durch die zweite Reihe überdeckt; die dritte Reihe überdeckt wiederum den Stoß der zweiten Reihe und reicht dabei aber noch auf die erste Ziegelreihe hinab. Wir erhalten als äußeres Bild die Schuppenform der Dachdeckung, wie es in unserem Skizzenblatt dargestellt ist. Bei der Kronendeckung wird das gleiche Prinzip verfolgt wie bei der Doppelkung, wie es in unserem Skizzenblatt dargestellt ist. Bei der Kronendeckung wird das gleiche Prinzip verfolgt wie bei der Doppeldeckung. Nur verzichtet man bei der zweiten Ziegelreihe auf die Latte und hängt die Ziegel statt dessen auf die Hinterkante der ersten Reihe. Das Schema zeigt, wie diese Deckung auf dem Dach in Erscheinung tritt.

Die Noggen sind nun so verlegt, daß auf jeden Ziegel, der seitlich an eine Mauer o. ä. anschließt, ein Blech gehängt wird. Darauf legt sich wiederum der Ziegel der nächsthöheren Reihe. Die Überdeckung erfolgt also schuppenförmig oder in Schichten, deswegen heißen die Noggen in anderen Gegenden Schichtbleche oder Schichtstücke.

Der Lattenabstand bei der Doppeldeckung ist 170 mm. Damit wir eine genügende Überdeckung erhalten, schneiden wir unsere Bleche nach der Länge 9teilig, das sind 222 mm, zu. Ihre Breite ist 200 mm, also 10teilig. Wir haben damit 50 mm für die Überdeckung an den Seitenflächen, nach Abzug der Abkantung hinter dem Ziegel bleiben noch rd. 30 mm Überdeckung auf dem Dach. Deswegen soll man die Noggen nur 200 mm lang machen, das ist nicht zu verantworten. Für die Kronendeckung müssen wir längere Zuschnitte nehmen. Hier schneiden wir die Tafel 6teilig = 333 mm zu, während die Zuschnittbreite dieselbe bleibt. Aus einer Tafel Blech erhalten wir 30 Noggen für die Kronendeckung oder 45 Noggen für die Doppeldeckung.

Der große Vorteil der Noggen liegt darin, daß das Regenwasser, das auf die Bleche kommt, immer wieder auf die Ziegel und damit auf die Dachoberfläche hinausgeleitet wird, während es bei den herkömmlichen Seitenblechen darunter bleibt. Ein Wassereindringen ist bei Noggen im Normalfall nie zu erwarten.

Noggen werden schräg abgekantet. Man erreicht damit, daß die Oberkante der Seitenaufkantung nahezu in einer Geraden verläuft, während wir sonst eine Abtreppung in Höhe der Ziegeldicke hätten. Durch das schräge Abkanten wird unsere Nogge aber auch auf dem Dach nach unten hin immer breiter. Bevor ein durch den Wind eingedrungener Wassertropfen diese zusätzlichen 20 mm überwunden hätte, wäre er wieder auf dem nächsten Ziegel angelangt. Diese Abkantung muß für die rechte und linke Seite eines Anschlusses verschieden abgekantet werden. Es heißt für den Lehrling aufpassen, wenn er Noggen zu richten hat!

Für das Anhängen an die Ziegel wird nun dicht neben der Aufkantung ein 15 bis 20 mm tiefer Einschnitt gemacht und diese Breite nach unten abgebogen. Hier muß man rechtwinklig zur Aufkantung abbiegen, die abgebogene Fläche wird also nicht gleichbreit!

Die Bleche werden dann in den meisten Fällen dem Dachdecker übergeben, der beim Dachdecken gleichzeitig die Noggen einhängt. Diese Bleche sieht man weder auf der Dachoberfläche noch auf der Unterseite. Nur die Aufkantung an der Seite ist sichtbar. Diese wird zum Abschluß, wie bei den Seitenblechen, mit einem Überhangstreifen überdeckt.

In manchen Gegenden erhalten die Noggen statt der Abkantung zum Anhängen zwei Löcher. Diese Noggen deckt der Klempner ein und nagelt sie mit zwei Stiften an die Dachlatte. Vorher hatten wir die Reihenfolge „Ziegel–Blech–Ziegel", nun heißt es „Blech–Ziegel–Blech". Der Dachdecker schiebt seine Ziegel nachher seitlich ein. Wir können aber in diesem Falle unsere ganzen Dacharbeiten abschließen und dabei auf der Lattung stehen, während wir oben nach der Deckung mit Ziegeln von der Dachleiter aus arbeiten müssen.

Bei der Kronendeckung kommt die Nogge immer auf den Ziegel, der auf der Latte liegt, dann folgt der Fugenschließer-Ziegel.

Die Noggenanschlüsse werden auch für die Seiten einer Schornsteinverwahrung genommen, weiter kann man sie am Ortgang verwenden. Bei Falz- und anderen Profilziegeln ist der Noggenanschluß möglich, doch nicht so üblich. Auch wird man Bleilappen für viele Abdeckungsarten bzw. als zusätzliche Abdichtung nach dem Noggenprinzip verlegen.

In besonderen Fällen ist es auch möglich, eine Kehle mit Noggen abzudichten. Es geht aber nur, wenn beide Dachflächen die gleiche Neigung haben, d. h. wenn die Latten immer in einer Höhe zusammenstoßen. Je nach Dachneigung werden diese Noggen von ihrer Mittellinie aus schräg geschnitten. Dieser Winkel wäre bei einem ebenen Dach 90 Grad, er wird bei steilerem Dach immer flacher, bis er bei einer senkrechten Wand eine Gerade bildet.

Aufgemessen und abgerechnet werden Noggen nach Größe und Stück.

Noggenverwahrung einer Gaupe an einem Dachmodell mit Biberschwanz-Doppeldeckung. Die Verwahrung ist oben durch die Blechverkleidung der Seitenbacken überdeckt und daher nahezu „unsichtbar".

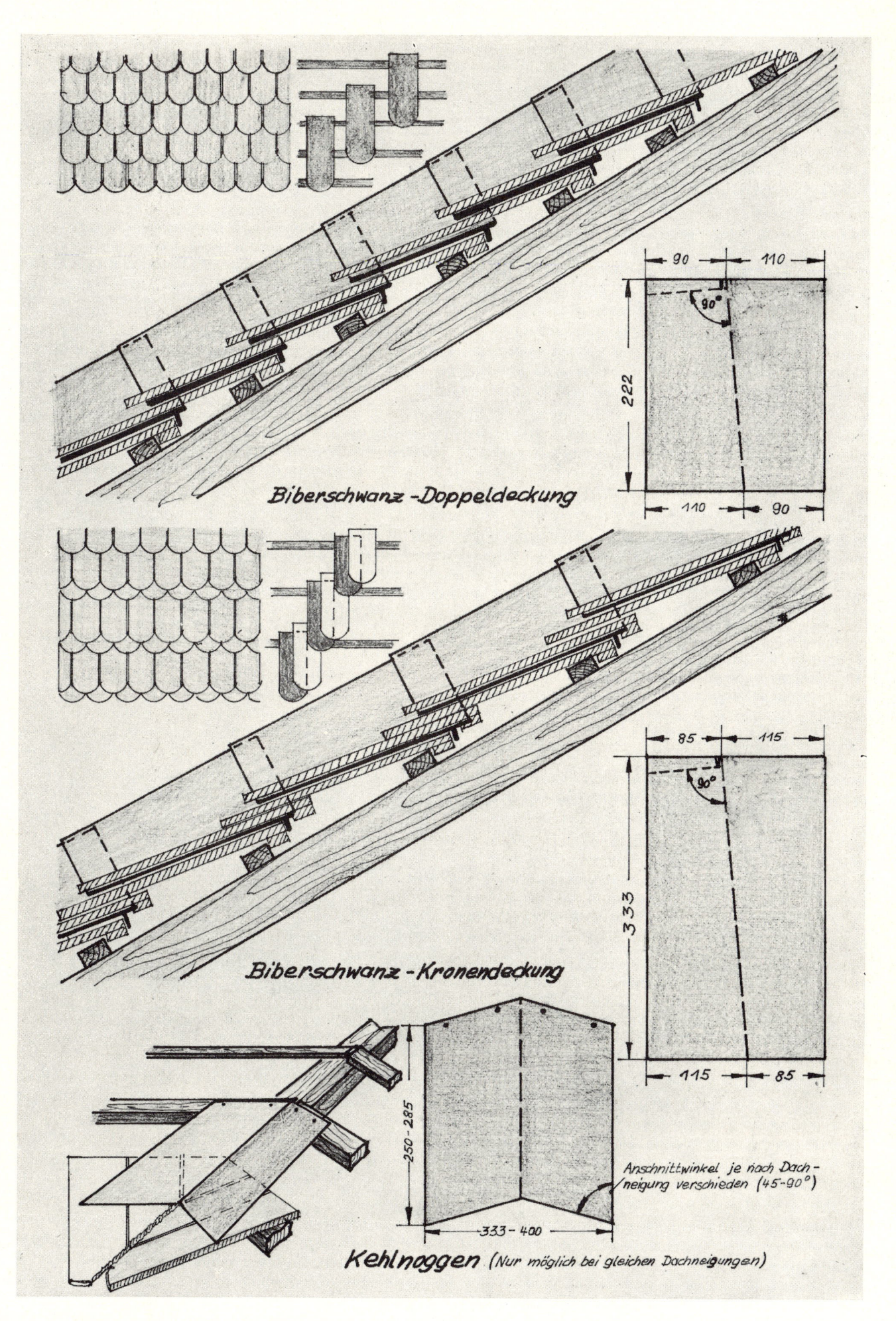

Biberschwanz-Doppeldeckung

Biberschwanz-Kronendeckung

Kehlnoggen (Nur möglich bei gleichen Dachneigungen)

Anschnittwinkel je nach Dachneigung verschieden (45–90°)

Ortgangbleche

Wie wir mit den Seitenblechen den Dachanschluß an höhergeführte Nebengebäude herstellten, so bilden wir mit den Ortgangblechen den Dachabschluß an der Giebelseite. Diese Bleche werden in anderen Gegenden auch Ortbleche, Giebelabschlüsse, Saumbleche und Windfedern benannt.
In der heutigen Zeit werden die Ortgangbleche wenig verwendet. Die Ziegelindustrie und die Hersteller von anderem Bedachungsmaterial haben eigene Abschlüsse für Giebel entwickelt. Nur in einzelnen Gegenden, wo durch den Baustil die Ortgangbleche zu herkömmlichen Dachteilen geworden sind, sind sie noch zu finden.
So vielfältig wie die Seitenbleche sind auch die Ortgangbleche. Wenn wir die Dachseite beider Arten betrachten, finden wir dieselben Formen. Auch die Eindeckung mit Noggen bietet keine Schwierigkeiten.
Zweck der Bleche ist die Bildung eines sauberen, schnee- und wassersicheren Abschlusses, bei dem auch der Wind keine Möglichkeit haben soll, die besonders anfälligen Anfangsziegel des Daches abzuheben. Aus diesem Grund werden die Bleche mit ihrer Oberkante so hoch geführt, daß sie über die Ziegeloberfläche hinausragen. Rückt man dazu noch mit den Ziegeln ganz an das Blech heran, so hat der Wind kaum eine Angriffsmöglichkeit. Nur in seltenen oder bestimmten Fällen wird man eine Rinne freilassen.
Die Bleche können aus einem Stück gebogen oder aus mehreren Teilen zusammengesetzt sein. Wir ziehen aber die aus einem Stück gefertigten Bleche vor, weil sie weniger störanfällig sind. Die Zuschnittsbreiten liegen dabei meist zwischen 10teilig = 200 mm und 6teilig = 333 mm. Die herkömmliche Form des Ortgangblechs wird über ein entsprechend hohes Stirnbrett gebogen und erhält als Abschluß und Abtropfkante einen Wulst. Diese Versteifung ist von allen Arten die beste. Man gebe ihr deswegen den Vorzug. Als Abschluß dienen aber auch Dreikant und Falz bzw. Umkantung. Es ist aber auch möglich, das ganze Stirnbrett zu verkleiden, so daß wir auf der Sichtseite eine glatte Fläche ohne zusätzliche Kanten erhalten. Skizzen ① bis ④.
Der Vorsprung der Tropfkante soll so groß sein, daß der Wind die abfallenden Tropfen nicht ans Brett wehen kann. Sonst werden wir das Stirnbrett wie oben ebenfalls verkleiden. Diese Verkleidung bildet die Ergänzung zum Ortgangblech, sie wird Stirnblech genannt. Skizzen ③, ④, ⑧, ⑨, ⑩.
Über die Form der Anschlüsse auf dem Dach haben wir bereits bei den Seitenblechen gesprochen. Das dort Gesagte gilt sinngemäß auch für die Ortgangbleche.
Die Verlegung erfolgt bei Dachneigungen über 30° mit Einzelstücken (Zweimeterlängen), die am Stoß mit 50 bis 80 mm Überdeckung gesteckt werden. Wie bei Kehlen und Seitenblechen werden dabei die Nahtkanten angereift. Das obere Ende wird mit einem Stift versehen, um ein Abrutschen zu verhindern. Auf der Dachseite befestigen wir mit Haften, die im Wasserfalz eingehängt sind. Auf dem Stirnbrett werden Vorsprungstreifen durchgehend oder als etwa 15 cm lange Einzelstücke alle 50 cm angebracht, in der Wulst eingehängt wird. Bei Verwendung von Stirnblechen erhalten diese eine entsprechende Vorkantung zum Einhängen des Wulstes.
Bei flachen Dächern werden die Bleche vernietet und gelötet. Auch bei Asphalt- und Pappdächern machen wir es so. Es entstehen aber jetzt große Baulängen, bei denen die Dehnung bei Temperaturveränderungen unbedingt beachtet werden muß. Deshalb müssen wir in ausreichenden Abständen Schiebekasten einbauen (siehe Dehnungsausgleicher).
Die Anschlußflächen für Pappe, Asphalt usw. werden so breit gemacht wie bei Seitenblechen. Bei Verwendung von Kupfer werden diese zur besseren Haftung verzinnt.
Bei Metalldächern wird der Ortgang entsprechend der Deckungsart des Daches ausgebildet. So falzen wir beim Falzdach das Stirnblech wie die anderen Längsfalze doppelt ein. In manchen Gegenden sind hier aber auch einfache Falze üblich. Man vermeidet damit Verspannungen von breiteren Stirnblechen. Bei einfach gefalzten Ortgängen muß aber die Aufkantung 10 mm höher als die anderen Falze sein. Bei Leistendächern wird man am Giebelabschluß eine Leiste anbringen, wobei man die Leistenkappe so anfertigt, daß sie gleichzeitig die Stirnfläche überdeckt. Skizzen ⑨ und ⑩.
Auf das Stirnbrett kann auch verzichtet werden, wie es beim Falzdach gemacht wird. Eine einfache Überdeckung nehmen wir auch vor, wenn wir die Dachseite mit Noggen eindecken. Bei Giebelabschlüssen, die nach unten hin schräg einwärts zur Rinne verlaufen, müssen wir eine Rinne anbiegen, die das anfallende Wasser sammelt. Führen wir beim Pappdach das Blech über den Belag, so hängen wir das Blech zuerst in den Vorsprungstreifen auf dem Dreikantholz ein. Der Wasserfalz an der Unterkante darf aber nur um 90° abgebogen werden, er wird erst auf dem Bau fertig geschlossen ⑦.
Eine direkte Befestigung ist also auch bei Ortgangblechen nicht nötig, sie ist aus Dehnungsgründen abzulehnen.
Alle Beispiele auf dem Skizzenblatt lassen sich noch beliebig umstellen und verändern. Mit etwas Geschick lassen sich noch viele andere Ortgangbildungen herstellen, so daß man dem Architekten, der nach passenden Abschlußkanten seines Daches sucht, jederzeit mit einer einwandfreien Konstruktion dienen kann. Das Aufmaß der Ortgangbleche erfolgt wiederum nach der größten Länge in m unter Zugrundelegung der Zuschnittbreite.

Ortgangverwahrung an einem Schieferdach mit breitem Steinsims. Die Simsabdeckung ist durch schräglaufende Stehfalze verbunden, die die Wärmedehnung aufnehmen und das Wasser nach innen ableiten.

Walzblei 1 mm

35

Dachrandabschlüsse bei System-Bauteilen

Die Flachdachbauweise hat auch für den Klempner eine Reihe von Veränderungen bei der Herstellung und Montage von Bauteilen mit sich gebracht, mit denen er sich auseinandersetzen muß. Architekten und Bauherren wünschen für das Flachdach einen horizontalen, sauberen Abschluß des Gebäudes nach oben, einen dichten Anschluß an die Dachdeckung und eine zeitgemäße, gefällige Form. Die Dachkanten sind vor allem bei der eingeschossigen Bauweise in die Nähe des Betrachters gerückt, so daß neben der reinen Abdichtung auch die Ästhetik eine wichtige Rolle spielt.

Bei dem großen Bedarf auf diesem Sektor haben sich Mengen von Fertigbauteilen entwickelt, welche die Wahl nicht leicht machen. Von der Halterung und Befestigung, Lieferung der Blenden, Ergänzungs- und Anschlußteile bis zur Projektbearbeitung und Montagehilfe bemühen sich die Hersteller solcher Systeme um den Absatz ihrer Erzeugnisse. Daß dabei neben dem Klempner auch Dachdecker, Schlosser und Schmiede mitmischen, macht die Sache nicht leichter. Wir dürfen uns jedoch nicht verschließen; der große Markt bietet auch große Vorteile, die es auszunutzen gilt.

Um nicht zu verwirren, sind im Skizzenblatt nur die Erzeugnisse von drei Firmen dargestellt. Sie stehen stellvertretend für die Erzeugnisse vieler anderer Firmen im Bundesgebiet. Deren Anschriften können bei den jeweiligen Beratungsstellen, deren Anschriften im Anhang zu finden sind, angefordert werden.

Zunächst wollen wir die Halterungen betrachten. Im Prinzip sind sie alle gleich: ein verstellbarer Haltewinkel auf dem Dach, meist unterhalb oder vor der Wärmedämmschicht, ermöglicht das Ausrichten in der Gebäudefluchtlinie. Ebenso verstellbar sind die Halteprofile oder Flach- und Profilstähle, mit denen sich die Horizontale festlegen läßt. Über Federn, Klammern und Nasen können hier die Blenden einrasten und sich auch bei Bedarf wieder lösen.

Der Vorteil der Vormontage dieser Halterungen und Anschlußbleche gestattet das Eindichten des ganzen Dachbereiches bis zur Fertigstellung. Erst dann werden schnell und sicher die Blenden gesetzt. Da deren Oberfläche oft farbig, geprägt, eloxiert oder kunststoffbeschichtet ist, sind durch diese Montageweise Beschädigungen fast ausgeschlossen.

Die Blenden können in Sichtbreiten von 50 bis 1000 mm geliefert werden. Solche aus stranggepreßtem Aluminium in Sichtbreiten bis 300 mm. Diese letzteren sind äußerst formstabil durch die Werkstoffdicke und durch die angeformten Überdeckungen, Einhängungen und Abschlußkanten. So entstehen verwerfungsfreie, scharfkantige Dachabschlüsse, die trotz einiger Kosten sehr beliebt sind.

Die Blenden aus anderen Werkstoffen werden auf Abkantpressen geformt und haben deswegen rundliche Kanten. Hier ist bei größeren Baubreiten ein dickerer Werkstoff nötig. Dazu eignen sich alle üblichen Baubleche von Aluminium, Edelstahl-Rostfrei, Kupfer, verzinktes Stahlblech und Titanzink.

Man darf auf keinen Fall Strangpreßprofile mit Normaldicken anderer Bleche vergleichen. Das geht nur mit Blechdicke gegen Wandstärke.

Man kann durch Profilierung die Bleche versteifen, doch der dafür nötige Arbeitsaufwand bei der Herstellung und Montage solcher Blenden wiegt die Mehrkosten für dickeres Blech oft nicht auf.

Kleine Verwerfungen sind bei geprägten Blechen kaum zu erkennen. Hier kann man dem Kunden eine breite Palette von Möglichkeiten bieten, ebenso durch Einsatz von Farben oder beschichteten Blechen.

Für Pappen oder Kunststoffbahnen sind jeweils entsprechende Anschlußteile zu verwenden. Kunststoffbahnen muß man noch eine gewisse Dehnungsmöglichkeit geben (Skizze ②). Auch sollen solche Bahnen vor direkter Sonneneinstrahlung geschützt werden, da die UV-Strahlung Versprödungen hervorruft.

Die Verbindung der einzelnen Blenden sind so auszuführen, daß die Dehnung gesichert ist. Bei Strangpreßteilen beläßt man an den Stößen, hinter denen sich jeweils ein Halteprofil befindet, je nach Verlegetemperatur einen Spalt von 5 bis 8 mm Breite. Bei der Planung werden die am Bauwerk gut sichtbaren Stöße so berücksichtigt, daß zwischen den Ecken jeweils gleiche Einzellängen verwendet werden. Also nicht drei Einzellängen von 4 m und ein Reststück von 1,20 m, sondern vier Längen von 3,30 m!

Wichtig für eine saubere Montage sind auch fertige Eckverbindungen mit je 500-mm-Schenkel. Bei nicht geschweißten Eckverbindungen können sich bei Dehnungserscheinungen die Eckstöße übereinanderschieben.

Ist ein Dach als Wanne konstruiert, bei dem die Außenwände hochgezogen sind, so wird der Dachrandabschluß als Mauerabdeckung ausgeführt. Auch dafür werden fertige Bauteile samt Befestigung angeboten und in allen üblichen Breiten geliefert. Dabei soll an Halterungen nicht gespart werden. Auch muß zur Dachseite hin die Überdeckung so groß sein, daß die Dachbahnen, soweit nötig, vor Sonnenlicht geschützt sind.

Hier sei auch noch erwähnt, daß Strangpreßprofile mit der Aluminiumlegierung AlMgSi 0,5 beständig sind gegen nahezu alle Umwelteinflüsse. Nicht beständig ist Aluminium jedoch gegen Kalkmörtel, Alkalien usw. Bei der Verarbeitung ist deshalb darauf zu achten, daß das Aluminium nicht damit in Berührung kommt.

Aufgemessen und abgerechnet werden Dachabschlußsysteme nach der größten Länge unter Zugrundelegung der Zuschnittbreite bzw. der Blendenbreite. Das Befestigungsmaterial gehört nach DIN 18 339 zu den Nebenleistungen und gehört auch ohne Erwähnung in der Leistungsbeschreibung zur vertraglichen Leistung.

Dachrandabschlüsse an der Traufe, am Ortgang und am Flachdach (Vordach) einer Lagerhalle.

37

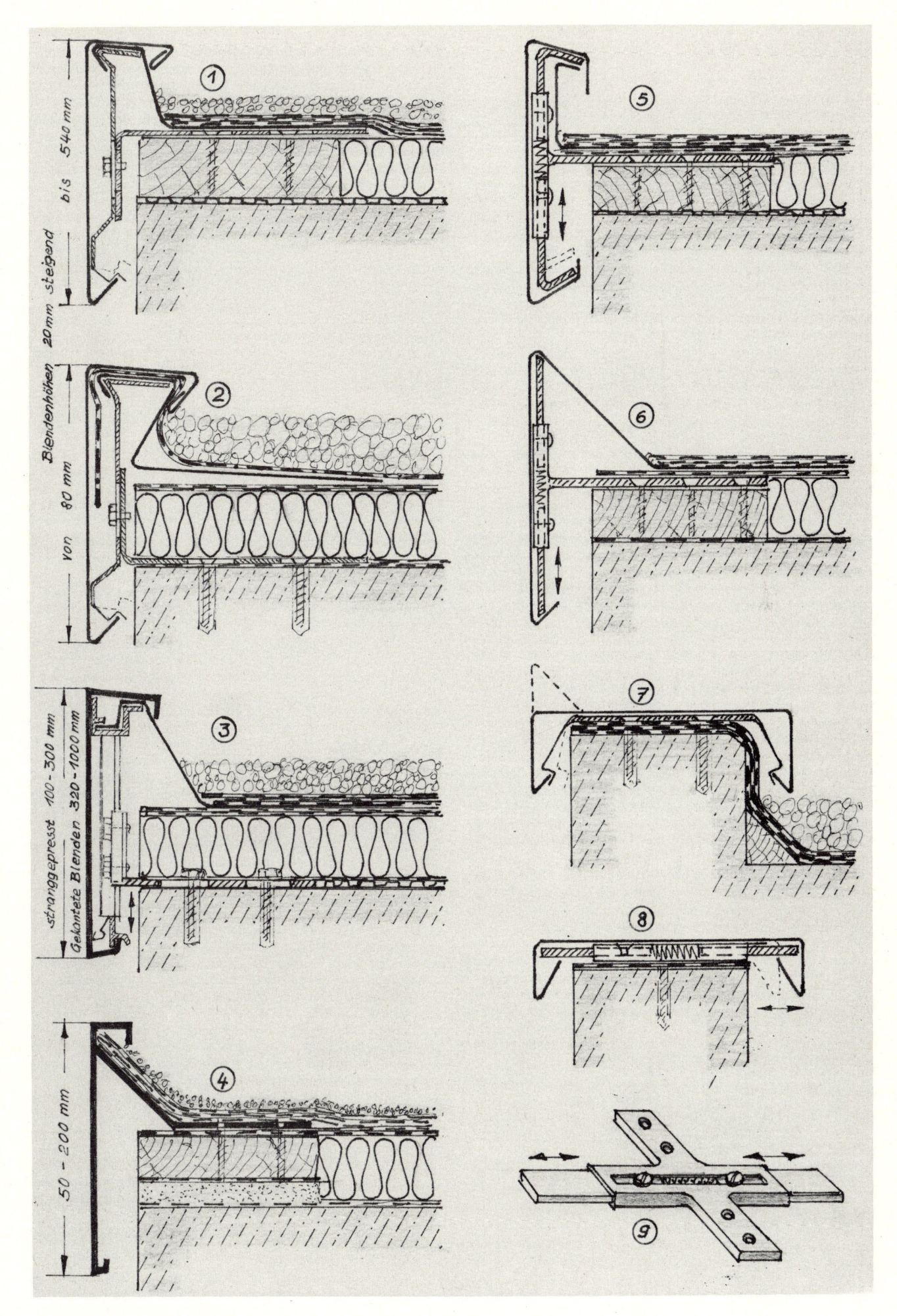

Dehnungsausgleicher

Alle Bleche, die wir auf dem Bau verwenden, machen unter dem Einfluß von wechselnden Temperaturen Dehnungsbewegungen. Sie dehnen sich aus bei zunehmender Wärme, sie ziehen sich zusammen, wenn es kälter wird. Wenn der Klempner beim Verlegen seiner Bleche nicht Rücksicht auf diese Dehnung nimmt, so wird es früher oder später zu Schäden an seiner Arbeit kommen. Es ist erwiesen, daß der größte Teil aller Schäden, die bei Klempnerarbeiten auf dem Dach auftreten, durch die Nichtbeachtung der Dehnung entstanden sind. In den ungünstigsten Fällen gehen die Schadenssummen in die Tausende.

Darum ist es unbedingt erforderlich, beim Verlegen von langen, zusammenhängenden Blechabdeckungen und -verwahrungen die notwendige Dehnungsmöglichkeit sicherzustellen. Im DIN-Blatt 18 339 – Allgemeine Technische Vorschriften für Klempnerarbeiten – heißt es:

„Die Verbindungen und Befestigungen sind so auszuführen, daß sich die Bauglieder bei Wärmeeinflüssen ungehindert ausdehnen, zusammenziehen und verschieben können, ohne Undichtheiten hervorzurufen. Hierbei ist mit einem Wärmeunterschied von 100 K zu rechnen."

Bei Dachrinnen sind die Dehnungsausgleicher in Form sogenannter Schiebenähte schon lange bekannt und angewendet. Die Ablaufrohre sind nur an der oberen Schelle der einzelnen Rohrstücke festgemacht. Andere Abdeckungen, wie Kehlen und Seitenbleche, können in Zweimeterlängen verlegt werden, wo sich die Dehnungskräfte nicht so auswirken können. So werden auf einfachste Art und oft unbewußt Verwerfungen und Risse vermieden.

Bei der heutigen flachen Bauweise sind die meisten Dächer mit Pappe oder ähnlichem Material abgedeckt. Oft wird dabei ohne Blech gearbeitet. Wo aber der Rinneneinlauf und andere Anschlüsse solider sein sollen, bringen wir unsere Bleche an. Die Dachhaut wird nun auf das Blech geklebt, es muß daher auf der ganzen Länge dicht sein. Das bedeutet, daß Zink gelötet wird, die anderen herkömmlichen Metalle gefalzt oder genietet werden. Bei größeren Bauwerken entstehen so starre Längen von 50 m und mehr.

Es liegt auf der Hand, daß diese Längen großen Dehnungskräften unterworfen sind. Zwischen Winter und Sommer kann man in unseren Breiten mit einem Temperaturunterschied auf dem Blech von 100 K rechnen. Eine 50 m lange Abdeckung würde sich also nach den bekannten Ausdehnungszahlen bei verzinktem Stahlblech um 60 mm, bei Kupferblech um 85 mm, bei Aluminium um 120 mm und bei Titanzink um 110 mm verändern.

Im Wechsel zwischen Tag und Nacht, im Wechsel zwischen Sonneneinstrahlung und Schatten schieben diese Bleche immer noch mit mindestens dem zehnten Teil der angegebenen Werte.

Bei starr zusammengesetzten Blechen würden Kräfte auftreten, die imstande sind, versetzt genietete Nähte abzuscheren. Bei Zink wirft sich das Blech am schwächsten Punkt, also an der Lötnaht, und reißt ein. Es gibt tausende Dächer, die auf solche Weise undicht werden. Die Wasserflecke und „Kondensstreifen" an Häuserwänden sprechen eine deutliche Sprache von schlecht ausgeführter Baukunst. Ein Klempner, der solche Risse immer wieder nur lötet, handelt wie ein Radfahrer, der alle 100 m absteigt und neu aufpumpt, nie aber das Loch im Schlauch flickt. Man muß das Übel an der Wurzel packen.

In welchen Abständen Dehnungsausgleicher eingebaut werden müssen, hängt – neben der Wärmeausdehnung der unterschiedlichen Werkstoffe – von mehreren Faktoren ab:

von der Zuschnittbreite (bei großen Zuschnitten sind kurze Längen notwendig),
von der Sonneneinstrahlung (liegt das Blech frei oder ist es z. B. durch die Dachdeckung vor direkter Sonneneinstrahlung geschützt),
von der Bewegungsmöglichkeit (wird ein Profil durch aufliegende oder aufgeklebte Dachdeckung in der Dehnung behindert, sind mehr Dehnungsmöglichkeiten vorzusehen).

Die folgenden Angaben sind Richtwerte nach den Fachregeln der Bauklempnerei des Zentralverbandes und gelten nur, wenn sich das Blech in beiden Richtungen bewegen kann. Von einem Festpunkt aus, z. B. von Richtungsänderungen, ist nur die halbe Länge anzusetzen.

Profile		
	a) In der Dachfläche, also im Wasserlauf, eingeklebt, z. B. Traufbleche, Ortgangbleche	6 m
	b) Höher als die Dachfläche, nicht eingeklebt, z. B. Mauerabdeckungen, Ortgangverkleidungen	8 m
Dachrinnen	a) innenliegend, eingeklebt	6 m
	b) innenliegend, nicht eingeklebt, Zuschnitt mehr als 500 mm	8 m
	c) innenliegend, nicht eingeklebt, Zuschnitt bis 500 mm, vorgehängt, Zuschnitt mehr als 500 mm	10 m
	d) vorgehängt, Zuschnitt bis 500 mm	15 m

Mit den im Skizzenblatt gezeigten Dehnungsausgleichen ist es möglich, jede beliebige Länge von jeder Art Abdeckung oder Verwahrung zu verlegen.

Die Wirkungsweise ist folgende:

Die Abdeckung wird in entsprechenden Abständen unterbrochen und zwar durch eine ungelötete Naht, auf die der Dehnungsausgleicher aufgesetzt wird. Man umfährt also diese Naht mit einem U-förmig gebogenen Blech. Die Anschlußfläche für die Klebung macht diesen Weg mit. Je nach der Länge dieser Bogenschenkel wird man an der offenen Vorderkante eine mehr oder weniger große Bewegung ausführen können.

Bei dieser Bewegung hebt sich der hintere Punkt, wo das U-Blech am Boden aufsitzt, leicht in die Höhe. (Zu vergleichen mit der Spitze eines Dunsthutes, wenn wir das eingeschnittene Kreisrund zusammenziehen.) Das ist ein natürlicher, nicht zu umgehender Vorgang. Da diese Bewegung meist in der warmen Jahreszeit stattfindet, ist die Dachdeckung so elastisch, daß sie diese Kletterbewegung mitmacht.

Das offene U wird zum Schluß mit einem Deckel versehen. Es ist sehr wichtig, daß dieser Deckel genügend Spielraum hat. Dabei darf er nicht aus seinem Falz springen.

Genauso wichtig ist, daß die Bleche, denen wir die Dehnung gestatten wollen, an keinem Punkt direkt und starr befestigt sein dürfen. Als Festpunkt gilt nur die Hinterkante des Ausgleichers. Wir verwenden darum nur Hafte, die im Wasserfalz der Bleche eingehängt sind. Dieser Wasserfalz kann bei Pappedeckung ganz zugedrückt werden, was für die Klebung zweckmäßiger ist. Bei Wandanschlüssen kann man zur Befestigung auch Zahnleisten verwenden. Das sind durchgehende, im Abstand von 5 cm etwa 2 cm tief eingeschnittene Blechstreifen, wobei das Blech zwischen den Einschnitten wechselweise über und unter das Abdeckblech geführt wird. An Traufen kann man keine Zahnleiste verwenden, weil das Traufblech herausrutschen kann.

Der einfachste Dehnungsausgleicher ist der aus einem Stück gebogene. Er bekommt ein steiles Dreieckprofil. Die Vorderseite wird, damit sie von der Straße aus unsichtbar bleibt und die architektonische Linienführung nicht stört, nach hinten abgeschrägt. Damit wir hinten eine breite Anschlußfläche für die Pappe bekommen, müssen wir vor dem Abkanten des Ausgleichers bis zum Punkt, wo die Oberkante der Blechfalte in die Bodenflä-

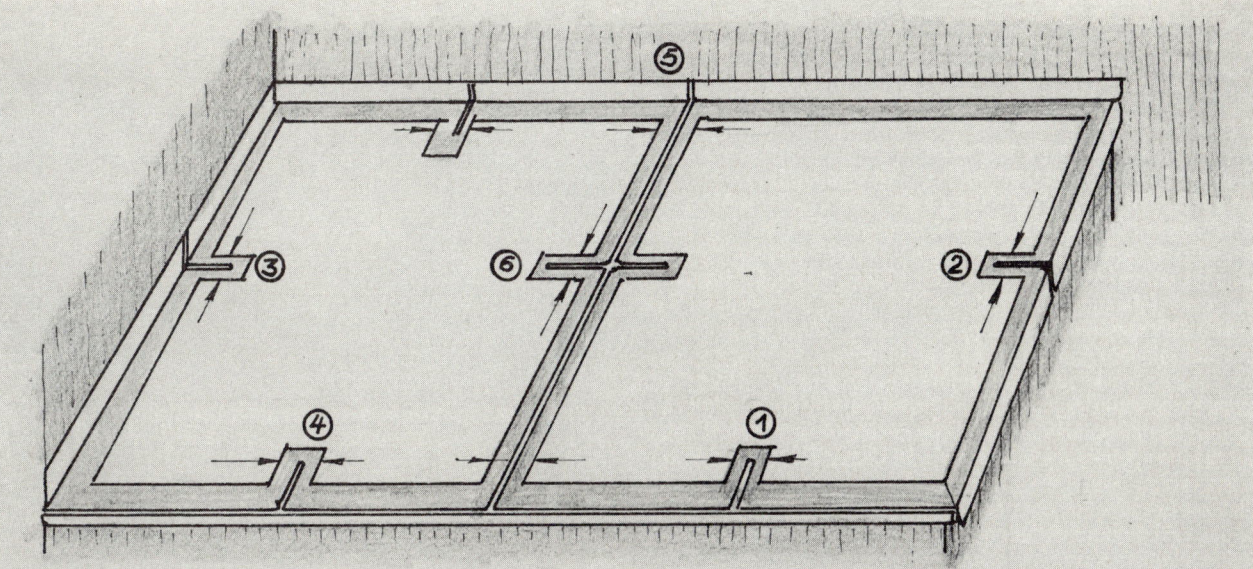

Dehnungsausgleicher ermöglichen das Arbeiten von langen, zusammenhängenden Blechteilen verschiedener Art bei Temperaturschwankungen.

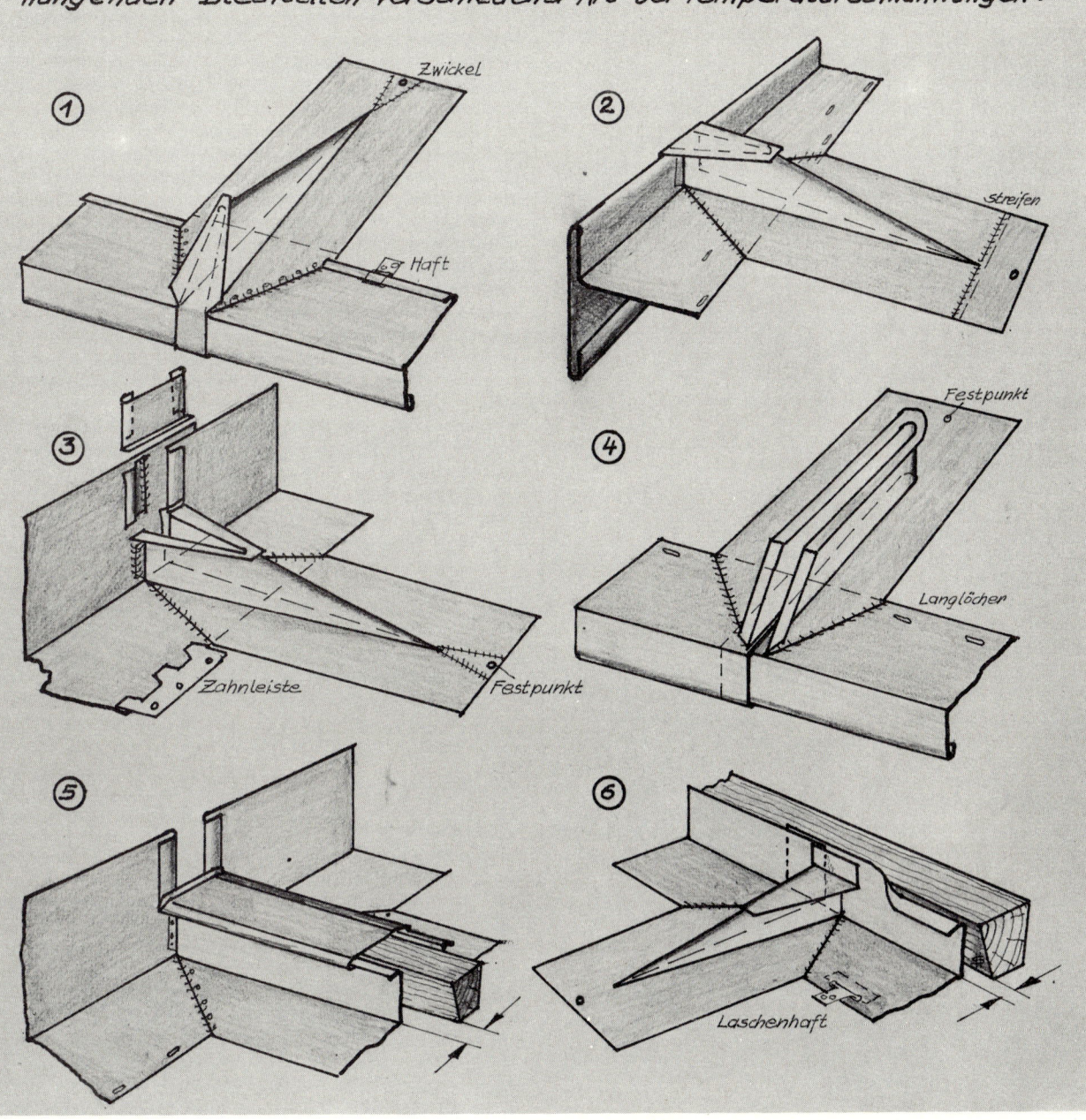

① Zwickel — Haft
② Streifen
③ Zahnleiste — Festpunkt
④ Festpunkt — Langlöcher
⑤
⑥ Laschenhaft

che mündet, einschneiden. Nach dem Abbiegen entstand hier ein offenes Dreieck, das wir mit einem Zwickel verschließen.
Wir setzen den fertigen Ausgleicher auf die Nahtstelle unserer Abdeckung. Dabei muß die Öffnung unseres Dreiecks freibleiben. Das Ende der Abdeckung kommt ganz an die Seitenkante, damit ein Verschieben möglich ist. Bei Zinkblech genügt Lötung, bei den anderen Blechen wird man nieten und löten. Die Vorderseite des Ausgleichers wird mit einem Blech geschlossen.
Für Kiesdächer ist der aus zwei Teilen zusammengesetzte Ausgleicher günstiger. Die an der Traufe verwendeten Ausgleicher lassen sich auch für Ortgangbleche verwenden, wenn nicht eine Lösung wie nebenstehend vorgesehen ist.
Für Maueranschlüsse seitlich und hinten wird das gleiche Prinzip angewendet. Nur werden hier die offenen Enden nach oben geführt.
Abgerechnet werden Dehnungsausgleicher nach Stückzahl als Zulage zu den Preisen für Trauf-, Seiten-, Ortgangbleche usw.

Ausgleicher für Ortgang oder Dacheinfassungen (Saumblech).

Ergänzung:

Das Interesse gerade zu diesem Abschnitt beweisen mir viele Anfragen, die in der Zwischenzeit bei mir und bei der Bundesfachschule eingegangen sind. Die gleichen Probleme waren Teil eines Referats anläßlich eines bayerischen Landesverbandstages. Aus diesem Grunde sollen die nachfolgenden Skizzen und der Text dieses überaus wichtige Kapitel ergänzen:
In einer Versuchsreihe wurden an der Bundesfachschule über zwanzig verschiedene Dehnungsausgleicher hergestellt und untersucht. Es ging darum, dem Handwerker ein Modell zu geben, das für alle Arten von Abdeckblechen verwendet werden kann und schnell anzufertigen ist.
Die Grundform des nach meiner Meinung besten Modells zeigt die Maße, die nicht unterschritten werden sollen. Besonders die Schenkellänge der Falte muß eingehalten werden, weil das Material bei kürzeren Längen sehr viel mehr beansprucht wird. Beim Abbiegen der Falte entsteht nach hinten ein Spalt, der mit einem Zwickel verschlossen wird ①. Man kann aber des günstigeren Zuschnitts wegen (500 mm) einen Blechstreifen anlöten, wie in der dritten Skizze gezeigt. Die Fläche für den Klebeanschluß muß mindestens 120 mm breit sein.
Diese Grundformen sollten auf Lager liegen. Am besten wäre es, wenn sich eine Blechwarenfabrik erbarmte und die Grundformen herstellen würde. Der Handwerker könnte sie dann vom Handel beziehen wie die vielen anderen Halbfabrikate. Die Verlegung geschieht am besten nach folgendem Vorschlag: Eine Arbeitsgruppe bringt die Abdeck- oder Anschlußbleche an. Diese sind in den meisten Fällen aus Zweimeterlängen hergestellt. Bei Zink bleibt alle 6 m, bei Kupfer alle 8 m, bei verz. Stahlblech alle 10 m eine Nahtstelle offen. Ein tüchtiger Geselle bringt hier die Dehnungsausgleicher an. Man wird mir entgegenhalten, daß diese Abstände zu knapp sind, daß sich die Blecharbeiten verteuern. An mögliche Schadensfälle gedacht, sind aber die Angaben richtig. Bei der Bemühung um eine dichte und sichere Dachdeckung darf man sich nicht schon von vornherein auf das Sparen verlegen, denn das ganze Haus ist nur so gut wie sein Dach!
Die Grundkörper müssen je nach Verwendung entsprechend angeschnitten werden. Man schrägt an der Traufe auf 45° an, so kann man von unten die Falte nicht sehen ②.
Beim Ortgang muß die Höhe des Ortgangs berücksichtigt, der oben offene Teil der Falte mindestens 120 mm lang sein ③.
Für den Wandanschluß wird die Falte waagrecht mit mindestens 60 mm verbleibender Höhe angeschnitten. Diese offenen Teile der Falte werden später mit einem Deckel verschlossen, der entsprechend Spiel haben muß ④.
Unbedingt beachten muß man das richtige Aufsetzen des Ausgleichers. Die Breite der Falte soll voll für die Dehnung ausgenutzt werden. Das zweite Beispiel zeigt mit Pfeilen den zu belassenden Raum.

Nach dem gleichen Prinzip arbeitet der Dehnungsausgleicher ⑤. Hier wird die Längenänderung des Profils von einem einvulkanisierten, elastischen Streifen aufgenommen. Zur Länge des notwendigen Biegeschenkels und zum Einbau gelten die Angaben wie sie zu den beschriebenen Dehnungsausgleichern aus Blech gemacht wurden sinngemäß.
Je nach Profil werden diese Dehnungsausgleicher in entsprechender Länge bezogen und dem Profil angepaßt. Beim Biegen ist darauf zu achten, daß die, vom Hersteller vorgeschriebenen, kleinsten Biegeradien nicht unterschritten werden. Beim Kanten in der Abkantbank ist durch runde Biegeschiene und Zwischenlagen beim Spannen sicherzustellen, daß der elastische Streifen nicht abgeschert wird.
Verschiedene Anfragen betrafen die gezeigten Flachdach-Außenkanten. Deshalb seien zwei Dehnungsmöglichkeiten gezeigt.
Abdeckungen aus einem Stück sind nicht ratsam. Der Anschluß an die Deckung und das Stirnblech werden gesondert hergestellt.
Wenn der Belag über das Blech geführt und aufgeklebt wird, muß man am Dehnungsausgleicher sehr sorgfältig arbeiten. Kleine, aufgesetzte Dreiecksböden geben mehr Sicherheit als ein Falz. Die Abschlußkappe wird über den schräg abfallenden Teil des Daches heruntergeführt ⑥.
Besser ist ein Blechabschluß, der über die Pappe oder den sonstigen Belag geführt wird ⑦. Vor der Dachdeckung sollen allerdings bereits die Vorsprungstreifen an der Gebäudekante durchgehend befestigt werden. Das Abdeckblech wird auf der Dachseite in angeschraubte Blechstreifen eingehängt und am Vorsprung außen mit Haftstreifen niedergehalten. Erst nach Fertigstellung der Schiebenaht mit Dreiecksböden und Abdeckkappe wird das Stirnblech montiert. Eine Blechdicke von mindestens 1 mm garantiert eine glatte Sichtfläche ohne Verwerfungen. Bei Stirnblechbreiten von 150 mm und mehr muß das Blech noch dicker sein.
Zusammenfassend kann man wohl feststellen, daß es eigentlich gar nicht so schwer ist, den Blechen die Ausdehnung zu gestatten. Im Prinzip sind fast alle Dehnungsmöglichkeiten gleich. Gelingt es dem Handwerker, alle Bleche spannungsfrei zu verlegen und die Dehnung sicherzustellen, dürfte er von vornherein etwa 70% der möglichen Schadensursachen an Bauklempnereien beseitigt haben.
Wenn es weiter gelingt, in den Technischen Bestimmungen der VOB die Dehnungsausgleicher zwingend vorzuschreiben, die Bedingungen für den Einbau zu präzisieren und entsprechend in Aufmaß und Abrechnung zu berücksichtigen, dürfte dies nicht nur für den Handwerker, sondern auch für den Bauherren von Nutzen sein.
Hinweis: Sie finden die Konstruktionsskizzen der Dehnungsausgleicher für Traufe, Ortgang und Maueranschluß im Anhang.

① **Grundform** — Zwickel, mind. 500, mind. 600

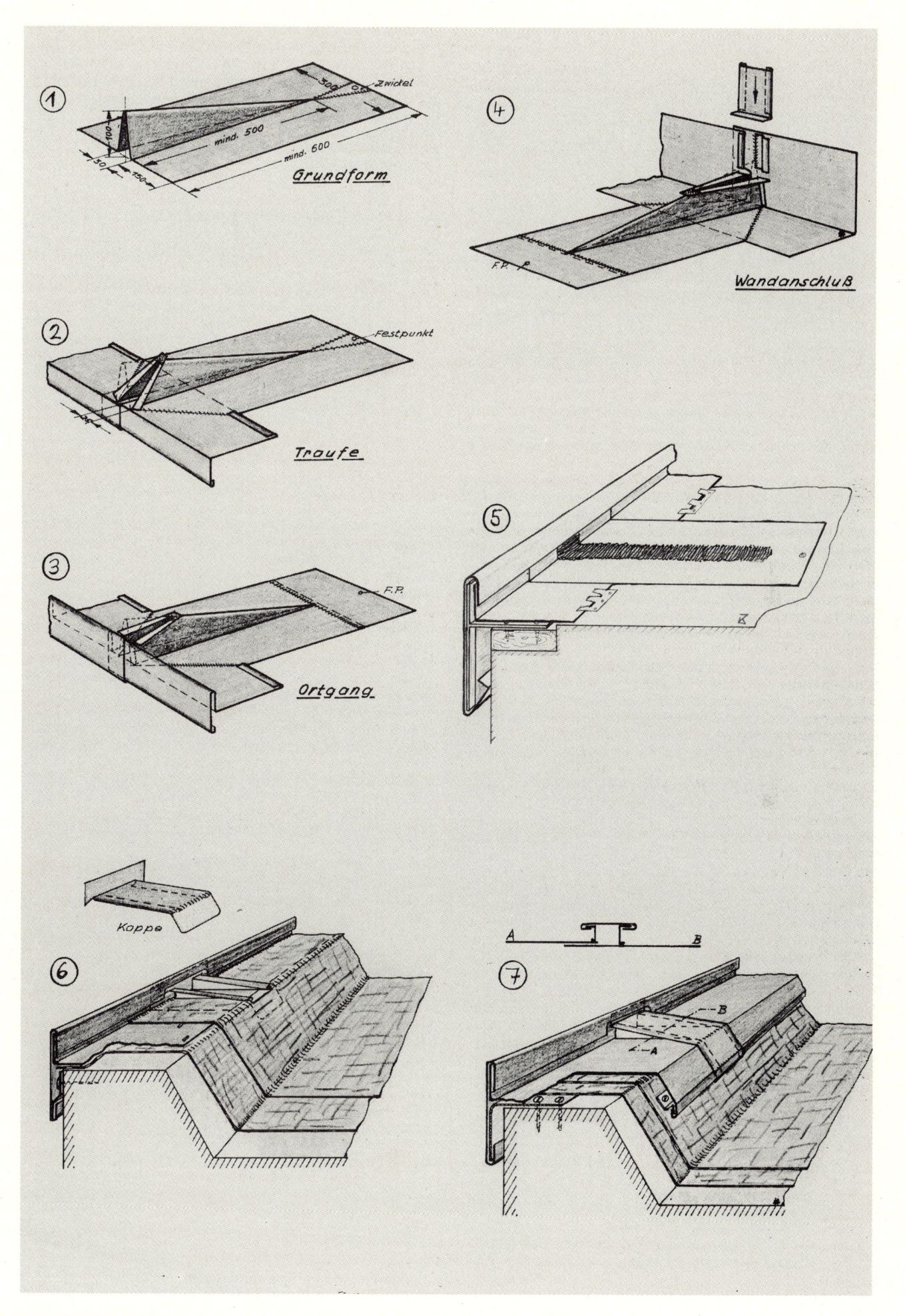

② **Traufe** — Festpunkt

③ **Ortgang** — F.P.

④ **Wandanschluß** — F.P.

⑤

⑥ Kappe

⑦ A — B

Gesimsabdeckungen

Fast an allen Bauwerken aus der Zeit vor dem ersten Weltkrieg finden wir als Zeichen des Wohlstandes der „guten, alten Zeit" Gesimse und Gurten. Sie sind hauptsächlich aus Sandstein und geben mit ihren reichen Profilen und Ecken den Bauten ihr Gepräge. Auch Mauerabsätze sind an alten Gebäuden oft zu finden. Um hier Witterungsschäden zu vermeiden oder um solche Schäden heute abzustoppen, deckte oder deckt man die Oberfläche mit Blech ab.

Solche Abdeckungen sind eigentlich nicht von vornherein geplant. Sie sind vom Standpunkt des Architekten oder des Bauherren nur ein notwendiges Übel. Darum wird man bei der Konstruktion solcher Bleche so vorgehen, daß sie sich angleichen und einfügen. Zu viele Kanten und Flächen an einer Fassade würden stören. Auf der anderen Seite darf aber der Handwerker den Zweck seiner Bleche nicht vergessen. In erster Linie muß unser Metall abdecken und abdichten. Dann erst kommt die gestaltende Form.

Der Sinn von Gesimsabdeckungen ist dann erfüllt, wenn das Niederschlagswasser vom Stein und vom Gebäude so gut wie möglich ferngehalten wird. Um das zu erreichen, muß man oft nicht nur die Oberseite, sondern auch die vordere Fläche mitschützen. Bei stark profilierten Steinen mit ihren oft spitzen Kanten ist nämlich nur wenig Wasser im Stein nötig, um bei Frost die Kanten abzusprengen ② und ③.

Darum wollen wir darauf achten, daß der Abtropfpunkt unserer Abdeckung so weit vorspringt, daß auch bei starkem Regen und Wind die Wassertropfen nicht an den Stein geweht werden können. Dieser Vorsprung sollte, wenn es irgendwie zu verantworten geht, mindestens 40 mm betragen. Wo dieser Vorsprung, besonders bei geringen Höhen der Abdeckung, nicht möglich ist, sollte man als sichersten Weg die Abdeckung über die Vorderseite des Gesimses herabziehen. Dann kann man nämlich am Stein bleiben. Vorsprünge unter 20 mm sind abzulehnen, weil sie nicht genügen. Der Bauherr ist auf solche Gefahren aufmerksam zu machen.

Als vordere Tropfkante erhalten die Abdeckbleche einen Wulst, einen Dreikant oder einen Falz. Dieser Falz muß um mindestens 45°, besser aber senkrecht abgebogen sein. In der Anwendung haben sich alle diese Vorderkanten bewährt. Verlegungstechnisch ist der Rundwulst am besten. Er versteift sehr stark, ist am schnellsten herzustellen und am einfachsten zusammenzubauen ⑤.

Die Hinterkante der Abdeckung wird an der Mauer oder hinter einer Plattenverblendung hochgeführt. Im ersten Fall wird ein Überhangstreifen angebracht. Eine direkte Befestigung der Bleche an der Mauer ist abzulehnen, weil durch die Dehnung des Metalls in kurzer Zeit Risse im Putz entstehen, durch die das Wasser eindringen kann. Über die Höhe dieser Maueraufkantungen gehen die Meinungen auseinander. Im DIN-Blatt 18 339 – Allgemeine technische Bestimmungen – ist festgelegt, daß Aufkantungen an Mauerwerk mindestens 150 mm hochgeführt werden müssen. Architekt und Bauherr wollen möglichst kein Blech an der Fassade sehen. Wohl würden 40 bis 80 mm Höhe für laufendes Wasser ausreichen, aber wenn ein Platschregen fällt, gibt es Spritzwasser. Die Wand über der Abdeckung wird dadurch nicht nur völlig durchnäßt, auch der Staub auf dem Blech wird mit hochgeschleudert. Man sieht nach drei bis fünf Jahren gut die Spuren. Dies um so mehr, je breiter die Abdeckung ist.

Die Befestigung der Abdeckbleche soll indirekt erfolgen. In früheren Jahren war das nicht immer üblich, und diese Praktiken haben sich bis heute erhalten. Eine Abdeckung, die mit Schrauben oder Splinten direkt gehalten wird ⑥, welche nach der Schnur mit gleichmäßigen Abständen gesetzt und mit Blechbuckeln verschlossen sind, sieht sehr ordentlich aus.

Die Dehnung darf dabei aber nicht vergessen werden. Darum sind Schlitzlöcher zu wählen und bei jeder Befestigungsart Unterlegscheiben zu verwenden. Die Schrauben darf man nicht zu stark anziehen. Die gezeigten Draht- oder Blechsplinte erfüllen darum diese Aufgabe einfacher und sicherer. Trotzdem sollte die direkte Befestigung nur in Ausnahmefällen angewendet werden.

Die indirekte Art der Befestigung ist immer vorzuziehen. Wir verwenden dazu einzelne, besser aber durchgehende Vorsprungstreifen.

Diese werden mit Holzschrauben in Dübeln befestigt. Die Dübellöcher müssen gebohrt und dürfen nicht geschlagen werden, damit vom Stein keine Ecken abspringen. Sandstein ist empfindlich. Das in anderen Fällen bewährte Anschießen der Befestigung ist aus dem erwähnten Grund ganz abzulehnen. Großflächige Gesimsabdeckungen darf man nicht aus glatten Blechstücken herstellen. Sie brauchen eine zusätzliche Versteifung der Fläche. Darum werden sie nach dem Doppelfalz- oder nach dem Leistensystem erstellt. Diese Deckungen sind im 2. Teil ausführlich behandelt. Auf diese Weise werden Vordächer, Kragplatten über Eingangstüren und weit vorspringende Gesimse an Hochbauten geschützt.

Besondere Sorgfalt ist auf die Dehnungsmöglichkeit von Gesimsabdeckungen zu verwenden. Längen über 10 m müssen durch Dehnungsausgleicher getrennt werden. Es käme sonst ganz sicher zu Verwerfungen. In Frankreich, wo fast ausschließlich Zink verwendet wird, macht der Klempner zwischen jedes Ein- oder Zweimeterstück eine Schiebenaht. Es sind einfache Falzstreifen mit einem Falz von 20 bis 30 mm Breite.

Im darunterliegenden Beispiel ist durch das Anlöten eines Haftstreifens und das Darunterführen des einen Blechstückes die Schiebenaht zusätzlich gesichert. Beide Ausführungen bergen die Gefahr in sich, daß Wasser eindringen kann. Die Hinterkante, wo das Blech an die Mauer stößt, ist die Gefahrenquelle. Oft treibt der Wind das Wasser in diese Ecke.

Hier ist der Dehnungsausgleicher am Platze, der nach der Mauer zu eine immer höher werdende Aufkantung besitzt. Die Vorderkante wird in ihrer geraden Linienführung nicht unterbrochen, nach hinten haben wir aber einen sicheren Schutz ④.

Auch ein Stehfalz, der bis zur Mitte des Wulstes geführt wird, gestattet das Arbeiten der Bleche. Man wird bei der Herstellung Schablonen für den Zuschnitt verwenden. Der Wandanschluß erfolgt wie beim Falzdach (siehe II. Teil – Modellanfertigung – Wandanschlüsse).

Sollte an dem Punkt, wo der Stehfalz vorne aufhört, etwas Wasser eindringen können, so würde es über den Vorsprungstreifen ins Wulstinnere gelangen und über ein gebohrtes Loch an der Unterkante des Wulstes ablaufen. Bei einem Modellfall am Gebäude der Bundesfachschule ist diese Funktion nach 15 Jahren noch einwandfrei und ohne Spuren am Stein.

Gehrungsnähte werden genietet und gelötet. Besser aber sind Kleinstleistenverbindungen oder Falze, weil diese eine Bewegungsmöglichkeit in sich haben.

Aufgemessen werden Gesimsabdeckungen nach der größten Länge in Metern unter Zugrundelegung der Zuschnittbreite.

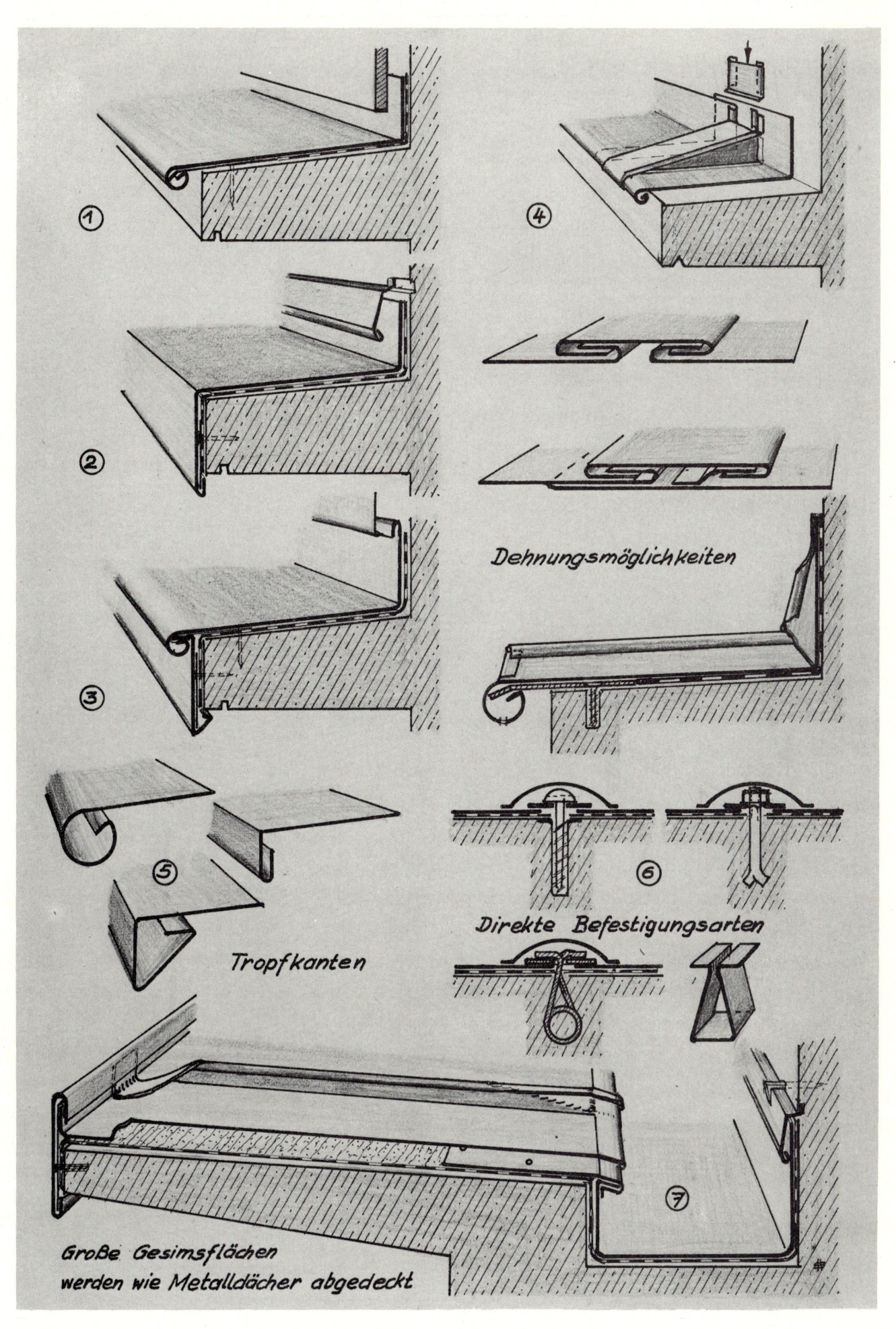

Dehnungsmöglichkeiten

Tropfkanten

Direkte Befestigungsarten

Große Gesimsflächen werden wie Metalldächer abgedeckt

Mauerabdeckungen

Durch die moderne Flachbauweise wird die Abdeckung von Mauern wieder aktuell. Nicht nur zur Sicherung gegen das Niederschlagswasser, sondern auch als dekorativer Gebäudeabschluß wird Metall bevorzugt.

Man darf heute aber nicht nur nach alten, überlieferten Methoden vorgehen, da heute ganz andere Voraussetzungen gegeben sind. Während es sich bei früheren Abdeckungen meist um Giebelmauern handelte, die immer mit großem Gefälle und in vielen Schnörkeln verliefen, handelt es sich heute fast ausschließlich um horizontal verlegte Maueroberflächen. Dabei spielt die Abdichtung die Hauptrolle.

Nur bei Gefälle darf man die einfache Überdeckung ⓐ wählen. Die Nahtkanten sind anzureifen und müssen anliegen. Damit man eine zusätzliche Befestigung erhält, kann man am darunterliegenden Blech einen Wasserfalz anbiegen und mehrere Hafte anbringen ⓑ.

Günstiger ist hier auch das leichte Gefälle der Abdeckung nach außen. Versuche ergaben bei horizontaler Verlegung und 80 mm Überdeckung keinerlei Undichtheit.

Weitere Verbindungsarten sind der Falz ⓒ und der Falzstreifen ⓓ, beide funktionieren einwandfrei. Die Passungen an den weiten und engen Seiten der Bleche müssen allerdings genau vorbereitet sein.

Die Abdeckungen selbst sollen steif sein. Man erreicht dies durch Ab- und Aufkantung der Bleche ① und ③, auch durch Verwendung von Wulst oder Dreikant ④ und ②. Einfache Falze sind schräg nach unten zu biegen. Wo das nicht möglich ist, verwendet man dickeres Material.

Die indirekte Befestigung ist vorzuziehen; dabei soll man nicht einzelne Vorsprungstreifen, sondern durchgehende Einhängbleche verwenden. Manches stürmische Jahr hat Fehler in dieser Richtung sehr deutlich „aufgedeckt".

Die Tropfkanten müssen auch hier weit genug vorspringen, man soll nicht unter 40 mm vorschlagen.

Für die Sichtseite können auch stranggepreßte Aluminiumprofile verwendet werden. Diese sind bei Ortgangverkleidungen ausführlich gezeigt und behandelt.

Vergleiche auch S. 37

Abdeckung von Gebäude-Dehnungsfugen

Wir haben im vorletzten Kapitel die Dehnungsausgleicher für große Baulängen von Blechen kennengelernt. Sie ermöglichen das Arbeiten der Bleche, ohne daß Rißbildungen auftreten.

Auf ähnliche Art muß beim Erstellen langer Bauwerke Vorsorge getroffen werden, daß Eigenbewegungen dieser Gebäude, hervorgerufen durch Dehnung, Setzen und Senken, stattfinden können, ohne daß die Gebäude Schaden leiden. Man trennt sie deshalb ein- oder mehrmals durch Fugen voneinander.

Diese Trennfugen von etwa 20 bis 40 mm Schlitzbreite müssen an der Fassade und vor allen Dingen auf dem Dach so abgedeckt werden, die Bauteile so miteinander verbunden werden, daß kein Niederschlagwasser in die Fugen eindringen kann. Neben vielen anderen Möglichkeiten wird dazu oft Blech verwendet. Bei richtiger Anwendung des Materials kann man damit auch schwierige Stellen abdichten.

Wir unterscheiden einteilige und mehrteilige Abdeckungen. Für kleinere und unkomplizierte Bauwerke finden die einteiligen Bleche Anwendung. Für größere Längen, die stärkeren Beanspruchungen unterworfen sind, ist die mehrteilige Abdeckung zweckmäßiger.

Bild ① zeigt eine einteilige Fugenabdeckung für Papp-, Asphalt-, Kiesschütt- und Kiespreßdächer. Über die Fuge legen wir eine Blechfalte in Dreiecksform, die mindestens einem gleichseitigen Dreieck gleichen oder steiler sein muß. Je nach Dachbelag wird die Falte 50 bis 120 mm hoch gemacht. Beim Herstellen der Bleche müssen wir streng darauf achten, daß keine scharfen Kanten gemacht werden. Je runder die Kanten sind, desto geringer ist die Gefahr, daß sie einreißen. Ein Biegeradius von 10 mm ist zu empfehlen.

Diese Faltenbleche werden für Dachlängen von höchstens 8 m fest miteinander verbunden und in einem Stück verlegt. Ihre Befestigung auf dem Dach darf aber nicht direkt, sondern nur mit Haften im Wasserfalz erfolgen. Der Wasserfalz kann bei Pappdächern anschließend zugedrückt werden. Nur auf solche Art lassen sich Spannungen, die durch Wärmeeinwirkung hervorgerufen werden, vermeiden. Bei Platten- oder Ziegeldeckung und einem Gefälle von über 15% können die Bleche bei 80 bis 100 mm Überdeckung an den Stößen einzeln verlegt werden. Das wird aber bei der heutigen Bauweise selten der Fall sein.

Das Modell ② ist für flache Dächer gedacht, welche begangen werden. Damit die Falte nicht niedergetreten werden kann, ist eine Holzleiste daruntergelegt. Diese Leiste muß an ihrer Auflagefläche mindestens 20 mm breiter als die Fuge sein. Die Form des Abdeckbleches ist der Leistenform entsprechend zu wählen. Rundliche Dreieckprofile sind vorzuziehen.

Zu den einteiligen Abdeckungen gehört auch Skizze ③. Hier ist die Fuge dadurch geschlossen worden, daß bei entsprechender Fugenbreite und -tiefe die Blechfalte in die Fuge hinein verlegt wird. Ihre Anwendung erfolgt nur bei kürzeren Längen, da die Bleche fest miteinander verbunden werden müssen. Baulängen über 10 m sind nicht zu empfehlen. Die Blechfalte wird mit einer plastischen Masse verschlossen, weil sonst die Gefahr besteht, daß durch Steine o. ä. die Funktion gebremst oder das Blech dabei zerstört wird. Diese Bleche sind nicht so sehr den wechselnden Temperaturen unterworfen. Wenn bei Pappbelag zusätzlich eine leichte, feine Kiesschicht auf das Dach kommt, ist diese Fugenabdichtung unsichtbar.

Die solideste, sicherste und bei langen Fugenlängen am besten arbeitende Abdeckung ist in Skizze ④ dargestellt. Es ist eine Leistenverbindung mit Anschlußblechen auf jeder Dachseite, dazu Holzleiste und Leistenkappe. Fugenlängen von über 20 m sind heute keine Seltenheit. In solchen Fällen müssen aber die erstgenannten Fugenabdeckungen versagen. Denn jetzt muß ja das Blech selbst eine Dehnungsmöglichkeit besitzen.

Die Holzleiste wird mindestens 80 mm, in schneereichen Gegenden bis 120 mm hoch gemacht. Die Anschlußbleche werden so hoch wie die Leisten geführt und bekommen dazu noch eine Einkantung von 20 mm. Bei Leistenhöhen von 100 mm und bei großen Baulängen ist es möglich, Schiebekasten einzubauen. Diese Kästen werden in der Höhe 20 mm tiefer als die Leiste gehalten, damit die Abdeckkappe des Kastens noch unter die Einkantung der Anschlußbleche zu liegen kommt. Dadurch können wir die Kappe an ihrem Anschluß mit dem Leistendeckel überdecken. (Siehe Seite 39, Bild ⑥.)

Fugenabdeckungen an Fassaden hat der Klempner selten auszuführen, da hier die Fugen mit Kunststoff-Profilen einfacher geschlossen werden. Der Vollständigkeit halber sind im Skizzenblatt auch einige Fugenverschlüsse aus Blech gezeigt. Bei der einteiligen Abdeckung dürfen die Bleche nur an einem Gebäudeteil festgemacht werden.

Die weiteren Beispiele sind aus zwei Teilen hergestellt und sind Falzverbindungen verschiedener Art. Es ist möglich, die Ausführung ⑥ zu verputzen, dann bleibt an der Wand nur ein Strich sichtbar.

Die einfachste Art, eine Fuge an der Wand verschwinden zu lassen, ist die Montage des Regenablaufrohres vor der Fuge. Es ist auch hier zu beachten, daß die entsprechend gerichteten Rohrschellen nur auf einer Seite der Fuge angebracht werden.

Abdeckungen von Gebäudedehnungsfugen werden aufgemessen und abgerechnet nach der größten Länge in m unter Zugrundelegung der Zuschnittbreite, eingebaute Dehnungsausgleicher als Zulage nach Stückzahl.

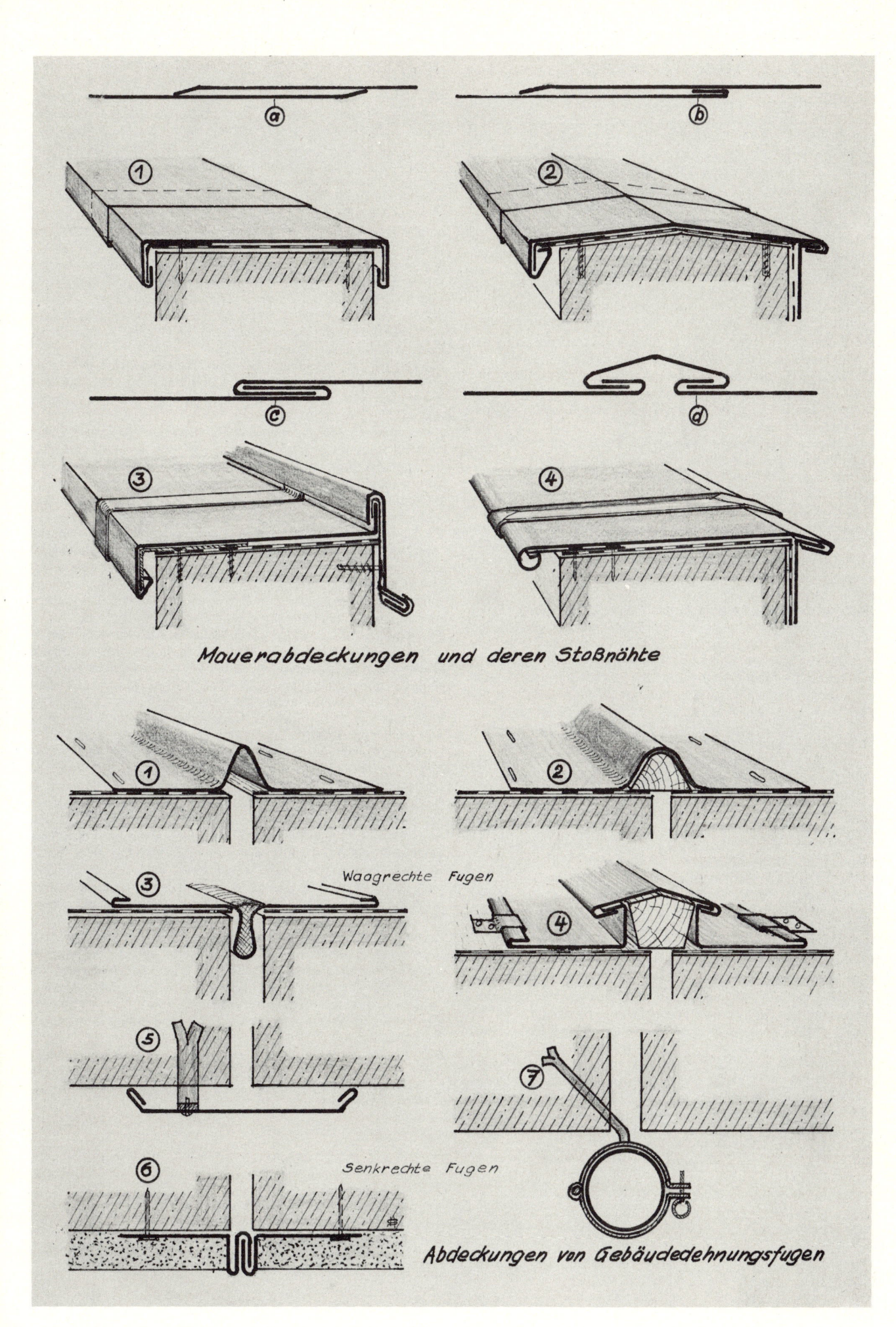

Mauerabdeckungen und deren Stoßnähte

Waagrechte Fugen

Senkrechte Fugen

Abdeckungen von Gebäudedehnungsfugen

Brustbleche, Fensterbankabdeckungen

Unter Brustblechen versteht man die Anschlüsse von Dächern, die oben gegen eine Wand stoßen. Es muß ein dichter Übergang von der Wand auf das Dach hergestellt werden. Das Blech muß dabei soweit auf die Ziegel vorspringen, wie auch die Ziegel unter sich überdecken. Der Wandanschluß wird mit einem Überhangstreifen überdeckt ①.

Das Blech liegt mit einem angereiften Umschlag auf den Ziegeln. Das Abrutschen muß verhindert werden. Das geschieht mit Hilfe von Blechstreifen, welche alle 0,50 m an der Wand befestigt sind und bei der Montage um die Vorderkante herumgebogen werden. Das sichtbare Ende dieser Streifen soll nicht länger als 10 mm sein.

Bei Profilziegeln oder Wellprofilen werden die Vorderkanten so gerichtet, wie es bei Schornsteinverwahrungen beschrieben ist.

Bei Furralabdeckungen wird für den Wandanschluß ein Firstabdeckblech aufgekantet und an der Vorderkante mit dem Klemmband festgehalten ②. Man beachte hier die andere Form des Überhangstreifens, der mit seinem Falz hinter die Maueraufkantung des Brustbleches greift. Diese Form läßt sich auch an Seitenblechen usw. verwenden.

Die gleichen Brustbleche finden wir in Verbindung mit Fensterbankabdeckungen, welche in einer Dachfläche liegen. Hier gibt es vielfältige Formen und Ausführungen. Während die einen Fenster bis zur Hälfte unterhalb der Dachfläche liegen und sehr breite Bleche brauchen, sind andere Dachgaupen fast ganz aus der Dachfläche herausgebaut. Auf dem einen Dach ist es ein Fenster, bei einem anderen Bau besitzt das ganze Dachgeschoß eine durchgehende Fensterreihe. Jede dieser Arten braucht eine andere Blechverarbeitung und andere Arbeitsmethoden. Deswegen sind solche Abdeckungen oft langwierig und stecken voller versteckter Schwierigkeiten. In den meisten Fällen wird die vorausgeschätzte Arbeitszeit überschritten, und erst nach langer Tätigkeit stellen sich brauchbare Erfahrungswerte heraus.

Wo die Fensterbank aus dem Dach herauswächst oder wo es sich um längere Fensterreihen handelt, wird man Brustblech und Bankabdeckung aus zwei oder mehreren Teilen herstellen. Die Verlegearbeit ist einfacher, das Blech läßt sich besser einteilen, man kann Dehnungsmöglichkeiten schaffen. Der Anschluß der Bleche untereinander kann durch Wulst, Dreikant oder Falz hergestellt sein, da diese Kanten gleichzeitig auch Tropfkanten sind. Dabei haben wir auch die Möglichkeit einer besseren Befestigung, weil sich an jeder Verbindungsnaht Hafte einbauen lassen ④ und ⑤.

Die Hinterkante einer Fensterbankabdeckung wird z.T. unter dem Fensterrahmen hindurchgeführt. Zuerst wird die Abdeckung befestigt und dann das Fenster hineingestellt. Wenn die Ecken an der hinteren Aufkantung dicht sind, wird kein Wasser eindringen können ③. Weiter haben die Fensterrahmen an der Vorderseite eine gefräste Nut, in den wir unser Blech mit einer kleinen Einkantung führen. Beim Befestigen müssen wir aber vermeiden, daß wir direkt nageln. Wir setzen die Nägel mit breiten Köpfen darüber, damit halten wir das Blech auch fest ④. Eine weitere Möglichkeit ist das Anfasen des Fensterrahmens um etwa zwei Blechdicken. Das Blech steht dann nicht vor, sondern unter dem Holz. Die Abdichtung wird so besser ⑤.

Wenn in der Fensterbank die Pfosten der Gaupenkonstruktion einzufassen sind, so wird man das Blech von hinten her einschneiden. Das Blech läuft also an der Vorderseite des Pfostens hinauf. Für die Abdeckung der Pfosten-Seitenfläche müssen wir einen Boden einsetzen, den wir je nach Material einlöten, falzen oder nieten können. Wenn man am Bau das Maß nimmt und die Bleche in der Werkstatt fertigmacht, hat man alle Hilfsmittel zur Hand und kann einwandfreie Arbeit liefern. Auf dem Bau und auf dem Dach werden solche Arbeiten kaum so gut gelingen ⑦.

Bei langen Fensterreihen in der Dachfläche wird man vor den einzelnen Fensterpfosten die Dehnungsmöglichkeiten vorsehen. Durch Aufsetzen von Dreiecksböden wird die Gesamtlänge unterteilt. Die Fuge wird mit einem Deckel verschlossen ⑧.

Diese Maßnahme bietet den Vorteil, daß alle Arbeiten nach am Bau genommenen Maßen ganz in der Werkstätte vorgerichtet werden können. Zeitraubende Experimente am Bau entfallen.

Der Anschluß an die Seitenbleche einer Dachgaupe erfolgt mit einem Doppelfalz, wie es bei Falzdächern an Schornsteinecken üblich ist*.

Auf keinen Fall darf man einschneiden. Wo die Falztechnik an Rundungen nicht beherrscht wird, kann man sich helfen, indem man an den Enden der Brust- und Fensterbleche Böden aufsetzt. So lassen sich ansprechende Lösungen erzielen ⑦. Solche Böden sind ohnehin notwendig, wenn die Fenster innerhalb der Dachfläche liegen.

Merken wir uns vor allem: Fensterabdeckungen mit ihren Anschlüssen brauchen viel Zeit und Sorgfalt, wenn sie dicht und ansehnlich sein sollen. Jede Minutenfuchserei artet in Murks aus ...!

Betrachten wir jetzt einmal eine Häuserfront: Viele Wände zeigen die Spuren der Wassertropfen, die erst den Schmutz der Fensterbank abgewaschen haben und damit nun die Fläche verunreinigen. Beiderseits der Fensterbank zeigen sich diese „Kondensstreifen", in besonders krassen Fällen zeigt die ganze Fassade ein vollkommen verwaschenes Bild.

Es gilt also, den Wassertropfen vom Putz fernzuhalten. Man erreicht es nur mit genügendem Vorsprung und einer zweckmäßigen Tropfkante. Der Abstand der Tropfkante von der Wand soll mindestens 40 mm betragen. In Fällen, wo dies um der Architektur willen nicht möglich ist, muß man den Bauleiter und den Bauherrn auf die möglichen Folgen aufmerksam machen.

An den Fensterlaibungen – den seitlichen Maueranschlüssen – wird das Blech mindestens 40 mm aufgebogen und mit einem kleinen Überhangstreifen versehen. Wir müssen diese Aufkantung bis zur Tropfkante nach vorne führen. Das Wasser darf nicht seitlich herunterlaufen. Wo seitlich ein Plattenbelag angebracht wird, kann man auf den Überhangstreifen verzichten. Man soll nicht das Blech direkt an der Mauer befestigen und dann überputzen, denn durch die Wärmedehnungen würde der Putz in kurzer Zeit abbröckeln. Damit wäre die Abdeckung undicht.

Metallfensterbänke erscheinen auch vorgefertigt, fest mit dem Beton verbunden. Hier hat, bis auf den Zulieferer, der Klempner keine Arbeit mehr. Dafür kann er seiner Kundschaft die stranggepreßten Aluminium-Fensterbänke anbieten, die es in verschiedenen Breiten und Ausführungsarten gibt. Ein Beispiel ist in den Skizzen wiedergegeben ⑥. Dieses Profil ist durch ein Schlitzloch direkt an den Fensterrahmen geschraubt, unter dem Putz durch mehrere Halter, welche die Dehnung gestatten, festgehalten. Weitere Möglichkeiten werden angeboten.

Diese Fensterbänke werden nach gegebenen Maßen geliefert, die seitlichen Aufkantungen werden in verschiedenen Ausführungen je nach Maßgabe bereits im Werk angeschweißt.

Zusätzliche Dehnungsmöglichkeiten können für große Baulängen eingebaut bzw. mitgeliefert werden.

Der Klempner ist gut beraten, wenn er diese neuen Möglichkeiten ausnutzt ...!

Die Abdeckungen werden aufgemessen und abgerechnet meist nach der größten Länge unter Zugrundelegung der Zuschnittbreite, in anderen Fällen getrennt nach Abmessungen und Stück.

---

* Siehe Fachkunde Teil 2: Metalldächer.

47

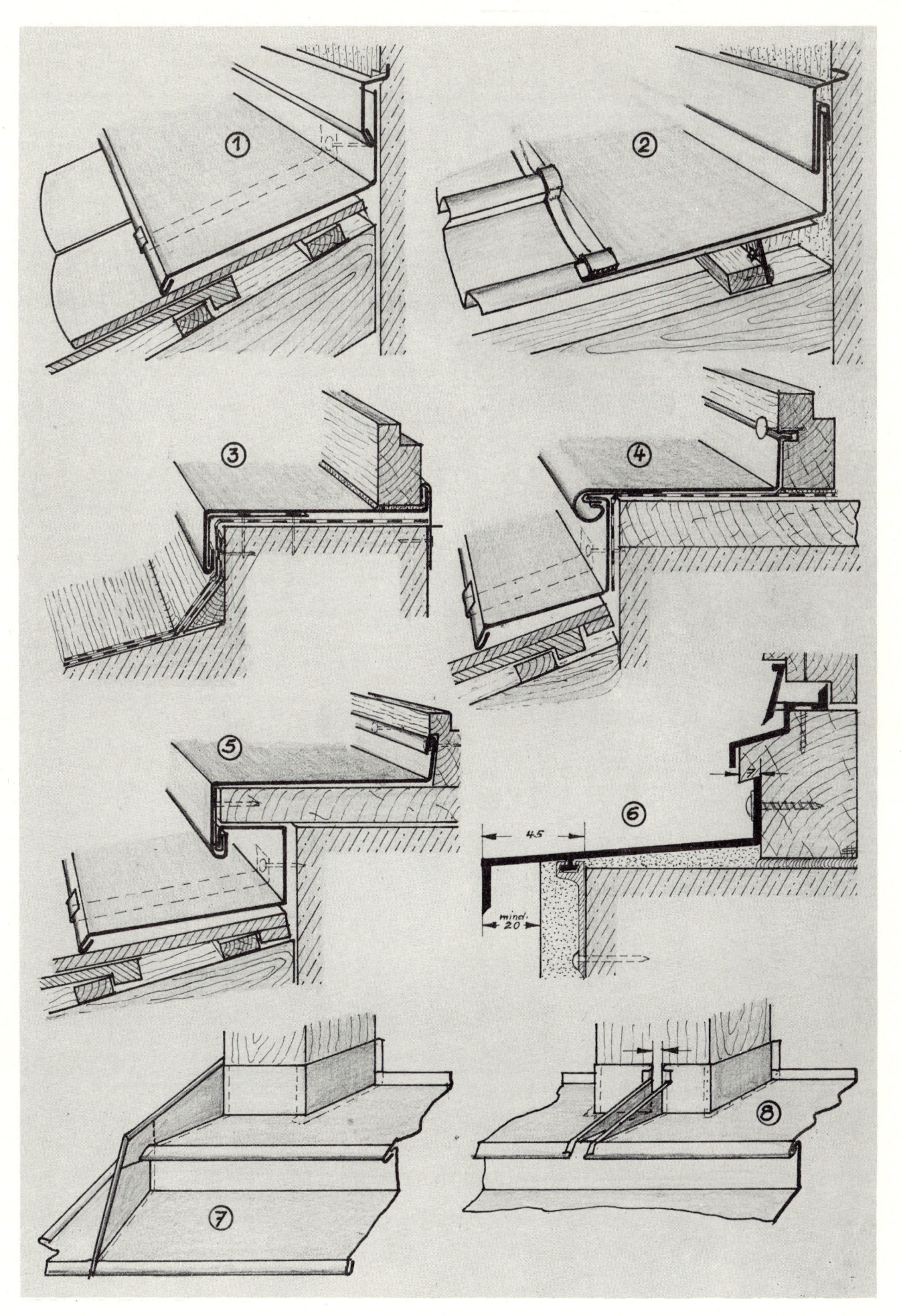

Dachgaupen

Auf vielerlei Art kommt Licht in die Speicherräume oder -wohnungen. Das reicht vom Glasziegel über die einfachen Dachfenster, Dachflächenfenster mit Drehflügeln, Lichtkuppeln aus Kunststoff und sog. Ochsenaugen zu den Dachgaupen und ausgebauten Fensterreihen. Während für die ersten Arten der Klempner kaum noch zu tun hat, entstehen beim Ausbau eines Dachraums zu Wohnungen durch das Anheben der Dachfläche mancherlei Arbeiten für uns.

Beginnen wir von unten her, so können anfallen: Brustbleche, Fensterbankabdeckungen, Seitenbleche oder Noggen, Verkleidung der Fensterpfosten und der Seitenbacken, Kehlbleche, Ortgangbleche, First- und Gratbleche oder die Gesamtabdeckung der Dachfläche.

Unter den entsprechenden Bezeichnungen sind diese Arbeiten bereits im Wort und Bild beschrieben. Es bleiben die Seitenbacken übrig und ein kleines Kapitel über das Maßnehmen.

Die Verkleidung der Seitenflächen einer Dachgaupe mit Metall wird viel angewendet. Der Schutz vor Witterungseinflüssen ist größer; zumal man bei später anfallenden Reparaturen nur schwer an die Stellen herankommt und entsprechende Sicherheitsvorkehrungen getroffen werden müssen, lohnt sich diese Arbeit bei der Erstellung.

Hat die Dachgaupe ein Sattel- oder Walmdach, ergeben sich Seitenflächen in Form eines rechtwinkligen Dreiecks, während bei einer Schleppgaupe ein unregelmäßiges Dreieck entsteht. Bei größeren Flächen deckt man die Wand nach dem Falzsystem, d. h. verbindet die einzelnen Blechstücke in einer senkrechten Naht mit einem Stehfalz. Die Gesamtfläche erhält durch diese Falze eine Versteifung, durch die Anbringung von Haften erhalten wir eine zusätzliche Befestigung. Die einzelnen Blechstücke bleiben klein und sind den Gesetzen der Ausdehnung nicht so sehr unterworfen wie große Stücke. Nur wo die Seitenflächen kleiner als eine Blechtafel sind, wird man ein Stück verwenden.

Die Art der Befestigung verrät den guten Handwerker. Wenn ein solches Dreieck auf zwei Seiten fest montiert ist, wird es im Laufe der Zeit unweigerlich Blasen werfen. Sind solche Bleche lackiert, erkennt man schon von weitem und auch von unten her die Wellen und Verwerfungen. Deswegen dürfen diese Seitenbacken nur an einer Dreiecksseite, der oberen, direkt genagelt werden. Je nach Fortführung der Abdeckung nach oben zum Gesimse oder zur Dachdeckung ist es sogar möglich, die gesamte Fläche indirekt, also mit Haften, zu befestigen.

Die Unterkante der Bleche wird entweder in einen angebogenen Falz des Seitenbleches eingehängt, oder wir befestigen z. B. bei Noggen einzelne bzw. einen durchgehenden Vorsprungstreifen, in die der Falz des Dreiecks einhängt ④. Wenn der Fensterpfosten nicht verkleidet wird, befestigt man zuerst einen abgewinkelten Blechstreifen am Fensterpfosten. Nach dem Anlegen der Verkleidung wird der Umschlag geschlossen. Der Umschlag muß mindestens 12 mm breit sein; das Blech muß darin etwas Spiel haben wegen der Dehnung.

Wird der Fensterpfosten mitverkleidet, so kann man entweder mit einem Falz oder mit einem Wulst, der besser versteift, einhängen ⑤.

Das Maßnehmen für die einzelnen Flächen ist eigentlich kein Problem, dennoch stelle ich immer wieder fest, daß die Beherrschung solcher Dinge übersehen wird. Bei Meisterprüfungen müssen solche Mindestforderungen gestellt werden, darum wurden diese Skizzen eingefügt.

Die Dreiecksfläche des Walms ① ist eigentlich ein gleichschenkliges Dreieck, für das als Maßgabe Länge und Höhe genügen. Doch selten ist eine solche genaue Zimmermannsarbeit zu erwarten. Aus diesem Grund nimmt man zur Kontrolle noch das Maß 2b. Natürlich müssen später die Zugaben für Traufe und Gratfalze gemacht werden. Das Dreieck läßt sich auch mit den drei Seitenmaßen herstellen.

Die Fläche ② hat die Form eines Rhomboids, meist sind es ungleiche Seiten. Man überzeugt sich zunächst, ob Ober- und Unterkante parallel verlaufen; ist dies der Fall, erstellt man eine Senkrechte zur Spitze und nimmt die Maße 1 und 2. Dazu kommt noch die Höhe 3 und die Länge oben 4. Der Rest ergibt sich von selbst.

Zum Beispiel ③ benötigt man nicht nur die beiden Maßangaben 2 und 3, man übersieht, wie es in Prüfungen zutage kommt, den rechten Winkel 1. Dieser muß hier vorausgesetzt werden. Für die Seitenflächen an Schleppgaupen ist dieser rechte Winkel nicht mehr vorhanden; die Oberkante des Dreiecks läuft schräg nach oben.

Die sicherste Methode ist das Messen der drei Seitenlängen, danach folgen (b) zwei Längen mit dem eingeschlossenen Winkel und – aber sehr ungenau werdend – eine Seitenlänge mit den beiden anliegenden Winkeln (c).

Je mehr Winkel zum Messen (unter Baubedingungen) verwendet werden, desto ungenauer wird das Maß.

Die Dachfläche selbst wird – wenn mit Metall – nach dem Falz- oder Leistensystem eingedeckt. Die Formen dieser Dächer können sehr verschieden sein; Satteldach, Walmdach, Krüppelwalmdach, Flachdach, Steildach oder gar geschweifte Dächer sind zu finden. Haben wir sie einzudecken, so weise ich hier besonders auf die einwandfreie Wärmeisolierung des Dachuntergrundes hin. Holz ist vor dem Verlegen der Dachhaut mit einer Lage talkumierter Pappe abzudecken. Man mache die Einzelflächen nicht zu groß, sondern verwende kleinere Tafeln bzw. schmalere Bänder.

Beim Anschluß an das Ziegeldach muß das Blech weit genug unter die Ziegel geführt werden.

Alle Detailpunkte der Eindeckung sind im Teil II unter Metalldächer ausführlich beschrieben.

Aufgemessen werden Seitenbacken und die Abdeckungen der Gaupe in m² ohne Rücksicht auf die Überdeckungen an Lötnähten, Falzen bzw. Leisten. Die Anschlüsse auf das Dach werden mitgemessen, ebenso der Ortgang, wenn er nicht gesondert aufgeführt ist.

Blechverwahrung an der Dachgaupe eines Mansard-Daches nach der Renovierung: Brustblech, Simsabdeckung, Profilrinne und Regenfalleitung der höher gelegenen Rinne.

Maßnehmen an einer Schleppgaupe

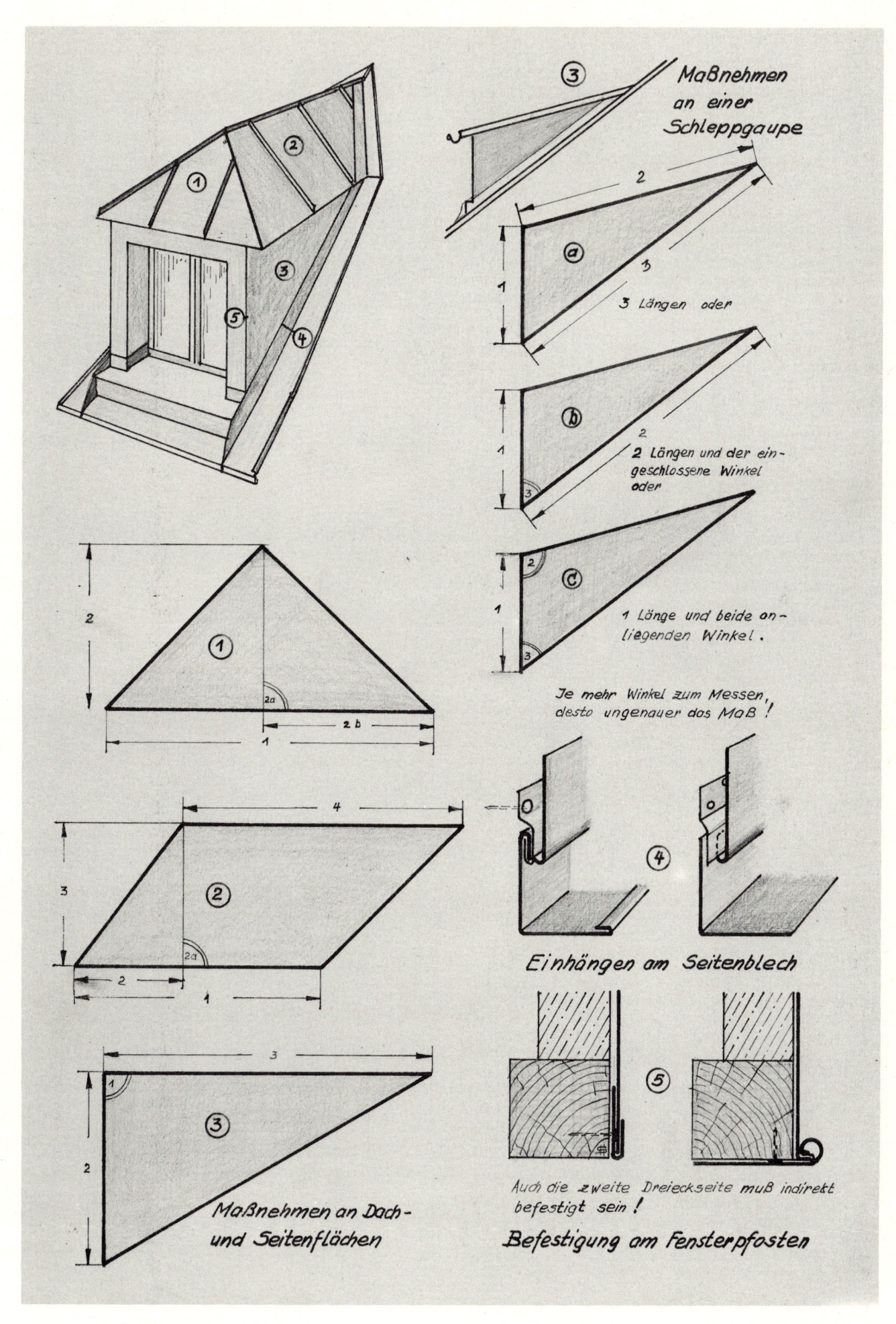

(a) 3 Längen oder

(b) 2 Längen und der eingeschlossene Winkel oder

(c) 1 Länge und beide anliegenden Winkel.

Je mehr Winkel zum Messen, desto ungenauer das Maß!

Einhängen am Seitenblech

Auch die zweite Dreieckseite muß indirekt befestigt sein!

Befestigung am Fensterpfosten

Maßnehmen an Dach- und Seitenflächen

Dachspitzen und Wetterfahnen

Es kommt nur noch selten vor, daß als krönender Abschluß eines Gebäudes eine Dachspitze oder eine Wetterfahne gesetzt wird. Der Klempner wird nur noch dann an solche Arbeiten kommen, wo an älteren Bauten Reparaturen anfallen oder solche Bauteile erneuert werden müssen. Dann hat er die alte Spitze als Modell zur Verfügung und wird sie wieder genau so herstellen, wie sie der Meister von damals entworfen hat.

Es soll nicht im Sinn dieses Abschnitts sein, Hinweise für Kirchturmspitzen zu geben. Diese brauchen wegen ihrer Größe eine solide Unterkonstruktion, die dann in einem Entwurfsbüro konstruiert und berechnet wird. Hier handelt es sich lediglich um kleine Spitzen, wie sie an Dachgaupen und kleinen Türmchen um die Jahrhundertwende entstanden; wie sie heute an Gartenlauben und Wochenendhäusern hin und wieder gewünscht werden.

Es gibt Hunderte von Formen solcher Spitzen.

In den meisten Fällen wird man heute diese Spitzen beziehen. Es gibt in Deutschland noch einige Hersteller, die sich auf solche Dinge spezialisiert haben und ein reiches Angebot führen bzw. kurzfristig Spitzen nach eigenem Entwurf liefern können.

Dem Klempner bleibt noch die Montage; hier muß er allerdings Bescheid wissen. Wichtig ist, daß die Spitze für sich steht und nicht direkt mit der Dachdeckung verbunden ist. Unter der Einwirkung des Windes hat jede Spitze eine gewisse Eigenbewegung. Die Verbindungsstellen würden in Kürze einreißen. In der DIN 18 339 steht geschrieben, daß Gebäudeteile über den Dachflächen – unter anderem Walmspitzen, Blitzableiterstiefel –, an ihren Aufsetzflächen unter besonderer Berücksichtigung der Wetterseite sorgfältig abzudichten sind. Wir erreichen dies mittels Walzbleikragen oder -manschette. Das Blei muß mindestens 2 mm dick und mindestens 60 mm bei Metalldeckung, bis 120 mm bei Profilziegeldeckung breit sein. Die Manschette wird nach der Befestigung sorgfältig angeklopft.

Für die Montage der Spitze wird man auch bei kleinen Ausführungen ein Rohr oder einen Rundstahlstab so weit wie möglich im Innern nach oben führen. Betrachten wir auf dem Skizzenblatt das erste Bild, erkennen wir ein 5/4zölliges Stahlrohr, das von unten her bis durch die Kugel geführt wird. Mit einer kräftigen Unterlegscheibe und einer Reduziermuffe auf 1/2" wird das Unterteil befestigt. Damit die Kugel nicht zusammengedrückt wird, versteift eine eingelötete Rohrhülse diesen Teil. Für das letzte Stück wird ein Stahlrohr eingeschraubt, dessen Länge vom Durchmesser der Spitze darunter bestimmt wird. Die Spitze wird zum Schluß auf das Rohr geschoben und an der Kugel festgelötet. So kann auch der stärkste Sturm nichts ausrichten. Durch die Form bedingt, ist die kleinere Spitze anders verankert. Ein Halbzollrohr, an dessen Ende eine kräftige Schlüsselschraube geschweißt wurde, ist in das Holz geschraubt. Die Spitze wird aufgesetzt, die Halbkugel fehlt noch. Nun bördelt man sich einen Boden aus 1-mm-Blech, setzt diesen lose ein und verschraubt das Ganze.

Bevor man die Halbkugel auffalzt, dürfen sich die Gesellen auf einem dauerhaften Papier verewigen: Datum, Jahreszahl, Betrieb; vielleicht auch noch den durchschnittlichen Wochenlohn und die Anzahl der Urlaubstage!!! Das ist nach 100 und mehr Jahren sehr interessant, und man landet auf diese Weise vielleicht einmal in einem Heimatmuseum!!

Eine größere Stabilität erreicht man, indem man die Verankerung weiter nach unten führt und dort in einem Widerlager befestigt. Das ist vor allem bei Fahnenmasten dringend erforderlich.

Wünscht der Kunde eine Wetterfahne, so wird man in den meisten Fällen auf das Angebot der Industrie zurückgreifen. Vielleicht macht aber der Selbstbau Spaß; es ist ein Gesellen- oder gar Meisterstück fällig, dann darf man getrost zur eigenen Initiative greifen. Man wandere durch alte Städte, welche den Krieg nicht spürten, und erhält so eine Fülle von Anregungen.

Bei Wetterfahnen ist die leichte Gängigkeit oberstes Gebot. Aus diesem Grund braucht man einen Drehpunkt, der möglichst keine Reibung hat und dazu ein ausgewogenes oder ausgewuchtetes Drehteil. Da die eine Seite dieses Teils durch die größere Fläche schwerer ist, muß man entweder die Spitze, die zum Winde zeigt, länger machen oder auswiegen, bis das Gleichgewicht hergestellt ist. In älteren Fachbüchern sind diese Dinge noch deutlicher beschrieben. Man findet dort auch die bisher üblichen und auch im Skizzenblatt gezeigten Drehpunkte einfachster Art: Entweder steht der angespitzte Rundstahl auf einer kräftigen Glasscheibe, oder man setzt zwei Glasmurmeln übereinander. Damit die obere besser einzubauen ist, hat man die Spitze geteilt, später den Rest aufgelötet und einen Zierwulst aufgesetzt. Diese Drehpunkte arbeiten ohne Fett.

Wichtig ist die saubere Führung am unteren Ende des Drehteils. Der Wind darf das Drehteil nicht an den Ständer drücken, da neben dem unvermeidlichen Quietschen auch die Funktion gestört wäre. Ein Kugellagerring in entsprechender Größe wird im Drehteil eingebaut (Skizze) und einfach auf den Ständer aufgesetzt. Bei größeren Spitzen wird noch ein weiteres Lager eingesetzt.

Damit die Wetterfahne vom Wind nicht hochgehoben werden kann, bördelt man das freie Ende ganz lose um einen aufgesetzten Ring am Ende des Standteils. Der Anschluß an die Dachdeckung erfolgt wie bei den Dachspitzen.

Abgerechnet werden solche Spitzen nach Stück und Ausführung.

Turmspitze mit achteckiger Krone, Material: Kupfer

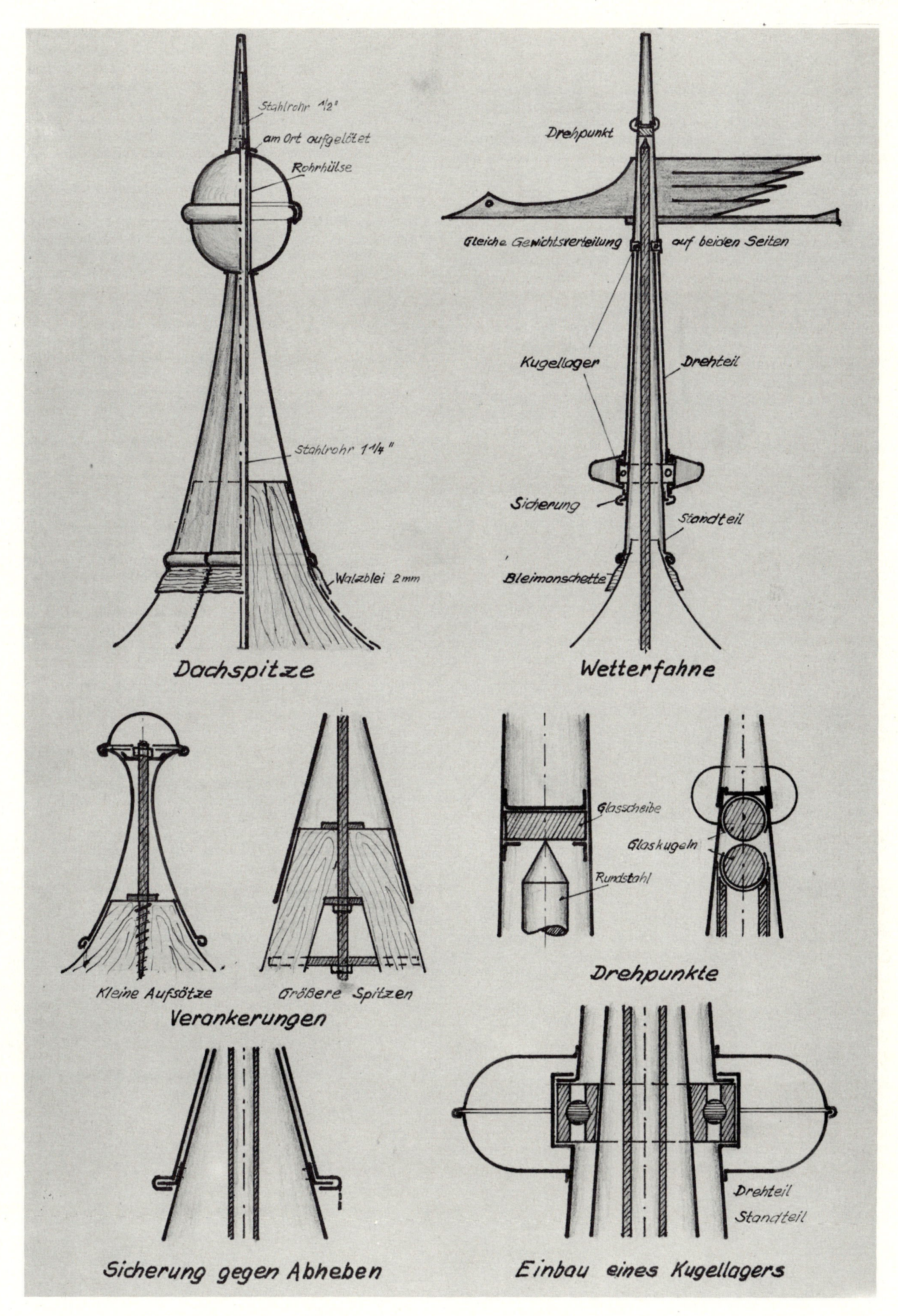

Dachspitze

- Stahlrohr ½" am Ort aufgelötet
- Rohrhülse
- Stahlrohr 1¼"
- Walzblei 2 mm

Wetterfahne

- Drehpunkt
- Gleiche Gewichtsverteilung auf beiden Seiten
- Kugellager
- Drehteil
- Sicherung
- Standteil
- Bleimanschette

Verankerungen

- Kleine Aufsätze
- Größere Spitzen

Drehpunkte

- Glasscheibe
- Glaskugeln
- Rundstahl

Sicherung gegen Abheben

Einbau eines Kugellagers

- Drehteil
- Standteil

Verwahrungen

Es gibt kaum ein Dach, bei dem nicht Dachdurchbrüche verschiedener Art vorkommen. Am bekanntesten sind Schornsteine, Dunstrohre und Abgaskamine, ferner Lichtleitungs-, Flaggen- und Antennenmasten. Dachflächenfenster und Ausstiegluken, Lichtkuppeln, Aufzugs- und Luftschächte zählen zu den größeren Arten. Auch Dachgaupen gehören dazu und bei Flachdächern die Geländerstützen.

So vielfältig wie die Dachdurchbrüche sind, so verschieden können ihre Anschlüsse an das Dach und ihre Abdichtungen sein.

Die Verwahrung in einer guten Ausführungsart besteht aus der Dachscheibe, dem Stiefel und dem Abschlußtrichter. Die Skizze ① zeigt eine solche Verwahrung im Schnitt. Dabei ist es möglich, das Dunstrohr herauszunehmen, ohne die Dachdeckung aufzureißen oder abzudecken. Die Skizze ② zeigt dagegen die einfachste Art: Die Dachscheibe wurde direkt an das Dunstrohr gelötet. Hier muß man bei Reparaturen die Ziegel entfernen. Die Ausführung 1 ist vorzuziehen.

Wo ein Gußrohr ein Stück über die Dachfläche hinausragt, kann man in sehr ansprechender Form die Verwahrung gestalten ③. Allerdings muß in diesem Fall die Passung des Stutzens mit dem daran befestigten Dunsthut sehr stramm sitzen, damit der Wind ihn nicht fortreißt.

Sehen wir uns jetzt die Dachscheibe an: Die Größe des Bleches richtet sich nach dem Durchmesser des zu verwahrenden Rohres. Bei einem Antennenmast kommt man im günstigsten Fall mit einer Scheibe in Ziegelgröße aus, während bei einem Dunstrohr mit 120 mm Ø schon 500 × 400 mm gebraucht werden. Je nach Dachdeckung wird man nach jeder Seite des Stiefels bei Ziegeln 80 bis 120, bei Pappe oder Asphalt 120 bis 150 mm zugeben. Die Länge der Dachscheibe ist abhängig von der Dachdeckung und der Lage des Rohres. Wir müssen auf jeden Fall den Anschluß an den unteren Ziegel herstellen und oben so weit unter die Dachdeckung fahren, daß kein Regen oder Schnee eindringen kann. Die Ränder der Dachscheibe erhalten seitlich und hinten einen Wasserfalz, der beim Pappdach nach dem Befestigen mit Haften zugeklopft werden kann. Die Vorderkante erhält einen Umschlag nach unten, der angereift wird. Bei Profilziegeln kann man auch eine 30 mm breite Abkantung machen und nach dem Profil der Ziegel ausschneiden. Meistens wird aber statt dessen ein 50 bis 80 mm breiter Bleistreifen an der Unterkante angelötet, der sich gut an die Form des Ziegels anlegen läßt.

Der Stiefel ist ein Kegelstumpf mit rundem Querschnitt. An der Aufsetzfläche ist er entsprechend der Dachschräge schief angeschnitten. Die Oberkante des Stiefels soll horizontal verlaufen. Die Kegelform läßt eine gewisse Bewegungsfreiheit der Verwahrung zu. Man kann so Dachneigungen bis 10 Grad Unterschied ausgleichen. Dadurch ist auch eine Fertigung in Serien möglich.

Skizze ④ zeigt die Verwahrung eines Dachständers. Wir haben hier statt des runden Querschnitts einen lang-runden. Seitlich hat das Ständerrohr 10 mm Luft, doch in der Länge können wir seine Verwahrung vom ebenen Dach bis zu einer Neigung von 45 Grad verwenden. Der obere Durchmesser des Stiefels muß so groß sein, daß eine Eigenbewegung des Dunstrohres oder des Antennenmastes möglich ist. Bei Sturm darf sich diese Bewegung nicht auf die Dachscheibe übertragen, sonst gibt es früher oder später Risse.

Die Befestigung des Stiefels auf der Dachscheibe erfolgt unterschiedlich. In den Skizzen ⑧ sind fünf verschiedene Arten der Verbindung gezeigt. Je nach dem verwendeten Material wird man eine davon anwenden.

Die Abschlußkappe ist fest am Dunstrohr oder Stahlrohr angebracht. Sie überdeckt den Stiefel so weit, daß durch Wind kein Wasser eindringen kann. Bei Dunstrohren aus Blech kann man einen Trichter aus Zink oder auch einen Walzbleistreifen anlöten. Geht ein Gußrohr über Dach, wird man die Kappe mit einer Schelle oder einem Klemmband, im einfachsten Fall mit mehreren Drahtlagen befestigen. Abgedichtet wird dabei mit Kitt und Farbe. Für Licht- und Antennenmasten gibt es Manschetten aus Gummi und Kunststoff, die einwandfrei abdichten. Von dem Verbrauch von Gummimanschetten ist abzuraten, denn in der Sonne wird Gummi schnell brüchig und dadurch unbrauchbar.

Bei der Verwahrung von Ankerseilen benutzen wir als Stiefel einen Kegel, der an der Aufsetzfläche einen größeren Durchmesser haben muß, damit man das Seil in verschiedenen Richtungen spannen kann (Trichterzuschnitt aus dem Halbkreis). Als Abschlußkappe verwenden wir einen Bleitrichter. Die Anschlußstelle muß sorgsam abgedichtet werden.

Die Verwahrungen von eckigen Rohren aus Asbestzement, die viel bei Abgasanlagen verwendet werden, sind in den Skizzen ⑤ und ⑥ gezeigt. Im ersten Fall wird dabei der Blechmantel bis zur Oberkante des Abgasrohres und dann in das Rohr hineingeführt. Die Abdichtung erfolgt dabei durch den Dunsthut, der den Rohrquerschnitt entsprechend weit überdeckt. Man wird allerdings diese Lösung nur dann anwenden, wenn der Abgasschornstein nicht zu weit aus der Dachfläche hinausragt. Zwischen dem Abgasrohr und dem Blech lassen wir 20 mm Zwischenraum. Dieser wird mit Glas- oder Steinwolle ausgefüllt, dann erst wird das obere Ende der Verwahrung in das Rohr hineingebogen. Durch die Isolierung verhindert man die zu starke Abkühlung der Abgase. Es könnte sonst Kondenswasser im Rohr entstehen.

Im Beispiel ⑥, das für längere Abgasschornsteine über Dach gedacht ist, handelt es sich um einen Doppelrohrschornstein aus Asbestzement. Wir bringen unsere Verwahrung an, wenn das erste Rohr steht. Die Herstellung dieser Verwahrung erfolgt wie bei Schornsteinen, die im nächsten Blatt gesondert behandelt werden. Wenn die Verwahrung sitzt, wird hinterher das Stulprohr darübergeschoben. So bleibt das Blech fast unsichtbar, was dem Wunsche vieler Architekten und Bauherren entspricht.

Im Zeitalter der flachen Dächer kommt der Verwahrung von Geländerpfosten wieder größere Bedeutung zu. Wenn wir aufmerksam die Bauten betrachten, können wir bei vielen Ausführungen schwere Sünden entdecken. Verwahrungen kommen nicht nur bei metallgedeckten Dächern in Frage, sondern sie sollten bei allen Pfosten auf Balkonen usw. verwendet werden. Durch die Bewegung des Pfostens entstehen an den Einbaustellen feine Risse, in die ohne den Schutz von Verwahrungen Wasser eindringt. In wenigen Wintern entstehen so die bekannten Schäden. Die Verwahrungen müssen dem Pfosten eine gewisse Eigenbewegung gestatten. Die Hülsen sollen also am oberen Rand gut 5 mm weiter sein als der Pfosten. Der Zwischenraum wird in der einfachen, aber durchaus guten Ausführung mit einer plastischen Masse verschlossen. Eine andere Lösung ist das Anschweißen von Nocken in entsprechender Höhe, unter die das Blech geführt wird. Am besten und schnellsten anzubringen sind gut sitzende Manschetten aus Kunststoff, die über die Hülse geschoben werden ⑦.

Im Beispiel 1 ist der Vollständigkeit halber die Meidinger-Scheibe gezeigt, die in den meisten Fällen als Dunstrohrabschluß oder -überdeckung gewählt wird. Es handelt sich dabei um eine glatte Scheibe, deren Durchmesser das Doppelte des Rohrdurchmessers haben soll. Der Abstand der Scheibe von der Rohr-Oberkante soll die Hälfte des Rohrdurchmessers betragen. Alle Verwahrungen werden aufgemessen und abgerechnet in Stück, gesondert nach Größe und Abmessungen.

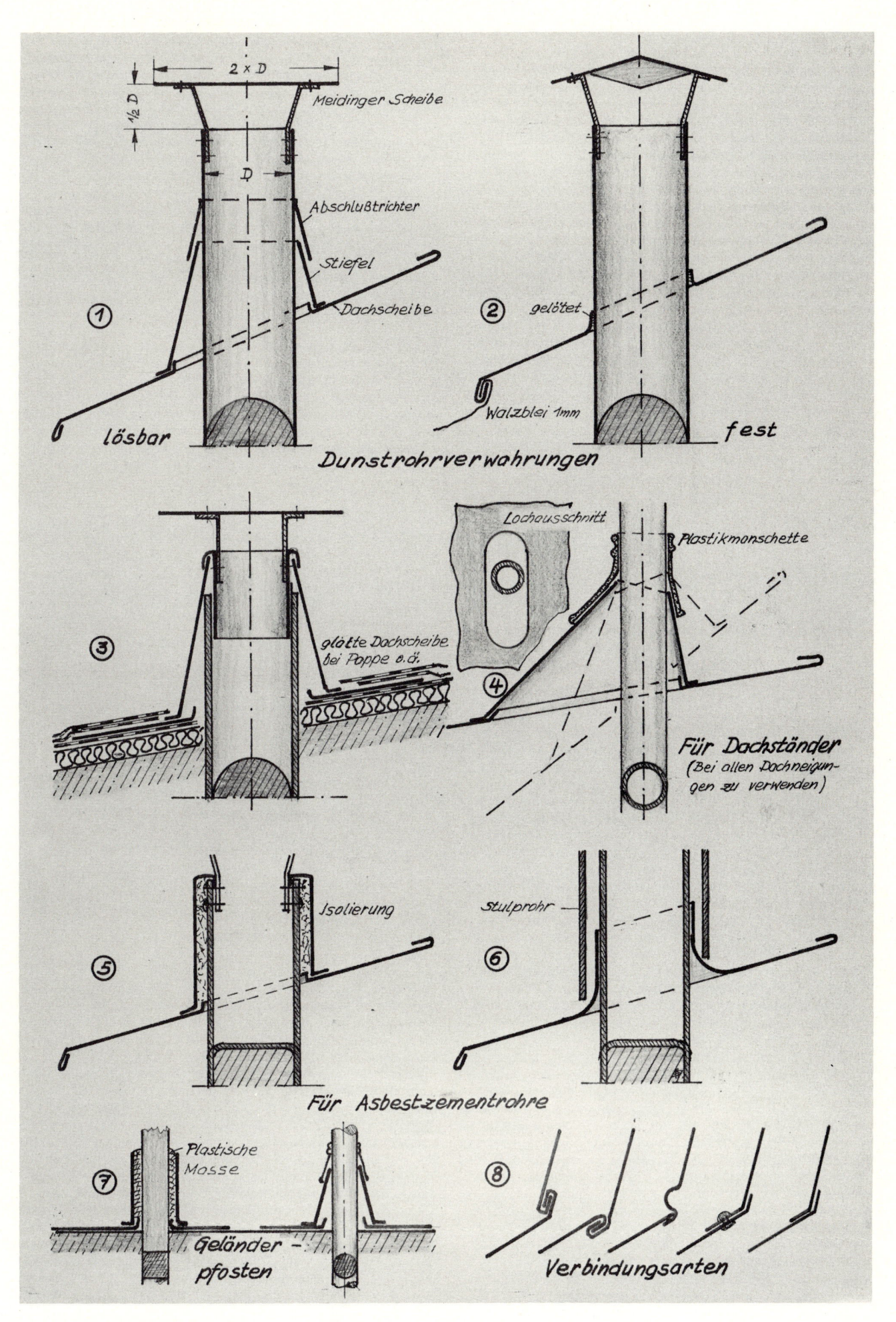

① lösbar — 2×D, ½ D, D, Meidinger Scheibe, Abschlußtrichter, Stiefel, Dachscheibe

② fest — gelötet, Walzblei 1mm

Dunstrohrverwahrungen

③ glatte Dachscheibe bei Pappe o. ä.

④ Lochausschnitt, Plastikmanschette

Für Dachständer (Bei allen Dachneigungen zu verwenden)

⑤ Isolierung

⑥ Stulprohr

Für Asbestzementrohre

⑦ Plastische Masse — **Geländerpfosten**

⑧ **Verbindungsarten**

Schornsteinverwahrungen

Das Wesentliche über Verwahrungen wurde bereits im letzten Abschnitt gesagt. Nun folgen die Anschlüsse für die größeren Dachdurchbrüche.

Sinngemäß gelten diese Ausführungen auch für Oberlichter und Dachluken, sofern es sich um eckige Bauarten handelt.

Schornsteinverwahrungen in der herkömmlichen Art bestanden aus abgewinkelten Brust-, Seiten- und Kehlblechen. Meist wurden sie auf dem Dach zusammengebaut. Die Verbindungsnähte wurden gelötet, bei verzinktem Stahlblech gefalzt. Durch die scharfen Ecken war man aber gezwungen, die Nahtzugaben an den Ecken einzuscheiden. Die Eckpunkte sind also ohne Überdeckung mit Lötzinn verschlossen. Dadurch waren sie besonders gefährdet. Untersuchen wir Schäden, so stellen wir fest, daß der weitaus größte Teil der Undichtigkeiten an den Ecken auftritt. Erst in zweiter Linie sind es Schäden durch undichte Kehlbleche. Bei steilen Dächern wurden diese scharf abgebogen; in diesen Knick setzte sich der Schmutz fest und führte in Verbindung mit Feuchtigkeit zur vorzeitigen Korrosion. Weitere Schäden traten an einfachen Seitenblechen auf, wo der Wind Regen oder Schnee eintreiben konnte. Zuletzt kann Wasser durch eine unsachgemäße Vorderkante des Brustbleches eindringen.

Solche Schäden lassen sich schwer feststellen. Unter den Eckpunkten der Verwahrung ist der Betonkragen, daran anschließend die Balken. Und welcher Hausbesitzer untersucht schon in gewissen Abständen die Verwahrungen, um frühzeitig abhelfen zu lassen? Deshalb müssen wir von vornherein darauf achten, daß diese Anschlüsse einwandfrei hergestellt sind.

Wenn wir das Brustblech, in anderen Gegenden Schürze genannt, statt mit einer Kante mit einer Rundung versehen, wenn wir auch ein rundes Kehlblech machen und dieses mit den Seitenblechen verfalzen, so haben wir den weitaus größten Teil der Schadensursachen beseitigt. Wir haben eine durchgehende, einwandfreie Naht ohne Einschnitte, die absolut dicht ist, wenn sie zusätzlich noch von hinten verlötet wird. Die Stabilität der Verwahrung und ihre Formbeständigkeit werden bedeutend erhöht, der Wasserlauf in der Kehle stark verbessert.

In der DIN 18 339 – VOB – Allgemeine Technische Vorschriften steht, daß Schornsteine mit einem vom Zimmermann hergestellten Sattel hinter dem Schornstein einzukehlen sind. Ich stimme mit dieser Auffassung nicht überein, denn durch einen eingebauten Sattel erhalten wir statt vier Ecken deren sechs, was zur Folge hat, daß sich auch die Undichtigkeiten entsprechend erhöhen. Der Dachdecker, der hinterher das Dach eindeckt, mag mit Hochbiegen und Nachdrücken ein übriges tun, so daß eine Verwahrung oft undicht ist, bis der Rohbau gedeckt ist. Die rund eingefalzten Ecken erfordern keineswegs mehr Arbeitszeit als die herkömmlichen. Wenn man den „Dreh" einmal heraus hat, lassen sich die Verwahrungen schnell bauen. In der Werkstatt läßt sich besser arbeiten als auf dem Dach. Darum ist für eine rationelle Arbeitsweise folgende Reihenfolge zu empfehlen:

Auf dem Bau wird das Maß an dem bereits gelatteten Dach genommen. Nur so ist es möglich, das richtige Maß für den Vorsprung am Brustblech und für die Länge der Kehle zu erhalten. Das ist bei vielen Dächern verschieden. Für den Klempner muß es selbstverständlich sein, die erforderlichen Anschlüsse auszuführen, auch wenn das Blech einmal breiter zugeschnitten werden muß.

Die Schornsteinverwahrung wird so vorgerichtet, daß wir eine vordere und eine hintere Hälfte erhalten. Wir legen dabei die Trennlinie an den Punkt, wo die Verwahrung auf den Ziegel zu laufen beginnt. Dort entsteht ein Knick, den wir mit der Naht ausgleichen. Bei der Montage auf dem Dach wird zuerst das Unterteil mit dem Brustblech auf die Ziegel gelegt und mit Haften befestigt. Der Wasserfalz wird etwas geöffnet und dann das Hinterteil der Verwahrung darübergeschoben. Vorher reifen wir die Nahtkanten leicht an. Damit das Seitenblech anliegt, machen wir nach dem Zusammenfügen am doppelten Blech der Naht zwei Einschnitte von etwa 8 bis 10 mm Tiefe, schneiden am obenliegenden Teil das Blech zwischen den Schnitten aus und biegen das dahinterliegende Blech über das vordere. So kann das Oberteil sich nicht mehr vom Unterteil lösen, denn im Wasserlauf wird es durch den Wasserfalz gehalten (siehe Skizzen).

Für die Seitenbleche lassen sich die gleichen Profile verwenden, wie wir sie im Skizzenblatt „Seitenbleche" kennengelernt haben. Steht ein Schornstein ziemlich unten in der Dachfläche, so biegen wir am besten eine Rinne oder einen Steg an. Das Wasser, das sich hinter dem Schornstein sammelt, hat so seinen Lauf und kann nicht unter die Ziegel gelangen. Bei einfachen Seitenblechen erreicht man den gleichen Zweck durch Anlöten von Bleistreifen. Bei Biberschwanzdeckung verwenden wir Noggen, wobei die unterste und oberste mit dem Brustblech bzw. mit der Kehle verfalzt ist.

Die Vorderkante vom Brustblech kann verschiedene Ausführungen haben, wie es das Skizzenblatt zeigt. Je nach der Form der Ziegel oder der sonstigen Deckung wird man eine Lösung wählen.

Bei Ziegeln mit großen Lattenabständen ist es gut, in der Höhe vom Wasserfalz den Lattenzwischenraum mit einem Lattenstück aufzufüttern, damit das Blech nicht heruntergetreten werden kann.

Bei einem guten Einvernehmen mit dem Maurer ist es auch möglich, die Schornsteinverwahrung aus einem Stück herzustellen. Sie wird über den Schornstein geschoben, bevor die Abschlußplatte aufgesetzt wird. Den Knick, den wir sonst in der Naht auffangen, erhalten wir jetzt, indem wir mit dem Storchschnabel oder Quetschfalzeisen an der entsprechenden Stelle mehrere Falten anbringen. Die Wellen lassen sich oben noch gut mit dem Überhangstreifen abdecken.

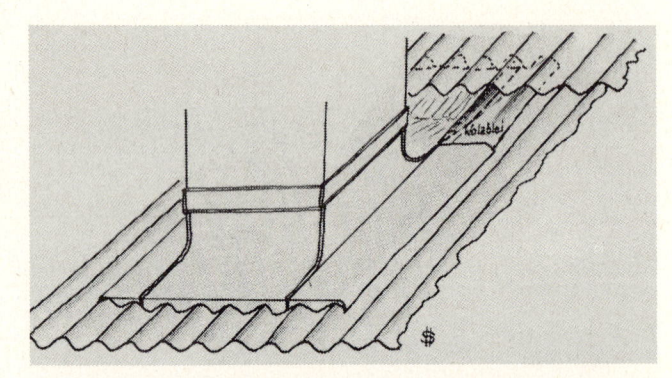

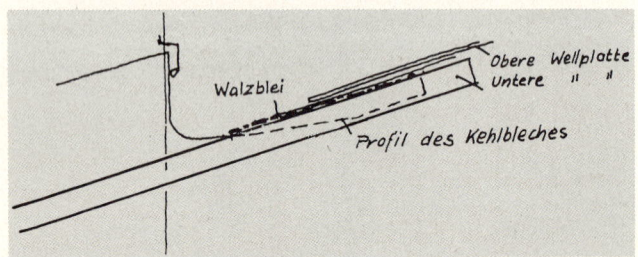

Schornsteinverwahrung für Wellplattendächer

Ein besonderes Kapitel sind Schornsteinverwahrungen für Dächer, die mit Wellplatten aus Metall, Asbestzement oder Kunststoff gedeckt sind. Hier werden die Seitenbleche nicht unter die Ziegel, sondern über die Wellen gelegt. Zur Sicherheit führen wir die Bleche nicht in das erste, sondern in das zweite Wellental. So kann eindringendes Wasser noch ablaufen, ohne Schaden anzurichten. Das Brustblech wird entsprechend breit abgebogen und nach dem Wellenprofil ausgeschnitten. Schwieriger ist die Ausführung der Kehle. Dort müssen wir ja unter die Plattendeckung kommen. Das Kehlblech muß so abgebogen werden, daß der Wasserlauf noch auf die Höhe des Seitenbleches über den Wellen zu liegen kommt. Dann muß, auch bei flachen Dächern, eine leichte Steigung nach hinten vorhanden sein, bis wir auf die Tiefe der Platten kommen. Von hier ab steigt das Kehlblech mit der Dachneigung nach hinten, bis es weit genug unter der Deckung liegt. Je nach Dachschräge braucht man oft über 50 cm, um dies zu erreichen. Seitlich werden an das Kehlblech etwa 200 mm breite Walzbleistreifen angelötet und auch auf dem oberen Ende des Seitenblechs befestigt. Mit ihnen ist es möglich, den

Anschluß an glatte Dachdeckungen

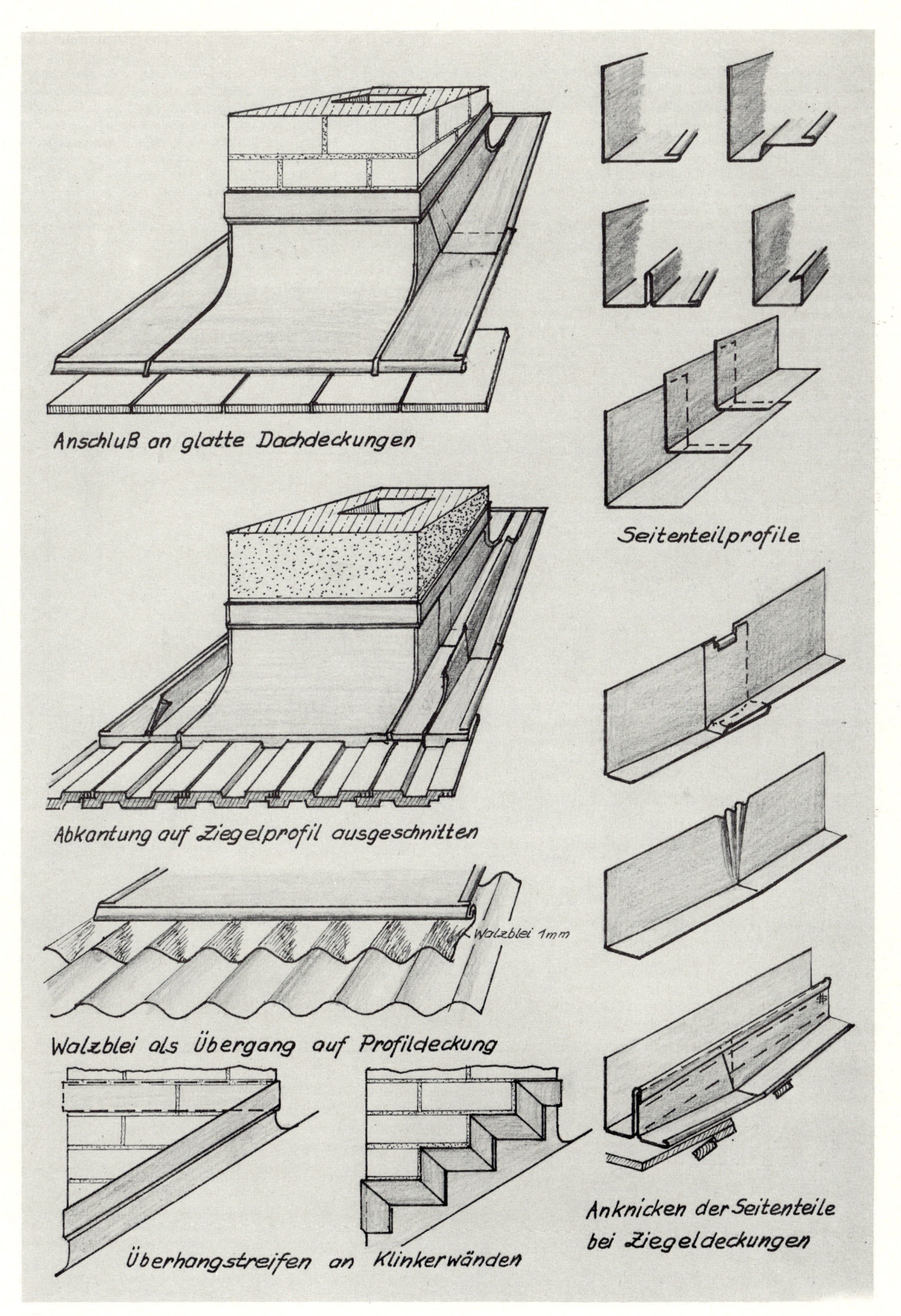

Abkantung auf Ziegelprofil ausgeschnitten

Walzblei 1mm

Walzblei als Übergang auf Profildeckung

Überhangstreifen an Klinkerwänden

Seitenteilprofile

Anknicken der Seitenteile bei Ziegeldeckungen

Übergang vom ebenen Seitenblech zum Wellprofil der dahinterliegenden Platte herzustellen, unter die der Streifen geführt wird. Die Verwahrung und der Schnitt durch die Kehle sind in einer gesonderten Skizze dargestellt.

Über der Verwahrung wird ein Überhangstreifen angebracht und fest mit dem Schornstein verbunden. An den Seitenwänden kann die Anbringung dieses Streifens verschieden sein, wie die Skizzen zeigen. Bei verputzten Wänden wird der Streifen schräg geführt und angeputzt. Die Ecken werden gefalzt oder verlötet. Man kann auch bei Klinkersteinen so verfahren, wenn mit den modernen Trennscheiben und hoher Tourenzahl ein Falz eingefräst ist. Früher verlegte man die Streifen treppenförmig entlang der Fugen. Das macht eine Menge Arbeit, und wenn man die Gehrungsnähte nicht verlötet, sperren sie oft den Schnabel auf! Eine andere Möglichkeit bei Klinkersteinen ist das Hochführen des Brustbleches auf die Höhe der Kehlblechoberkante bzw. bis zur nächstliegenden Fuge. Das Ausspitzen dieser Fuge muß sehr vorsichtig geschehen, denn wenn der Flachmeißel mit der Schneide waagerecht gehalten wird, kann man durch die keilförmige Wirkung des Meißels den oberen Teil des Schornsteins ablösen. Er steht dann ohne Bindung, und die Gefahr des Abstürzens ist gegeben. Man muß darum einen schmalen Meißel verwenden und die Schneide senkrecht halten, dazu schräg ansetzen und vorsichtig schlagen.

Schornsteinverwahrungen werden aufgemessen und abgerechnet nach Stück in m² getrennt nach Größe.

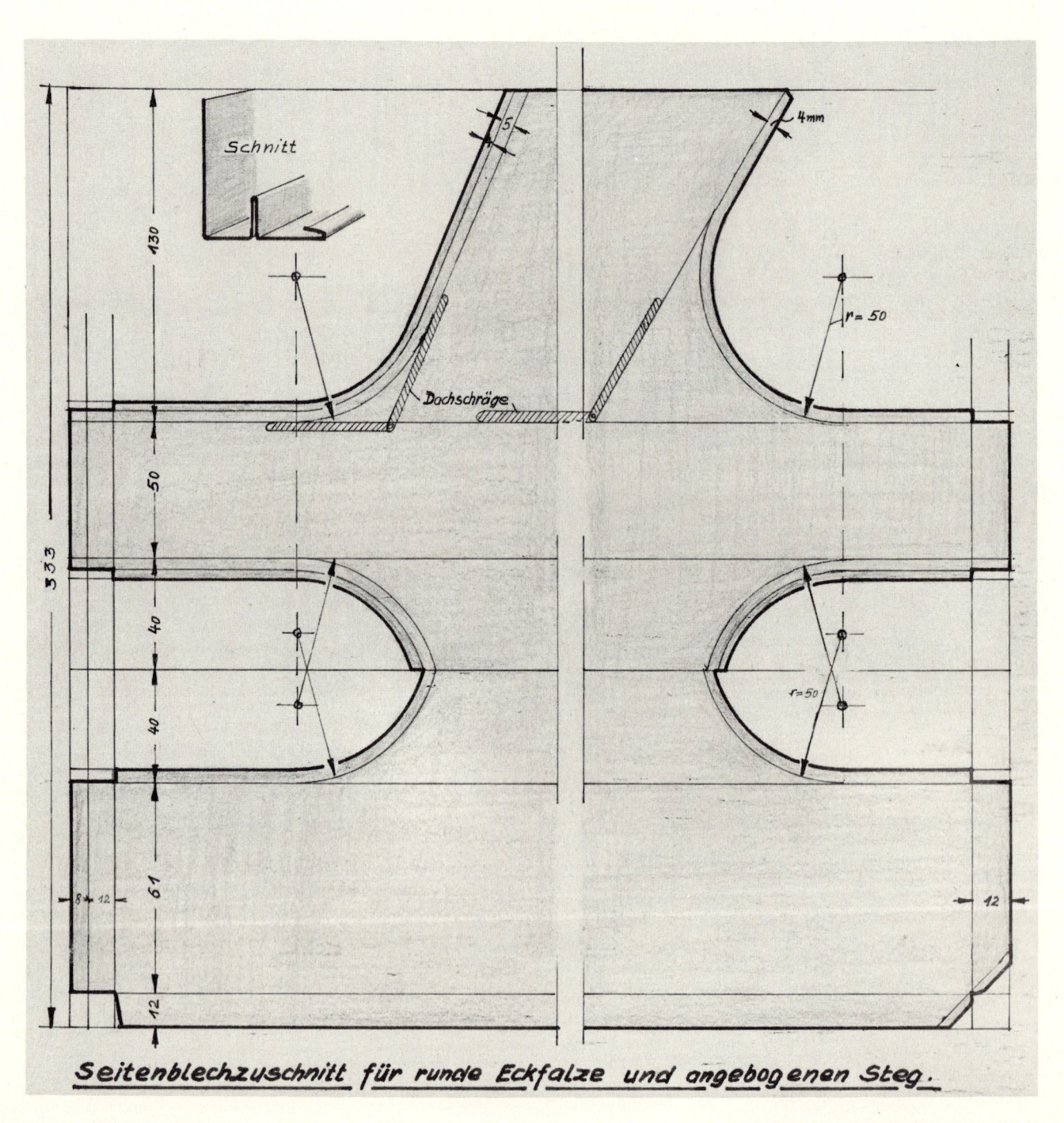

Seitenblechzuschnitt für runde Eckfalze und angebogenen Steg.

II. Teil:
Metalldächer

a) Bundesverfassungsgericht Karlsruhe – Material: Aluminium.
b) Sultan-Ahmed-Moschee in Istanbul – Material: Kupfer.
c) Kirche St. Konrad in Speyer – Material: Titanzink.
d) Hotel in Königsee – Material: Verzinktes Stahlblech.

Die Hagia Sophia in Istanbul trägt die wohl älteste bekannte Kupferdeckung aus dem Jahre 558 n. Chr.

Allgemeines

Weit über 1000 Jahre wird Metall zu Dachdeckzwecken verwendet. In der ganzen Welt findet man Gebäude aus vergangenen Jahrhunderten, deren Metalldächer heute noch Zeugnis ablegen vom hohen Können der damaligen Handwerker.
Unsere modernen Bauten haben meist Flachdächer. Damit erhalten Metalldächer wieder mehr Bedeutung. Die erwiesene Beständigkeit des Metalls läßt den modernen Bauherrn nach diesem Dachdeckmaterial greifen, wenn es darum geht, etwas Besonderes besonders gut zu schützen. Wo in einem Haus wertvolle Schätze gehütet werden, muß eine Bedachung vorhanden sein, die allen Angriffen der Witterung standhält. Hier ist Metall ein idealer Werkstoff.
Metallbedachungen sind das ausschließliche Arbeitsgebiet des Klempners. Sie gehören zu den interessantesten Aufgaben unseres Berufs. Um allen Wünschen und Anforderungen gerecht zu werden, braucht der Klempner bei der Vielfalt der Dachformen:

1. Phantasie und Geschmack für den Entwurf,
2. das Wissen um die Eigenschaften des Materials, das zur Anwendung kommt und
3. als Hauptsache große fachliche Kenntnisse und handwerkliches Können. Er muß die immer wieder auftretenden Schwierigkeiten meistern.

Über eine gelungene Ausführung wird der Klempner ein Leben lang Freude empfinden, denn sie legt Zeugnis ab von seinem soliden Können. Außerdem war und ist auch noch heute eine gute Arbeit die beste Empfehlung.
Metall eignet sich ausgezeichnet für Dachdeckungen. Es paßt sich jeder Dachform an. Ob es ein Kuppelbau, Zwiebelturm, Steildach oder Flachdach, ob es eine glatte oder reich profilierte Fläche ist: Metall wird jeder Form gerecht. Für einen geschickten Handwerker gibt es keine „unmöglichen Fälle". Metall läßt sich von geübter Hand leicht verarbeiten. Mit herkömmlichen Werkzeugen und mit modernen Maschinen werden Tafeln und Bänder zusammengefügt, werden Rundungen und Abtreppungen, Ecken und Kanten überwunden. Voraussetzung für die Haltbarkeit ist jedoch die fachgerechte Verarbeitung und die richtige Wahl des Materials. Nicht immer lassen sich bestimmte Metalle verwenden.
Von Walzblei abgesehen ist Metall im Verhältnis zu anderem Dachdeckmaterial leicht. Unter Umständen kann eine entsprechend leichtere Dachkonstruktion gewählt werden.
Wir können Metalldächer in vier Hauptgruppen einteilen:

1. Falzdächer
2. Leistendächer
3. Profilbanddeckungen

Die Falzdächer werden in Deutschland am meisten ausgeführt. Auch die Leistendeckung ist bei uns allgemein bekannt, wird aber weniger ausgeführt. In Frankreich jedoch kommt sie fast ausschließlich zur Anwendung.
Zu den Plattendächern zählen Well-, Pfannen- und Rautenbleche mit einigen Spezialformaten. Schließlich werden – hauptsächlich im Industriebau – Profilbänder mit Trapez- und vielen anderen Profilen als Dachdeckung und Wandverkleidung eingesetzt. Es würde zu weit führen, sich mit allen Deckungsarten zu befassen, zumal sich alle Details mit den beschriebenen Falztechniken lösen lassen.

Beanspruchungen – Unterkonstruktion

Die Einwirkungen auf eine Dachdeckung sind verschiedener Art, sie erfolgen von oben und von unten her und müssen in jedem Falle bei der Eindeckung beachtet werden.

Die Niederschlagfeuchte in Form von Regen, Schnee, Hagel, Nebel, Tau als auch die Eisbildung mit ihren Begleiterscheinungen wird durch die Metalldeckung in idealer Weise bewältigt. Keine andere Dachdeckung kann mit den absolut dichten und widerstandsfähigen Werkstoffen des Klempners konkurrieren.

Die Temperaturschwankungen, denen die Dachhaut im Wechsel zwischen Tag und Nacht, zwischen Sommer und Winter ausgesetzt ist, sind eine der Hauptschadensursachen bei Falz- und Leistendeckungen. Beim Einsatz des modernen Bandmaterials muß die Dehnung (Dilatation) durch Einbau von Schiebehaften, Abtreppungen, Trennleisten usw. sichergestellt werden.

Windeinwirkungen haben besonders in den letzten Jahren manche Nachlässigkeit bei der Verlegung im wahrsten Sinne des Wortes „aufgedeckt". Währen der Winddruck von der Dachkonstruktion aufgefangen wird, zerrt der Windsog an den Deckblechen. In ungünstigen Lagen können bei Böen, besonders im Randbereich des Daches Saugwirkungen bis zu 3000 N/m^2 (300 kp/m^2) auftreten! Wenn dann die Dachhaut nicht genügend verankert ist, wird sie fliegen! Darum ist je nach Gebäudehöhe und Anordnung eine ausreichende Anzahl von Haften auf den m^2 anzusetzen, und die Band/Scharenbreite darf, in Abhängigkeit von Material und Blechdicke, bestimmte Werte nicht überschreiten (siehe Seite 65/66).

Die Verschmutzung des Daches muß auch beachtet werden. Ein steiles Dach reinigt sich bei Regen selbst. Bei extrem flachen Dächern bleiben organische und anorganische Rückstände auf der Dachhaut, die je nach Konzentration früher oder später zur Korrosion führen. Die Dachneigung soll darum so groß vorgeschlagen werden, daß sich auch bei kleineren Verwerfungen infolge ungenügender Dehnungsmöglichkeit keine Pfützen auf dem Dach bilden können, in denen sich Rückstände konzentrieren.

Erschütterungen und Senkungen des Gebäudes können Risse in der Dachhaut verursachen. In Bergbaugebieten, in Eisenbahnnähe usw. trennen wir die Dachfläche in mehrere kleine Einzelflächen, die sich unabhängig voneinander bewegen können, oder wir geben der Leistendeckung den Vorzug.

Mit der aufkommenden Flachbauweise nahmen in gleichem Maße die Schadensfälle zu, die durch Einwirkung von unten her entstanden. Diese Einwirkungen entstehen durch die Bildung von Kondenswasser auf der Unterseite des Metalls, das sich mit Abbindeprodukten des Betons aus der Umgebung evtl. mit gelösten Gasen wie Sauerstoff, Kohlensäure und Schwefeldioxid angereichert hat. So können Korrosionsvorgänge eintreten, die zur Zerstörung des Metalls führen und den „Lochfraß" verursachen, wie man in der Handwerkersprache sagt.

Diese Innenfeuchte muß darum unter allen Umständen von der Unterseite des Metalls ferngehalten werden. Der Klempner muß um die „bauphysikalischen Vorgänge" im Dachuntergrund wissen, wenn er vor größeren Schäden sicher sein will. Diese Lektion kann ihm nicht erspart werden.

Bei der Innenfeuchte unterscheiden wir die Baufeuchte und die Nutzungsfeuchte. Die erstere wird beim Erstellen des Gebäudes mit eingebracht, es müssen in der Folge Tonnen von Wasser verdunsten und entweichen können. So verbleibt z. B. bei einem Kubikmeter Schwerbeton nach dem Abbinden ein Wasserüberschuß von etwa 130 Litern, bei Bimsbeton sind es sogar über 200 Liter/m^3.

Die Nutzungsfeuchte fällt beim Betrieb des Gebäudes an und kann in Wäschereien, Molkereien usw. besonders hoch sein. Auch der Mensch verdampft bei einer Lufttemperatur von 15 °C rund 30 g Wasser; bei 32 °C sind es bereits 116 g. So kann beispielsweise auch in Schulen die Nutzungsfeuchte recht groß sein.

Der Wasserdampf ist ein unsichtbares Gas und übt in warmen Räumen einen Druck aus, der durch das Temperaturgefälle zwischen innen und außen bestimmt wird. Dieser Dampfdruck beeinflußt auch die Wanderung und Verteilung des Wasserdampfes in porösen Baustoffen.

Die Luft kann den Wasserdampf bis zu einem bestimmten Höchstwert aufnehmen. Bei zunehmender Temperatur steigt die Aufnahmefähigkeit steil an.

Das Verhältnis vom vorhandenen Dampfdruck zum jeweiligen Sättigungswert bezeichnet man als die relative Luftfeuchtigkeit. Diese wird in Prozent ausgedrückt, hat in Wohnräumen im allgemeinen etwa 40–60%, kann aber bei großer Nutzungsfeuchte bis 100% ansteigen.

Bei sinkender Temperatur steigt die relative Luftfeuchtigkeit und erreicht bei einer bestimmten Temperatur 100% (siehe Diagramme, Seite 64).

Dieser Sättigungspunkt wird auch als Taupunkt bezeichnet (im Diagramm als Taupunktlinie dargestellt).

Es gilt also, die Temperatur innerhalb der Dachkonstruktion nicht zu tief sinken zu lassen. Dies erreicht man mit der richtigen Anordnung der Wärmedämmschicht. Sie muß zur kalten Seite, also nach außen hin angeordnet sein. Wir erkennen in der Skizze ①, daß auf diese Weise in der tragenden Konstruktion nur ein geringer Temperaturschwankungsbereich vorhanden ist. Die Frostgrenze liegt bei einer Außentemperatur von –20 °C noch innerhalb der Wärmedämmschicht.

Würde man jedoch diese Wärmedämmschicht unterhalb der Betondecke anordnen, so läge die tragende Konstruktion ganz im Frostbereich und wäre dabei erheblichen Temperaturschwankungen unterworfen. In diesem Fall wäre auch mit Sicherheit Kondenswasserbildung zu erwarten ②.

Die Unterlage des Metalldaches wird in den meisten Fällen nicht vom Klempner selbst ausgeführt. Der Klempner muß, bevor er an die Dachdeckung eines Gebäudes geht, nach DIN 18 339 „... vor Beginn seiner Arbeiten die Unterlage, auf der er verlegt und auf der er befestigt, prüfen und Mängel dem Auftraggeber unverzüglich schriftlich mitteilen".

Die Unterlage ist in der Regel eine Holzschalung aus einzölligen, höchstens 120 bis 140 mm breiten, ungehobelten Brettern. Ist unter der Holzschalung ein Luftzwischenraum in Form eines Speichers, eines Kriechbodens oder lediglich eines Luftspaltes von wenigen Zentimetern vorhanden, so spricht man von einem „belüfteten Dach", einem „zweischaligen Dach" oder einem „Kaltdach".

Entfällt dieser Luftzwischenraum, wird also die Metalldeckung direkt auf die Betondecke mit der Wärmedämmschicht verlegt, so spricht man von einem „unbelüfteten Dach", einem „einschaligen Dach" oder „Warmdach".

Unterhalb der Dachhaut ist in jedem Fall eine Trennschicht notwendig, die das Metall vor den schädlichen Einflüssen einer Holzimprägnierung sowie eventuell vor Auswirkungen von Beton und Mörtel schützt. Sie dient außerdem als Regenschutz des Gebäudes vor und während der Montage. Diese Trennschicht besteht aus an den Überlappungen genagelten, leicht besandeten oder talkumierten Glasvlies-Bitumenbahnen. Die Talkumierung setzt der Dachhaut bei Dehnungsbewegungen wenig Widerstand entgegen. Als Trennschicht sind auch glasfaserverstärkte Kunstoffolien möglich.

Das Gefälle sollte, wie schon beim Abschnitt über die Verschmutzung angeführt, nicht zu gering sein. Um stehendes Wasser durch Verwerfungen der Dachhaut, durch Senkung der Unterkonstruktion oder durch Schnee und Eis zu vermeiden, sind ohne besondere Maßnahmen (z. B. höhere Aufkantungen an den Scharen, eingelegte Dichtstreifen) Gefälle unter 3° (5%) abzulehnen.

Einwirkungen auf die Dachdeckung

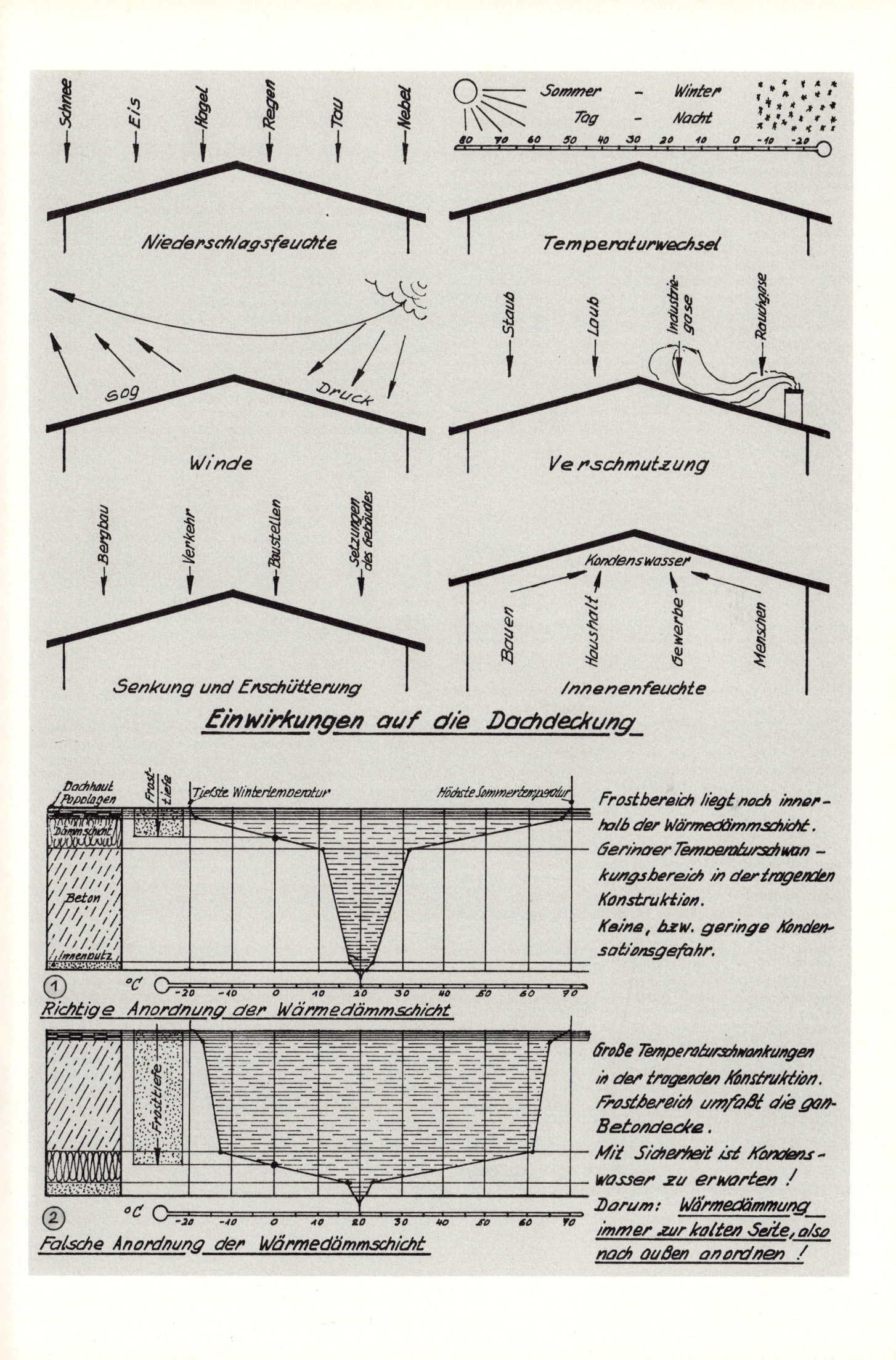

Niederschlagsfeuchte: Schnee, Eis, Hagel, Regen, Tau, Nebel

Temperaturwechsel: Sommer – Winter, Tag – Nacht (80 70 60 50 40 30 20 10 0 -10 -20)

Winde: Sog, Druck

Verschmutzung: Staub, Laub, Industriegase, Rauchgase

Senkung und Erschütterung: Bergbau, Verkehr, Baustellen, Setzungen des Gebäudes

Innenfeuchte / Kondenswasser: Bauen, Haushalt, Gewerbe, Menschen

① Richtige Anordnung der Wärmedämmschicht

(Dachhaut/Papplagen, Frosttiefe, Dämmschicht, Beton, Innenputz – Tiefste Wintertemperatur, Höchste Sommertemperatur)

Frostbereich liegt noch innerhalb der Wärmedämmschicht. Geringer Temperaturschwankungsbereich in der tragenden Konstruktion. Keine, bzw. geringe Kondensationsgefahr.

② Falsche Anordnung der Wärmedämmschicht

Große Temperaturschwankungen in der tragenden Konstruktion. Frostbereich umfaßt die ganze Betondecke. Mit Sicherheit ist Kondenswasser zu erwarten! Darum: <u>Wärmedämmung immer zur kalten Seite, also nach außen anordnen!</u>

Unterkonstruktion, Kondenswasser

In manchen Fällen wird es notwendig sein, eine gegebene Dach- oder Deckenkonstruktion daraufhin zu überprüfen, ob Kondenswasser anfallen kann oder nicht. Sei es um Fehler schon vor der Ausführung zu vermeiden oder um später (zu spät!) nachzuweisen, daß „unten" austretende Feuchtigkeit nicht durch eine undichte Metallbedachung, sondern durch fehlerhafte Unterkonstruktion verursacht wird.

Die obere Abbildung zeigt die Verhältnisse im richtig aufgebauten zweischaligen Dach:

Links ist die Deckenkonstruktion maßstäblich dargestellt. Über der 120 mm dicken Betondecke liegt eine Wärmedämmschicht aus 40 mm dicken Korkplatten. Der Luftzwischenraum wurde durch den Einbau von 80–100 mm hohen Konterlatten erreicht, die senkrecht zur Traufe in Sparrenabständen verlegt sind. Die Holzschalung und die Trennschicht werden hier nicht berücksichtigt, da die Außentemperatur durch die Belüftung schon über der Dämmschicht ansteht.

Im Gebäude ist eine Lufttemperatur von 20 °C mit einer relativen Luftfeuchtigkeit von 60% angenommen. Außen herrscht eine Lufttemperatur von –10 °C bei einer relativen Luftfeuchtigkeit von 80%.

Zunächst ist der Temperaturverlauf innerhalb der Decke festzulegen. Der Widerstand, den die einzelnen Schichten dem Wärmefluß entgegensetzen, wird dadurch ermittelt, daß der Kehrwert der Wärmeleitzahl mit der jeweiligen Schichtdicke in Metern multipliziert wird. Die erhaltenen Werte und die Wärmeübergangswiderstände für innen und außen (beides in $m^2 \cdot K/W$) werden maßstäblich übereinander aufgetragen. Auf der waagrechten Koordinate wird die Temperaturskala festgelegt.

In diesem Diagramm ist der Temperaturverlauf durchgehend geradlinig. Trägt man die Lufttemperatur auf der warmen und kalten Seite ein und verbindet diese Punkte, so kann man an den Schnittpunkten die Temperaturen an den einzelnen Schichten ablesen. Auf diese Weise läßt sich nach dem Übertragen der Werte in die Deckenskizze der Temperaturverlauf in der Decke darstellen.

Nunmehr ist der Feuchtigkeitsdurchgang durch die Schichten festzustellen. Der Druckabfall nach jeder Schicht wird in einem weiteren Diagramm ermittelt. Hier werden in der Senkrechten die Werte maßstäblich angetragen, die sich aus der Multiplikation Diffusionswiderstandsfaktor mal Schichtdicke ergeben; in der Waagrechten der Wasserdampfdruck.

Für die angenommenen Werte innen und außen ergibt sich ein Druckabfall von 14 – 2 = 12 mbar (siehe h,x-Diagramm). Mit Hilfe des h,x-Diagramms wird nun für den jeweils herrschenden Dampfdruck zwischen den Schichten der dazugehörige Taupunkt ermittelt: Auf der Dampfdruckskala geht man senkrecht nach unten bis zur Taupunktlinie. Für diesen Schnittpunkt wird auf der Temperaturskala die Temperatur abgelesen. Diese Temperaturpunkte werden in die Deckenskizze übertragen.

Bleibt diese Taupunktlinie unterhalb der Temperaturlinie, wird keine Kondenswasserbildung eintreten.

Nehmen wir als Gegenstück die unterste Skizze gegenüber, bei der man fälschlicherweise einen Teil der Wärmedämmung nach innen verlegte, so erkennt man zunächst an der Temperaturkurve – wie oben ermittelt –, daß im Beton größere Temperaturschwankungen herrschen. Ist die obere Dämmschicht mit einem Bitumenkleber fixiert, besteht kaum eine Druckausgleichsmöglichkeit. Der Wasserdampf bleibt unterhalb der Bitumenschicht. Hier überschneidet die ermittelte Taupunktlinie die Temperaturlinie, und in diesem Überschneidungsbereich wird es zu Kondenswasserbildung kommen!

Würde man die obere Dämmschicht nur einlegen und nicht kleben, kann der Wasserdampf entweichen. Der Taupunktverlauf wäre günstiger, aber es käme trotzdem im unteren Bereich der Decke zur Kondenswasserbildung. Man wird die feuchten Flecke an der Decke zunächst auf ein undichtes Dach zurückführen, wenn der Klempner nicht das Gegenteil beweisen kann.

Diese Feuchtigkeitsbildung wird sich noch verstärken, weil die Wärmedämmschicht durchnäßt und damit der Dämmwert weiter vermindert wird.

Es kann also auch bei zweischaligen Dächern zur Kondenswasserbildung kommen.

Im Normalfall gelangt der Wasserdampf in den Luftzwischenraum unter der Schalung und kann über Entlüftungsöffnungen, die zweckmäßig über den ganzen First verlaufen, entweichen, ohne Schaden unter der Metallhaut anzurichten.

Wo entlüftet wird, muß man auch belüften. Die Luftbewegung erfolgt nach den Gesetzen des Auftriebs von unten nach oben, bei sehr flachen Dächern durch Druck und Unterdruck des Windes. Eventuell muß mit Ventilatoren nachgeholfen werden. Die Be- und Entlüftungsöffnungen, auch die Luftwege dazwischen, müssen groß genug sein. Man rechnet für die Belüftungsöffnungen zwei Tausendstel der Dachfläche als wirksamen Querschnitt. Die Entlüftungsöffnungen können etwas kleiner sein. Bei flachen und langen Lüftungswegen und über Räumen mit hoher Luftfeuchtigkeit (z. B. Hallenbäder) sollten die Öffnungen größer sein. In solchen Fällen darf auch der Luftweg nicht zu klein bemessen werden (5 bis 20 cm hoch).

In den meisten Fällen wird das zweischalige Dach gute Sicherheit vor den Angriffen von unten bieten.

Die Verhältnisse sind unter dem einschaligen Dach grundlegend anders. Die dichte Dachhaut gestattet dem Wasserdampf kein Entweichen, und wenn dieser Wasserdampf nicht bereits vorher gesperrt wird, kommt es unausbleiblich zur Kondenswasserbildung und damit zur Zerstörung der Dachhaut.

Deswegen muß in jedem einschaligen Dach eine Dampfsperre eingebaut sein. Diese Sperrschicht wird zweckmäßig mit einer 500er Folienpappe – einer Pappe mit einer Aluminiumfolie als Zwischenlage – hergestellt. Jede Nachlässigkeit bei der Verlegung derselben wird zu Schäden am Metall führen. Um dem Dampfdruck dennoch einen gewissen Druckausgleich nach außen zu gestatten, wird unterhalb der Dampfsperre eine Ausgleichsschicht in Form einer Loch- oder Drainagepappe angeordnet.

Für die Haftbefestigung müssen parallel zur Traufe Holzlatten eingelassen werden. Da deren Befestigung Löcher in der Dampfsperre verursacht, werden zunächst Laschen unter die Hölzer geschraubt. Jetzt kann man die Latten indirekt auf dem Dach befestigen und diese Stellen anschließend sorgfältig abdichten.

Auf die Kork- oder Styroporplatten wird zunächst eine gesandete 500er Pappe verlegt, darauf wiederum eine talkumierte 333er Pappe. Nunmehr kann mit der Metalldachdeckung begonnen werden.

Die Bestimmung der Temperaturlinie für diese Decke erfolgt wie zuvor.

Der Dampfdruck ist unterhalb der Dampfsperre fast gleich, er sinkt erst in der Diffusionsschicht auf den Außendruck ab. Entsprechend sinkt auch die Taupunktlinie in dieser Schicht.

Da es in diesem Falle zu keiner Überschneidung der Temperaturlinie kommt, ist auch keine Kondenswasserbildung zu erwarten.

Ohne die Dampfsperre könnte der Wasserdampf durch die Wärmedämmschicht diffundieren; es käme infolge der Abkühlung im oberen Bereich zur Kondensation mit den bekannten Folgeschäden.

Es würde zu sehr verwirren, die Dinge bis ins kleinste Detail auszuleuchten. Das Wesentliche ist gesagt.

Zusammenfassend ergibt sich, daß beim Kaltdach oder zweischaligen Dach die Probleme erheblich geringer sind. Dieser Unterkonstruktion ist der Vorzug zu geben. Die Holzschalung erlaubt schnelles Arbeiten, der Untergrund verlangt nicht solche aufwendigen und zeitraubenden Vorarbeiten wie beim Warmdach.

Für die weitere Sicherheit der Metalldachdeckung dienen schmale Scharen mit solider Befestigung, vernünftige Blechdicken und besonders die Dehnungsmöglichkeiten für Scharenlängen- und -breiten sowie für die Dachflächen.

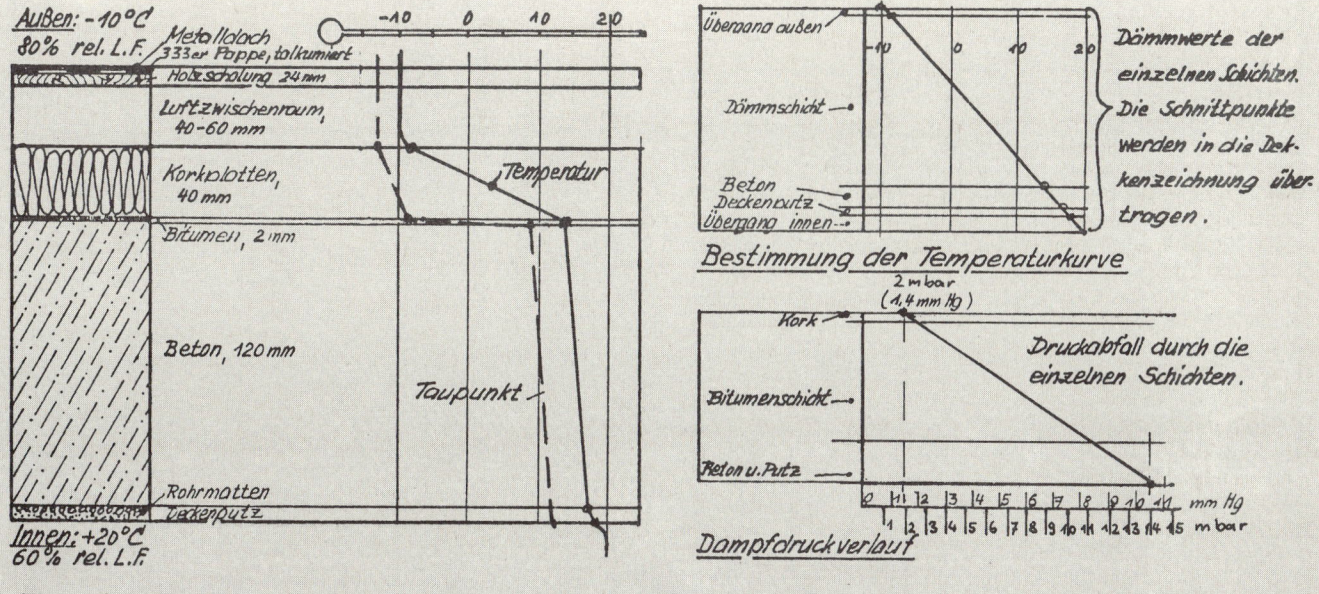

Zweischaliges Dach: Richtiger Aufbau mit Temperatur- und Taupunktlinie

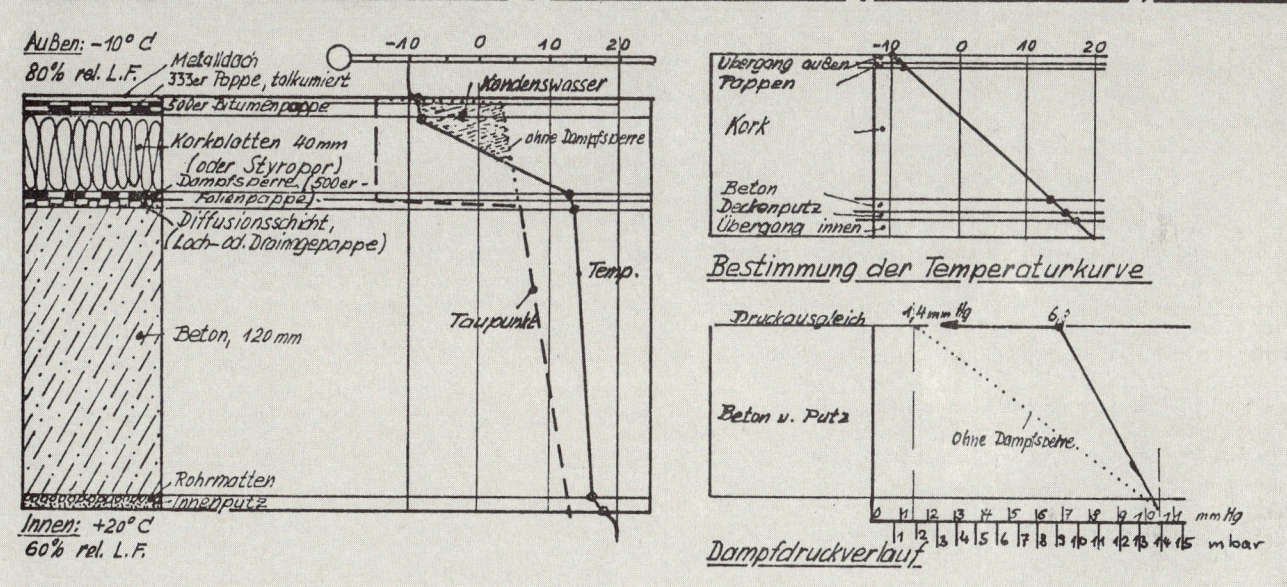

Einschaliges Dach: Richtiger Aufbau mit Temperatur- und Taupunktlinie

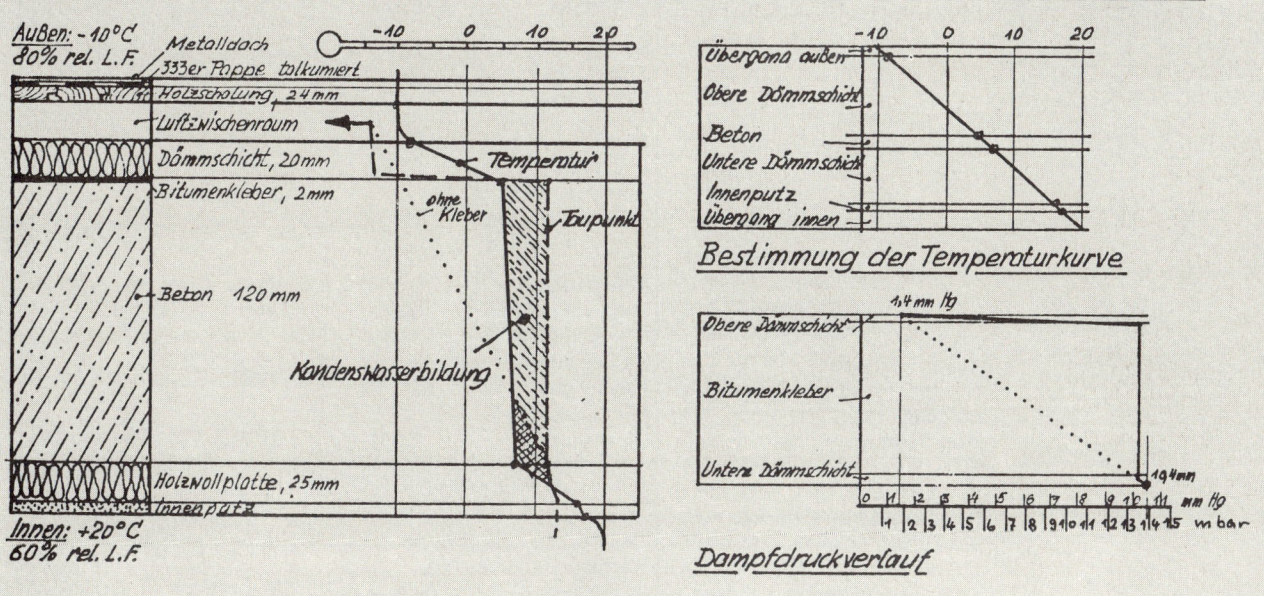

Zweischaliges Dach: Falsche Anordnung der Wärmedämmschicht (Kondenswasser!)

Mollier h,x-Diagramm

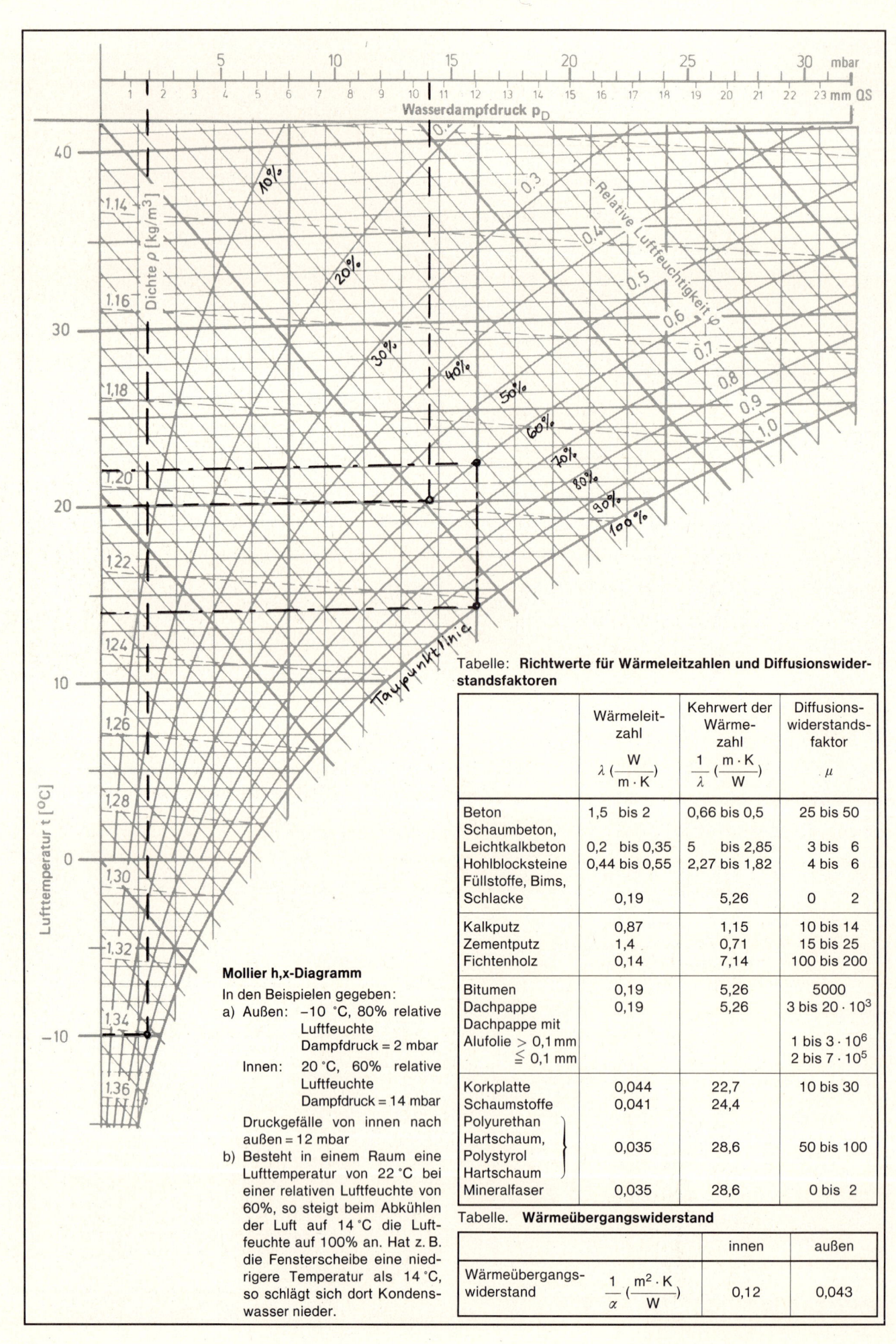

In den Beispielen gegeben:
a) Außen: −10 °C, 80% relative Luftfeuchte
   Dampfdruck = 2 mbar
   Innen: 20 °C, 60% relative Luftfeuchte
   Dampfdruck = 14 mbar
   Druckgefälle von innen nach außen = 12 mbar
b) Besteht in einem Raum eine Lufttemperatur von 22 °C bei einer relativen Luftfeuchte von 60%, so steigt beim Abkühlen der Luft auf 14 °C die Luftfeuchte auf 100% an. Hat z. B. die Fensterscheibe eine niedrigere Temperatur als 14 °C, so schlägt sich dort Kondenswasser nieder.

Tabelle: **Richtwerte für Wärmeleitzahlen und Diffusionswiderstandsfaktoren**

	Wärmeleit-zahl $\lambda\ (\frac{W}{m \cdot K})$	Kehrwert der Wärme-zahl $\frac{1}{\lambda}\ (\frac{m \cdot K}{W})$	Diffusions-widerstands-faktor μ
Beton	1,5 bis 2	0,66 bis 0,5	25 bis 50
Schaumbeton, Leichtkalkbeton	0,2 bis 0,35	5 bis 2,85	3 bis 6
Hohlblocksteine	0,44 bis 0,55	2,27 bis 1,82	4 bis 6
Füllstoffe, Bims, Schlacke	0,19	5,26	0 2
Kalkputz	0,87	1,15	10 bis 14
Zementputz	1,4	0,71	15 bis 25
Fichtenholz	0,14	7,14	100 bis 200
Bitumen	0,19	5,26	5000
Dachpappe	0,19	5,26	3 bis 20 · 10³
Dachpappe mit Alufolie > 0,1 mm			1 bis 3 · 10⁶
≦ 0,1 mm			2 bis 7 · 10⁵
Korkplatte	0,044	22,7	10 bis 30
Schaumstoffe	0,041	24,4	
Polyurethan Hartschaum, Polystyrol Hartschaum	0,035	28,6	50 bis 100
Mineralfaser	0,035	28,6	0 bis 2

Tabelle. **Wärmeübergangswiderstand**

		innen	außen
Wärmeübergangs-widerstand	$\frac{1}{\alpha}\ (\frac{m^2 \cdot K}{W})$	0,12	0,043

Unfall-Krankenhaus, Frankfurt am Main

I. Falzdächer

Falzdächer sind Metallbedachungen, bei denen Blechbänder oder -tafeln durch doppelt gefalzte Längs- und Querfalze verbunden sind. Sie sind die am meisten verbreitete Metallbedachungsart.

1. Material:
Für Bedachungen nach dem Falzsystem kann folgendes Material verwendet werden:
> **Aluminium** als Reinaluminium oder besser eine Aluminium-Mangan-Legierung nach DIN 1725, in Dicken von 0,7 bis 1,0 mm.
> **Kupfer** in Dicken von 0,55 bis 0,7 mm. In Sonderfällen kann auch dickeres Material verwendet werden.
> **Stahlblech,** verzinkt, in Dicken von 0,56 bis 0,75 mm (Nr. 23, 22, 21);
> verbleit, in Dicken wie vor.
> **Titanzink** in Dicken von mindestens 0,7 mm.

Tafelmaterial wird verlegt mit der bekannten Normaltafelgröße von 2000 × 1000 mm. Für kleinere Dächer teilt man diese Normaltafel. Wir erhalten dabei wahlweise und ohne Verschnitt folgende Tafelmaße:

1000 × 666 mm   666 × 500 mm   500 × 333 mm.
1000 × 500 mm   500 × 400 mm

Die beiden letzten Größen werden selten verwendet, denn die Einfalzverluste sind zu groß.

Bandmaterial ist in den üblichen Werkstoffen und Blechdicken in Breiten bis 1000 mm, teilweise bis 1250 mm lieferbar. Obwohl große Bandbreiten schneller zu verlegen sind und geringere Einfalzverluste haben, sollte man ihnen den Vorzug geben. Bei starkem Windanfall können diese Bänder leicht ins Flattern kommen, was auf die Dauer zu Rißbildungen führt. Bei schmalen Bandbreiten rücken die Steh- oder Längsfalze näher zusammen und versteifen die Dachfläche besser.

Der Zusammenhang zwischen Gebäudehöhe (Windanfall), Bandbreite und Blechdicke ist in der Tabelle zu ersehen (nach Fachregeln der Bauklempnerei). Bandbreiten, bei denen in der Tabelle keine Blechdicke angegeben ist, sollten nicht verlegt werden.

Blechdicken bei Metalldächern

Gebäudehöhe m	Bandbreite mm	Blechdicke in mm			
		Al	Cu	St	Zn
bis 8 m	600	0,7	0,6	0,6	0,7
	700	0,8	0,6	0,6	0,7
	800	0,8	0,7	0,6	0,8
	1000	–	–	0,7	–
8 bis 20 m	600	0,7	0,6	0,6	0,7
	700	0,8	0,6	0,6	0,7
	800	–	–	0,6	–
	1000	–	–	–	–
20 bis 100 m	600	0,7	0,6	0,6	0,7
	700	–	–	0,6	–
	800	–	–	–	–
	1000	–	–	–	–

Es versteht sich, daß man für verzinkte Bleche nur „Falzqualität" verwendet. Die Verzinkung darf nicht abblättern beim Falzen. Bei „sendzimir-verzinkten" Bändern und Tafeln haben wir die Garantie, daß die Zinkschicht fest haftet.
Bei Kupferblech verwenden wir die Ausführung halbhart. Für stark gekrümmte Dachflächen, wie z. B. Zwiebeltürme, kleine Kuppeln usw., bevorzugt man viertelharte bis weiche Ausführung.
Die Verwendung von Walzblei als Dachdeckung erfolgt nicht in der hier beschriebenen Weise, sondern nach besonderen Gesichtspunkten und Ausführungsdetails.

2. Allgemeine Begriffe

Falzdächer bestehen aus nebeneinanderliegenden Scharen, Bahnen oder Feldern, die bei der herkömmlichen Deckungsart vom First zur Traufe verlaufen. Haben wir Tafelmaterial, so werden die Tafeln zuvor zu Scharen zusammengesetzt. Sie werden durch den Querfalz miteinander verbunden. Dies geschieht durch einen Doppelfalz in der liegenden Ausführung. Der Werdegang des Querfalzes ist im Skizzenblatt gezeigt. Bei Dächern unter 13% Gefälle soll kein Doppelfalz mehr gemacht werden. Dort werden die Quernähte eng genietet und verlötet oder doppelreihig genietet und durch Zwischenlegen eines Ölpapierstreifens abgedichtet. Bei Bandmaterial entfällt der Querfalz. Dadurch sind Undichtigkeiten, die an diesen Stellen auftreten können, vermieden. Das Band hat aber durch das Fehlen des Querfalzes nicht die Steifheit einer aus Tafeln hergestellten Schar.

Die Scharen werden durch den Längsfalz miteinander verbunden. Dieser Längsfalz ist ein doppelt gefalzter Stehfalz. Er gibt der Dachdeckung die notwendige Stabilität, denn er wirkt wie ein T-Profil. Die Höhe des fertigen Stehfalzes wird im DIN-Blatt 18 339 mit 25 mm angegeben. Dafür brauchen wir an den Scharen Falzaufkantungen, die 35 und 45 mm hoch sind. Der Werdegang vom Längsfalz ist in den Skizzen festgehalten. In schneereichen Gegenden und bei flacheren Dächern sind höhere Stehfalze zu empfehlen. Man macht dann je nach Erfordernis Falzaufkantungen, die bis zu 60 und 70 mm hoch sind. Für Kleindächer wie Vordächer, Erkerabdeckungen, stark gekrümmte Flächen haben sich aus der Erfahrung heraus Falzaufkantungen von 34 und 26 mm ergeben. Hier nehmen wir eine Falzbreite von 8 mm gegenüber 10 mm der normalen Verarbeitung. Wo man zum Schließen der Längsfalze keine Maschinen oder Falzzangen verwendet, sind auch noch Aufkantungen mit 30 und 40 mm üblich. Sie ergeben aber eine fertige Falzhöhe von nur 20 mm, was im Gegensatz zur Normung steht.

Bei Anschlüssen von Schornsteinen usw. kennen wir den Begriff vom Anschlußfalz. Dies ist immer ein Querfalz, der aber wie ein Stehfalz ausgeführt und dann niedergelegt wird (Skizze).

Im Stehfalz ist die Befestigung eingefalzt. Die Scharen werden durch Hafte auf der Unterlage festgehalten. Wir kennen Ausdrücke wie Stehhaft, Hosenhaft, Flügelhaft. Wir werden ihn als Normalhaft bezeichnen. Neben dem Normalhaft existiert gleichrangig oder noch wichtiger der Schiebehaft. Während der Normalhaft aus einem Stück besteht und die Dachdeckung fest auf der Unterlage hält, besteht der Schiebehaft aus zwei Teilen: Dem Fuß und dem Schieber. Der Schiebehaft hält die Deckung genauso fest wie der Normalhaft, gestattet aber der Schar für die Längendehnung bei Temperaturänderungen eine gewisse Bewegungsfreiheit.

Für Hafte und Befestigungsmaterial wird in der Regel das gleiche Material verwendet wie für die Dachhaut. Bei Titanzink sind verzinkte Befestigungen, bei Aluminium Hafte aus Edelstahl möglich.

Nach VOB DIN 18 339 sind zur Befestigung mindestens 6 Hafte/m² zu verwenden. Dem Windsog besonders ausgesetzte Flächen an Firsten, Traufen und Ecken erhalten in einer Breite von 1 bis 2 m mindestens 8 Hafte/m², die anzuschrauben sind. Der Abstand der Hafte bei verschiedenen Scharenbreiten ergibt sich aus der Tabelle:

Die Befestigung muß sorgfältig geschehen.

Am Knick des Haftfußes müssen die beiden Löcher so nahe an der Aufkantung sein, daß die Köpfe der Stifte anliegen. Dann ist es nicht möglich, daß bei Windanfall die Dachhaut seitwärts nach oben angehoben wird. Dies würde zum Lockern der Stifte oder gar zum Abreißen der Dachdeckung führen. Für einen Haft sollte man mindestens drei Stifte verwenden. Der dritte Stift sitzt hinter den beiden ersten.

In umfangreichen Versuchen wurden Auszugswerte für Nägel ermittelt. Die Ergebnisse sind in den Fachregeln des Zentralverbandes veröffentlicht, entsprechen aber (noch) nicht der VOB DIN 18 339.

Danach ergeben sich bei Verwendung von 2 Deckstiften 2,8 mm ⌀ und 25 mm Länge je Haft und einer 1,5fachen Sicherheit die Anzahl der Hafte je m², in Abhängigkeit von der Windsoglast bei unterschiedlicher Gebäudehöhe laut Tabelle:

Anzahl der Hafte je m²

Gebäudehöhe	Randbereich (⅛ der Gebäudebreite)	Normalbereich
bis 8 m	4 Hafte/m²	4 Hafte/m²
8 bis 20 m	6 Hafte/m²	5 Hafte/m²
20 bis 100 m	8 Hafte/m²	6 Hafte/m²

Für Dachdeckungen mit großen Scharenlängen werden fast ausschließlich Schiebehafte benutzt. Bei steileren Dächern setzen wir am oberen Scharenende 3 bis 4 Normalhafte, daß die Schar nicht nach unten abrutschen kann. Alle andern Hafte bis zur Traufe müssen Schiebehafte sein. Die Scharen sind also oben fest und können zur Traufe hin arbeiten. Bei flacheren Dächern kann man diese Dehnungsbewegung der Scharen verkürzen, indem man die Normalhafte im oberen Drittel anbringt und den Rest als Schiebehafte nach oben und unten. So arbeitet die Schar mit einem Drittel nach oben, mit zwei Dritteln nach unten.

Das Setzen der Schiebehafte muß sehr sorgfältig geschehen. Bei Haften, deren Schiebemöglichkeit begrenzt ist, muß man beim Schließen der Schieber peinlich auf die richtige Stellung achten. Sitzt nämlich ein Schieber am unteren, ein anderer am oberen Ende des Anschlages, ist eine Dehnungsmöglichkeit illusorisch.

Bei Dachdeckungen mit Scharenlängen über 10 m (bei Stahl 14 m) reicht die Dehnungsmöglichkeit an First und Traufe nicht mehr aus. Hier müssen als Dehnungsmöglichkeit in der Scharenlänge einfache Querfalze oder Querfalze mit Zusatzfalz, eventuell auch Abtreppungen vorgesehen werden. Die Angaben auf den Seiten 112/113 gelten hier entsprechend.

Ein weiterer Begriff sind die Einfalzverluste. Das ist das Material, das wir für die Längs- und Querfalze benötigen. Diese Verluste, die bei Tafel- und Bandmaterial bei der Eindeckung entstehen, müssen vorher einkalkuliert werden.

Abstand der Hafte (gerundet)

Hafte/m²	Haftabstand in cm bei Bandbreite/Scharenbreite in mm				
	500 / 420	600 / 520	700 / 620	800 / 720	1000 / 920
4	60	50	40	30	25
5	50	40	30	25	20
6	40	30	25	20	18
8	30	25	20	17	13

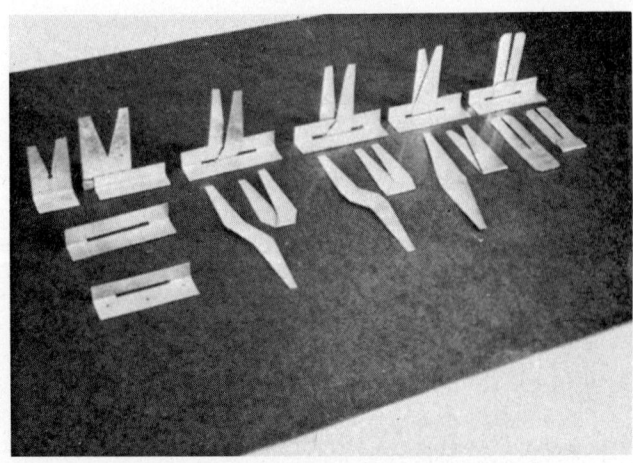

Haft und verschiedene Schiebehafte – eine Entwicklungsreihe der Zinkberatung

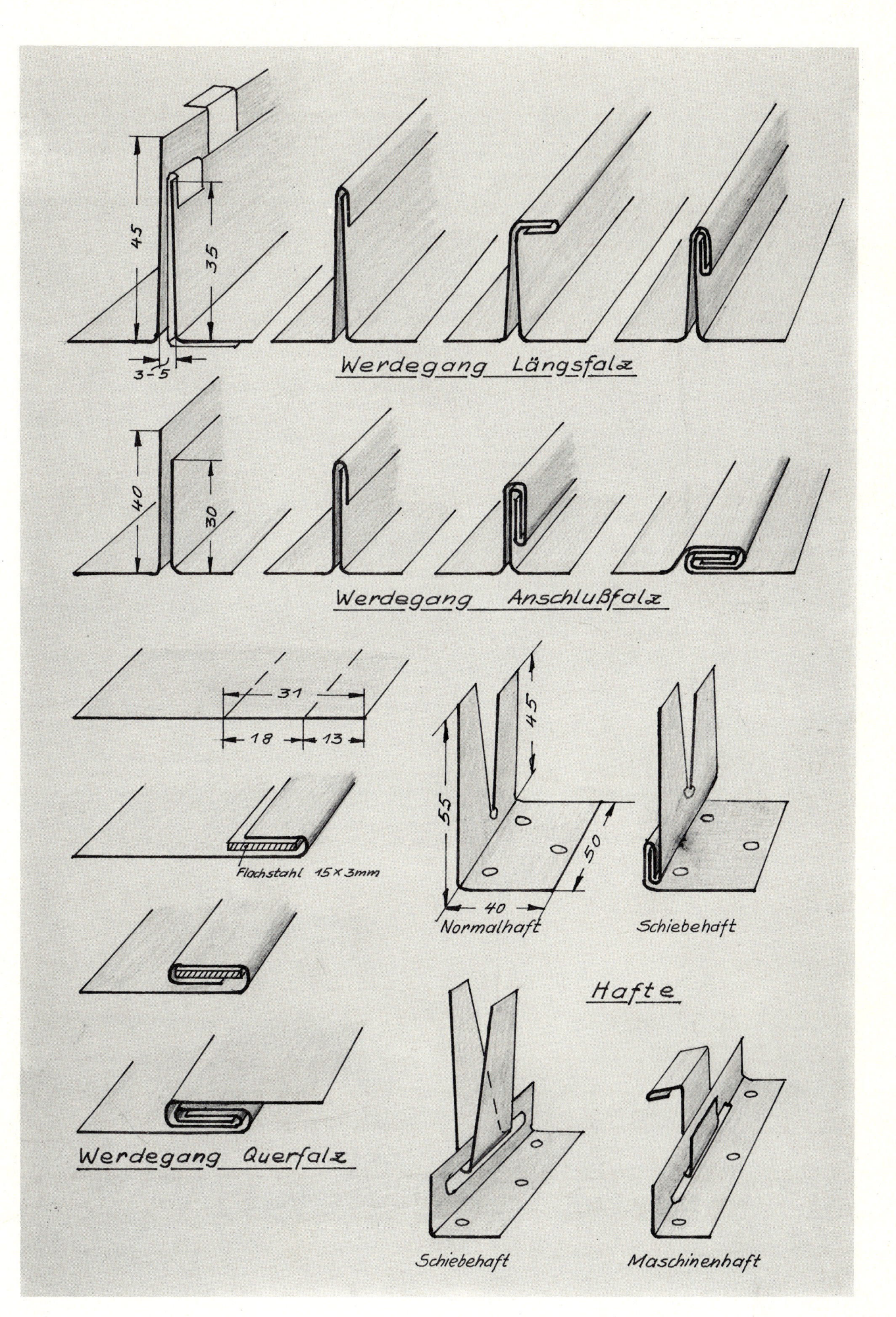

Werdegang Längsfalz

Werdegang Anschlußfalz

Flachstahl 15×3mm

Werdegang Querfalz

Normalhaft

Schiebehaft

Hafte

Schiebehaft

Maschinenhaft

3. Werkzeuge

Nachdem die allgemeinen Begriffe festliegen, wollen wir uns dem Werkzeug zuwenden. Für das Herstellen der Längsfalze haben sich im Laufe der Zeit bestimmte Werkzeuge entwickelt, die wir nun näher betrachten wollen:

Zunächst die Werkzeuge zum Herstellen der Falzaufkantungen: Da ist in erster Linie die Deckzange, eine breitmaulige Zange von etwa 500 mm Länge und einer Maulbreite von 100 bis 200 mm. Wir unterscheiden gerade und gekröpfte Zangen, andere besitzen einen Anschlag für die verschiedenen Falzbreiten, ferner ist auch die Arbeitstiefe unterschiedlich. Für stärkere Bleche sind große Maulbreiten und große Arbeitstiefen unzweckmäßig. Man braucht zuviel Kraft bei der Arbeit. Für Aufkantungen an Mauern soll eine Zange mit mindestens 150 mm Arbeitstiefe zur Verfügung stehen, um normgerechte Aufkantungen herzustellen ① bis ③.

Ein Werkzeug zum Aufstellen der Falzaufkantungen ist die selbstspannende Aufstellzange mit einer Arbeitslänge von 500 mm. Besonders praktisch ist sie bei weicheren Metallen wie Aluminium, Weichkupfer und Zink. Das Arbeitstempo wird beschleunigt. Durch einen Anschlag erhalten wir saubere, gleichhohe Aufkantungen. Dieser Anschlag ist durch einen Handgriff von der hohen auf die niedere Falzaufkantungshöhe umzustellen ④. Diese Aufstellzange kann die Deckzange nicht ersetzen. Sie ist gedacht für die langen Aufkantungen bei Scharen, während mit der Deckzange kleinere Arbeiten besser erledigt werden.

Ein weiteres gutes Werkzeug ist das Rollenziehwerkzeug. Ein sehr starker Winkelstahl ist bei einer Länge von etwa 500 mm in der Längsachse um 90 Grad verdreht. Mehrere Rollen entlang dieser Verdrehung führen die Blechkante von der Waagerechten zur senkrecht stehenden Falzaufkantung, wenn man den Falzschlitten, wie man das Werkzeug auch benennt, entlang der Schar zieht. Für jede Aufkantungshöhe braucht man einen besonderen Falzschlitten. Zur Bedienung sind drei Mann notwendig: Einer zieht an einem Seil, der zweite drückt das Werkzeug gegen die Blechkante, der dritte schiebt und drückt das Werkzeug nach unten. Er steht dabei wie der Ziehende auf dem Blechband, damit es nicht verrutscht. Bei einer eingearbeiteten Gruppe geht das Aufstellen sehr schnell vonstatten. Nach dem Vorrichten einiger Scharen kann jeder Mann wieder zu seiner bestimmten Arbeit gehen ⑤.

Für großflächige Abdeckungen eignen sich Maschinen, die käuflich erworben, in der Regel aber auch ausgeliehen werden können. Eine Aufkantmaschine ⑥ stellt rechwinklige Aufkantungen her. Sie ist für die hohe und niedrige Aufkantung einstellbar. Das Blech wird nacheinander auf beiden Seiten durch die Maschine geführt. Die Maschine kann aber bei langen Scharen auch am Blech entlang laufen. Dabei spielt es keine Rolle, ob die Scharen parallel oder konisch sind.

Eine weitere Maschine stellt bei parallelen Scharen die hohe und niedere Aufkantung in einem Arbeitsgang her. Sie kann auf verschiedene Scharenbreiten eingestellt werden ⑦. Mit einer anderen, stationären Maschine können parallele, unterschiedlich breite Scharen „profiliert" werden. Dabei werden in einem Arbeitsgang beiderseits Aufkantungen angebogen, die für einen doppelten Stehfalz vorgekantet sind, ⑧ und ⑨. Nach dem Verlegen dieser Scharen kann der vorgeformte Falz (z. B. bei Fassadenverkleidungen) nur zugedrückt oder zum doppelten Stehfalz geschlossen werden.

Zu den Werkzeugen zum Aufstellen der Falzaufkantungen kommen die zum Schließen der Falze. Da ist zunächst das Schaleisen mit dem Holzhammer, das „klassische" Werkzeug, mit dem seit Jahrhunderten gearbeitet wird. Das Schaleisen hat auf der einen Seite die Schaufel, auf der anderen Seite den Vierkant. Schaufelhöhe und Vierkant müssen den Falzhöhen entsprechen. Wenn das Schaleisen beidseitig aufliegt, muß die Schaufelvorderkante 35 mm hoch sein. Über diese Kante wird der Falz zum erstenmal herumgeholt. Die Höhe des Vierkants ist 25 mm, entsprechend der fertigen Falzhöhe nach DIN 18 339. Der über der Schaufel herumgeholte erste Falz wird geschlossen und dann über dem Vierkant zum zweitenmal mit 10 mm Falzbreite zum Doppelfalz herumgenommen und fertiggestellt. Das Schaleisen muß vollkommen ebene und saubere Auflageflächen haben, sonst zeichnen sich beim Arbeiten häßliche Spuren auf dem Blechdach ab. Man legt deshalb bei weichem Dachdeckmaterial vorsorglich einen stärkeren Blechstreifen zwischen Schaleisen und Dachhaut ⑩ und ⑪.

Neben dem Schaleisen mit längerer oder kürzerer Schaufel ist das Doppelfalzeisen ein sehr gutes Werkzeug zum Schließen gerader Längsfalze. Statt der Schaufel haben wir hier auf der hohen Seite auch einen Vierkantstahl, der an der Arbeitskante spitzwinklig angeschrägt ist. Durch die breiten Auflageflächen an beiden Seiten hinterläßt dieses Werkzeug auf dem Dach kaum oder gar keine Spuren ⑫.

Als Holzhämmer kommen zwei Sorten zur Verwendung: 1. Die normalen Hämmer mit rundem Querschnitt und 2. Spezialhämmer mit rechteckigem Querschnitt an einer Seite und einer Finne in Längsrichtung auf der anderen. Um mit letzteren flott arbeiten zu können, braucht man etwas Übung.

Nach dem Kriege kamen zwei verschiedene Falzzangen auf den Markt. Sie sind wertvolle Hilfen und beschleunigen die Arbeit auf dem Dach wesentlich. Die Falzzange „Blitz" ⑬ setzt eine bestimmte Aufstellhöhe voraus. Die Aufkantungen werden bei der Arbeit festgehalten und eine Falzbreite angebogen. Mit einem Fußhebel wird dieser Falz über den rechten Winkel hinausgebogen. Darauf dreht man die Zange und drückt den Falz zu. Nach dem Entfernen von zwei Anschlagsschienen wird der zweite Falz auf dieselbe Art hergestellt. Wir erhalten einen sauberen, gleichhohen Längsfalz. Voraussetzung für einwandfreies Arbeiten ist jedoch die Einhaltung der vorgeschriebenen Aufstellhöhen.

Die Falzzange „Record" arbeitet im Gegensatz zu anderen von oben her. Man ist an keine bestimmte Falzhöhe gebunden. Durch das Aufsetzen auf zwei Nasen am Zangenmaul ist die Breite der Umkantung gegeben. Der Unterschied von 10 mm zwischen der hohen und niederen Falzaufkantung muß aber vorhanden sein, sonst nimmt die Zange das doppelte Blech mit. Nach dem Anbiegen des Falzes empfiehlt es sich, ihn mit dem Holzhammer etwas weiter zuzuschlagen, um dann sicher zudrücken zu können. Auch der zweite Falz wird auf die gleiche Art schnell geschlossen ⑭.

Das Arbeiten mit den Falzzangen setzt eine gewisse Übung voraus, dann läßt sich mit beiden Werkzeugen gut arbeiten.

Am schnellsten werden die vorbereiteten Aufkantungen mit einer Doppelstehfalzmaschine geschlossen ⑮. Dabei ist für die erste und die zweite Umkantung je ein Arbeitsgang erforderlich. Bei vorprofilierten Scharen nach Abb. ⑨ genügt nur ein Arbeitsgang. Anschlüsse an Mauern usw. müssen jedoch von Hand gearbeitet werden. Hinweise auf weitere Werkzeuge folgen an entsprechender Stelle.

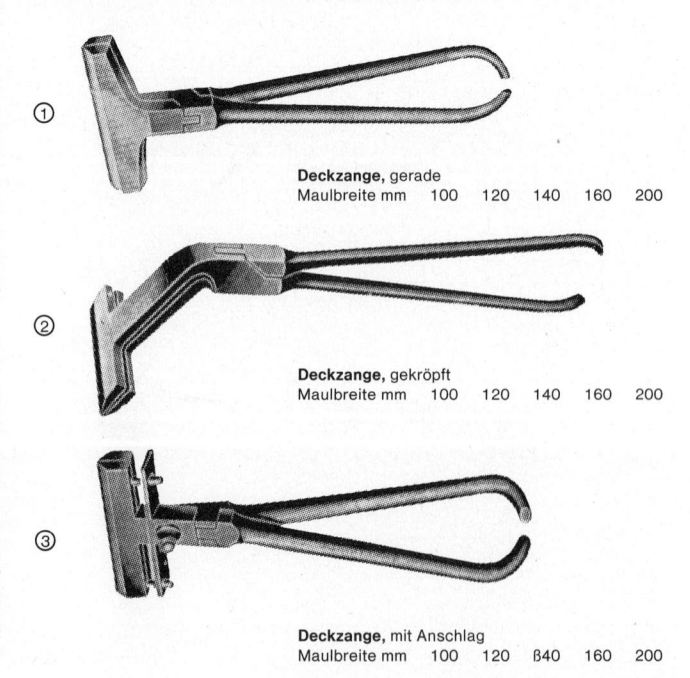

① **Deckzange,** gerade
Maulbreite mm 100 120 140 160 200

② **Deckzange,** gekröpft
Maulbreite mm 100 120 140 160 200

③ **Deckzange,** mit Anschlag
Maulbreite mm 100 120 840 160 200

④ **Aufstellzange,** selbstspannend

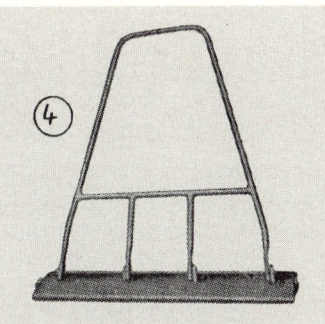

⑤ *Prinzip des Rollenziehwerkzeuges*

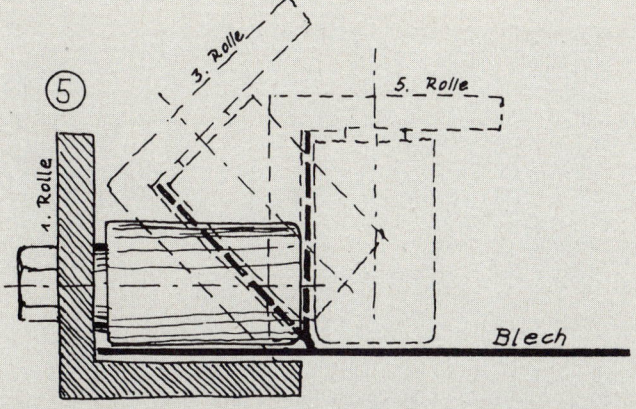

⑥

⑦

⑧

⑨ *Vorprofilierte Scharen*

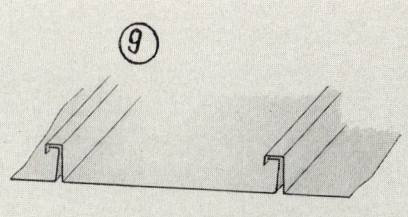

⑩ **Schaleisen,** Münchner Form
Breite mm 160 180 200

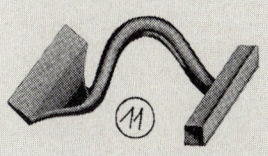

⑪ **Schaleisen,** übliche Form
Breite mm 100 120 140 160 180

⑫ **Doppelfalzeisen**
Bahnhöhe mm 25 35
Bahnbreite mm 150

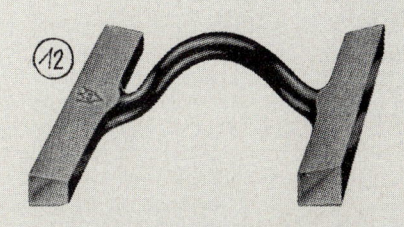

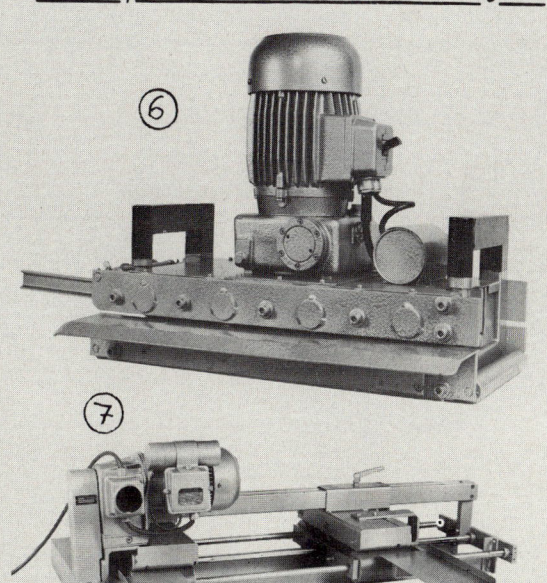

⑬ 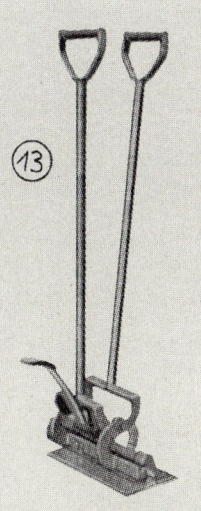 **Doppelfalz-Apparat „BLITZ"**
Aufstellhöhe mm 35 45
Arbeitsbreite mm 285

⑭ **Doppelfalzzange „Record"**
Maulbreite mm 120

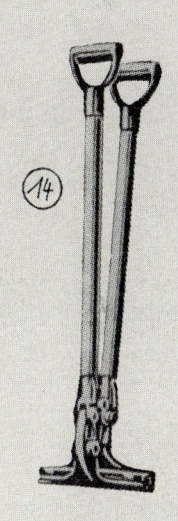

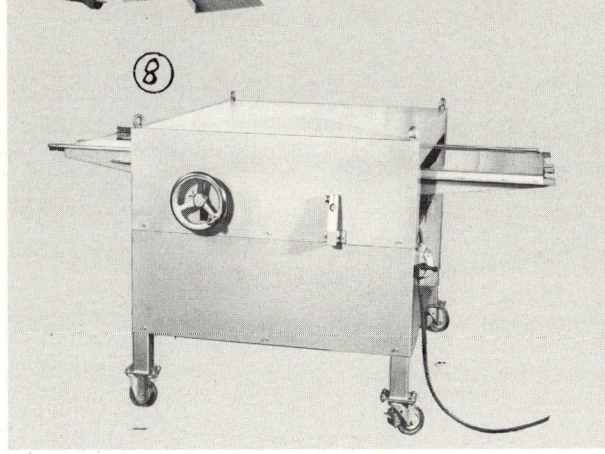

⑮

4. Traufenanschlüsse

Unser Skizzenblatt zeigt verschiedene Anschlüsse der Dachhaut an die Traufe. Es ist möglich, die Scharen direkt in die Hinterkante der Dachrinne einzuhängen. Das setzt aber voraus, daß die Rinne in das Gefälle geschnitten ist. Weiter ist zu bedenken, daß durch die breitere Einkantung in die Rinne der Rinnenquerschnitt verringert wird.

Zweckmäßiger ist die Verwendung eines Traufbleches. An der doppelten Blechdicke dieses Vorsprungs läßt sich besser arbeiten. Die Abdichtung am Dachfuß ist durch das Traufblech doppelt gesichert. Die entsprechend vorspringende Dachhaut wird um den Einhang des Traufbleches herumgebogen und angereift, damit das Wasser besser abtropft.

Wird das Dach im Sommer bei heißer Witterung gedeckt, muß an der Traufkante ein Abstand zwischen Traufblech und Dachhaut gegeben sein, damit bei einer Abkühlung ein Zusammenziehen der Scharen möglich ist. Man biegt dabei die Vorderkante über eine Schablone, die diesen Abstand gleichmäßig sicherstellt.

Der Längsfalz wird am Traufende niedergelegt, und zwar so, daß der Falz nach oben zu liegen kommt. Er wird mit allen Blechdicken um das Traufblech herumgebogen. Damit wird aber die Dehnungsmöglichkeit, die im Zwischenraum der Scharen gegeben ist, gehemmt bzw. ganz unterbunden. Man muß deshalb in diesem Fall bei größeren Traufenlängen eine zusätzliche Dehnungsmöglichkeit einbauen. Das geschieht am besten durch den Einbau von Trennleisten anstelle der Längsfalze, wie sie bei Leistendächern Verwendung finden. Der Abstand soll nicht über 10 Scharenbreiten liegen. Damit erhalten wir nicht nur Bewegungsfreiheit an der Traufe, sondern das Dach wird in kleinere Einzelflächen aufgeteilt, die für sich arbeiten können. In späteren Beispielen kommen wir darauf zurück.

Die Längsfalzenden kann man an der Traufe auch stehenlassen. Dann sind aber Einschnitte an den Scharenenden notwendig, die nur geduldet werden können, wenn Traufbleche vorhanden sind. Am Berührungspunkt der Scharen und der Traufenumkantung gibt es nämlich ein mehr oder weniger großes Loch. Die Dachhaut wird jetzt nur durch eine Blechdicke an der Traufkante gehalten. Ich gebe der zuerst beschriebenen Art den Vorzug, weil die sechsfache Blechdicke des Längsfalzes die Umkantung wesentlich versteift.

Einen sauberen Anschluß erhält man durch das Herunterschneiden der Falzaufkantungen, wie es im unteren Teil des Skizzenblattes auf zweierlei Arten gezeigt ist. An Vordächern und kleineren Abdeckungen, die eingesehen werden können, erzielt man auf diese Weise einen guten Effekt. Wir erhalten am Biegepunkt statt des doppelten einen einfachen Falz, der sich leichter und schöner herumholen läßt. Die Verwendung eines Traufstreifens ist dabei zu empfehlen, um etwa eindringendes Wasser abzuhalten und in die Rinne zu leiten.

Traufen, Maueranschlüsse und Abtreppung. Vorn normale Ausführung, in der Mitte Trennleisten, hinten sog. Dilationszwickel. Material: Verzinktes Stahlblech.

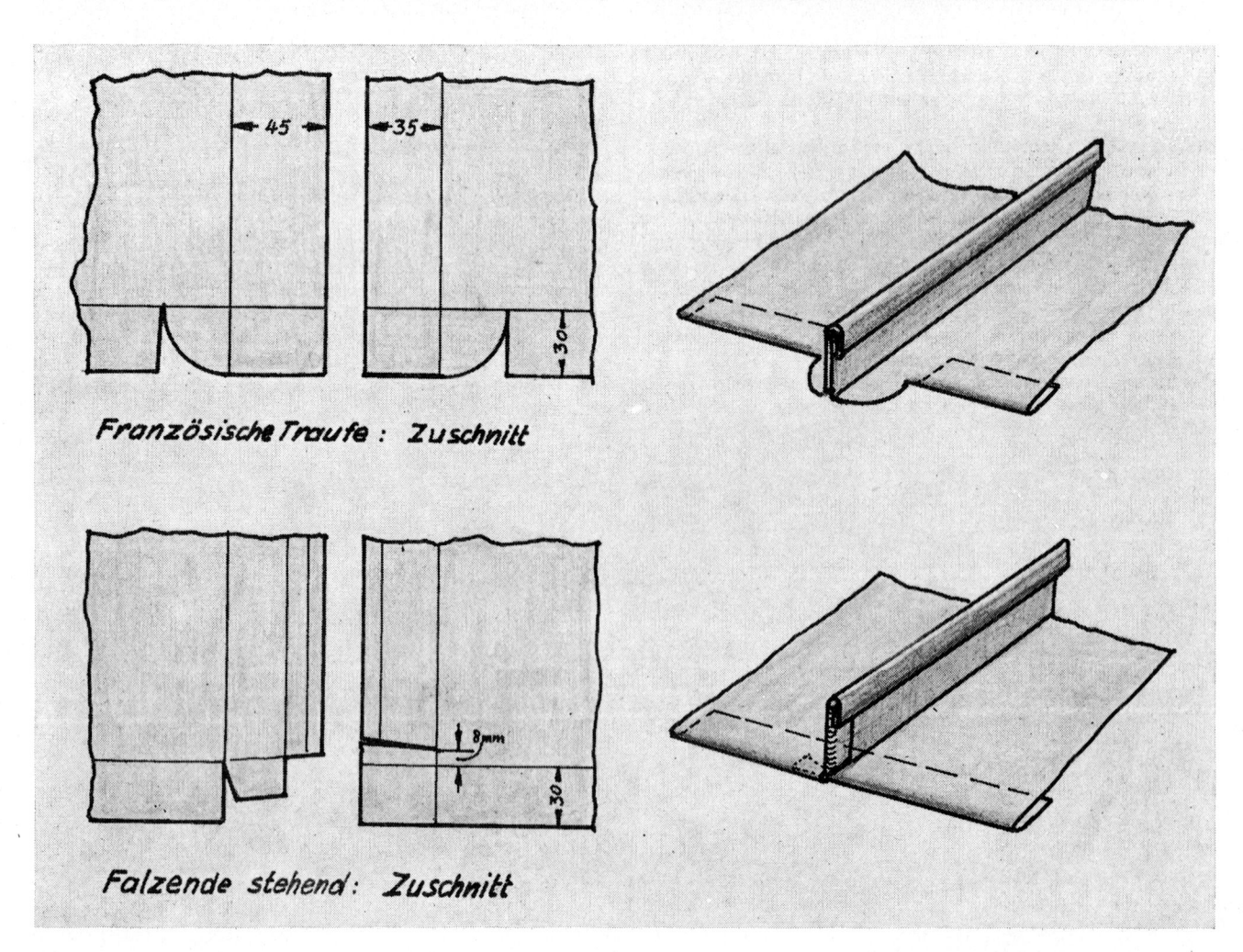

Französische Traufe: Zuschnitt

Falzende stehend: Zuschnitt

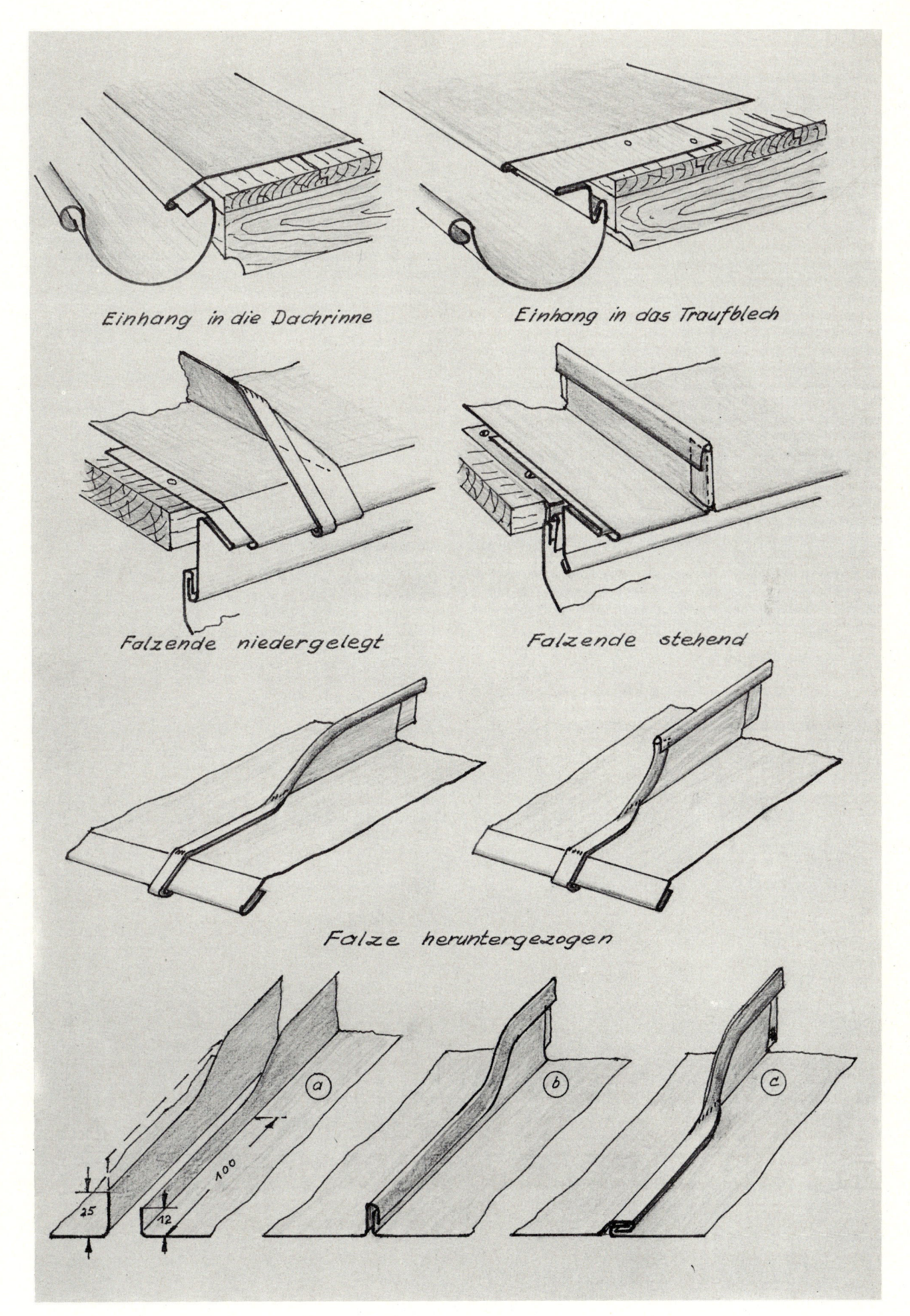

Einhang in die Dachrinne   *Einhang in das Traufblech*

Falzende niedergelegt   *Falzende stehend*

Falze heruntergezogen

ⓐ   ⓑ   ⓒ

5. Firstanschlüsse

Der Anschluß zweier Dachflächen am First eines Sattel- oder Walmdaches kann auf verschiedene Arten erfolgen:
1. durch Stehfalz,
2. durch einfache Leistenverbindung,
3. durch eine Konstruktion zum Entlüften des Daches.

Weiter sei an dieser Stelle erwähnt, daß man bei flachen Dächern und kurzer Scharenlänge die Scharen oder Bänder über den First hinwegdecken kann und damit ganz auf eine Firstbildung verzichten. Man muß am Firstpunkt lediglich die Falzaufkantungen etwas schweifen, um die Bänder dem Dachknick anzupassen.

Die einfache Falzverbindung ist im Skizzenblatt festgehalten; sie ist die gebräuchlichste Art. Um ohne Schwierigkeiten arbeiten zu können, muß man eine bestimmte Reihenfolge einhalten, die nun kurz beschrieben wird:

Die Wetterseite des Gebäudes wird zuerst eingedeckt. Dabei müssen die Bänder um die hohe Firstfalzaufkantung über den First hinausragen ①. Die Dachfläche wird fertig eingefalzt und das Ende der Falze am First mit Falz nach unten niedergelegt. Dabei ist eine leichte Streckung der Falzoberkante erforderlich. Die Zugabe wird dann soweit herumgebogen, daß sie mit der Gegenfläche des Daches in einer Ebene liegt ②.

Nun wird die andere Dachfläche eingedeckt und fertig gefalzt. Wir brauchen am First eine Zugabe für die niedere Falzaufkantung ③. Die Stehfalzenden werden wiederum mit Falz nach unten niedergelegt (siehe Skizze unten links) und dann beide Falzzugaben für den Firstfalz senkrecht aufgestellt ④. Nachdem man kleine Ungenauigkeiten begradigt hat, kann der Firstfalz geschlossen werden ⑤. Bei flachen Dächern läßt sich diese Einfalzung weniger gut ausführen, weil man die Falzzugabe bei der zuerst eingedeckten Dachfläche um fast 180 Grad herumbiegen muß. Beim Aufstellen der Firstfalze besteht dann die Gefahr, daß der Längsfalz am Knick einreißt. Man darf deswegen nicht einfach mit der Deckzange aufbiegen, sondern mit Holzhammer und Schaleisen den niedergelegten Längsfalz rundlich herumnehmen, dann gibt es keine Risse.

Der Firstfalz kann die gleiche Höhe wie die Längsfalze haben. Er wird aber in den meisten Fällen höher gemacht.

Um einen einwandfreien Firstfalz auch dort herstellen zu können, wo von beiden Seiten des Daches ein Steh- und Längsfalz ankommt, muß man die Falzenden nach verschiedenen Seiten niederlegen, wie es in der Skizze ⓐ gezeigt ist. Dabei würde aber eine Dachfläche zur Wetterseite hin gefalzt sein oder der Falz ist beim Niederlegen der Falzenden auf der Oberseite wie bei der Traufe. Man kann sich helfen, indem man die Scharen der beiden Dachflächen um 25 bis 30 mm versetzt ⓑ. Nun können unter Berücksichtigung der Wetterseite die Falzenden auf beiden Dachflächen richtig niedergelegt werden. Noch besser geht es, wenn die Scharen um ihre halbe Breite versetzt sind; so stört kein Falz der Gegenfläche ⓒ.

Besser und einfacher läßt sich ein Firstanschluß durch eine Leistenverbindung herstellen, wie wir sie später bei Leistendächern näher kennenlernen werden. Man geht so vor, wie es beim gefalzten First beschrieben wurde: Die Längsfalzenden werden niedergelegt und die entsprechend den Leistenmaßen gemachten Zugaben senkrecht hochgestellt. Erst dann wird die Leiste eingebaut und mit dem Leistendeckel bzw. der Leistenkappe geschlossen. Die Holzleiste soll mindestens 15 mm höher als der Längsfalz sein.

Der ankommende Längsfalz kann auch stehend in den First eingeführt werden, wie es die Skizze rechts unten und Abb. 6 zeigen. Es ist aber nur zu empfehlen, wenn dabei eine Firstleiste benutzt wird. Auf Seite 79 ist ein Papiermodell dieser Art beschrieben. Doch nur ein erfahrener und sehr guter Klempner wird diese Arbeit auf dem Dach ausführen können.

Durch die Leistenverbindung sowie durch die nachfolgend beschriebene Entlüftungskonstruktion wird die Gesamtdachfläche geteilt. Die Dehnungsmöglichkeit der Flächen wird sehr verbessert, die Arbeit auf dem Dach ist leichter und bequemer. Als Nachteil sei der oft erhebliche Mehraufwand an Material genannt. Trotzdem soll man diese letzteren Ausführungsarten vorziehen.

Wir kommen nun zu der Konstruktion eines Firstanschlusses für ein belüftetes Dach. Durch Veröffentlichungen sind verschiedene Möglichkeiten bekannt. Wir zeigen hier eine Firstentlüftung, die in Zusammenarbeit verschiedener Fachleute mit der Zinkberatung entwickelt wurde. Es ging dabei nicht nur um eine reine Entlüftung, sondern neben einer einfachen Montage mußte auch das Einwehen von Schnee möglichst verhindert werden.

Die Profilschiene muß aus starkem Blech gefertigt sein. Ideal wäre eine fabrikationsmäßige Herstellung, die Gewähr bietet, daß die Teile immer passen.

Beim Decken des Daches werden die Längsfalzenden wiederum niedergelegt und eine Zugabe von 75 mm senkrecht hochgestellt. Dabei muß ein Zwischenraum von 70 bis 75 mm entstehen. Ist das ganze Dach eingefalzt, wird die Profilschiene eingesetzt. Sie überdeckt mit 30 mm die Aufkantung. Man kann diesen Falz noch zusammendrücken; auch eine Abdichtung mit Schaumstoffstreifen ist möglich.

Die Befestigung der Profilschiene erfolgt mit Schrauben an den Sparren. Zur besseren Versteifung legt man einen Formkeil aus Holz oder einen Metallbügel ein. Wo eine Befestigungsmöglichkeit am Sparren nicht gegeben ist, wird man ein Flacheisen quer unter die Schalung legen und die Verbindung zum Keil oder dem Metallbügel durch Maschinenschrauben herstellen.

Zum Schluß wird die Abdeckkappe übergeschoben bzw. eingehängt. Diese Kappe kann entweder flach gehalten werden (wie in der Abbildung), sie kann aber auch durch einen Knick in der Mitte ein leichtes Gefälle nach beiden Seiten erhalten. Durch die Form der Profilschiene ist ein Zwischenraum von 15 mm zwischen Kappe und Falz gegeben, durch den die Luft entweichen kann. Bei großen Firstlängen muß die Abdeckkappe eine Dehnungsmöglichkeit erhalten.

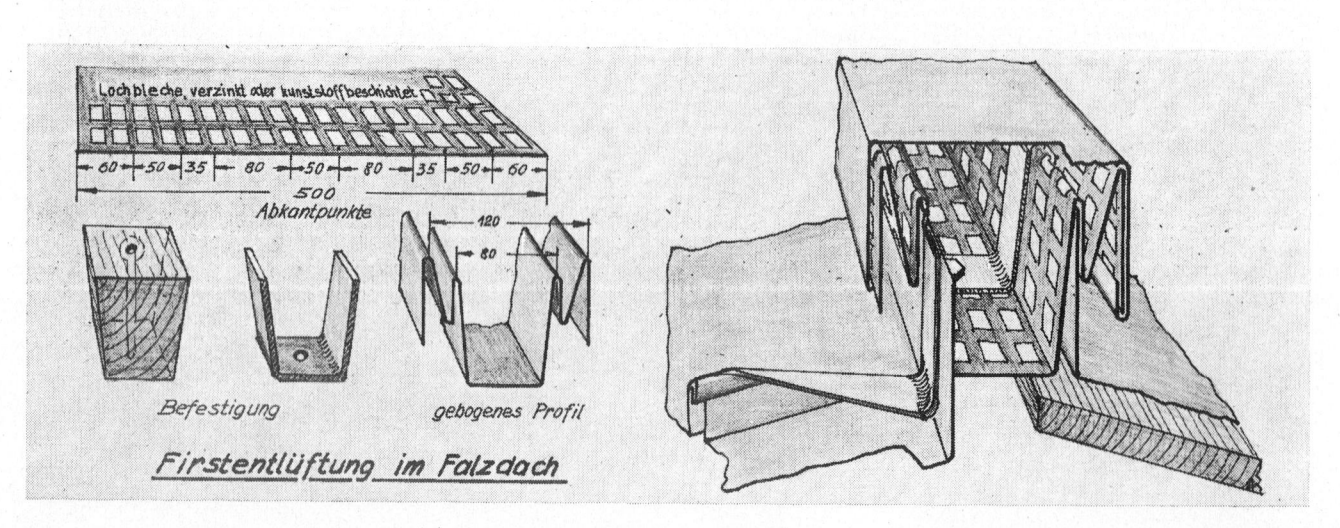

Firstentlüftung im Falzdach

Wetterseite

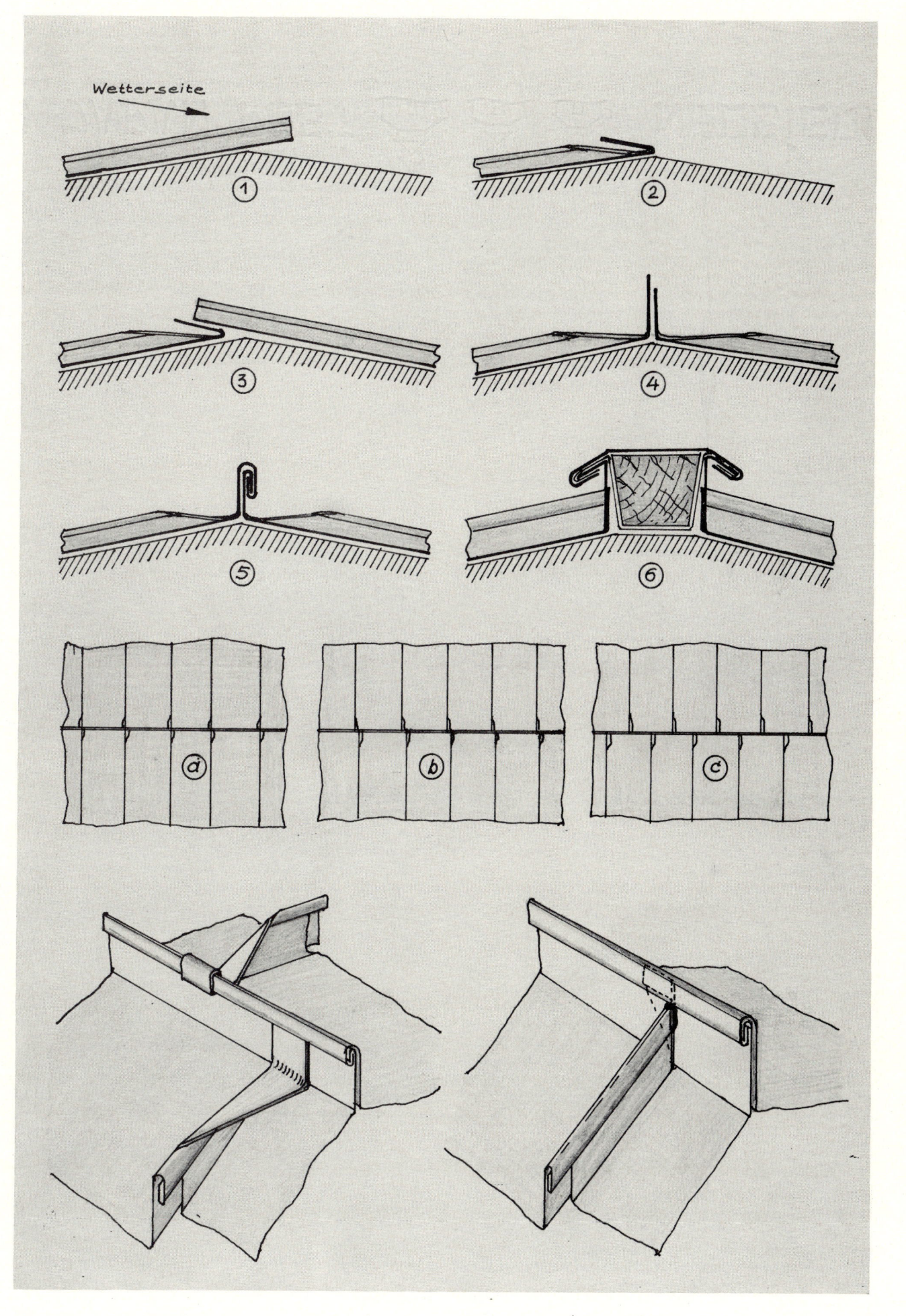

6. Modellanfertigung

Die bis jetzt erschienenen Abschnitte über Falzdächer waren anhand der Skizzen wohl zu verstehen. Bevor wir fortfahren mit weiteren Anschlüssen an Mauern, Schornsteinen usw. ist es unbedingt erforderlich, sich als Anfänger ein genaueres Bild über die Herstellung solcher Anschlüsse zu machen.

Wir stellen aus diesem Grunde beim Unterricht an der Bundesfachschule Papiermodelle der wichtigsten Falzverbindungen her. Diese sind mit allen Maßen und Hinweisen versehen, daß man auch später darauf zurückgreifen kann, wenn die Erinnerung an das Gesagte bereits verblaßt ist. Aus Gesprächen mit ehemaligen Fachschülern konnte ich die Richtigkeit dieses Verfahrens bestätigt bekommen. Hat man die Grundlage erfaßt und im Papiermodell bestätigt erhalten, wird man auch in der Lage sein, die Anschlüsse mit Blech herzustellen. Nur bei den ersten Versuchen wird man auch auf dem Blech die Konstruktion aufreißen. Sehr schnell hat man die Erfahrung, um mit einigen Handgriffen, einem guten Augenmaß und mit dem richtigen Werkzeug jede Arbeit auf dem Metalldach auszuführen.

Als Material für die Modelle eignet sich am besten kariertes Zeichenpapier. Die Karos dienen als Hilfslinien. Mit einem harten Bleistift werden die Konstruktionslinien gezogen, dadurch läßt sich das Papier leichter und genauer knicken und falten. Maße und Hinweise trägt man mit Tinte ein, das ist dauerhafter.

Modell a): Übergang Längsfalz–Querfalz

Bei einem Metalldach, zu dem Tafelmaterial verwendet wird, erfolgt die Verbindung der Tafeln durch den doppelt gefalzten Querfalz. Dabei erhalten wir am Falz sechs Blechdicken, die auf beiden Seiten in den Längs- oder Stehfalz hineinlaufen. Würden wir an diesen Stellen keine Ausschnitte machen, erhielten wir im ungünstigsten Fall 20 (zwanzig!!!) Blechdicken, auf der anderen Seite der Tafel 15. Das würde Falzknoten ergeben, die niemals zu verarbeiten wären. Darum ist ein Beschneiden der Ecken unbedingt notwendig. Diese Schnitte müssen richtig gemacht werden: Nicht zuviel und nicht zuwenig. Ein Zuviel läßt die Dachdeckung undicht werden, ein Zuwenig ergibt zu dicke Falzknoten. Im Wasserlauf, also auf der Dachfläche, muß der Doppelfalz erhalten bleiben.

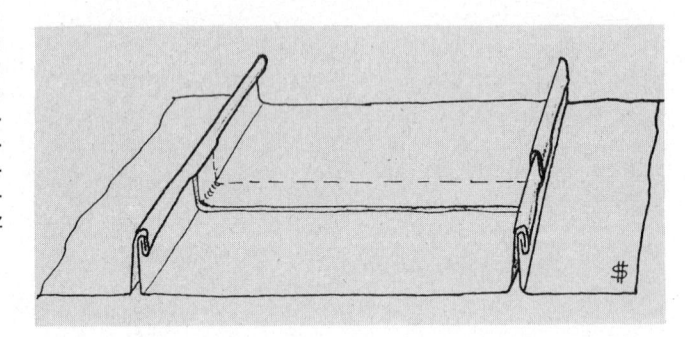

Modell b): Mauerecke

Die Herstellung dieser Ecke ist dort notwendig, wo ein Metalldach hinten und seitlich von einer Mauer begrenzt ist.

Um nicht zuviel Papier zu verschneiden, stellt man das Modell mit den halben Maßen her.

Die Maueraufkantungen sollen nach DIN 18 339 mindestens 150 mm hoch sein. Diese werden seitlich in Längsrichtung angetragen. Auch für die hintere Aufkantung sind mindestens 150 mm zu wählen. Schöner wird die Ecke, wenn wir für die hintere Aufkantung die Länge der Dachschräge an der Seitenwand wählen. Die Pfeilrichtung auf der Skizze zeigt dies an. Die Dachschräge wird als Schmiege oder Schrägmaß in der Skizze dargestellt. Wir finden sie auch bei allen weiteren Modellen.

Der verbleibende Winkel zwischen der Dachschräge und der Senkrechten wird halbiert und durch den gefundenen Punkt eine kräftige Linie, die „Faltlinie", gezogen. Damit haben wir alle Faltkanten gefunden.

Gekantet wird die Senkrechte auf der ganzen Länge. Die Waagerechte wird von rechts her bis zum Schnittpunkt und von dort aus über die Dachschräge geknickt. Weiter falten wir die Winkelhalbierende.

Die Falte, die sich aus dem Knicken ergibt, soll nach hinten zu liegen kommen. Die Dachschräge und die Senkrechte der hinteren Aufkantung treffen aufeinander.

Die gebildete Falte, die zuerst nach hinten steht, wird hinter die hintere Aufkantung geschwenkt. Wir haben es richtig gemacht, wenn die Oberkante der Falte und die dahinterliegende gestrichelte Linie mit der Oberkante der Aufkantung auf einer Höhe liegen.

Zum Herstellen des Modells teilen wir ein DIN-A-4-Blatt in der Querrichtung und zeichnen uns die Maße des Querfalzes ein. Im Beispiel sind es 13 mm für die erste und 18 mm für die zweite Umkantung (siehe Werdegang Querfalz).

An den Langseiten zeichnen wir auf einer Seite 45 mm für die hohe, auf der anderen Seite 35 mm für die niedere Längsfalzaufkantung an. Damit sind die Grundlagen zum Schneiden der Ecken gegeben.

Wir setzen die Schere etwa 40 mm (im Bild 13 + 18 + 10 mm) hinter der Ecke an und schneiden auf den Punkt, wo die Linien für die Längsfalze aus dem Papier heraustreten. Es ist nicht schlimm, wenn an der hohen Falzaufkantung nur so große Ecken abgeschnitten werden wie auf der Gegenseite. Doch umgekehrt darf es nicht sein.

Jetzt biegen wir die Querfalze, und zwar einen Falz nach oben, den anderen nach unten. Diesen Doppelfalz kann man nicht einfach einhängen, sondern er wird seitlich ineinandergeschoben (Skizze, ②).

Nun werden auf beiden Seiten die Falzaufkantungen für den Längsfalz aufgebogen und auch zwei weitere Papierstreifen (das Blatt wurde dazu der Länge nach geteilt) mit den Aufkantungen versehen ③.

Zum Schluß werden diese Längsfalze miteinander verfalzt. Dabei ist darauf zu achten, daß der erste Umbug nicht 10 mm, sondern nur 8 mm breit gemacht wird. Wir brauchen nicht nur beim Papier, sondern mehr noch beim Blech diesen Spielraum, damit beim zweiten Herumnehmen des Falzes die Schar mit der hohen Aufkantung nicht hochgehoben wird.

Zum Schluß kann das überstehende Dreieck, dessen Entstehung im Zuschnitt angedeutet ist, umgebogen oder auch abgeschnitten werden. Durch das Umbiegen kann man die Falte an der hinteren Aufkantung festhalten. Da die Maueranschlüsse zum Schluß mit einem Überhangstreifen überdeckt werden, ist das erwähnte Dreieck nicht mehr zu sehen.

Diese Mauerecke, auch Pfanneneck oder Quetschfalte genannt, ist auf der ganzen Höhe dicht. Sie ist vorteilhafter und schneller gemacht als eine Falz-, Niet- oder Lötnaht.

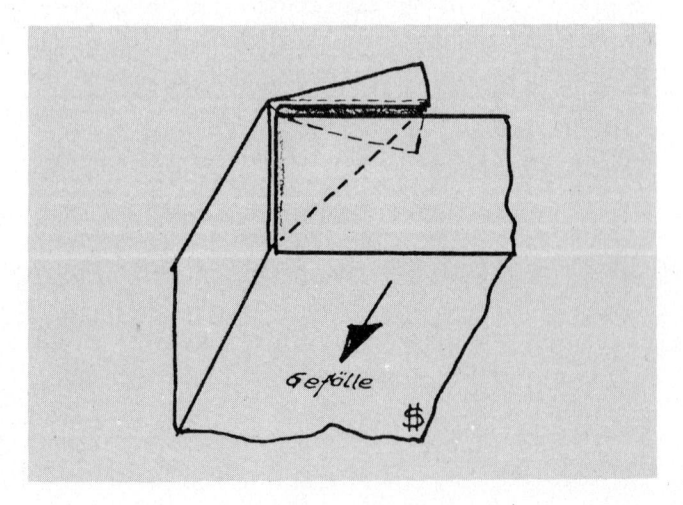

Tafelbreite

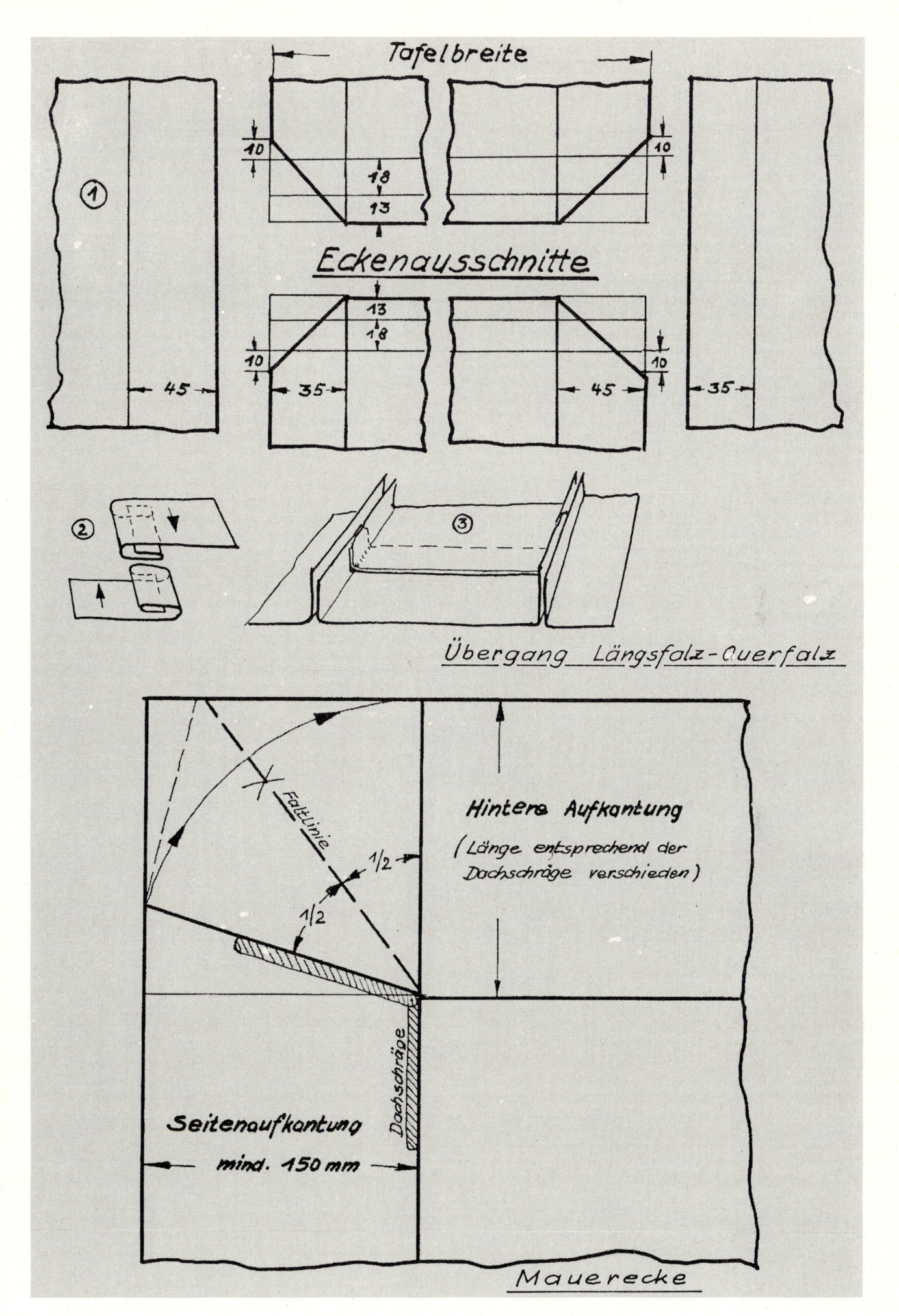

Eckenausschnitte

Übergang Längsfalz-Querfalz

Hintere Aufkantung
(Länge entsprechend der Dachschräge verschieden)

Falzlinie

Dachschräge

Seitenaufkantung
mind. 150 mm

Mauerecke

Modell c): Maueranschlußfalz

Von allen Modellen werden die zum Anschluß eines Längsfalzes an eine Mauer am meisten gebraucht. Nicht nur bei Maueranschlüssen selbst, sondern auch dort, wo ein Längsfalz an ein Oberlicht oder an einen Schornstein stößt und vor allem auch an jeder Abtreppung für die Dehnungsmöglichkeit wird man den Längsfalz so bearbeiten müssen, daß er möglichst einfach und vor allen Dingen dicht an der Mauer hochgeführt wird.

In den Skizzen sind zwei verschiedene Möglichkeiten des Anschlusses festgehalten: Einmal so gefaltet, daß man ohne Streckung des Materials auskommt, zum anderen der rund eingefalzte Anschluß.

Dieser rundgefalzte Anschluß ist ohne Zweifel die bessere Ausführungsart. Demgegenüber steht aber die Tatsache, daß nur sehr geschickte und erfahrene Handwerker eine solche Ecke einwandfrei geschlossen bekommen. In fast allen Fällen entstehen Risse. Damit ist das Dach undicht bzw. es muß geflickt werden, bevor es fertig gedeckt ist. Das Schweifen oder das Strecken der Blechkante gehört zu den schwierigsten Arbeitstechniken des Klempners, was ich aus meiner Erfahrung heraus beweisen kann. Darum gebe ich der folgenden Ausführungsart den Vorzug.

Bei dem zweiten Modell wird auf eine Streckung des Materials verzichtet. Es ist allerdings ein Einschnitt notwendig; das bewirkt, daß dieser Anschluß nur bis zur fertigen Stehfalzhöhe dicht ist. Das wird immer genügen; denn wenn das Wasser höher als 25 mm auf dem Dach stehen sollte, wird es nicht nur an der Mauerkante, sondern auf der ganzen Länge des Stehfalzes hineindrücken. In gefährdeten Gegenden kann man sich sichern, indem man die Stehfalze höher ausführt.

Nun zum Antragen der Konstruktion:

Für die Modellherstellung brauchen wir zwei Papierstreifen von 300 bis 400 mm Länge, 120 mm breit. Der Länge nach zeichnen wir die Falzaufkantungen mit 35 und 45 mm. Senkrecht dazu mit 150 mm die Höhe der Maueraufkantung. Jetzt müssen wir die Dachschräge antragen, wie es in der Skizze gezeigt ist. Bei der niederen Falzaufkantung 35 mm von der Waagerechten nach oben, bei der hohen Aufkantung sind es 45 mm. Das entspricht also der jeweiligen Aufkantungshöhe der Längsfalze. In der Skizze ist dies durch einen Kreisbogen mit Pfeilrichtung deutlich gemacht.

Auf der angetragenen Dachschräge tragen wir wiederum diese Maße an. Durch den gefundenen Punkt – er liegt nicht ganz an der Außenkante – ziehen wir vom Schnittpunkt der waagerechten und senkrechten Linie aus eine kräftig eingedrückte Gerade, die „Faltlinie". In der Skizze ist sie gestrichelt dargestellt. Jetzt machen wir die Einschnitte. Damit später beim Blech dieser Schnitt nicht weiterreißt, ist es besser, ein Loch von etwa 4 mm ⌀ zu stanzen und in dieser Breite von außen her einzuschneiden. Dieser Einschnitt entspricht bei der hohen Falzaufkantung zwei Falzbreiten, bei der niederen einer Falzbreite. Einen weiteren Schnitt machen wir von der Oberkante her. Wenn dieser Falz fertig ist, muß man ihn an der Mauer niederlegen, um den Überhangstreifen zu überdecken. Darum nehmen wir auf jeder Seite vorher 10 mm schräggeschnitten weg. Dieser Schnitt läuft auf dem Punkt aus, wo die Faltlinie aus dem Papier heraustritt.

Jetzt beginnt das Falten. Es werden die Senkrechte, die Waagerechte und die Faltlinie geknickt. Wir haben es richtig gemacht, wenn die Falte nach dem Hochbiegen genau in der Ecke ausläuft.

Zum Schließen der Falze werden die Falzzugaben an der Mauer hoch um 180 Grad herumgebogen ①. So haben wir Platz, um den Falz auf der Dachfläche bis zu den Einschnitten fertig zu schließen ②. Ist dies geschehen, werden die Zugaben an der Mauer nach vorn gebogen ③. Jetzt ist es auch möglich, diesen Falz fertigzumachen und doppelt zu falzen. Das Falzende an der oberen Kante der Aufkantung wird niedergelegt, um später den Überhangstreifen darüberzuführen ④.

Um den Maueranschluß rund einzufalzen (Skizzen unten), sind konstruktiv dieselben Arbeiten notwendig wie beim eben beschriebenen Anschluß. Lediglich die Einschnitte und die Abschnitte fehlen. Beim Falten wird die Quetschfalte sofort geschlossen. Wir zeichnen einen Bogen an, der nach oben führt ①. Nach dem Ausschneiden soll ein gleichmäßiger Bogen vorhanden sein ②. Jetzt läßt sich der Arbeitsgang mit Papier nicht mehr weiter fortführen, denn die Falzzugabe muß nun geschweift werden und zunächst sorgfältig und ohne Rißbildung einmal ③ und dann ein zweitesmal herumgebogen werden. Am oberen Ende wird man nur einen einfachen Falz lassen und niederlegen ④.

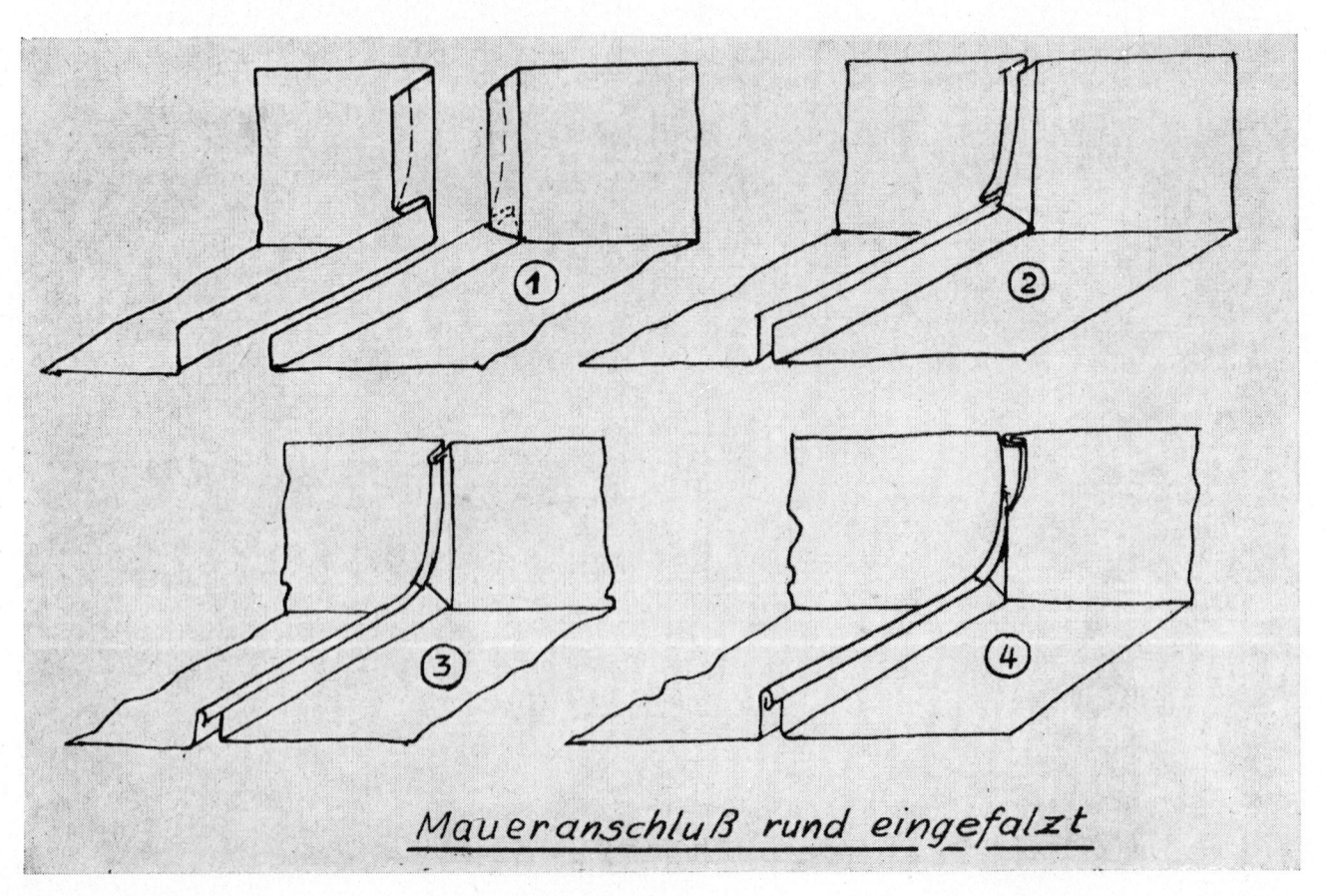

Maueranschluß rund eingefalzt

Maueranschlußfalze

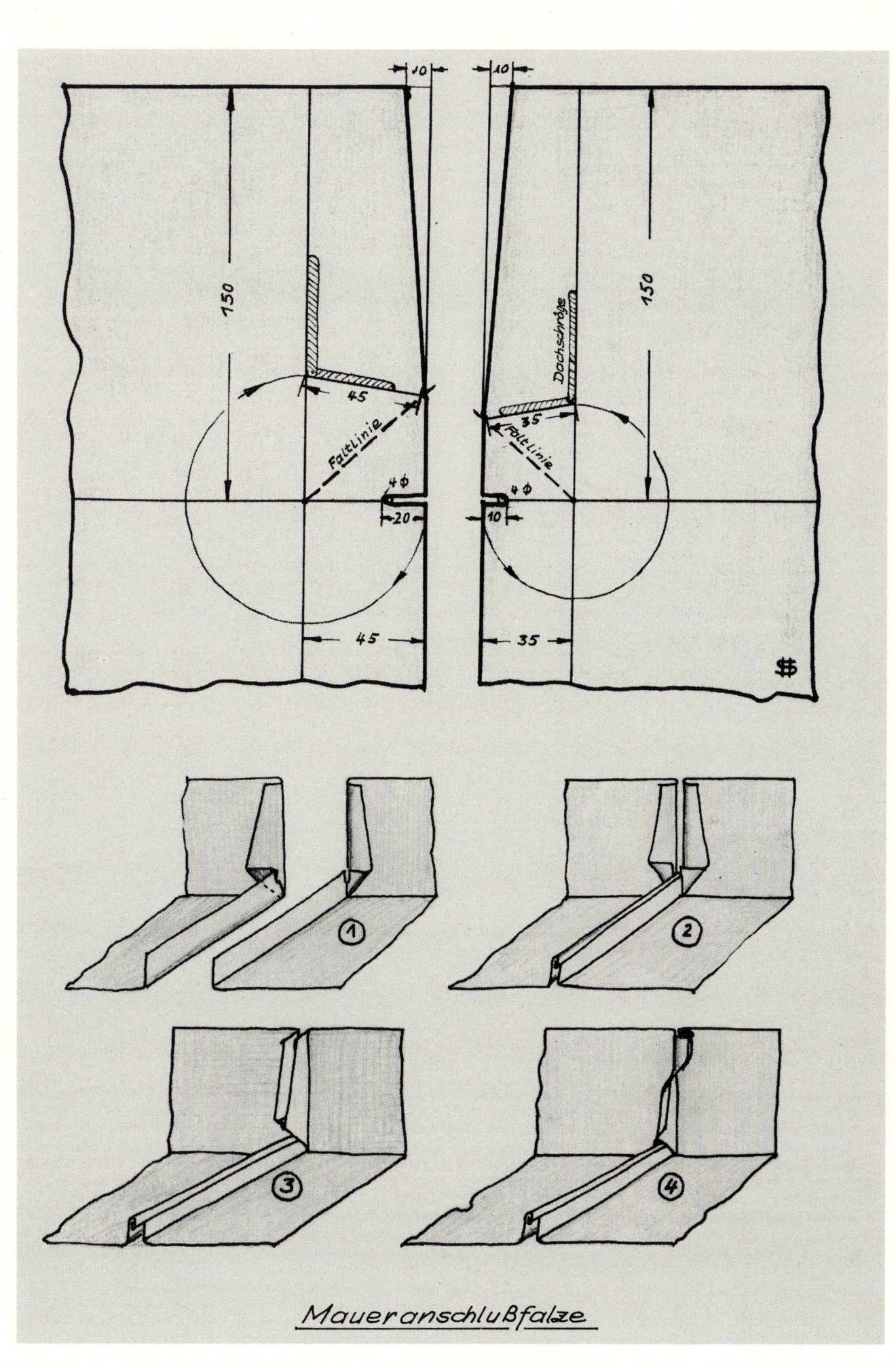

Modell d): Firstanschluß mit stehend eingeführtem Längsfalz

Das Modell aus Papier läßt sich verhältnismäßig leicht gestalten, mit Blech wird es aber eine sehr heikle Arbeit sein. Als Einführung in einen Firstfalz ist die Lösung nicht zu empfehlen, bei Verwendung von Firstleisten jedoch sieht der Anschluß gut aus und läßt sich von einem geübten Klempner auch herstellen. An das Material werden dabei große Anforderungen gestellt.

Je nach Leistenform und Leistenhöhe wird die Zugabe zum First hin 60 mm oder mehr betragen. Der Länge nach brauchen wir die Falzaufkantungen von 45 und 35 mm. Wir teilen zum Anfertigen des Modells ein DIN-A-4-Blatt der Länge nach in der Mitte. Am Schnittpunkt der beiden Linien wird die Dachschräge angetragen, wie es die Skizze zeigt. Wie bei der Mauerecke wird anschließend der verbleibende Winkel zwischen Dachschräge und der Senkrechten halbiert. Das ist die Faltlinie.

Jetzt sind von oben her Einschnitte zu machen: Bei der niederen Aufkantung 10 mm, bei der hohen 20 mm breit. Der Schnitt geht bis zur gestrichelten Faltlinie. Von dort aus wird mit demselben Winkel nach außen geschnitten, wie die Faltlinie nach innen verläuft. Wenn später der Längsfalz geschlossen wird, darf er nicht über die Faltlinie hinausragen. Bei der breiten Längsfalzzugabe werden oben quer noch weitere 15 bis 20 mm bis zur Senkrechten abgeschnitten. (In den kleinen Beispielsskizzen ist dies nur bei ④ berücksichtigt.)

Bei der Herstellung des Modells faltet man die Senkrechten, die Waagerechten aber nur bis zum Schnittpunkt und von dort über die Dachschräge. Weiter wird die winkelhalbierende Faltlinie geknickt.

Man biegt zuerst die Längsfalzaufkantungen ①. Der Längsfalz wird fertig eingefalzt ②. Nun wird die Zugabe für den First aufgestellt; dabei muß die Kante, die nach hinten lief, in die Senkrechte gebracht werden. Das Blech biegt sich dabei im Knick um 180 Grad zum Gegenwinkel. Das ist sehr schwierig und kann Risse zur Folge haben. Beim Papiermodell geht es hingegen gut. So erhalten wir die Figur ③. Der fertige Längsfalz läuft dabei in die Falte hinein und wird umgebogen zu ④. Für den Firstanschluß wird jetzt noch die Einkantung zum Einhängen des Leistendeckels gemacht, wie es in ④ angedeutet ist. Damit erhalten wir einen schönen dichten Anschluß, der auf Dächern, die man einsehen kann, besonders gut aussieht.

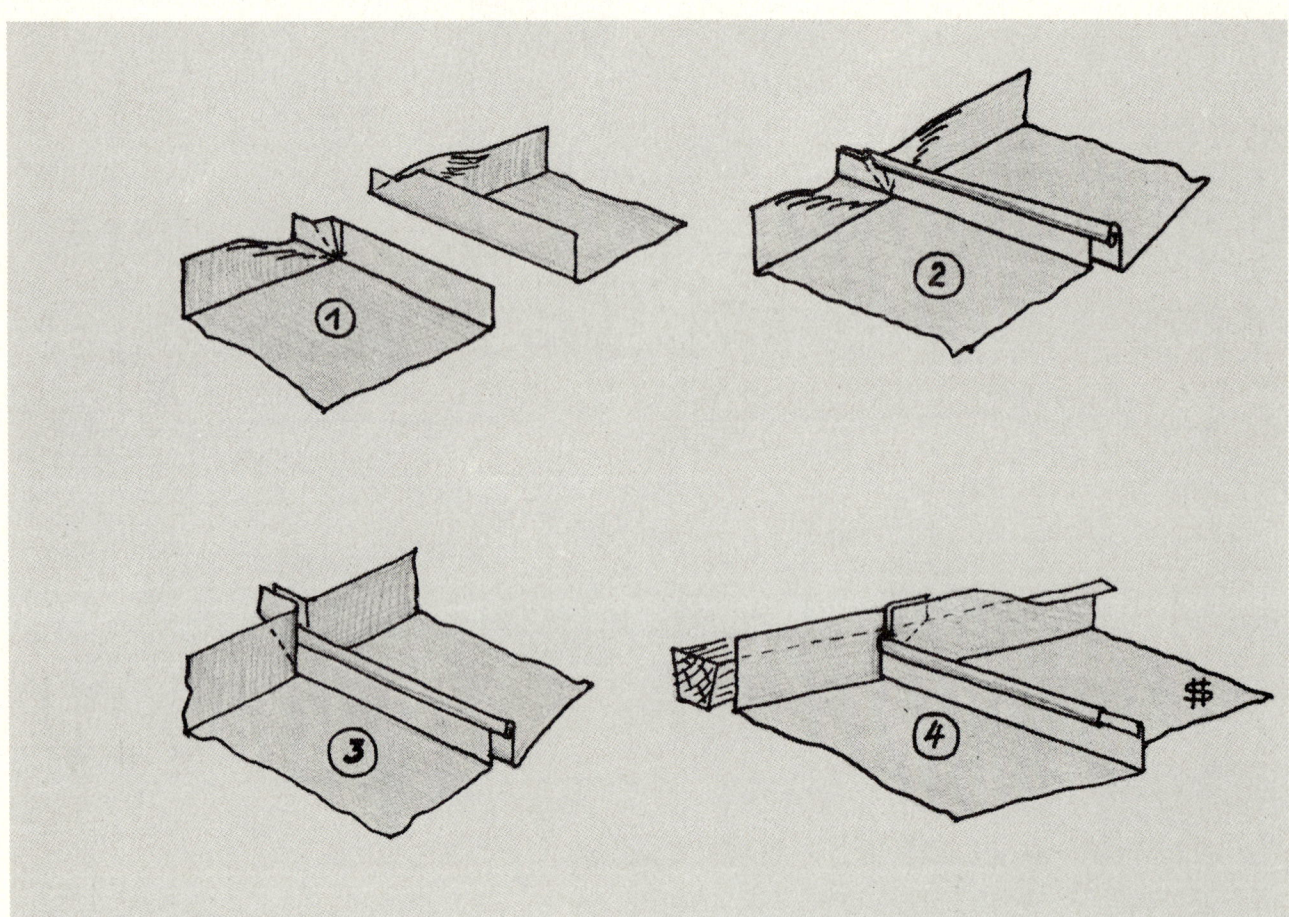

Modell e): Obere Schornsteinecke, nach der Seite gefalzt

An Oberlichtern, Schornsteinen usw. müssen die gefalzten Ekken in die Dachdeckung übergeführt werden. Es gibt dafür die verschiedensten Einfalzmöglichkeiten, die später genauer erläutert werden. Die Eckfalze aber sind bei allen Anschlüssen dieser Art gleich. Es gibt zwei Standardlösungen, die wir jetzt als Modelle bauen. Wenn man diese beiden Lösungen beherrscht, sind später die eleganteren Möglichkeiten kein Hexenwerk mehr. Die Grundlage muß aber vorhanden sein.

Die oberen Eckfalze am Schornstein können nur seitlich geführt werden, damit eine Wasserablaufmöglichkeit besteht. In bestimmten Fällen kann man einen dieser Falze nach oben oder seitlich nach oben führen.

Das glatte Kehlblech oder die Kehlschar wird hier über das Seitenblech hinweggefalzt. Die Schnitte, Falten und Kurven sind also am Seitenblech zu machen. Dabei müssen wir an der Seitenaufkantung die Dachschräge berücksichtigen. Weiter ist daran zu denken, daß wir über den Blechbedarf für die Dachschräge hinaus auch noch mindestens 20 mm für den Eckfalz benötigen (siehe Zuschnittskizze links oben). Die Gesamtzugabe von der Hinterkante des Schornsteins nach oben richtet sich darum nach der Dachschräge. Je steiler das Dach, desto größer die Zugabe. Das Mindestmaß zum Schneiden einer Kurve ist dabei 50 mm. Vom Schornstein bis zum nächsten Längsfalz seitlich davon braucht man mindestens 200 mm, um den Bogen ausfalzen und dann diesen Falz noch niederlegen zu können.

Wir tragen auf unserem Papier, das etwa 350 × 350 mm groß ist, die Seitenaufkantung für den Schornstein mit 150 mm an. Die Dachschräge ist im Beispiel so gewählt, daß der Punkt, wo sie aus der Seitenkante hinaustritt, etwa 50 mm über der Waagerechten liegt. Der verbleibende Winkel zwischen der Dachschräge und der Senkrechten wird auch hier halbiert und diese Faltlinie kräftig eingetragen.

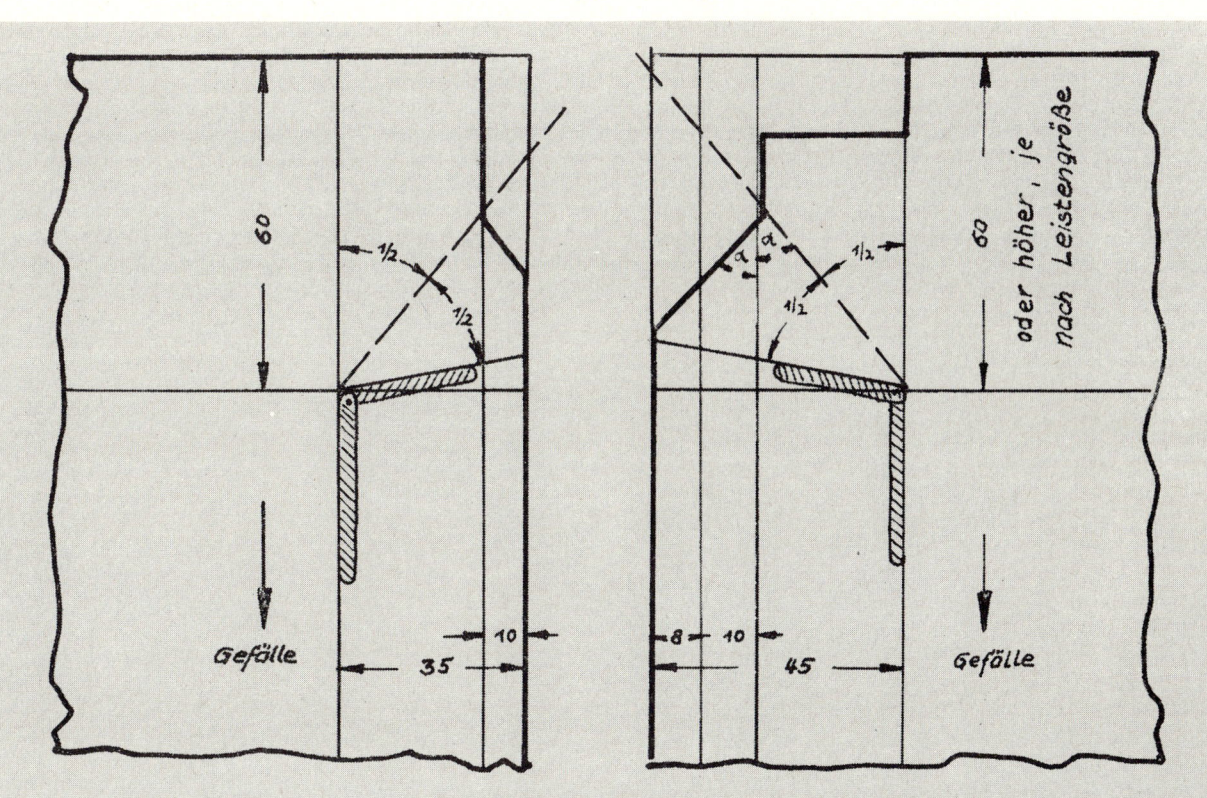

Firstanschluß: Längsfalz stehend eingeführt.

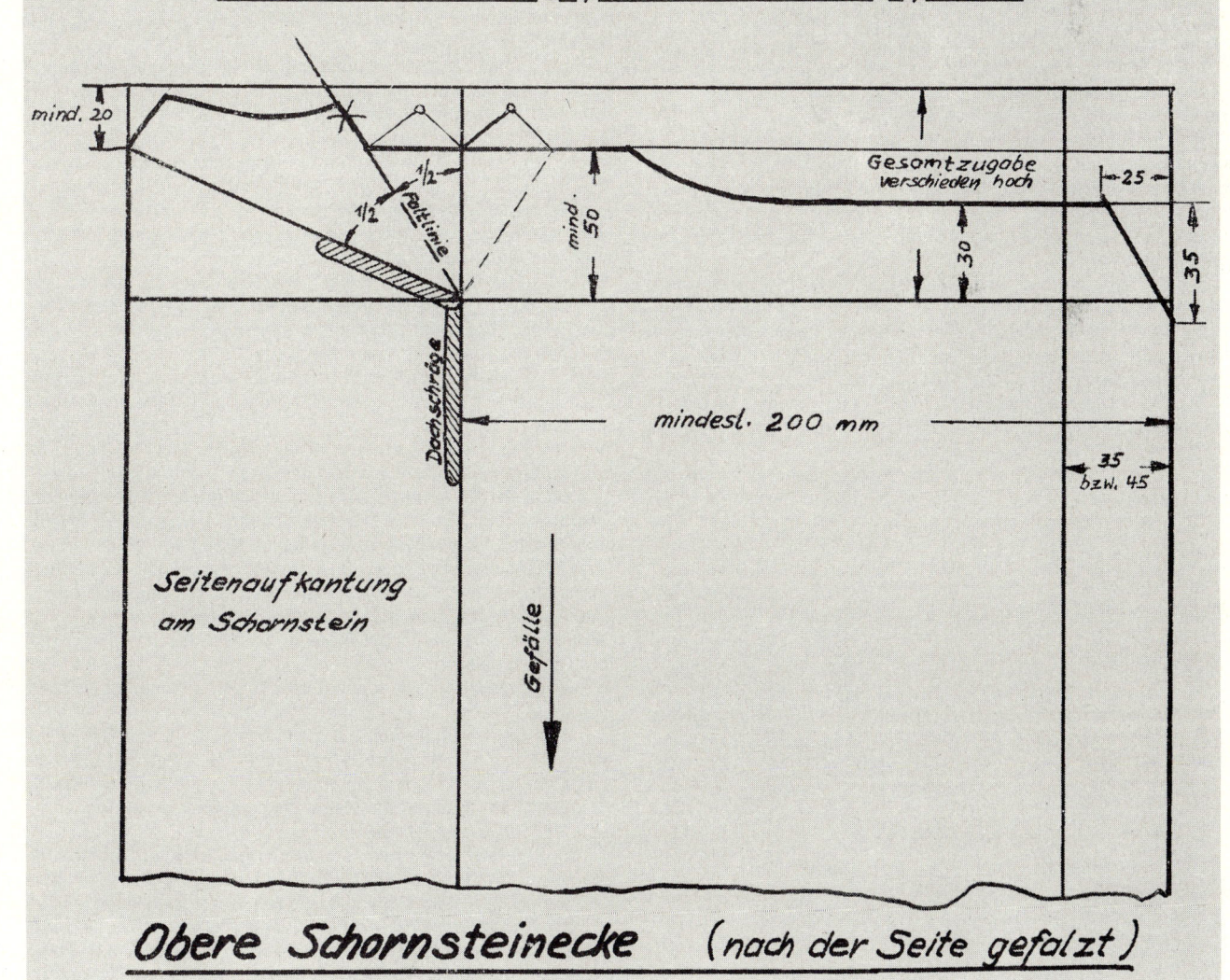

Obere Schornsteinecke (nach der Seite gefalzt)

Jetzt wird an dem Stück, das auf die Dachfläche zu liegen kommt, von der oberen Zugabe soviel abgeschnitten, daß man das erforderliche Maß von 50 mm zur Bildung der Kurve erhält. Das darf im Beispiel von rechts her nur bis zur Winkelhalbierenden geschehen. Die ermittelten Kanten werden gefaltet; wie früher die Senkrechte ganz, die Waagerechte bis zum Schnittpunkt und dann über die Dachschräge und die Winkelhalbierende. Wir haben es recht gemacht, wenn die Falte wieder genau in die Ecke läuft und die verdeckt liegende Falte mit der Seitenaufkantung abschließt.

Jetzt wird der Bogen aufgezeichnet. Er soll etwa 8 mm vor der Ecke vorbeiziehen ①. Dann wird die Kehle angepaßt und mit der Falzzugabe von 10 mm geschnitten. Nach dem doppelten Einfalzen, das wir mit dem Papier nicht machen können, werden die Falzenden niedergelegt. Auf dem Dach soll dies soweit als möglich geschehen, weil sich hier das ganze Wasser aus der Kehle sammelt und vorbei muß.

Die Abschnitte seitlich entsprechen etwa den Ecken, wie sie beim Übergang Querfalz–Längsfalz gemacht wurden. Man muß daran denken, daß beim Eckfalz die Aufkantungen nicht so groß sind, wie beim normalen Querfalz.

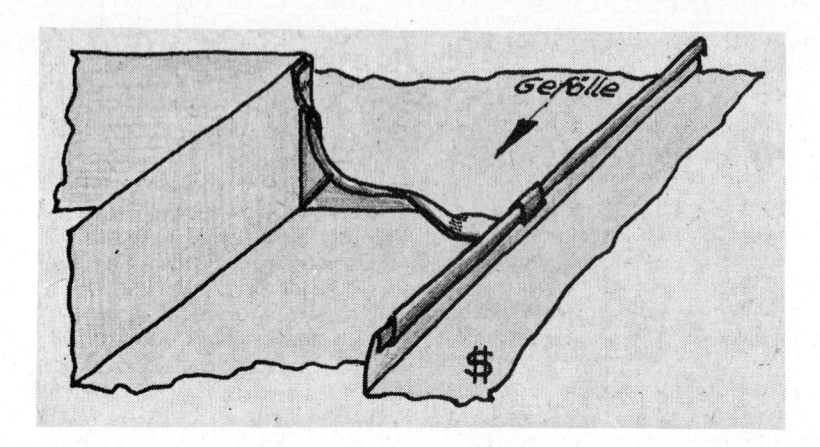

Modell f): Untere Schornsteinecke, nach unten gefalzt

Der Falz an den unteren Schornsteinecken soll nach unten in den Querfalz oder Anschlußfalz geführt werden. Anders als beim Maueranschlußfalz steht uns hier nur am Brustblech eine Quetschfalte zur Verfügung, während das Seitenblech als eine glatte Fläche anschließt. Hier muß man also rund einfalzen. Um dabei Schwierigkeiten aus dem Wege zu gehen, machen wir den Bogen möglichst schlank, d. h. mit einem großen Bogenradius.

Dem Wasserlauf entsprechend wird das Seitenblech über das Brustblech gefalzt. Wir bekommen also am Brustblech die niederen, am Seitenblech die hohen Falzzugaben. Es genügen hier solche von 40 und 30 mm, da das Falzende auf dem Dach niedergelegt wird.

Am Brustblech werden also auf jeder Seite 30 mm für den Falz gebraucht. Um aber einen Bogen schneiden zu können, der später ohne Rißbildung falzbar ist, muß man mindestens 40 mm seitlich zugeben. Je höher diese Aufkantung ist, desto größer kann man den Bogenradius für den Falz machen.

Im Zuschnittbild unseres Skizzenblattes ist der Bogen bereits eingezeichnet. Das ist in der Praxis nicht notwendig. Der Bogen wird erst nach dem Falten eingetragen.

Für das Modell brauchen wir einen Bogen Papier von etwa 400 mm Länge und 120 bis 150 mm Breite. Für die Aufkantung am Schornstein werden nach Norm 150 mm benötigt. Um den Bogen nach unten gut ausfalzen zu können, braucht man auf der Dachfläche mindestens 250 mm Materiallänge. Da wir nur eine Ecke modellieren, tragen wir die Länge nach 40 mm als Zugabe für die linke Aufkantung an.

Genau wie beim Maueranschlußfalz wird die Dachschräge angetragen: Hier 40 mm über der Waagerechten beginnend. Auf der Dachschräge zeichnen wir wiederum die 40 mm an und führen durch diesen Punkt unsere Faltlinie. Das Papier wird jetzt geknickt über die Senkrechte, die Waagerechte und über die Faltlinie. Beim Falten des Papiers soll die Falte zum Brustblech hin und nicht zum Seitenblech überdecken ①.

Nach dem Falten zeichnen wir den Bogen ein. Oben am Schornstein bleiben 25 mm stehen, auf der Dachfläche brauchen wir 30 mm für die niedere Aufkantung. Der Bogen wird so geführt, daß er nicht durch die Ecke, sondern etwa 8 mm vor der Ecke vorbeiführt ②. Wir brauchen auf diese Weise beim zweiten Umlegen des Bogenfalzes nicht die dreifache Blechstärke der Falte mitzunehmen, was die Arbeit sehr erleichtert. Jetzt wird das Seitenblech angepaßt und die Kurve mit 10 mm Falzzugabe angetragen und ausgeschnitten ③.

Weiter können wir mit unserem Papiermodell nicht arbeiten, da das Material geschweift werden muß. Der Vollständigkeit halber sind die weiteren Arbeitsgänge mit aufgeführt. Der Falz wird erst einmal vorsichtig und ohne Gewaltanwendung herumgeschweift. Dabei dürfen keine Risse entstehen ④. Wenn das gelungen ist, wird auch der doppelte Falz herumgenommen. Die Falzenden werden oben und unten niedergelegt und mit dem Überhangstreifen überdeckt bzw. in den Querfalz eingeführt.

Die Eckenabschnitte für die Stelle, wo der Eckfalz mit dem Querfalz verbunden wird, sind separat dargestellt. Hier muß man so sorgfältig vorgehen wie beim Übergang vom Querfalz in den Längsfalz.

Damit hätten wir jetzt sechs verschiedene Papiermodelle. Es ist nötig, sie gut zu verstehen. Wenn wir in der Folge auf die verschiedenen Einfalzmöglichkeiten zu sprechen kommen, muß vorausgesetzt werden, daß die bisher durchgenommenen Anschlüsse und Modelle begriffen sind.

Mit den bis jetzt gegebenen Ausführungsarten sind längst nicht alle Möglichkeiten erschöpft. Es ist aber möglich, mit den jetzt kennengelernten Modellen alle Dächer sicher und dicht einzudecken und alle Anschlüsse herzustellen. Im Laufe der Zeit und mit der wachsenden Erfahrung ergeben sich von selbst die eleganteren Lösungen. Sie jetzt schon zu besprechen, würde zu weit führen und nur verwirren.

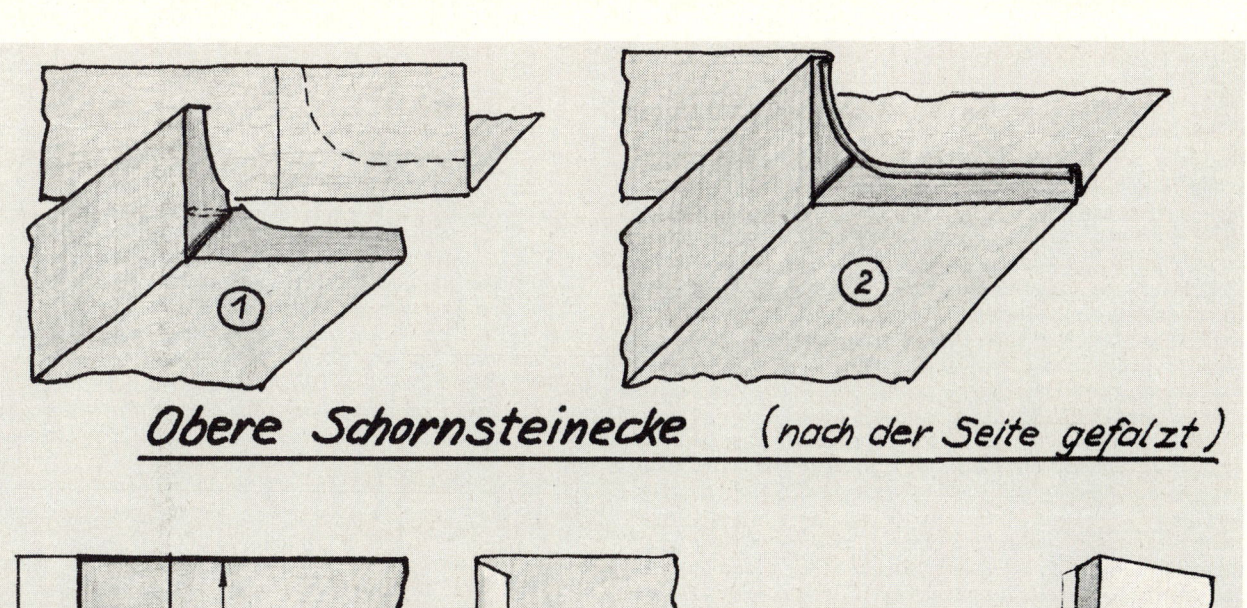

Obere Schornsteinecke (nach der Seite gefalzt)

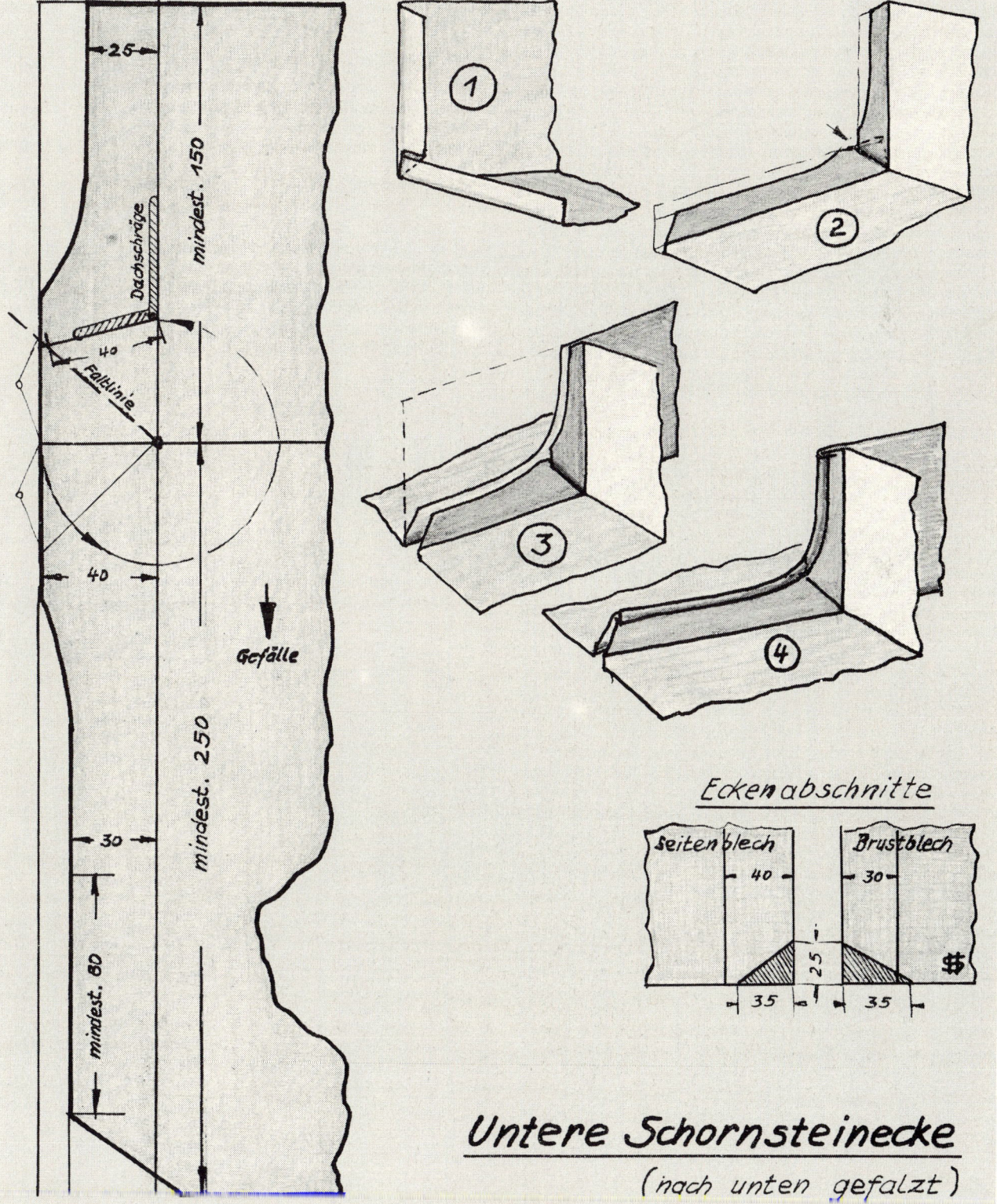

Untere Schornsteinecke (nach unten gefalzt)

Eckenabschnitte

Seitenblech — 40, 35
Brustblech — 30, 35
25

Maße: 25, mindest. 150, Dachschräge, 40, Falzlinie, 40, Gefälle, 30, mindest. 250, mindest. 60

7. Wandanschlüsse

Nachdem wir die Papiermodelle der verschiedenen Falzanschlüsse gefertigt haben, wird es nicht schwerfallen, uns die Wandanschlüsse vorzustellen. Sie sind im vorliegenden Skizzenblatt gesammelt und bedürfen nicht mehr vieler Worte.

Zunächst rufen wir uns das DIN-Blatt 18 339 ins Gedächtnis zurück, in welchem festgelegt ist, daß Aufkantungen an Mauern und dergleichen mindestens 150 mm hochgestellt werden müssen. Dieses Minimum sollten wir einhalten, ob es sich um eine seitliche Aufkantung handelt oder unser Metalldach hinten an eine Mauer stößt. Eine Deckzange mit entsprechender Arbeitstiefe muß dazu vorhanden sein.

Die seitlichen Aufkantungen machen uns keine Mühe. Sie laufen parallel zur Scharenlänge wie die Falzaufkantungen. Wir haben dabei also nur die einfache Blechdicke und evtl. Querfalze zu bewältigen.

Läuft diese Seitenaufkantung oben in eine Mauerecke ⑥, so biegen wir unser Blech wie beim Papiermodell und achten darauf, daß die Falte hinter die hintere Aufkantung zu liegen kommt.

Die Arbeit des Fachmannes beginnt dort, wo die Längsfalze hinten oben an die Mauer stoßen und hochgeführt werden müssen. Beispiel ① zeigt hier einen niedergelegten Längsfalz, der dann so mit der Mauerkantung hochgestellt wird. Dies erscheint einfach, ist aber sehr umständlich. So wird diese Anschlußart nur ganz selten angewendet. Bevor man nämlich den Längsfalz niederlegen kann, muß man ihn erst fertig einfalzen. Das kann man wiederum erst machen, wenn die Scharen an ihrem Platz liegen. Wo sollen dann die 150 mm Blech hin, die an der Mauer hoch sollen???!! Deswegen wird man diese Möglichkeit nur anwenden, wenn es sich um eine kurze Aufkantungslänge handelt, wie z. B. vor einem Schornstein oder einem Oberlicht. Man läßt dabei die paar Scharen etwas abrutschen und falzt die oberen 50 cm fertig ein, legt die Falzenden ca. 20 cm weit nieder und biegt die Maueraufkantung hoch. Danach zieht man die Scharen an den Schornstein heran und schließt dann erst die Hälfte entlang des Längsfalzes. Man kann aber nicht eine ganze Dachfläche so ausführen. Deswegen bleibt diese Arbeitsweise auf einige besondere Fälle beschränkt.

Die Normalecke ② und den rund eingefalzten Anschluß ③, ⑤ kennen wir durch die Modellanfertigung bereits. Bei ③ läuft der Doppelfalz durch und wird erst dann niedergelegt. Bei ⑤ ist der niedergelegte Falz nur einfach und dreht im Bogen weiter zum Doppelfalz. Man hat so einen größeren Bogenradius, das Einfalzen geht leichter. Was mit dem Papier gegangen ist, das ist auch mit Blech möglich. Man muß nur wissen, wieviel man dem einzelnen Matierial zumuten darf. Aluminium verhält sich z. B. ein wenig anders als verzinktes Stahlblech. Vor allem ist für die Herstellung der Wandanschlüsse das passende Werkzeug erforderlich. Zum Faltenlegen benutzen wir das Quetschfalzeisen oder „Storchenschnabel", wie es in unserer Gegend treffend genannt wird. Es ist eine verlängerte Spitzzange und erlaubt das Faltenlegen bis auf eine Tiefe von über 150 mm, wie wir es bei der Mauerecke brauchen. Beim Gebrauch ist Vorsicht geboten. Man darf mit der Spitze des Storchenschnabels nicht bis zur Biegekante der Bleche fahren, sonst führt es zu Rissen. Der Abstand der Spitzen von der Biegekante muß mindestens 15 mm betragen (a).

Vorteilhaft sind die Falzzangen, die es in gerader und gekröpfter Ausführung und mit verschiedenen Maulbreiten gibt. Sie dürfen bei keinem Werkzeugsatz fehlen. Auch die Spannzangen sind zum Fixieren der Scharen sehr praktisch, vor allem bei steilen Dächern. Mit einem Handgriff hält man die Zange in Arbeitsstellung; genauso schnell ist sie wieder gelöst (b) und (c).

Ein sehr gutes Werkzeug, das man sich bei der Ausführung von rund eingefalzten Ecken gar nicht mehr wegdenken kann, ist das Eckschaleisen mit dem dazugehörigen Falzhammer (d). Die Rundungen des Werkzeugs entsprechen denen der Normalaufkantungen, und bei etwas Übung kommt man mit dem besonders geformten Hammer gut zurecht. Wichtig ist, daß die Schweiftechnik einwandfrei beherrscht wird; ebenfalls wichtig, daß bei Verwendung von Zinkband als Deckmaterial das Metall angewärmt wird. Dann streckt sich das Blech, ohne einzureißen. In diesem Zusammenhang sei noch erwähnt, daß alle scharfen Kanten an den Werkzeugen gebrochen sein müssen, sonst erhalten Aluminium, Kupfer und Zink Kerben oder gar Risse.

Eine weitere Anschlußart, die das Einfalzen erleichtert, erhalten wir durch das Einlegen einer Dreikantleiste. Jetzt müssen zwei Falten gelegt werden; der Bogenradius wird beim Rundschneiden viel größer als zuvor, das Material muß nicht mehr so sehr gestreckt werden, das Einfalzen geht leichter und schneller vor sich.

An den Eckpunkten, wo sich die beiden Scharen berühren, ist bei der normalen Eindeckung zu befürchten, daß die Dehnung nach der Scharenbreite gehemmt oder gar unterbunden wird. Wir haben wohl zwischen den Scharen 3 bis 5 mm Luft gelassen; dieser Abstand wird aber an den Ecken durch die Falten ausgefüllt.

Wir helfen uns in solchen Fällen, indem wir die Falzaufkantungen über die Eckpunkte hinweg 5 bis 10 mm höher ausführen. Dadurch laufen die Biegekanten an der Ecke um dieses Maß auseinander und die Dehnungsmöglichkeit ist gesichert. Da die Aufkantungen jetzt aber schräg stehen, ist ein größeres Maß an Können erforderlich, um die Falze zu schließen ⑧.

Bei einem belüfteten Dach ist die Falzarbeit nicht anders. Lediglich am Wandanschluß sind Vorkehrungen zu treffen, daß die Luft ungehindert austreten kann. Der Überhangstreifen springt weit vor und muß, wo das Material nicht steif genug ist, mit einer Holzleiste oder durch Metallbügel getragen werden. Skizze ⑦ (unten) zeigt die Möglichkeit der Wandentlüftung bei einem zweischaligen Dach. In diesem Fall muß der Überhangstreifen so weit vorgezogen und heruntergeführt werden, daß weder Wasser noch Schnee eindringen kann.

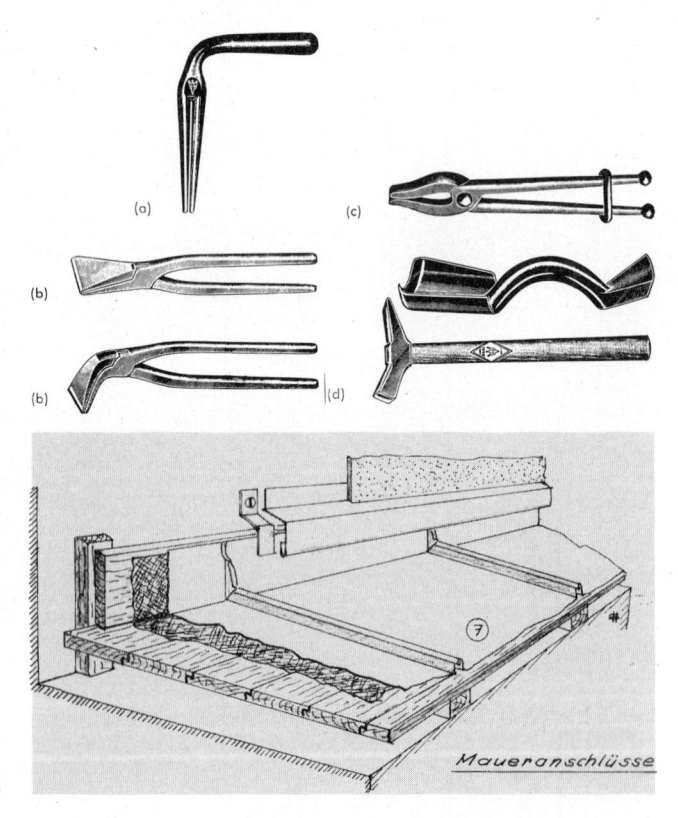

Maueranschlüsse

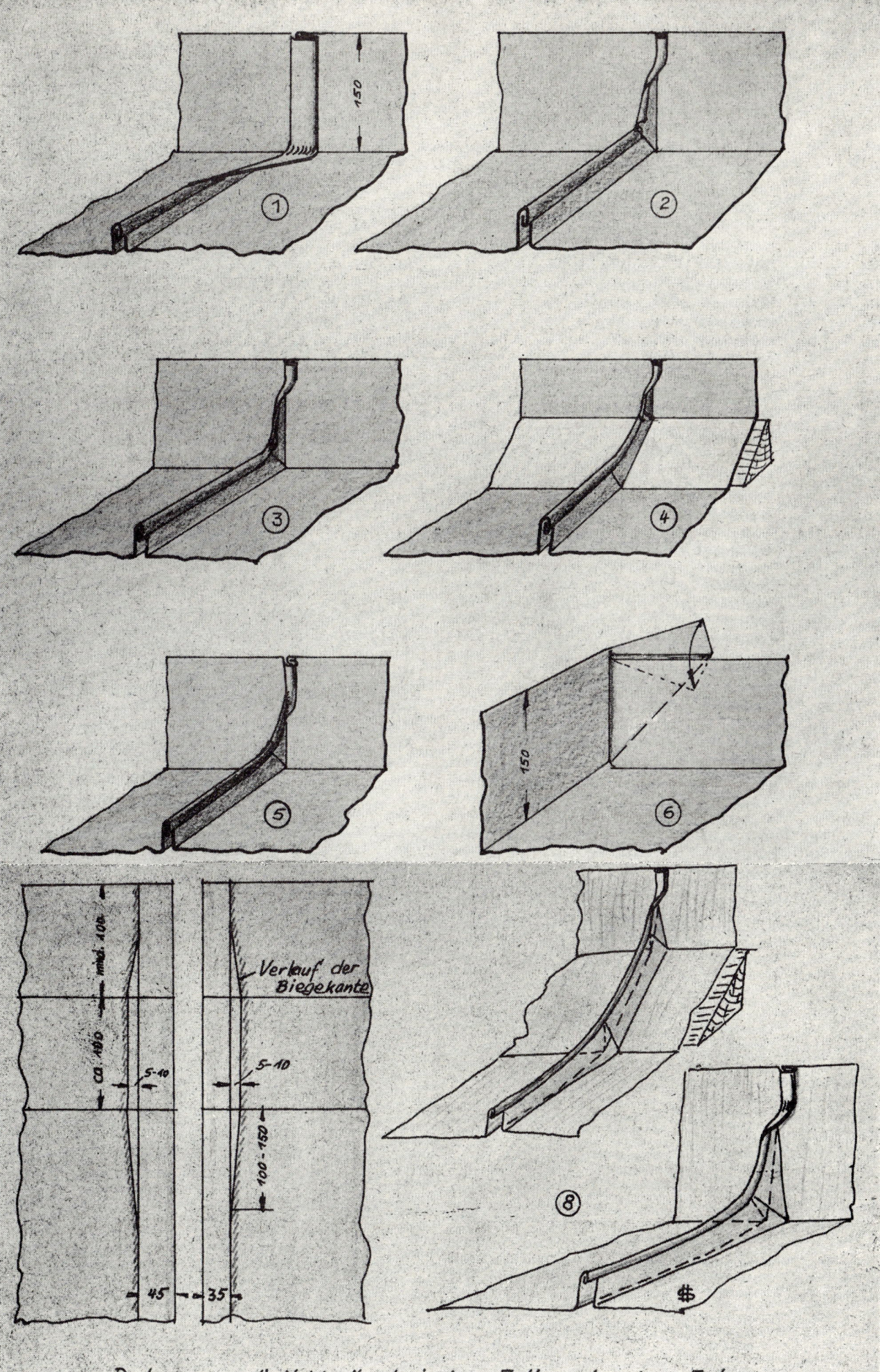

Dehnungsmöglichkeit bei den Falten in den Ecken

8. Kehlen und Grate

Wir haben bereits im ersten Teil der Fachkunde erfahren, daß Kehlen den geringsten Neigungswinkel des Daches und damit das geringste Gefälle aufweisen. Das ist bei Metalldachdeckungen nicht anders, darum müssen wir an diesen Stellen besonders vorsichtig und gewissenhaft arbeiten, um Schäden zu vermeiden.

Die Kehlschar, die mit Tafel- oder Bandbreite hergestellt ist, wird mit den anliegenden Dachflächen verfalzt. Diese schräg zu den Längsfalzen laufenden Kehlfalze sollen Stehfalze bleiben. Wir erhalten dadurch eine Versteifung der Dachdeckung, die verhindert, daß es vor allem bei geringen Dachneigungen, bei Sturm oder Dehnungseinflüssen zu Verwerfungen kommt, an denen das Wasser später stehenbleibt. Die Kehle im Metalldach soll in erster Linie Dachdeckung und dann erst Wassersammelstelle sein. Mancher Meister legt den Kehlfalz im Bereich zwischen zwei Längsfalzen ein Stück nieder, damit das Wasser in die Kehle gelangt. Solange das Dach dicht bleibt, ist nichts einzuwenden.

Die in den Kehlfalz einmündenden Längsfalze werden mit Falz nach unten niedergelegt, damit das Wasser darüber hinweglaufen kann. Das bedingt, daß die Längsfalze von der Kehle weg gefalzt werden. Dies ist grundsätzlich zu tun, auch wenn der Längsfalz in diesem Falle der Wetterseite zugewandt ist. Sonst würde das Wasser in den Falz eindringen. Im Skizzenblatt ist die Falzlegung festgehalten.

Weiter werden grundsätzlich die Dachflächen über die Kehlschar hinweggefalzt. Darum kommen an diese auf beide Seiten jeweils niedere Falzaufkantungen, wie es im Schnittbild erkenntlich ist. Für die Kehlschar soll man Bandmaterial verwenden und auf Querfalze verzichten. Will der Bauherr ein Tafeldach haben, dann kann man bei der Kehle durch Überbiegen des Bandes die Querfalze imitieren. Das ist bei flachen Dächern sicherer als Experimente mit Decktafeln.

Bei Prüfungsaufgaben, wo man auch Wert auf schwierige Überlegungen legt und zeichnerisches Können wünscht, werden gerne Kehlen mit Tafelmaterial verlangt. Um hier unnötigen Verschnitt an den Tafeln zu vermeiden, legt man die Anfangstafel an der Traufe so, daß ein großes Stück davon abfällt. Der Winkel, den wir dabei schneiden, paßt am oberen Ende der Kehle, ganz gleich, ob sie an eine Mauer stößt oder ob dort zwei Kehlen zusammentreffen. Dadurch haben wir als Abfall ein größeres Dreieck am unteren sowie zwei kleinere Dreiecke am oberen Kehlenende, sondern an der obersten Tafel ein mehr oder weniger großes Stück, das sich immer wieder verwenden läßt. Bei einer später folgenden Projektbearbeitung werden wir diesen Fall noch einmal genauer durcharbeiten.

Trifft ein Falz schräglaufend oben gegen eine Mauer, so wird er in seiner Fortsetzung auch schräg an der Mauer hochlaufen. Will man das nicht haben, muß man entweder ein Dreieck ansetzen, ein besonderes, breiteres Blechstück richten und auf die Scharenbreite herunterschneiden, oder aber, was Verschnitt gibt, die ganze Kehlschar herunterschneiden (Skizze).

Man kann auch, hauptsächlich bei Verwendung von Bandmaterial, auf ein besonderes Kehlblech verzichten und die Scharen konisch schneiden. Damit verhindern wir die Falzknoten und können bei der Dacheindeckung auf die Wetterseite Rücksicht nehmen. Allerdings steht dem ein erhöhter Verschnitt entgegen. Darum wählt man diese Eindeckungsart dort, wo die Sicherheit groß geschrieben wird und wo ein Dach eingesehen werden kann und der Hausherr Wert auf eine saubere und schöne Ausführung legt.

In diesem Fall müssen wir die Führung der Längsfalze auf dem Dach bereits vorher in einer maßstäblichen Eindeckungsskizze festhalten bzw. einteilen. Der Punkt, auf den diese Falze laufen sollen, muß soweit außerhalb der Dachfläche liegen, daß an der Traufe diese Falze noch mindestens 80 mm voneinander entfernt sind. Ist viel Wasser zu erwarten, müssen diese Abstände größer sein. Die Entfernung an der Mauer ist durch die Scharenbreite gegeben. Man denke jetzt wieder daran, daß die Falze schräg auf die Mauer treffen. Sollen sie senkrecht an der Mauer hochlaufen, dann werden die Scharenbreiten schmaler, um die erforderlichen Dreiecke herausschneiden zu können.

Braucht man an der Kehle eine Dehnungsmöglichkeit, so wird man die Kehlschar tiefer legen. Das setzt allerdings eine entsprechende Dachkonstruktion voraus. Das wäre die ideale Ausführungsart, denn die tiefergelegte Kehle hat ein Fassungsvermögen, das größer ist als bei den Dachrinnen. Hier wird die Kehle zur Wassersammelstelle. Der Anschluß an die Dachflächen erfolgt jetzt wie bei der Traufe, nur daß es sich um schräge Schnitte handelt. Die Form des Kehlblechs wird man klugerweise so wählen, daß sie aus Bandmaterial leicht herzustellen ist.

Kehlfalze oder -anschlüsse laufen immer schräg durch die Dachfläche. Beim Berechnen des Materialaufwandes werden wir darum den Blechbedarf für diese Falze vorsorglich in Rechnung stellen, um uns vor Verlusten zu schützen. Bei späteren Projektbearbeitungen werden wir das an Beispielen sehen.

Bei den Dachformen bilden die Grate das Gegenstück zu den Kehlen. Wie diese nach innen geknickt in den Dachflächen liegen, haben die Grate diesen Knick nach außen. Zwei Dachflächen stoßen an dieser Stelle mit einem Winkel unter weniger als 180° zusammen. Deren Deckungen werden durch den Gratfalz miteinander verbunden. Die Längsfalze, die in den Gratfalz einmünden, müssen zum Grat hin gefalzt und mit Falz nach unten niedergelegt werden. Man darf hier nicht auf die Wetterseite Rücksicht nehmen. Die Falzlegung ist im Skizzenblatt angegeben; die Einfalzung am Grat erfolgt in der gleichen Reihenfolge wie beim First.

Statt dem Gratfalz kann man zweckmäßiger eine Gratleiste verwenden. Man schafft einmal damit eine Dehnungsmöglichkeit für die Dachflächen, zum anderen wird die Form des Daches unterstrichen.

Maueranschluß der Kehlfalze bei durchgehender Scharenbreite. Die Falze laufen schräg an der Wand hoch.

Durch entsprechende Materialzugabe laufen die Kehlfalze senkrecht an der Wand hoch.

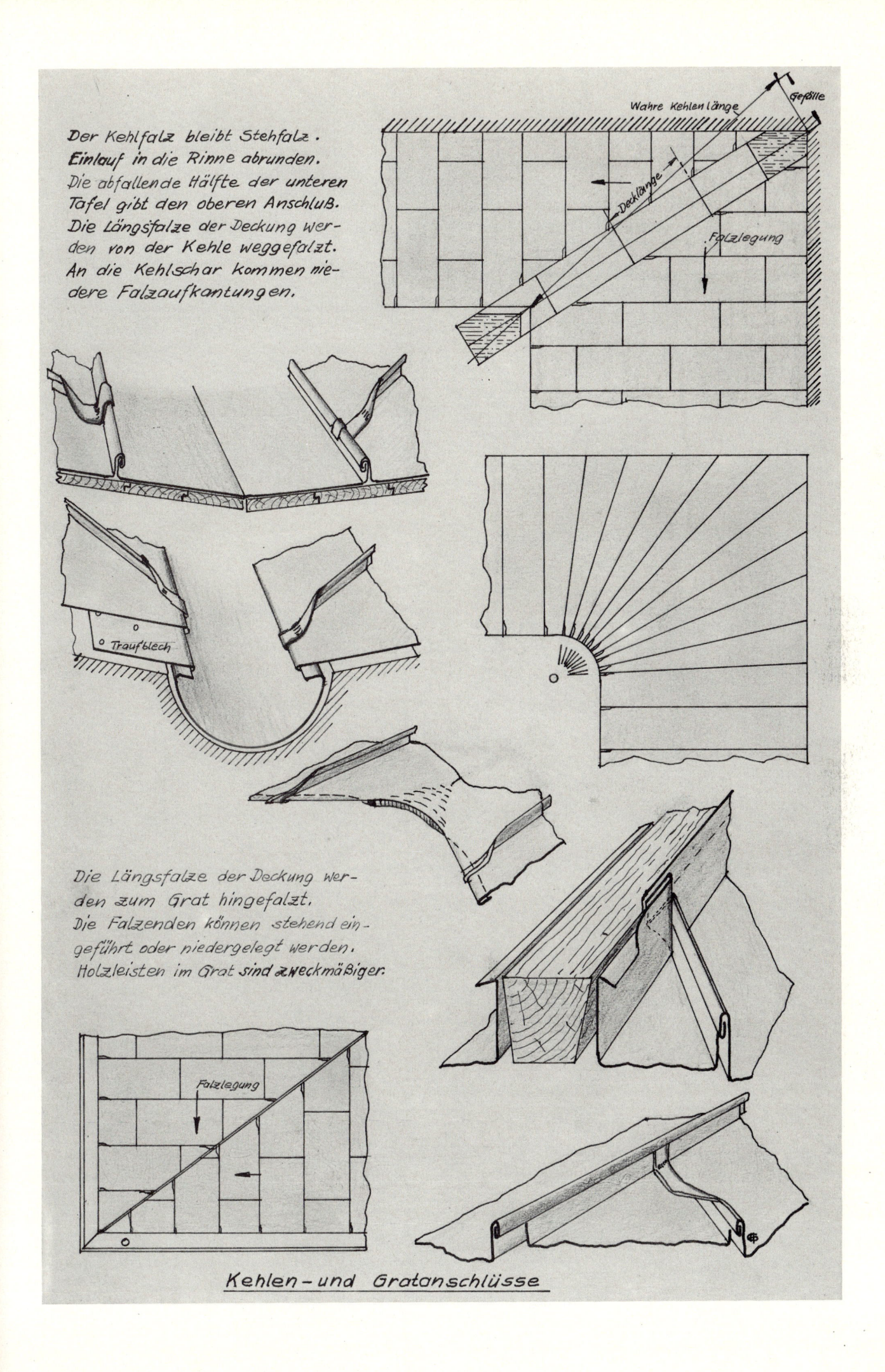

Der Kehlfalz bleibt Stehfalz.
Einlauf in die Rinne abrunden.
Die abfallende Hälfte der unteren
Tafel gibt den oberen Anschluß.
Die Längsfalze der Deckung wer-
den von der Kehle weggefalzt.
An die Kehlschar kommen nie-
dere Falzaufkantungen.

Wahre Kehlenlänge
Gefälle
Decklänge
Falzlegung

Traufblech

Die Längsfalze der Deckung werden zum Grat hingefalzt.
Die Falzenden können stehend eingeführt oder niedergelegt werden.
Holzleisten im Grat sind zweckmäßiger.

Falzlegung

Kehlen- und Gratanschlüsse

Wie bei der Kehle entsteht auch beim Grat ein zusätzlicher Materialaufwand durch den Falz. Wir müssen das berücksichtigen, um uns vor Blechverlusten zu schützen. Besonders bei Verwendung von Leisten wird sehr viel Material zusätzlich verbraucht. Wir kommen später bei Schulbeispielen wieder darauf zu sprechen.

Einführung zweier Gratfalze in den Firstfalz (Walmdachspitze)

Zuerst wird die Walmfläche gerichtet ①. Sie erhält auf beiden Seiten niedere Falzaufkantungen. Die Einschnitte und die notwendige Falte in der Spitze erfolgen in den gestrichelten Linien. Der Einschnitt um eine Falzbreite liegt genau in der Mitte zwischen der durchgehenden Kantlinie der Gegenseite und dem rechten Winkel, der vom Schnittpunkt der beiden Kantlinien aus angetragen wird. Die Falzaufkantungen werden nicht rechtwinklig aufgestellt.

Die Fläche ② erhält entlang dem Grat eine hohe Aufkantung, am First jedoch eine niedere. Alle Zugaben werden angerissen, der Ausschnitt in der Ecke wird nach der Skizze ausgeführt. Nach dem Aufstellen der Falze wird der Gratfalz fertig gefalzt. Bei steileren Dächern kann dabei eine Stauchung, die in der Falte auftritt, unberücksichtigt bleiben. Bei flachen Dächern muß man evtl. eine kleine Falte machen.

Sind die Flächen ① und ② miteinander verfalzt, wird Fläche ③ aufgebracht. Hier macht man in der Ecke keine Einschnitte, sondern schneidet im Bereich der doppelten Falzzugabe rund (Skizze). Der Gratfalz wird von unten her, der Firstfalz von hinten her fertig gefalzt. Da im Bereich der Walmspitze Spannungen auftreten, hat so die Fläche zuvor einen Halt. Beim ersten Umlegen an der Spitze muß man sorgfältig bördeln. Beim zweiten Umlegen legt sich diese Falzbreite über die bis jetzt noch offene Spitze und über den zuerst fertiggestellten Gratfalz. Zu beiden Seiten davon wird der letzte Falz ganz heruntergeholt, ein einwandfreier Abschluß ist erzielt.

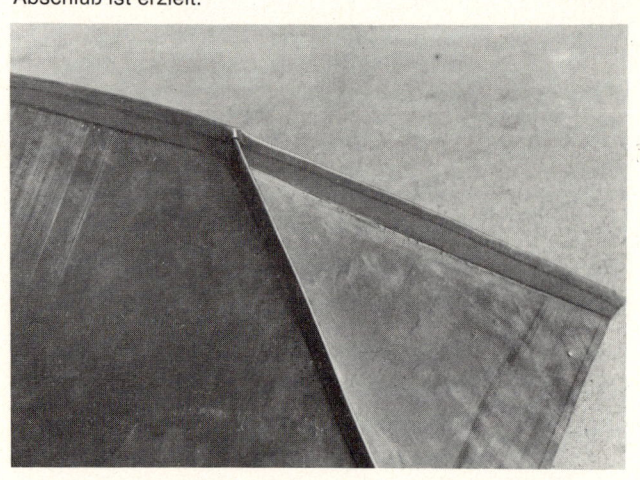

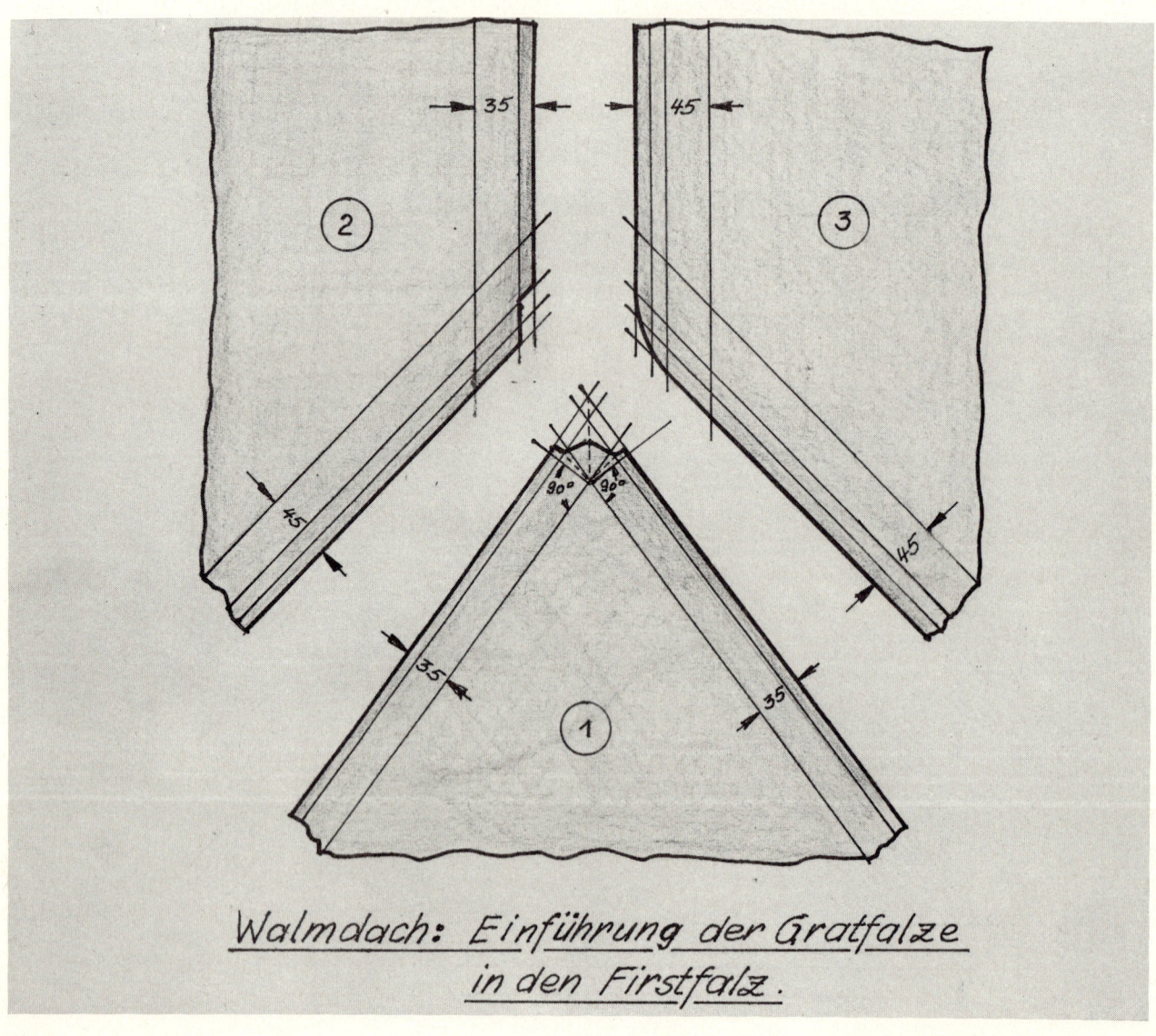

Walmdach: Einführung der Gratfalze in den Firstfalz.

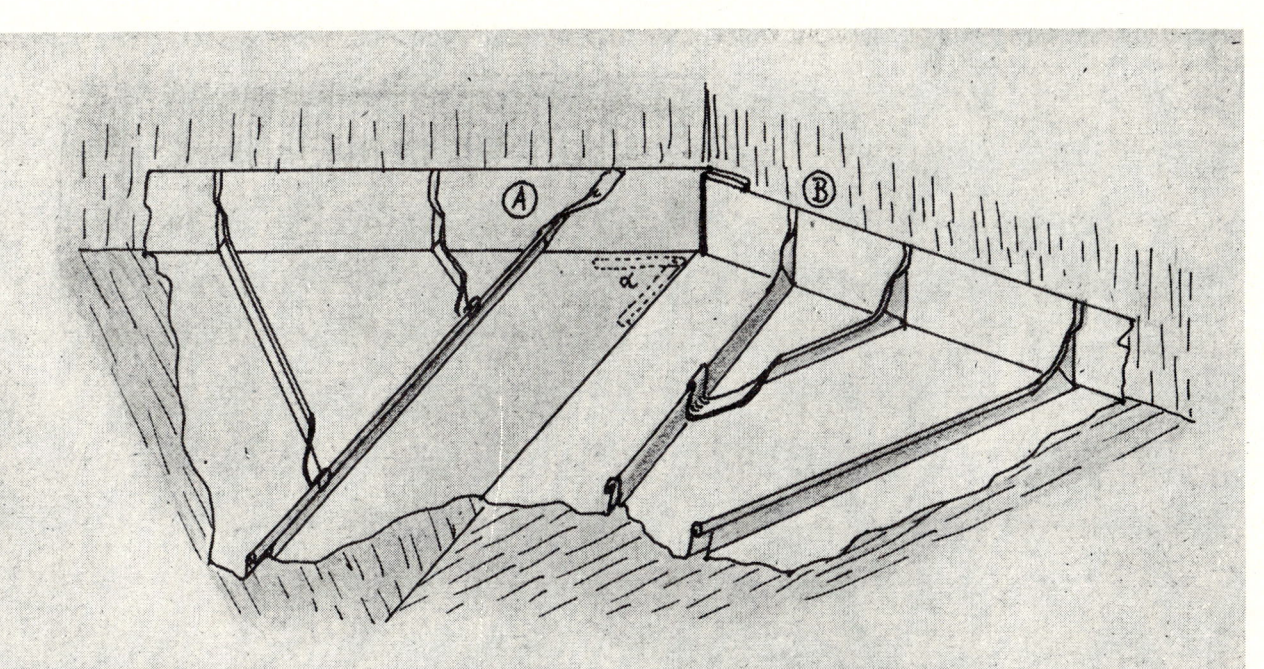

Kehleneinfalzung in der Mauerecke

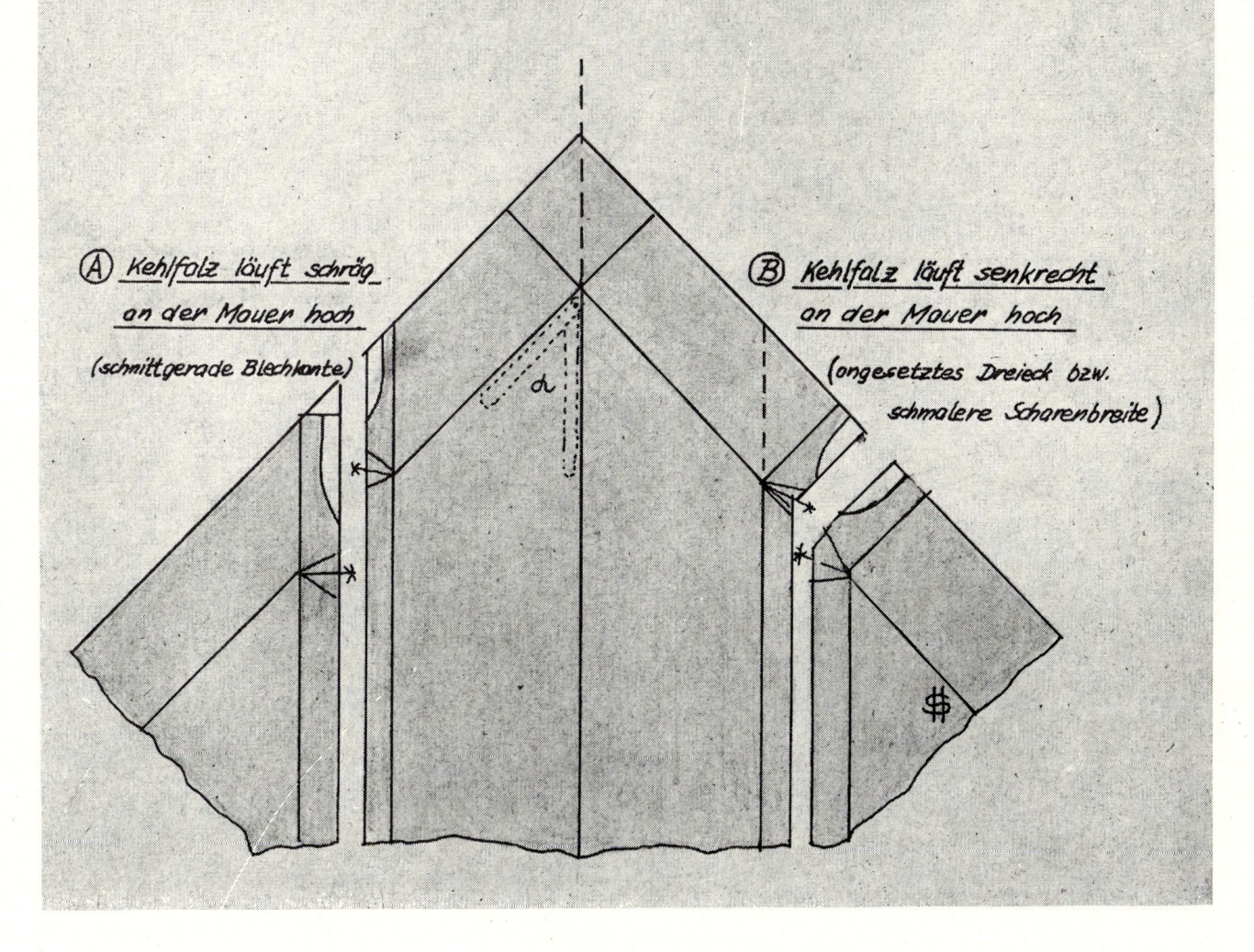

Ⓐ Kehlfalz läuft schräg an der Mauer hoch
(schnittgerade Blechkante)

Ⓑ Kehlfalz läuft senkrecht an der Mauer hoch
(angesetztes Dreieck bzw. schmalere Scharenbreite)

9. Schornsteinanschlüsse

An den Ecken der Schornsteine wird sich erweisen, ob ein tüchtiger Klempner auch ein guter Metalldachdecker ist. Gelingt es ihm, hier eine saubere und dichte Arbeit herzustellen, so hat er mit diesem Können den Schlüssel zu allen anderen Dachdeckungen aus Metall in der Hand. Die Anschlüsse der Dachdurchdringungen sind bei allen Deckarten gleich: Sie müssen bis auf wenige Ausnahmen gefalzt werden.

Aus der Vielzahl der Möglichkeiten sind die gebräuchlichsten Anschlußarten in den Skizzen festgehalten. Einmal in der Draufsicht, wie sie in den Eindeckungsskizzen erscheinen, und zum besseren Erkennen daneben in isometrischer Darstellung. Bei den einfacheren Ausführungen lassen sich die Eckfalze nach unseren Papiermodellen herstellen, bei den schwierigeren Anschlüssen ist es nach der Beherrschung der ersteren ein Leichtes, das Notwendige dazuzulernen.

Schornsteinanschlüsse – es können natürlich auch Dachfenster oder Ausstiegluken sein – benötigen bei der Dachdeckung die meiste Zeit und die meiste Überlegung. An ihnen kann viel Verschnitt entstehen. Darum achten wir von vornherein darauf, daß diese Anschlüsse möglichst in die Mitte einer Schar zu liegen kommen. Das ist kein Problem, wenn auf dem Dach nur ein Schornstein ist. Wir fangen dann an diesem Schornstein mit der Dachdeckung an ohne Rücksicht darauf, wie die Deckung an Mauer oder Ortgang auskommt. Haben wir mehrere Dachdurchdringungen in der Deckung zu verwahren, ist es notwendig, eine Eindeckungsskizze zu fertigen. Darauf halten wir maßstabgerecht die Längs- und Querfalze fest und achten darauf, daß alle Anschlüsse möglichst günstig in der Dachfläche liegen, damit die einfachste Einfalzmöglichkeit uns die entsprechende Zeit- und Materialersparnis bringt.

Es ist der Sinn solcher Eindeckungsskizzen, bereits auf dem Papier die auftretenden Schwierigkeiten zu erkennen und die Deckung entsprechend einzuteilen. Weiter hat der ausführende Geselle damit eine Unterlage zur Hand, die ihm erlaubt, ohne weitere Nachfragen die Deckung zu vollenden. Schließlich kann man mit verschiedenen Eindeckungsmöglichkeiten den Architekten und den Bauherrn beraten und ihnen ein Bild vermitteln, wie das Dach später aussehen wird.

Abb. ① zeigt einen normalen Schornsteinanschluß bei Tafeldeckung. Die Längsfalze laufen mit gleichem Abstand an beiden Seiten vorbei. Die vorderen Eckfalze laufen nach unten in einen Quer- oder Anschlußfalz, die oberen Eckfalze laufen seitlich in die Längsfalze. Dabei lassen sich die Papiermodelle e) und f) verwenden. Die Reihenfolge der Eindeckung ist folgende:

Das Brustblech wird zuerst gerichtet, es ist mindestens 80 mm breiter als der Schornstein. Wir kanten ab, machen seitlich die Falten und schneiden diese Aufkantungen rund, wie es beim Papiermodell gezeigt ist. Jetzt werden die Seitenbleche gerichtet. Sie erhalten am oberen Ende die Falten und Rundungen wie das Modell, unten werden sie mit 10 mm Falzbreite als Zugabe zur angezeichneten Kurve des Brustbleches ausgeschnitten. Die Seitenbleche werden doppelt über das Brustblech hinweggefalzt. Die Schar, die hinten am Schornstein hochgeführt wird, kann mit etwas Geschick genauso leicht über die Seitenbleche hinweggefalzt werden. Alle vier Eckfalze legen wir auf dem Dach so weit wie möglich nieder. Die gemeinsame Vorderkante von Brust- und Seitenblechen wird jetzt 40 mm hoch aufgestellt und der Rest der Schar von der Traufe her mit 30 mm breiter Aufkantung angeschoben und befestigt. Diese Quernaht wird nun als „Anschlußfalz" hergestellt, d. h. als Stehfalz doppelt gefalzt und dann niedergelegt. Wir brauchen dabei die Stellen, wo die beiden Eckfalze einmünden, nicht ganz niederzulegen. Es könnte dort leicht zu Rissen kommen.

Nun erst kann man an beiden Seiten der Schar durchgehend die Längsfalzaufkantungen anbiegen und mit der Deckung nach links und rechts weiterfahren.

Abb. ② zeigt den gleichen Schornstein, diesmal eingedeckt mit Bandmaterial. Man verzichtet dabei auf einen Querfalz, der ja auch einen Mehraufwand an Material erfordert, und führt die Eckfalze schräg nach unten in die Längsfalze. Das ist für den Wasserlauf günstiger, als wenn wir sie ganz quer wie die hinteren Eckfalze machen würden. Man nimmt an der Schar, die das Brustblech bildet, in der Höhe der Längsfalzaufkantungen etwa 100 bis 150 mm Material weg und gibt dieselbe Menge bei den Seitenblechen nach unten hin zu. Dazu kommen noch die entsprechenden Falzbreiten.

Auch hier beginnt man bei der Eindeckung mit dem Brustblech. Die Seitenbleche schließen sich an, über die wiederum das Kehlblech gefalzt wird. Nachdem die Falzenden der Eckfalze auf dem Dach niedergelegt sind, werden die Falzaufkantungen auf der ganzen Scharenlänge aufgestellt und nach links und rechts weitergedeckt.

Diese Einfalzungsart läßt sich nur durchführen, wenn es sich um große Bandbreiten handelt. Zum Seitwärtsführen der oberen Eckfalze braucht man mindestens 180 mm Material, ein sehr guter Klempner schafft auch noch 150 mm. Das bedingt bei Normalschornsteinen 800 mm Bandbreite oder mehr, bei Fertigschornsteinen eine solche von 750 mm.

Werden kleinere Scharenbreiten gewünscht – und dies ist anzustreben –, läßt sich ein Anschluß nach Abb. 2 nicht mehr durchführen. Jetzt muß man nach Abb. 3 vorgehen oder nach Abb. 5 oder 6 (siehe Seite 91).

Abb. ③ : Hier steht der Schornstein in einer schmalen Schar. Die Längsfalze laufen mit weniger als 150 mm Abstand am Schornstein vorbei. Die vorderen Eckfalze sind ausgeführt wie bei Abb. 1; hinten können wir aber nicht seitlich herausfahren. Jetzt falzen wir das Kehlblech rund ein, wie es im 1. Teil der Fachkunde bei den normalen Schornsteinverwahrungen gezeigt wurde. Die Nähte laufen nach oben, sie sind an der Unterseite verlötet, der Wasserlauf geht glatt auf die Seitenbleche über. Die Seitenbleche sind so lang, daß sie mit der Vorderkante des Brustblechs abschließen. Es ist vor und hinter dem Schornstein ein Anschlußfalz nötig. Wo das Dach für einen Falz zu flach ist, muß eine dichte Nietnaht gemacht werden. Wenn die Längsfalze mit einem Abstand unter 100 mm am Schornstein vorbeiziehen, müssen an die Schornsteinschar auf beiden Seiten hohe Falzaufkantungen angebogen werden, damit wir die Längsfalze vom Schornstein weg falzen können. In den schmalen Zwischenraum bekommen wir kein Werkzeug, darum dürfen wir hier auch nicht auf die Wetterseite achten.

Abb. ④ : Hier wird eine Anschlußmöglichkeit gezeigt, wie sie notwendig wird, wenn mehrere Schornsteine o. ä. die Dachfläche durchdringen. So lassen sich diese Anschlüsse nicht immer in die Mitte einer Schar legen. Man könnte dies wohl erreichen, indem man eine oder mehrere Scharen vor dem Schornstein schmaler hält, doch diese Eindeckungsart sollten wir uns nicht zu eigen machen. Eine Dachfläche mit verschieden breiten Scharen sieht unschön aus und zeugt vom Unvermögen des Handwerkers, eine andere Möglichkeit zu finden. In unserer Skizze wird angenommen, daß beim Eindecken ein Längsfalz ganz knapp am Schornstein vorbeiläuft. Hier kann man einen oberen Eckfalz nach der linken Seite quer in den Längsfalz führen; der rechte obere Eckfalz wird nach oben in einen Anschlußfalz geführt. Das Wasser läuft jetzt nur nach einer Seite, darum wurde an das Kehlblech ein Dreikant angebogen, um etwas Gefälle nach links zu erhalten.

Das Brustblech wird zuerst montiert, danach das linke Seitenblech und die Kehle. Sind diese Bleche angepaßt und verfalzt, so wird zum Schluß das rechte, schmale Seitenblech angepaßt und über Brust- und Kehlblech hinweggefalzt. Alle Falzenden der Eckfalze werden niedergelegt und mit einem Anschlußfalz nach oben und unten die Schar ergänzt. Auch hier ist darauf zu achten, daß an der Schornsteinschar auf der knapp vorbeiführenden Seite eine hohe Aufkantung gemacht wird, damit wir vom Schornstein weg falzen können.

Bis jetzt ist es uns gelungen, die Eindeckung in der Planskizze so zu gestalten, daß diese Dachdurchbrüche immer in eine Schar zu liegen kamen. Die Längsfalze liefen daran vorbei. Das geht natürlich nicht überall, und besonders bei schmalen Scharenbreiten wird man sich mit weiteren Möglichkeiten behelfen müssen.

Abb. ⑤ zeigt eine Eindeckungsmöglichkeit, wenn ein Schornstein in einen Längsfalz zu liegen kommt. Hier kommen zu den Eckfalzen noch die Maueranschlußfalze oben und unten dazu. Die Arbeit wird schwieriger und zeitraubender. Doch darf man auch feststellen, daß die Eckfalze durch den größeren Abstand von den Längsfalzen etwas leichter zu bearbeiten sind.

← Gefälle

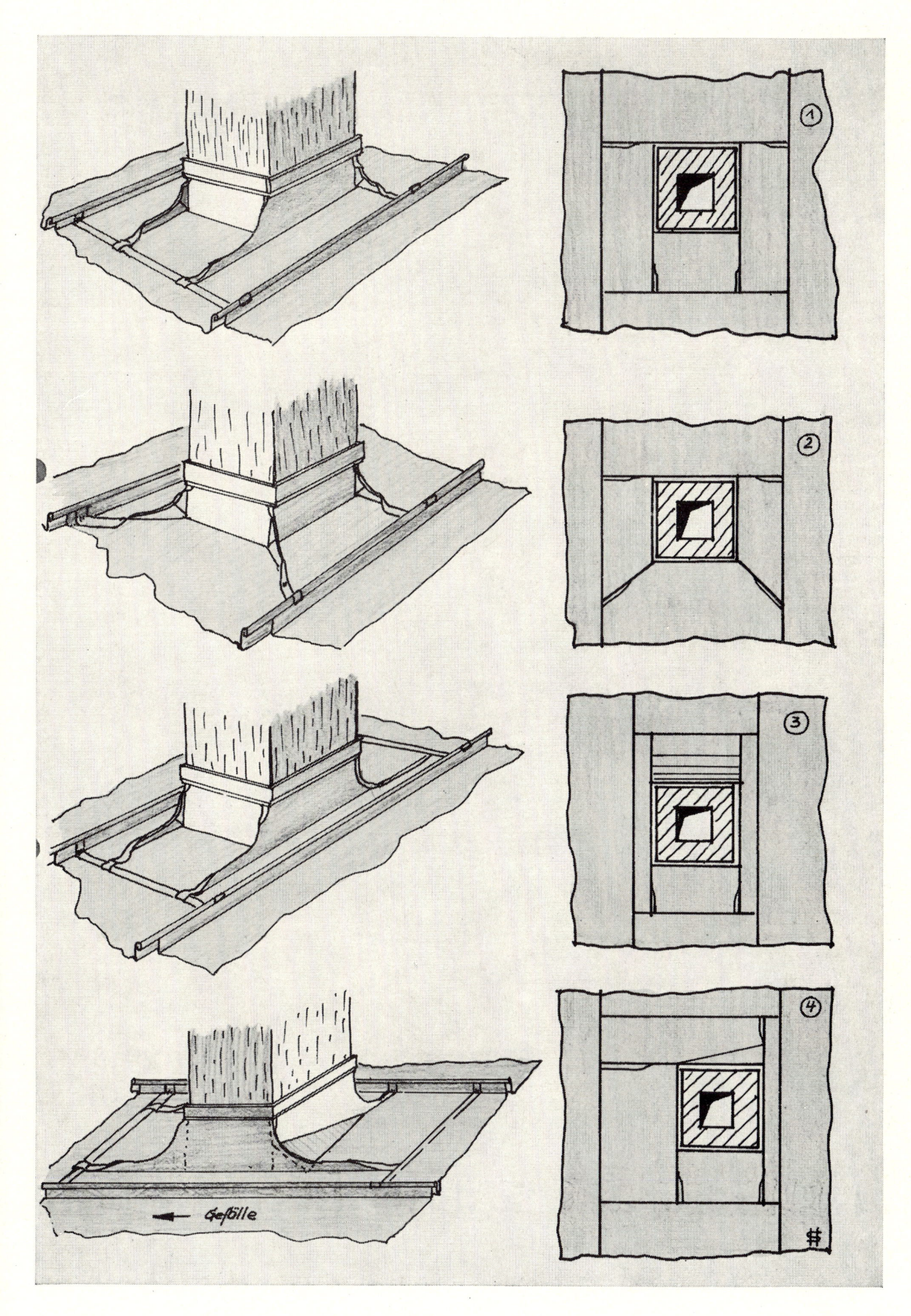

89

An der Vorderseite läßt sich dieser Schornstein leicht einfalzen. Der Falz, der dagegen stößt, wird entweder nach dem Papiermodell ausgeführt oder rund eingefalzt. Der obere Teil dieses Falzes wird niedergelegt und später mit einem Überhangstreifen überdeckt. Genauso verfahren wir in der Kehle. Da der Winkel gegenüber der Vorderseite wesentlich größer ist, steigen auch die Schwierigkeiten in diesem Maße. Darum werden wir möglichst einen Dreikant anbiegen, um den Radius der Rundung größer zu halten. Die Größe dieses Dreikants ist allerdings beschränkt, denn durch das schräge Abbiegen laufen die Blechkanten am Falz auseinander. Bei Tafelmaterial kann man sich helfen durch breitere Zuschnitte, bei Bandmaterial muß man jedoch innerhalb der Grenzen bleiben, die durch die Bandbreite gezogen sind. In der Textskizze kann man das Auseinanderlaufen der Blechkanten deutlich erkennen.

Wo es die Dachneigung erlaubt, können wir den hinteren Längsfalz, der gegen den Schornstein stoßen würde, durch einen Anschlußfalz auffangen. Wir erhalten dann ein durchgehendes Kehlblech, und das Falzproblem ist wesentlich einfacher. (In der Draufsicht ist diese Möglichkeit durch gestrichelte Linien gezeigt. Dabei entfällt der Falz bis zum Schornstein und an diesem hoch.)

Zuerst werden die beiden Scharen von der Traufe zum Schornstein angelegt. Die Ecken werden schräggestellt, die Falten angebogen und der mittlere Falz mit dem Maueranschluß fertiggestellt. Dann werden die Seitenbleche gerichtet und über die Brustbleche weggefalzt. Zum Schluß werden die beiden Kehlscharen gerichtet, in der Mitte zusammengefalzt und über die Seitenbleche hinweggefalzt. Die Enden der Eckfalze werden niedergelegt und anschließend die durchgehenden Falzaufkantungen der Scharen aufgebogen. Dann kann die Deckung nach beiden Seiten weitergeführt werden.

Soll ein durchgehendes Kehlblech eingebaut werden, so verwendet man dazu die Bandbreite und falzt es nach dem Anpassen über die Seitenbleche hinweg. Die hintere Kante wird mit 30 mm Breite um 180° herumgebogen wie ein Wasserfalz. Jetzt werden die beiden Scharen hinter dem Schornstein darübergelegt und müssen die Umkantung um mindestens 10 mm überdecken. Der Längsfalz verbindet die beiden Scharen; nach der Fertigstellung wird das untere Ende niedergelegt und beide Falzzugaben senkrecht hochgestellt. Dieser Anschlußfalz über zwei Scharenbreiten hinweg wird nach dem beschriebenen Werdegang im ersten Skizzenblatt fertiggestellt und niedergelegt. Um Rißbildungen zu vermeiden, läßt man ihn jedoch an der Einmündung des Längsfalzes stehen.

Die Art dieser Einfalzung ist identisch mit der Einfalzung am First, nur werden die Falzzugaben immer um 180° herumgebogen.

Als eleganteste Art wird ein Anschluß nach Abb. ⑥ angesehen. Er kostet jedoch Zeit und Material. Dabei wird auf Eckfalze ganz verzichtet, sondern nach Art kleiner Verwahrungen ein Stiefel auf die Schar gesetzt. Um allzu großen Verschnitt zu vermeiden, wird man ihn aus zwei Hälften herstellen. Der Stiefel wird entweder in die Schar eingefalzt oder aufgenietet und verlötet. Beim Einfalzen muß das fertig gerichtete Stück über den Schornstein hinweggestülpt werden, deswegen darf die Abschlußplatte noch nicht auf den Schornstein aufgesetzt werden. Beim Nieten lassen sich die vorgefertigten Teile an Ort und Stelle mit den bekannten Nieten unter Zuhilfenahme der Nietzange aufbringen.

Für größere Oberlichter oder ähnliche Dachdurchdringungen, wie z. B. Fahrstuhlschächte oder Lichtkuppeln, ist die Eindeckungsart und -reihenfolge die gleiche wie bei den Schornsteinen. Lediglich mehr Längsfalze müssen von unten her an den Wänden hochgeführt werden oder von oben her in einem Anschlußfalz aufgefangen werden.

In vielen Bedachungslehrgängen hat sich gezeigt, daß die meisten Schwierigkeiten fast ausschließlich an den verschiedenen Schornsteinanschlüssen auftreten.

Die folgenden Abschnitte gehen in Wort und Bild weiter ins Detail und weisen auf immer wiederkehrende Fehler hin.

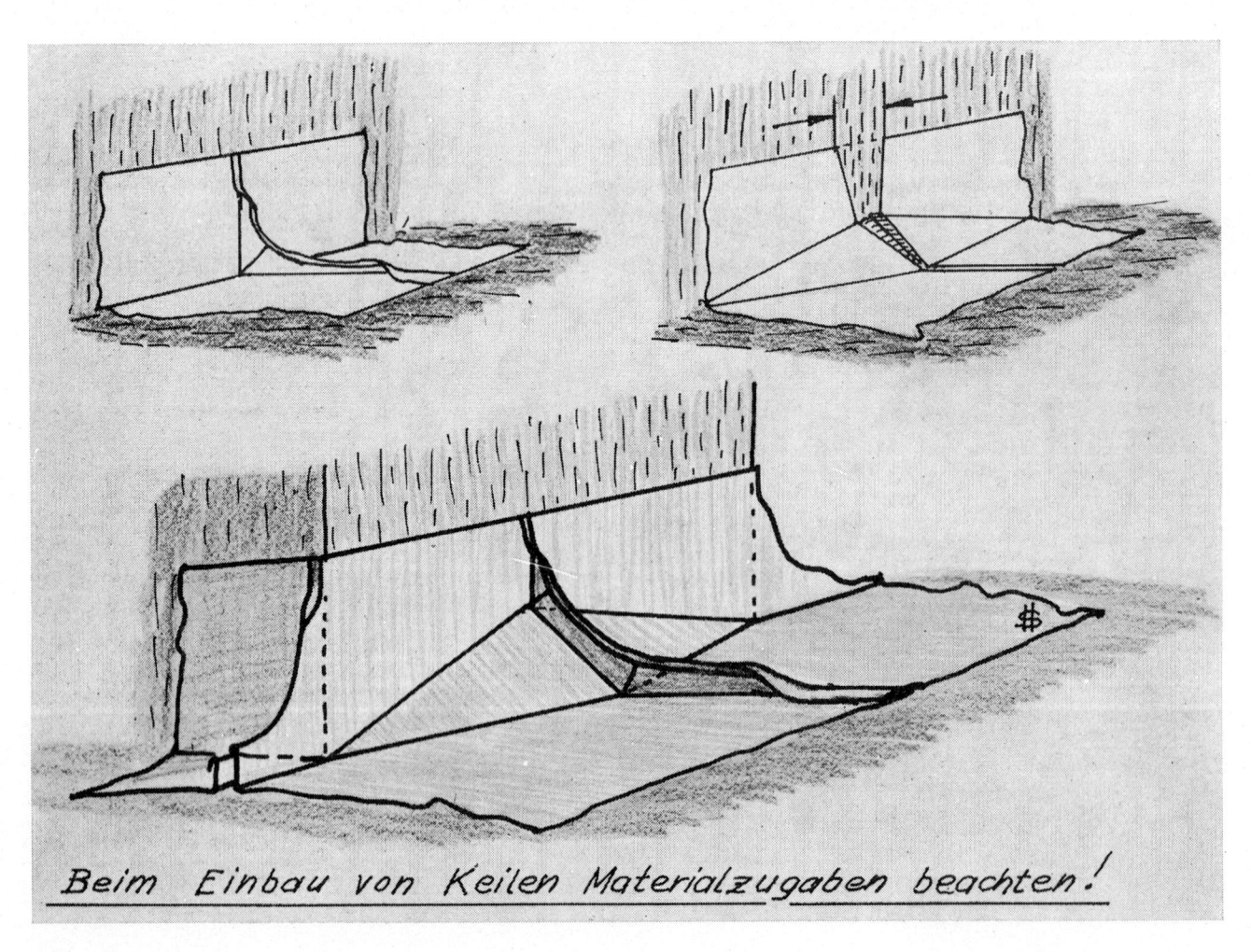

Beim Einbau von Keilen Materialzugaben beachten!

2. Möglichkeit ⑤

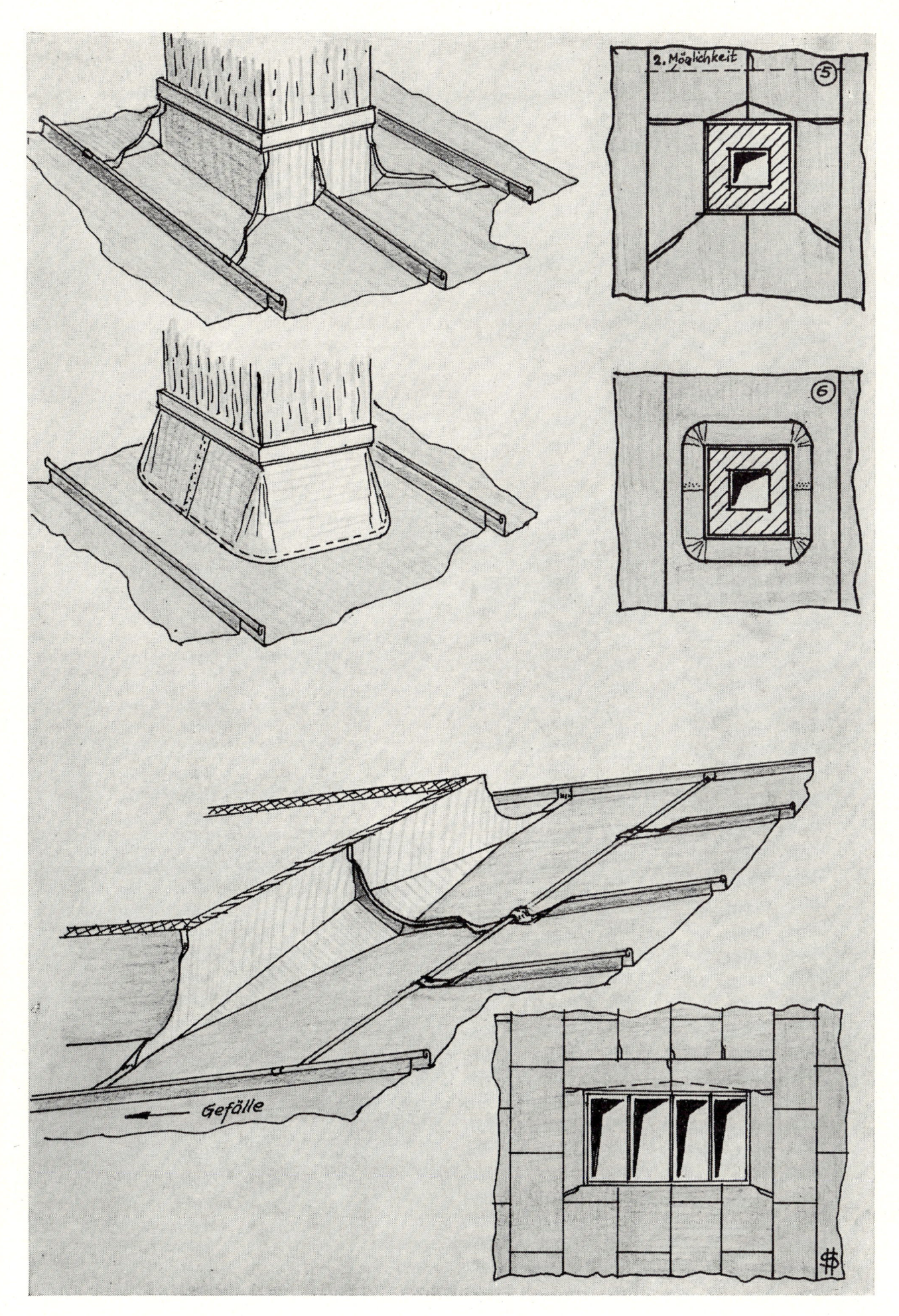

⑥

Gefälle

a) Unterer Eckfalz, nach unten in einen Querfalz geführt

Entsprechend dem Wasserlauf wird das Seitenblech über das Brustblech gefalzt. Das läßt sich nur möglich machen, wenn die Aufkantungen am Brustblech rund geschnitten sind. Um eine schlanke Rundung mit möglichst großem Bogenradius zu erhalten, müssen diese Aufkantungen mindestens 40 mm hoch sein.

Nach DIN 18 339 werden die Aufkantungen am Schornstein mindestens 150 mm hoch. Das Brustblech soll auf der Dachfläche wenigstens 250 mm lang sein.

Fehler: Meist werden nur die üblichen 35 mm für eine niedrige Längsfalzaufkantung zugegeben. Dadurch wird der zu schneidende Bogen zu eng: beim Falzen der Rundung entstehen Risse.
Mit höherer Zugabe wird auch der mögliche Bogenradius größer!

Sehr wichtig ist das richtige Herstellen der Blechfalte beim Aufbiegen der Schornsteinaufkantung. Der verdecktliegende Knick muß rechtwinklig bleiben, dann läuft die später sichtbare Falte genau in die Ecke.

Fehler: Geht man nicht in der eben beschriebenen Art vor, legt sich die sichtbare Falte weiter nach unten und wird unter dem fertigen Rundfalz hervorschauen. Drückt der Sturm Wasser dagegen, sickert dies ein!

Man beachte in der Skizze das richtige Antragen der Faltlinie. Nun werden die Aufkantungen am Brustblech rund geschnitten. Die Bogenlinie soll 8 mm vor der Quetschfalte vorbeiführen. Dadurch läßt sich der Doppelfalz herstellen, ohne das dreifache Blech der Falte mitnehmen zu müssen. Der einfache Falz entlang der Schornsteinkante dreht in der Rundung weiter zum Doppelfalz (Skizze).

Die Falzenden müssen für den Anschluß an den Querfalz niedergelegt werden. Zusammen mit den Seitenblechen ist jetzt die volle Scharenbreite vorhanden. Man stellt 40 mm hoch auf und schiebt die Schar von der Traufe her mit 30 mm Aufkantung dagegen. Nun wird doppelt eingefalzt; der fertige Falz wird niedergelegt (Skizze).

Fehler: Wenn man versucht, die Stelle, in die der Eckfalz mündet, ganz niederzulegen, entsteht in den meisten Fällen ein Riß (siehe Pfeil). Selbst weiches Kupferblech kann reißen. Der Falz wird an dieser Stelle nur leicht nach vorn geneigt, das Wasser läuft seitlich daran vorbei.

Sehr wichtig ist auch das richtige Schneiden der Ecken. Die Maße sind in der Skizze angegeben und unbedingt einzuhalten.

Fehler: Das Schneiden der Ecken wird vergessen; man muß sich mit bis zu 20 Blechdicken herumquälen.

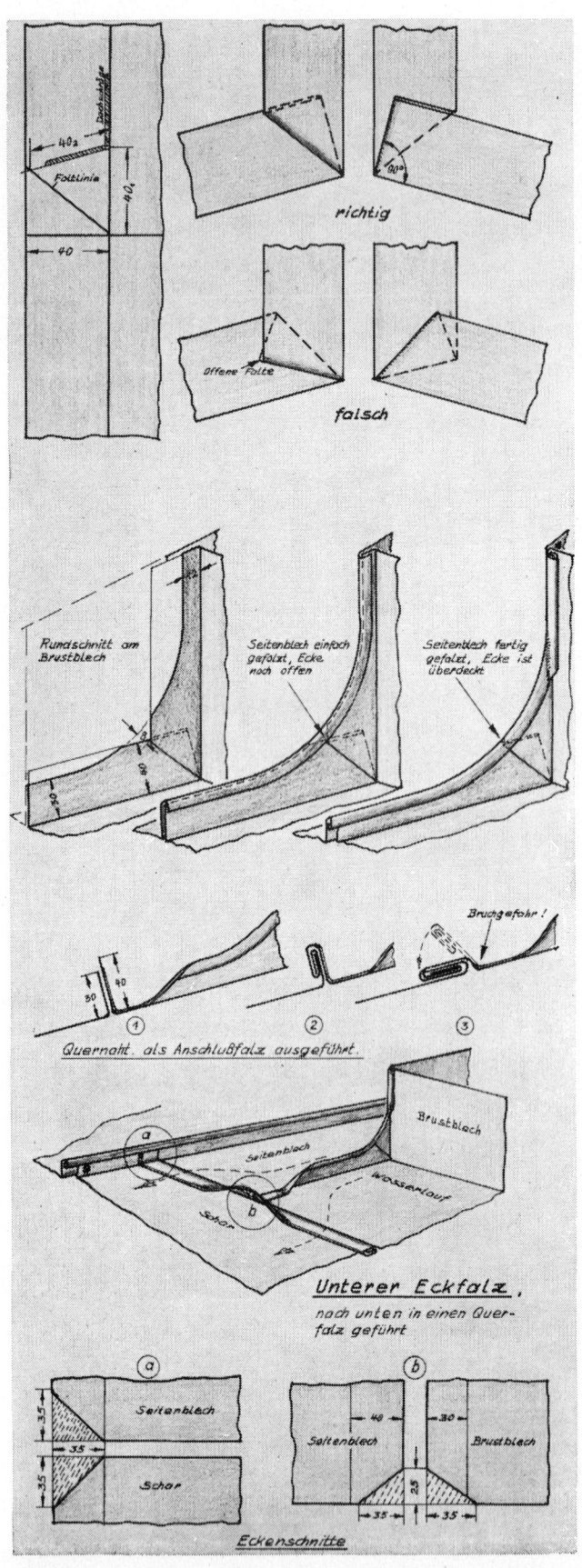

Schräg in der Dachfläche stehender Schornstein, untere Eckfalze in einen Querfalz geführt.

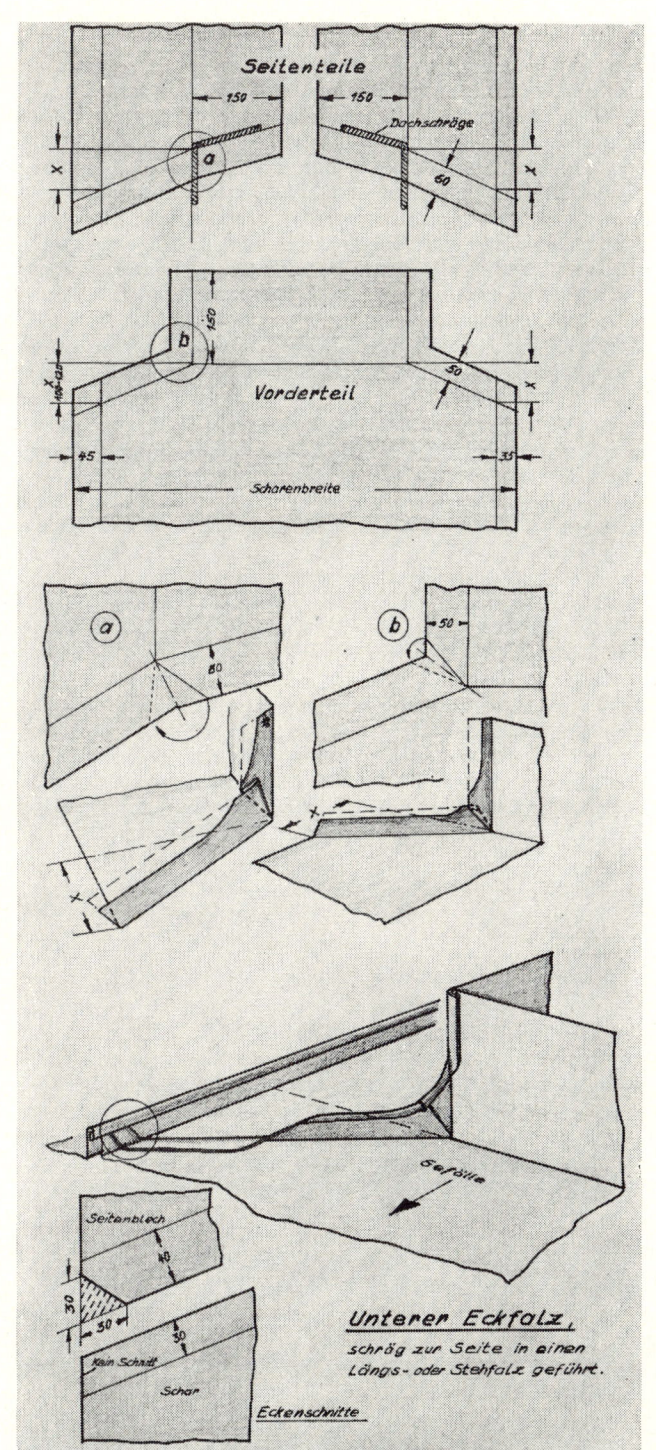

b) Unterer Eckfalz, schräg zur Seite in einen Längsfalz geführt

Bei Verwendung von Bandmaterial als Dachdeckung verzichtet man möglichst auf Querfalze. Die Eckfalze werden deswegen zur Seite, schräg nach unten in den Längs- oder Stehfalz geführt.

Das Maß x, das die Abschrägung angibt, muß am Vorderteil wie an den Seitenteilen gleich sein. Es beträgt 100 bis 120 mm und wird an den Aufkantungslinien für die Längsfalze angetragen (Skizze). Dazu kommen die Zugaben für die Eckfalzaufkantungen. Diese sind am Vorderteil je 50 mm, an den Seitenblechen jedoch 60 mm hoch.

Fehler: Die Zugaben werden fast immer zu klein gewählt. Dadurch wird der Bogenradius zu gering, beim Rundfalzen entstehen Risse.

Die beim Aufbiegen entstehenden Falten sind meist sehr klein. Sie drehen sich um die Linie, welche in den Eckpunkt des Zuschnitts läuft (Winkelhalbierende). Der Deutlichkeit wegen sind diese Stellen (a) und (b) besonders herausgezeichnet. Auch hier soll die sichtbare Falte genau in die Ecke laufen.

Fehler: Besonders an diesen Stellen werden die Falten meist falsch gelegt. Beim Nachbiegen bricht das Blech; der gesamte Zuschnitt kann damit wertlos werden.

Nach dem Anpassen der Seitenteile, wobei natürlich auch die hinteren Schornsteinecken bereits vorbereitet sein müssen, werden die beiden Eckfalze doppelt gefalzt. Das Material muß mit dem Schweifhammer gestreckt werden. Die Falzenden werden auf dem Dach niedergelegt.

Auch hier sind – allerdings nur an den Seitenblechen – Eckenschnitte zu machen.

Fehler: Diese Schnitte werden meist vergessen, die Arbeit wird dadurch später erschwert.

Schornsteinanschluß in einem Modelldach.

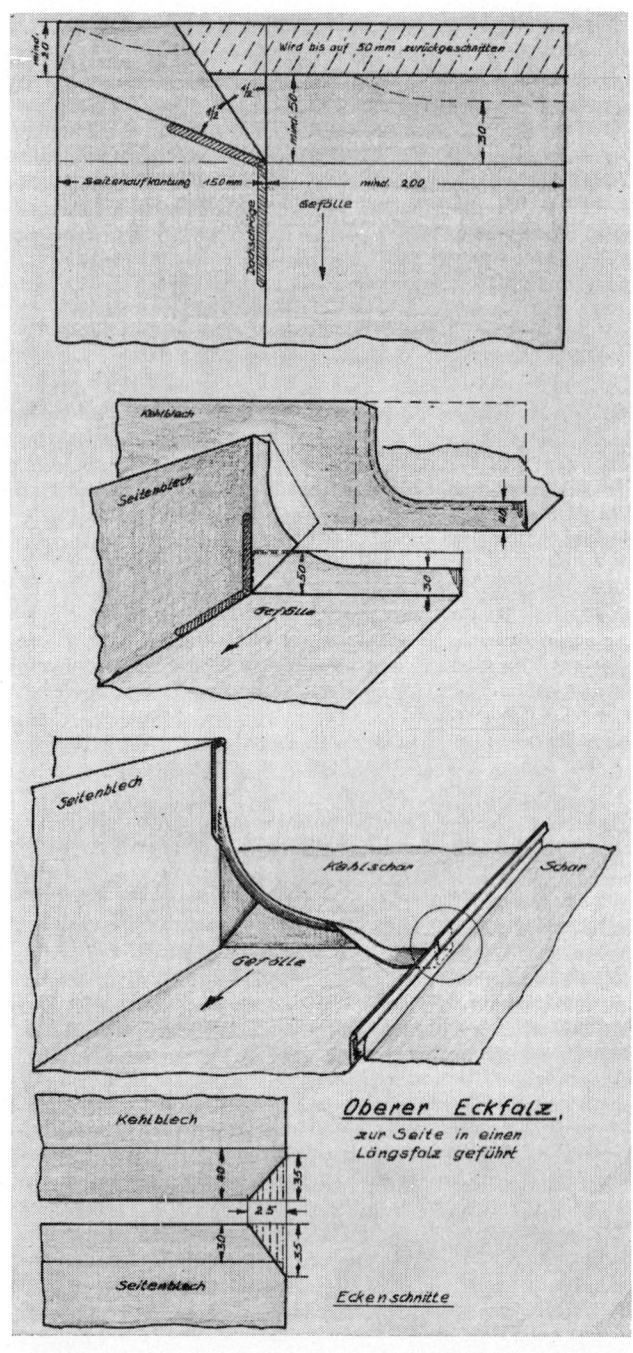

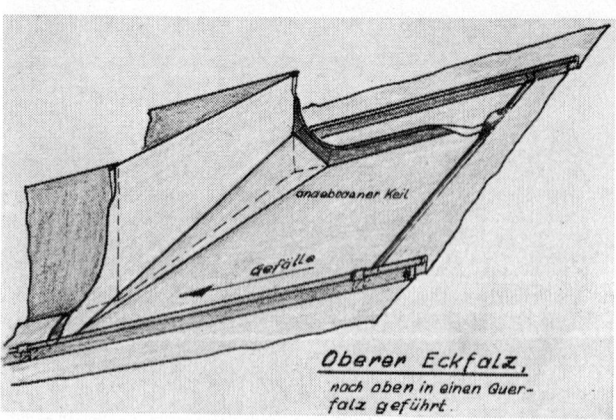

c) Oberer Eckfalz, zur Seite in einen Längsfalz geführt

Entsprechend dem Wasserlauf wird das Kehlblech bzw. die Kehlschar über die Seitenteile hinweggefalzt. Am Seitenblech entsteht eine Falte. Dabei ist zu beachten, daß an der Schornsteinaufkantung zunächst die Dachschräge angetragen werden muß. Darüber hinaus müssen noch mindestens 20 mm für den Eckfalz zur Verfügung stehen (Skizze). Normalerweise genügen, um rund schneiden zu können, 50 mm Falzzugabe. Die Gesamtzugabe ist jedoch meist wegen der zu berücksichtigenden Dachschräge größer. Die Breite über 50 mm kann bereits beim Vorbereiten der Falten bis zur Winkelhalbierenden weggeschnitten werden (siehe oberste Skizze).

Man faltet die Winkelhalbierende zwischen Dachschräge und der Senkrechten. Die Falte wird – im Gegensatz zu einer Mauerecke – nach vorn geholt. Erst nach dem Falten schneidet man die Rundung, wobei man wie bei der unteren Ecke verfährt. Die Eckenschnitte für das Einführen in den Längsfalz darf man nicht vergessen! Die Maße sind in der Skizze angegeben.

Fehler: Die Blechfalte wird verkehrt, d. h. nach hinten gelegt. Bei der Korrektur wird das Blech brechen, der Zuschnitt wird wertlos.

Die Eckenabschnitte werden vergessen.

Jetzt wird das Kehlblech bzw. die Kehlschar angelegt, die Rundungen werden angezeichnet und mit 10 mm Zugabe ausgeschnitten. Der Eckfalz wird doppelt gefalzt und auf dem Dach niedergelegt. Erst jetzt ist es möglich, die Längsfalzaufkantungen für die anschließenden Scharen auf der ganzen Länge anzubiegen bzw. hochzustellen.

Fehler: An den Seitenteilen werden die Längsfalzaufkantungen schon früher aufgestellt. Sie müssen jedoch an den Einmündungen der Eckfalze wieder zurückgebogen werden. Beim späteren Hochstellen können Risse entstehen.

d) Oberer Eckfalz, nach oben in einen Querfalz geführt

Wird der Abstand eines Schornsteins zu dem daran vorbeiführenden Längsfalz zu gering, wird es notwendig, einen der Eckfalze nach oben zu führen. Das Wasser der Schornsteinkehle läuft dann an einer Seite ab. Aus diesem Grund biegt man am Kehlblech einen Keil an, um ein kleines Gefälle zu erhalten.

Durch diese schräge Kante bedingt, verläuft auch die Aufkantung schräg. Man muß deshalb das Kehlblech breiter zuschneiden, um das nötige Material für den Eckfalz zu erhalten.

Der Keil ist oben etwa 100 bis 120 mm breit, seine Spitze ist etwa 50 mm von der Längsfalzaufkantung entfernt (Skizze). Die Falten am Keil legt man entsprechend dem Wasserlauf von hinten nach vorn bzw. von oben nach unten. Die Aufkantung wird mindestens 45 mm hoch; sie wird wie bei den zuvor beschriebenen Ecken rund geschnitten.

Das Seitenblech wird an dieser Ecke über das Kehlblech doppelt hinweggefalzt.

Fehler: Das Kehlblech wird in der Breite zu knapp zugeschnitten. Nach dem Anbiegen des Keils fehlt am Schornstein Material für den Falz.

Die Keilbreite ist oben zu gering. Der Bogen wird dadurch zu eng, und es kommt zu Rissen beim Einfalzen.

Es wird versäumt, die Ecken zu schneiden; das bringt mühevolle Arbeit.

Die Eckenschnitte werden wie beim Brustblech im Fall ⓐ gemacht (Skizze). Man denke aber auch an das Eckenschneiden am Querfalz, wo er in den Längsfalz mündet!

In der gleichen Art wird man bei breiten Schornsteinen und Oberlichtern vorgehen, bei denen die Kehle von der Mitte der Rückseite nach beiden Seiten laufen. Dabei müssen 45 mm für die niedrige und mindestens 55 mm für die hohe Aufkantung zugegeben werden.

Seitenblech, rechts oben

Dachschräge

Brustblech, rechts unten

Brustblech

Seitenblech

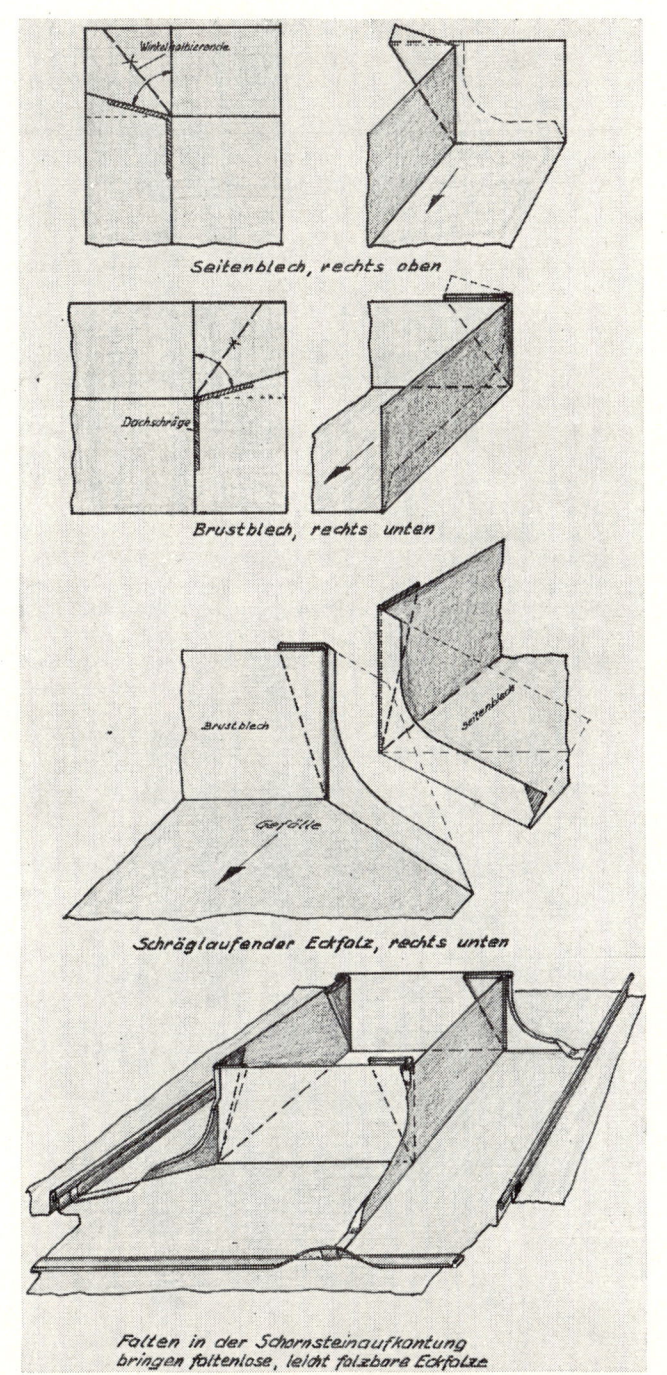

Gefälle

Schräglaufender Eckfalz, rechts unten

Falten in der Schornsteinaufkantung bringen faltenlose, leicht falzbare Eckfalze

e) Weitere Anschlußmöglichkeiten

Die bisher gezeigten und besprochenen Anschlußmöglichkeiten sind im allgemeinen ausreichend. Einige weitere Anschlußarten seien zur Vervollständigung genannt:

Bei Verwendung von Titanzink-Bändern kann man die Anschlußbleche rund ankehlen. Die Ecken werden mit einer Tropfnaht verlötet. Das ist eine schnelle und saubere, für den Wasserlauf günstige Lösung.

Bei Verwendung von schmalen Bändern fertigt man einen Teil der Verwahrung bereits in der Werkstatt an. Das Kehlblech wird rund gebogen und mit den Seitenteilen einfach verfalzt wie bei Schornsteinverwahrungen im Ziegeldach. Diese Nähte werden von hinten verlötet. Die beiden vorderen Schornsteinecken werden wie im ersten Beispiel an Ort und Stelle verfalzt.

Der Schornsteinanschluß kann auch wie bei Dunstrohren mit einem sogenannten Stiefel erfolgen. Dieser wird aus zwei Hälften hergestellt, die Dachschräge wird angeschnitten, der so verbreiterte Anschluß mit der Schar verfalzt oder aufgenietet und verlötet. Die ganze Schar wird über den Schornstein gestülpt, dessen Abschlußplatte kann erst hinterher gesetzt werden.

Laufen Längsfalze, wie in diesem Fall, ganz knapp an einem Schornstein vorbei, müssen sie ohne Rücksicht auf die Wetterseite vom Schornstein weg gefalzt werden. Man bekommt ja kein Werkzeug in den schmalen Raum zwischen Schornstein und Längsfalz. An die Schornsteinschar kommen darum auf beide Seiten die hohen Falzaufkantungen.

Für elegante Lösungen kann man mit den Längsfalzen um den Schornstein herum ausweichen. Dies erfordert jedoch vollständige Beherrschung der Arbeitstechniken sowie genaue Kenntnis der Werkstoffeigenschaften.

Mit einer anderen Anschlußmöglichkeit habe ich bei meiner Arbeit an der Bundesfachschule sehr gute Ergebnisse erzielt; sie scheint jedoch draußen gar nicht oder nur ganz selten angewendet zu werden:

Man legt die Falten nicht wie bisher in die Rundung des Eckfalzes, sondern in die Aufkantung am Schornstein. Dadurch entfallen die drei Blechdicken im Rundfalz, man hat jetzt nur eine Blechdicke für die Schweifarbeit in der Rundung. Der Materialbedarf steigt allerdings etwas an, da an diesen Stellen mindestens 150 mm zugegeben werden müssen.

Die Arbeitserleichterung und die damit verbundene verkürzte Arbeitszeit dürften den Mehraufwand an Material sicher ausgleichen. Die Skizzen zeigen das Antragen der Faltlinien und der Rundschnitte.

Ähnliche Falten sind auch zu machen, wenn der Schornstein im Dachfirst steht. Bei etwas Übung machen solche Arbeiten keine Schwierigkeiten. Voraussetzung ist jedoch die Beherrschung der herkömmlichen Anschlüsse.

Die Falten liegen hier hinter der Schornsteinaufkantung. Im Bereich der Eckfalze erhalten wir damit nur einfache Blechdicken. Leichteres Einfalzen der Ecken, jedoch mehr Materialaufwand.

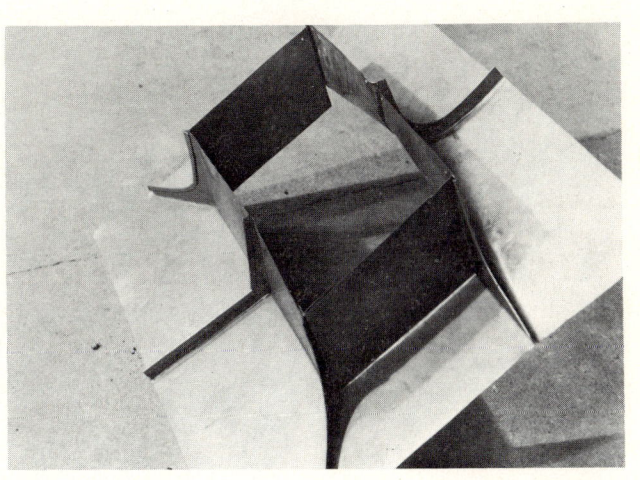

Rund eingefalzter Sattel hinter einem breiten Schornstein. Material aller Modelle: Titanzink.

f) Die richtige Reihenfolge der Eindeckung

Im Skizzenblatt sind die verschiedenen Anschlußmöglichkeiten in der Draufsicht dargestellt. Die einzelnen Blechteile sind in der Reihenfolge des Aufbringens numeriert. Wie schon früher erwähnt, wird hier immer wieder der Fehler gemacht, daß die Reihenfolge nicht eingehalten wird. So müssen bereits hergestellte Aufkantungen zurückgebogen und später wieder aufgestellt werden. Dabei entstehen vor allem bei Falzeinmündungen Risse bei jedem verwendeten Werkstoff, welche die Qualität der Eindeckung von vornherein fraglich machen. Man beginnt mit der Eindeckung des Dachs vorteilhaft mit der Schar, in die der Schornstein zu stehen kommt. Das Brustblech des Schornsteins ist das erste Stück der Dachdeckung.

In Stichworten einige Hinweise zum Skizzenblatt:

1. Normaldeckung mit Tafeln; der Schornstein steht in der Scharenmitte. Nach dem Brustblech als Teil 1 folgen die Seitenbleche und werden mit jenem verfalzt. Das Kehlblech wird angelegt, angepaßt und über die Seitenteile gefalzt. Nun wird die Schar nach oben und unten vervollständigt, erst dann lassen sich die Längsfalzaufkantungen über die ganze Scharenlänge herstellen, kann man nach beiden Seiten weiterdecken.
2. Der gleiche Schornstein bei Verwendung von Bandmaterial. Die Schar wird bis zum Schornstein angelegt, die Ecken sind gefaltet und rund geschnitten. Nach dem Ansetzen der Seitenteile wird der Rest der Schar mit der Kehlenaufkantung angepaßt, alle Ecken werden verfalzt. Deren Falzenden werden auf der Dachfläche niedergelegt, die Aufkantungen an der ganzen Schar hochgestellt. Jetzt erst kann die Dachdeckung nach beiden Seiten angeschlossen werden.
3. Bei Verwendung schmaler Bänder können die hinteren Schornsteineckfalze nicht mehr zur Seite geführt werden. Während am Brustblech normale vordere Schornsteineckfalze gemacht werden, ist der Rest der Verwahrung eine in der Werkstatt vorgefertigte Einheit. Die Kehle ist rund eingefalzt, dieser Falz von hinten verlötet. Vor und hinter dem Schornstein ist ein Anschlußfalz notwendig. Das weitere Eindecken erfolgt wie zuvor.
4. Kommt ein weiterer Schornstein in der Dachdeckung so zu stehen, daß ein Längsfalz knapp an ihm vorbeiführt, geht man in dieser Reihenfolge vor: Brustblech, breites Seitenblech, Kehlblech (möglichst mit Keil). Der rechte obere Eckfalz wird nach oben geführt. Das rechte schmale Seitenblech wird zum Schluß über Brust- und Kehlblech hinweggefalzt. Weiterarbeit wie zuvor.
5. Um auch bei schmalen Scharenbreiten normale Eckfalze machen zu können, weichen die Längsfalze zur Seite aus. Sichere Beherrschung der Arbeitstechniken ist notwendig. Die Reihenfolge der Eindeckung ist wie bei 1.
6. Die Schar wird entsprechend ausgeschnitten und über den Schornstein gestülpt. Der Stiefel oder Trichter – zweckmäßig aus zwei Hälften hergestellt – wird aufgenietet und verlötet oder bereits vorher in die Schar eingefalzt und von hinten verlötet. Diese Lösung wirkt in der Dachfläche am saubersten, die wasserbremsenden Eckfalze entfallen. Die Zuschnittsermittlung für den Stiefel in Pyramiden- oder Kegelform muß beherrscht werden.
7. Herkömmliche Anschlußart beim Tafeldach, wenn ein Schornstein in einen Längsfalz zu stehen kommt. Normale Schornsteinecken wie bei 1., die Seitenbleche sind jedoch so breit geschnitten, daß sie zwei Scharenbreiten ausfüllen. Der mittlere Längsfalz wird vorn und hinten in einem Anschlußfalz aufgenommen. Erst nach Fertigstellung dieser Anschlußfalze kann man die Aufkantungen für die anschließenden Scharen herstellen.
8. Die gleiche Art, jedoch materialsparend ausgeführt. Der mittlere Längsfalz läuft bis zum Schornstein und wird an diesem hochgeführt. So macht man das auch hinten. Da dieser Anschluß etwas schwieriger herzustellen ist, kann man die Rückseite auch wie bei 7. gestalten.

Diese verschiedenen Anschlußmöglichkeiten müssen des öfteren überdacht und mit den Mitarbeitern besprochen werden. Es wird in der Folge nicht schwerfallen, eine saubere Dachdeckung mit einwandfreien Anschlüssen herzustellen. Man darf sich durch Anfangsschwierigkeiten nicht entmutigen lassen und wird dann bald feststellen können, daß ein alter Handwerkerspruch auch heute noch seine Gültigkeit besitzt:

Übung macht den Meister!

Im Kehlblech dieser Verwahrung ist ein Keil angebogen.

Kaminanschluß in einem Titan-Zink-Dach, Med. Hochschule Hannover.

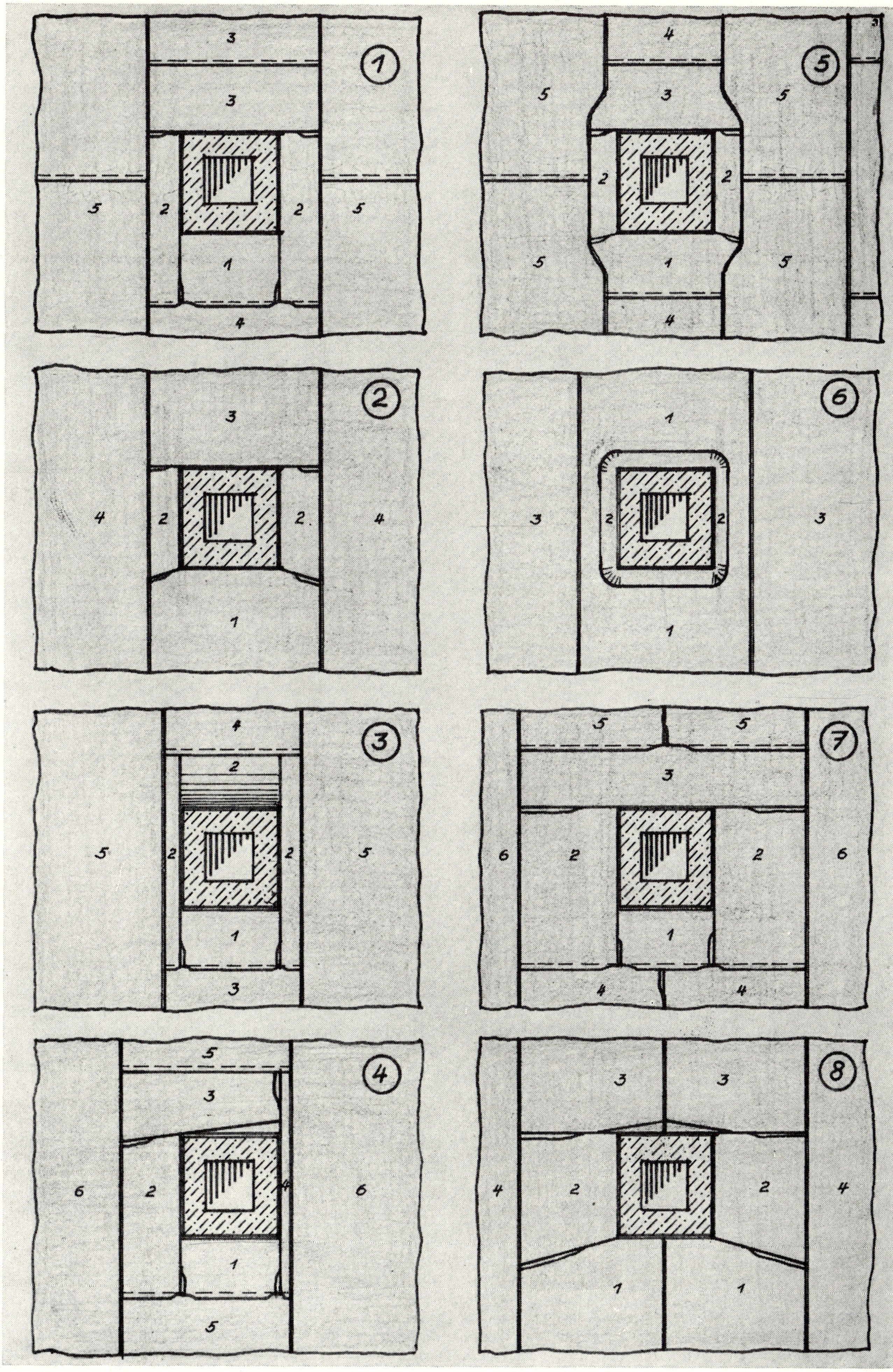

10. Eindeckmöglichkeiten

Die handwerklichen Voraussetzungen zur Ausführung eines Falzdaches sind uns aus dem bisher Gesagten bekannt. Damit ist jedoch das Thema nicht erschöpft, denn jetzt gilt es, diese Arbeitstechniken so anzuwenden, daß das fertige Metalldach ein ansprechendes Aussehen erhält. Besonders dort, wo ein Dach eingesehen werden kann, muß man auf eine saubere Gliederung der Fläche achten. So kommt es vor, daß beim Betrachten das eine Dach auf Anhieb gefällt, während ein anderes Dach von gleicher Art und Form vom Unterbewußten her abgelehnt wird. Der Laie weiß wohl nicht, warum das so ist ..., aber irgendwie wirken für ihn die Linien, welche durch die Längs- und Querfalze gebildet werden, störend. Darum sollte sich der Handwerker vor Eindeckung des Daches über die Gestaltung der Fläche Gedanken machen und an Hand von Eindeckungsskizzen die Wirkung der verschiedenen Eindeckungsmöglichkeiten überprüfen.

Dabei darf man aber von einem Grundsatz nicht abgehen: In erster Linie muß das Dach dicht sein! Man darf durch komplizierte „Kunstschaltungen" die Arbeit auf dem Dach nicht so erschweren, daß man für die Dichtheit nicht mehr garantieren kann.

Die einfacheren Gestaltungsmöglichkeiten sind uns gegeben mit dem Format und der Größe der Decktafeln oder mit der Bandbreite und -länge der Scharen. Bei der Tafeldeckung müssen die Querfalze versetzt sein, damit die Falzknoten beim Übergang in den Längsfalz nicht zu dick werden. Am besten sieht es aus, wenn die Querfalze jeweils um eine halbe Tafellänge versetzt sind ①. Allerdings läßt sich dabei ein Abfall kaum vermeiden, denn selten dürfte die Scharenlänge und -einteilung mit dem Tafelmaß übereinstimmen. Der Abfall, der an jeder Schar entsteht, läßt sich aber meistens leicht für andere Zwecke weiterverarbeiten. Beim Zusammensetzen der Tafeln zu Scharen beginnt man an der Traufe wechselweise mit einem Zweimeter- und einem Einmeterstück. Hat man kleinere Tafelgrößen, so ändern sich die Maße entsprechend.

Ein gleichmäßiges Bild erhält man auch, wenn das abfallende Ende der ersten Schar als Anfangsstück für die zweite Schar usw. verwendet wird ②. Je nach der Größe dieser Stücke liegen nun die Querfalze treppenartig von Schar zu Schar versetzt. Abfallstücke unter 200 mm Länge soll man nicht verwenden, weil der untere Falzknoten in Bereich des niedergelegten Längsfalzes an der Traufe käme und damit das Arbeiten erschwerte. Diese Eindeckungsart ist nur zu empfehlen, wenn auf dem ganzen Dach gleiche Scharenlängen verarbeitet werden können. Bei ungleichen Längen würde das Gleichmaß der Querfalzstufen gestört. Eine Eindeckungsskizze vermittelt in Zweifelsfällen allen Beteiligten ein Bild der fertigen Deckung. Die Deckung mit Tafelmaterial wird immer seltener. Heute stehen uns Bänder zur Verfügung, die für eine Dachdeckung wesentlich vorteilhafter sind. Nur noch für historische Bauwerke und Reparaturen wird man Tafeln verwenden. Allerdings wird sich bei Verwendung von Bändern das Bild der Dachfläche ändern. Es erscheinen nur noch parallele Linien senkrecht zur Traufe ③. Schlicht und klar paßt sich eine solche Fläche der modernen Bauweise an. Da man vorteilhaft Bandbreiten zwischen 600 und 800 mm verwenden soll, erscheinen die Linien gedrängter als beim Tafelmaterial.

Ist eine Schar so lang, daß eine durchgehende Verlegung wegen der Längenausdehnung nicht mehr vertretbar ist, so wird diese Länge durch Abtreppungen ein- oder mehrmals unterteilt. Auch muß man bei großen Traufenlängen die Dachfläche mit Trennleisten unterteilen, um Querspannungen zu verhindern. Damit verändert sich aber auch das Bild der Dachfläche ④a. Die Gefällestufe und die Trennleisten erscheinen deutlich. Durch Verschiebung der Scharen von Stufe zu Stufe kann man zusätzlich einen wirkungsvollen Effekt erzielen ④b.

Hat es sich bisher um Pultdächer gehandelt, bei denen die Einteilung noch gut durchzuführen ist, so muß man bei Sattel- und Walmdächern die einzelnen Flächen aufeinander abstimmen, um ein gutes Bild zu erhalten. Man fährt am besten, wenn in solchen Fällen der First und die Grate durch Einbau von Holzleisten betont werden, was beim First auch durch die eingebaute Firstentlüftung geschieht. Unter Verwendung von Tafelmaterial sieht bei diesen Dächern die sogenannte „Spiegeldeckung" am besten aus: Die eine Fläche bildet genau das Spiegelbild der anderen Seite ⑤. Der Vergleich zur Eindeckungsmöglichkeit ⑥ zeigt dies deutlich. Hier deckt man mit einer ganzen Tafel weiter, wo man auf der anderen Seite mit einer halben Tafel aufhörte. Man beachte in dieser Skizze auch die Stelle, wo die Kehlfalze in den Querfalz münden. Diese Kehlfalze dürfen nicht in einem Punkt zusammenlaufen, sondern sie müssen vorher schon in einem Querfalz, der als Anschlußfalz hergestellt wird, aufgefangen werden. Auch die Leistenkappe vom First des Anbaus wird hier eingeführt.

Bisher handelte es sich um durchgehend geführte Längsfalze. Doch es ist auch möglich, durchgehende Querfalze und versetzte Längsfalze zu verlegen. Will man diese Querfalze aber als Doppelfalze ausführen, so müßten sie alle in der Reihenfolge der Anschlußfalze hergestellt werden. Das ist sehr zeitraubend und wird auch nicht gut aussehen, weil sich sichtbare Hammerschläge beim Bearbeiten kaum vermeiden lassen.

Aus diesen Gründen verwendet man diese Eindeckungsart vornehmlich an senkrechten und sehr steilen Flächen, wo der Querfalz nur als einfacher Falz mit 30 mm Breite ausgeführt wird. An Wandverkleidungen und Türmen aller Art sieht diese Deckung sehr gut aus. Sie läßt sich verlegen mit Tafellängen ⑦ und Tafelbreiten ⑧. Die Längsfalze müssen beim Einlauf in den Querfalz niedergelegt werden. Wie an anderer Stelle bereits gesagt, legt man die Falzenden am unteren Ende mit dem Falz nach oben, am oberen Ende mit dem Falz nach unten nieder.

Eine weitere Eindeckungsmöglichkeit, die allerdings nicht jedermanns Beifall findet, sind schräg angeordnete Scharen ⑨. Technisch läßt sich das einwandfrei lösen, man wird dazu aber unbedingt die Zustimmung des Bauherrn und Architekten benötigen. Als Alternativvorschlag ist bei ausgefallenen Bauwerken auch diese Lösung interessant.

Bei normalen Dächern ergeben sich keine großen Schwierigkeiten beim Einteilen und Eindecken der Flächen. Anders wird es bei Bauwerken, die runde, geschweifte oder rundliche Formen aufweisen. Hier ist die Anfertigung einer Eindeckungsskizze unerläßlich, will man sich vor unnötigem Verschnitt schützen. Wichtig ist diese Skizze auch für den Architekten und den Bauherrn, damit sie sich ein Bild der Deckung machen können. Weiter braucht der ausführende Geselle die Skizze, damit er von der Eindeckungsfolge und vom Zuschnitt der Deckbleche eine klare Vorstellung hat.

Überall, wo mehr als drei Stehfalze auf einen Punkt zusammenlaufen, müssen wir diese Falze „verziehen", um sie dicht fassen zu können. Das Skizzenblatt (Seite 101) zeigt verschiedene solcher Fassungen, wie sie immer einmal auftreten können. An Türmen, Vordächern, Erkern usw. kommen, zumal in der modernen Bauweise, solche geschwungenen Dachflächen vor, die dann geschmackvoll abgedeckt werden müssen. Solche Dächer werden fast ausnahmslos eingesehen, darum darf sich der Handwerker nicht nur von sparsamen Erwägungen leiten lassen. Besonders bei wertvollem Eindeckungsmaterial muß er sich sagen, daß diese Arbeit noch nach vielen Jahrzehnten Zeugnis ablegen wird von seinem Können ... oder von seinem Nichtvermögen. Sicher läßt sich bei solchen Dachdeckungen ein Verschnitt nicht vermeiden, doch ist er, wie genaue Feststellungen ergaben, meist kleiner, als man vordem angenommen hatte. Abb. ① zeigt das Fassen der Längsfalze bei einer Kuppeldeckung. Die Falze dürfen nur so weit hochgeführt werden, daß von Falz zu Falz noch mindestens 40 mm Abstand ist. Diese Falzenden werden mit Falz nach unten niedergelegt und mit etwa 30 mm (niedere Falzaufkantung) aufgestellt. Jetzt wird die Rosette gerichtet, ein Kreisstück, das man meistens aus der Tafel- oder Bandbreite zuschneidet. Durch Faltenlegen und Stauchen von Hand oder besser mit Hilfe einer Stauchmaschine (Eckold-Former) versieht man diesen Boden mit einem Bördel von mindestens 40 mm Höhe (hohe Falzaufkantung). Nach dem Anpassen und Befestigen wird die Rosette doppelt über die Scharenaufkantung weggefalzt und der fertige Stehfalz niedergelegt.

Haben wir bei größeren Kuppeln so viele Stehfalze, die sich in einer Rosette von 920 mm Durchmesser (aus einer Meterbreite herausgeschnitten) nicht mehr fassen lassen, so werden vorher ein oder zwei Längsfalze in einem Quer- oder Anschlußfalz aufgefangen, daß nur noch die Hälfte oder ein Drittel der Längsfalze von der Abschlußrosette gefaßt werden müssen ②. Auf die gleiche Art werden bei Rundbauten, deren Gefälle nach innen läuft,

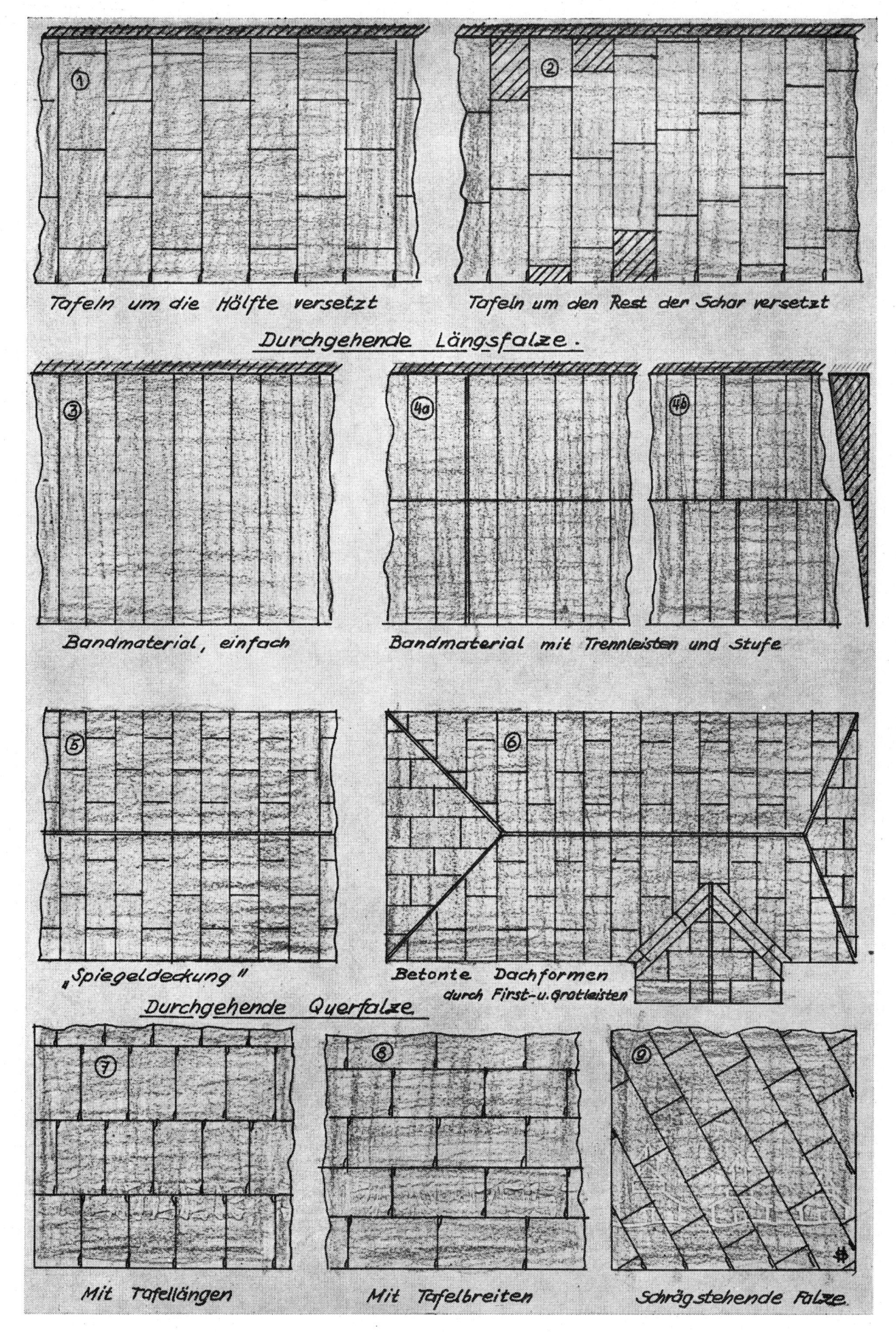

① Tafeln um die Hälfte versetzt ② Tafeln um den Rest der Schar versetzt

Durchgehende Längsfalze.

③ Bandmaterial, einfach ④a ④b Bandmaterial mit Trennleisten und Stufe

⑤ „Spiegeldeckung" ⑥ Betonte Dachformen durch First- u. Gratleisten

Durchgehende Querfalze.

⑦ Mit Tafellängen ⑧ Mit Tafelbreiten ⑨ Schrägstehende Falze.

die Längsfalze in einem Sammeltrichter oder einem Sammelkasten gefaßt. Damit sich an dieser Traufe das Wasser nicht staut, darf der Abstand zwischen den Stehfalzen nicht so klein werden wie bei der Kuppelrosette (40 mm). Der Zwischenraum soll nicht kleiner als 100 mm werden. Kommen so viele Falze an, daß sie auf diese Weise nicht gefaßt werden können, muß eine Abtreppung in der Dachkonstruktion vorgesehen werden, welche die gleiche Funktion übernimmt wie bei der Kuppelrosette ② der äußere Kreis.

Die beschriebenen Kuppelanschlüsse sind selten, denn meistens befindet sich auf der Kuppel ein weiterer Aufbau, die Laterne, an die mit einem Maueranschlußfalz angeschlossen werden kann.

Weit öfter wird man auf die Anschlußmöglichkeiten der nächsten Skizzen zurückgreifen können. Hier sind zwar nur Vordächer skizziert, doch kann man sinngemäß diese Eindeckungsarten auch für andere, ähnliche Bauwerke anwenden.

Skizze ③ zeigt die Fassung der Längsfalze in der Mittelschar. Man beginnt an beiden Seiten von der Mauer zur Mitte hin mit dem Eindecken. Die hintere Schar muß dabei immer über das davorliegende Blech gefalzt werden. Das Schlußstück bleibt vorerst weg, denn zuvor werden alle fertigen Falze am oberen Falz-

Schwierige Falzarbeit an einem Übungsmodell. Material: Kupfer.

Längsfalze in einer Rosette gefaßt.

Einfalzung eines geschweiften Dachfensters. Material: Aluminium.

Firstfalzanschluß an einem Dachreiter. Material: Kupfer.

Längsfalze in einem Mauerstreifen gefaßt.

Längsfalze in der Mittelschar gefaßt.

1. Längsfalze in einer Rosette gefaßt
2. Jeder 2. Falz im Anschlußfalz gefaßt
3. Falze in der Mittelschar gefaßt
4. Falze im Mauerstreifen gefaßt
5.
6. Führen der Falze zum Ablaufpunkt
9. Zuschnitt von Keilscharen aus dem Band
7. Längsfalze senkrecht zur Traufe einteilen; in einem Mauerstreifen fassen.
8.

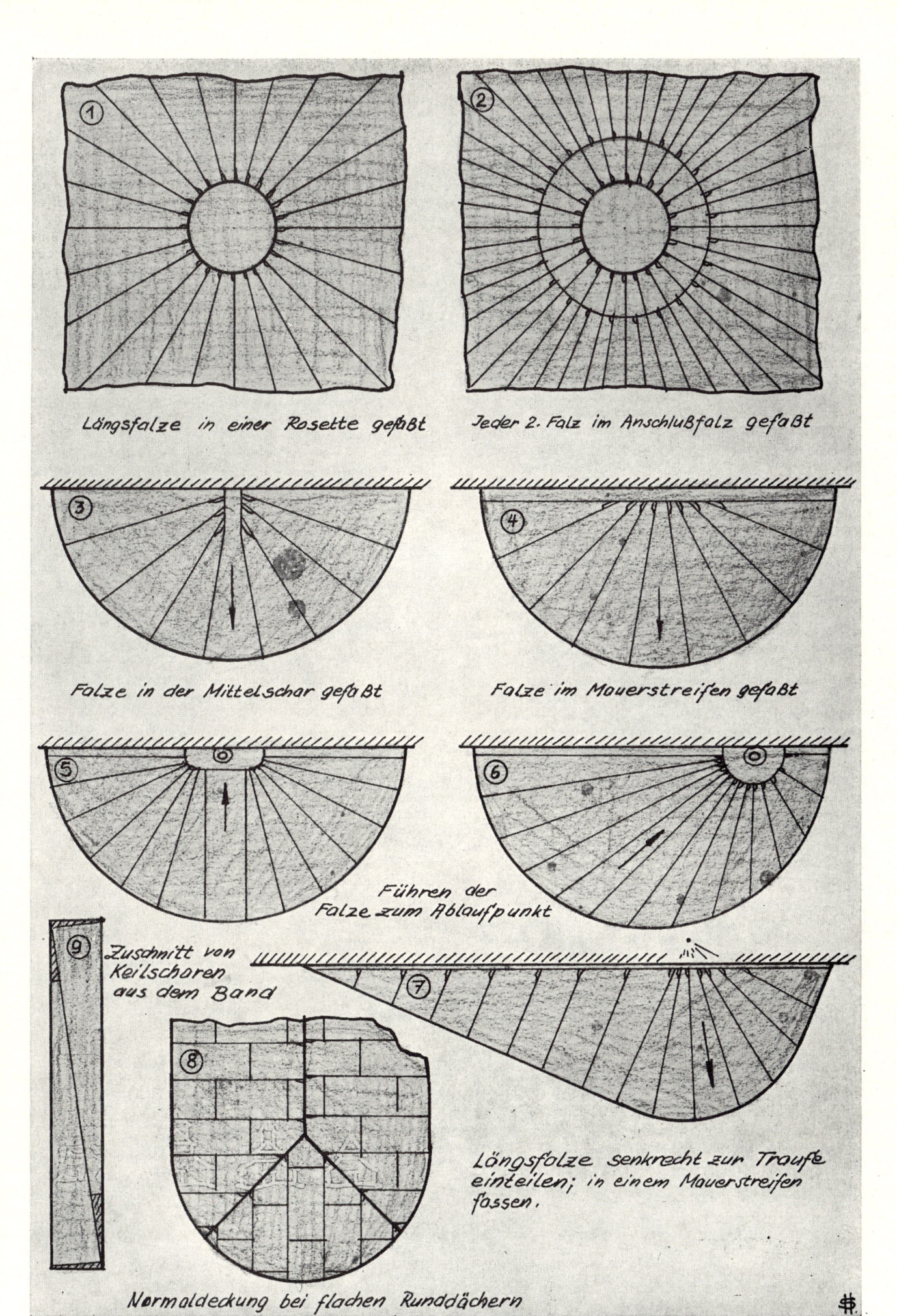

Normaldeckung bei flachen Runddächern

ende niedergelegt, also in der Gefällrichtung. Nach dem Niederlegen werden auf beiden Seiten niedere Falzhöhen aufgebogen, dann wird das Mittelstück eingepaßt und über die anliegenden Scharen weggefalzt. Diese beiden Falze laufen bis zur Mauer durch und werden dort mittels Maueranschlußfalz hochgeführt.
Skizze ④ veranschaulicht die Fassung der Längsfalze in einem Mauerstreifen. Man beginnt hier mit der Eindeckung des Daches in der Mitte und arbeitet zur Mauer hin. Am besten zeichnet man vor dem Zuschneiden die Einteilung der Scharen auf die Schalung. Der Abstand an der Traufkante wird gegeben durch die Band- oder Scharenbreite abzüglich der Falzaufkantungen. Dabei muß man beachten, daß die Mittelschar auf beiden Seiten eine hohe Aufkantung erhält, sonst kann man die oberen Falzenden nicht in der Gefällrichtung niederlegen. Der senkrechte Abstand darf oben nicht weniger als 40 mm betragen, damit die Falze noch gut niedergelegt werden können. Entlang der Mauer bleibt ein Parallelstreifen von 80 bis 120 mm frei. An die Deckung kommt entlang der Mauer eine niedere Falzaufkantung, dann wird der Mauerstreifen eingesetzt und über die Deckung doppelt hinweggefalzt. Die Krümmung entlang der Mauer, hervorgerufen durch ein mehr oder weniger großes Gefälle, muß aus Teilstücken zusammengesetzt werden. Die Abdichtung an der Mauer erfolgt durch Überhangstreifen.
Diese Eindeckungsart erachte ich als die zweckmäßigere.
Geht das Gefälle des Daches nach innen, so muß der Wassersammelkasten so tief sein, daß ein einwandfreier Traufenanschluß möglich ist. Dieser Kasten muß so groß sein, daß alle Längsfalze angeschlossen werden können. Zwischen den Falzen muß dabei so viel Raum sein, daß auch bei starkem Regen keine Wasserstauungen auftreten können. Um eine gewisse Sicherheit bei Ablaufverstopfungen zu erhalten, wählt man auch bei kleinen Dächern den Sammelkasten groß genug, sonst dringt das Wasser an der Traufe ein.
Bei nicht symmetrischen Dächern bzw. Anbauten verfahre man wie bisher beschrieben ⑦. Man merkt sich hier, daß die Längsfalze jeweils senkrecht zur Traufe angelegt werden. Wo diese Falze strahlenförmig im Bogenteil verlaufen, denke man sich hinter der Mauer einen Punkt, auf den diese Falze gerichtet werden. Mindestens 40 mm müssen zwischen den Falzen freibleiben, damit sie niedergelegt werden können. Auch hier bringen wir entlang der Mauer einen Mauerstreifen an, der die Längsfalze aufnimmt. Denn schräg auf eine Mauer stoßende Falze laufen auch schräg an der Mauer hoch.

Bei ganz flachen Dächern mit runden Flächen kann man statt der Strahlen eine einfache Lösung wählen, indem man an den First zwei Grate anlegt und das Dach normal deckt ⑧.
Zum Schluß sei noch auf den Zuschnitt der Keilscharen aus dem Bandmaterial hingewiesen. Der Verschnitt hält sich auf diese Weise in erträglichen Grenzen ⑨.
Staunend stehen wir auch heute noch vor Bauwerken, die bereits Jahrhunderte überdauerten, und bewundern dabei auch die Metalldächer, die damals wirkliche Meister ihres Fachs verlegt haben. Die Deckung von Großbauten und Großtürmen mit Metall wird auch heute noch betrieben. Man wird an solche Arbeiten jedoch nur herangehen, wenn man in allen Arbeitstechniken vollkommen sicher ist. Anders als an normalen Gebäuden wirken hier die Naturkräfte. Der Wind und die Niederschläge haben ungehindert Zutritt; die Deckung muß hundertprozentig gelingen und dicht sein. Bei Schadensfällen lassen sich Reparaturen nur mit enormen Nebenkosten durchführen, was über die Kräfte eines normalen Handwerksbetriebes gehen würde.
Eine gelungene Ausführung allerdings ist die beste Werbung, und der Handwerksmeister schafft sich damit ein Denkmal, das sein Andenken über Generationen hinaus bewahrt.
Im Skizzenblatt sind nur einige der vielen Möglichkeiten aufgezeigt, wie eine Deckung aussehen kann. Damit sollen nur Anregungen gegeben sein. Immer wieder findet man neue, gelungene Formen, wenn man mit offenen Augen durch die Lande fährt.
Bei Steiltürmen verwendet man gerne noch Tafelmaterial, weil man damit mehr Gestaltungsmöglichkeiten hat und weitere Befestigungen in den Querfalzen eingebaut werden können. Meistens nimmt man durchgehende Querfalze und versetzte Längsfalze, aber auch durchgehende Längsfalze sehen gut aus. Ein wirkungsvoller Effekt wird erzielt, wenn bei Spitzflächen die Decktafeln zur Spitze immer schmaler werden.
Bei Kuppeln handelt es sich meistens um vieleckige Bauwerke. Die Kuppel wird in Einzelflächen aufgeteilt, die durch Grate mit Zierleisten miteinander verbunden sind. Die letzten sechs Skizzen zeigen Eindeckungsmöglichkeiten von solchen Einzelflächen. Durch Kombinieren und mit ein wenig Fantasie lassen sich noch viele andere Einteilungen herstellen.
Es würde zu weit führen, wollte man den ganzen Reichtum an Formen, wie man sie an Zwiebeltürmen oder Bauwerken aus der Barockzeit findet, hier festhalten. Die Anregungen sind gegeben. Was das Bauwerk letztlich krönt, ist das persönliche Geschick und die eigenen Ideen des ausführenden Meisters.

11. Eindeckungszeiten

Als Grundlage zur Kalkulation folgen einige Arbeitszeitangaben für die Verlegung von Falzdächern. Sie sind so gehalten, daß hauptsächlich der Anfänger damit rechnen kann. Die Zeitangaben gelten für einen Gesellen mit einem Helfer bzw. Lehrling. Zugrunde gelegt sind Dachflächen von mindestens 50 m^2 unter normalen Bedingungen.

Tafelmaterial 2000 × 1000 ... 60– 75 min/m^2
Tafelmaterial 1000 × 666 ... 80–100 min/m^2
Tafelmaterial 666 × 500 ... 100–130 min/m^2
Bandbreiten 500– 700 mm ... 40–60 min/m^2
Bandbreiten 800–1000 mm ... 30–50 min/m^2

Steile Dächer erfordern je nach Dachneigung entsprechende Zuschläge.
Für senkrechte Flächen muß mit der doppelten Zeitspanne gerechnet werden.
Bei geschweiften und profilierten Flächen (Zwiebeltürme, kleine Türmchen) kann man je nach Form bis zum dreifachen Wert der obigen Angaben rechnen.
Es bleibt dem persönlichen Geschick und Fleiß überlassen, diese Werte günstiger zu gestalten.

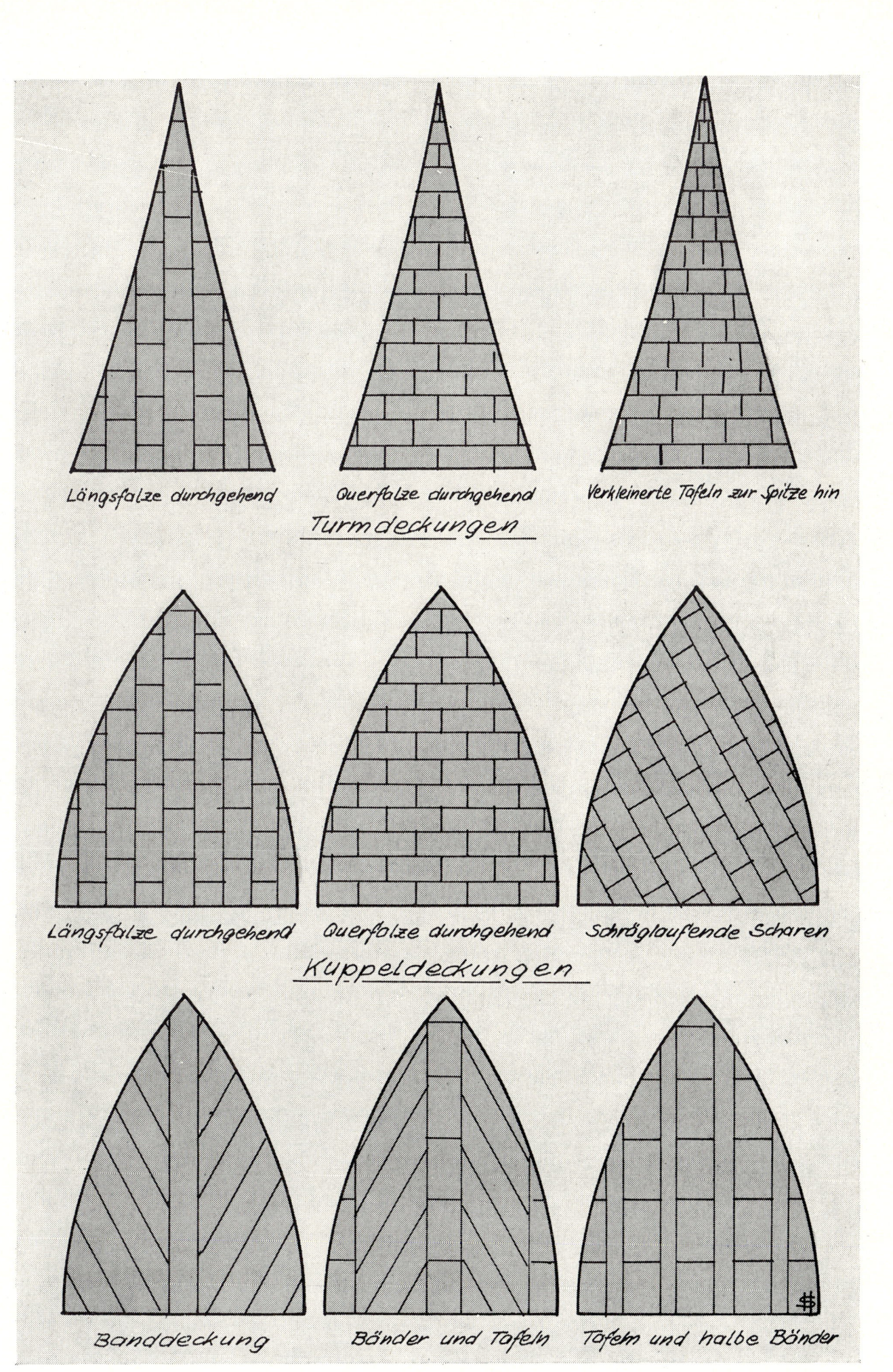

Längsfalze durchgehend Querfalze durchgehend Verkleinerte Tafeln zur Spitze hin

Turmdeckungen

Längsfalze durchgehend Querfalze durchgehend Schräglaufende Scharen

Kuppeldeckungen

Banddeckung Bänder und Tafeln Tafeln und halbe Bänder

12. Die Berechnung der Einfalzverluste

Bevor der Materialaufwand für eine Dachdeckung bestimmt werden kann, ist es notwendig, die Eindeckungsverluste, hervorgerufen durch den Materialverbrauch für die Längs- und Querfalze, zu ermitteln. Diese Einfalzverluste werden prozentual erfaßt. Sie sind je nach Tafelgröße bzw. Bandbreite sowie der Falzhöhe bzw. -breite verschieden groß.

Die Einfalzverluste sind reine Eindeckungsverluste für glatte Dachflächen. Für Mehraufwand an Kehlen, Traufen, Trennleisten usw. müssen daher noch weitere Zuschläge gemacht werden.

Beispiel: (Tafelmaterial)

Tafelgröße	$2{,}00 \cdot 1{,}00$ m $= 2{,}00$ m²
Falzaufkantungen (45 + 35 mm)	0,08
Querfalzverlust (5 × 18 mm)	0,09
Decktafelgröße	$1{,}91 \cdot 0{,}92$ m $= 1{,}76$ m²
Einfalzverlust	$= 0{,}24$ m²

$$\text{Einfalzverlust in \%} = \frac{\text{Einfalzverlust} \cdot 100}{\text{Decktafelgröße}} = \frac{0{,}24 \cdot 100}{1{,}76} = 13{,}6\%$$

Bei Bandmaterial entfällt der Querfalz. Hier werden die Einfalzverluste vom laufenden Meter Material errechnet.

Beispiel: (Bandmaterial)

1,00 lfd. m (600-m-Band)	$= 1{,}00 \cdot 0{,}60 = 0{,}60$ m²
Aufkantungen (45 + 35 mm)	$= 1{,}00 \cdot 0{,}08 = 0{,}08$ m²
Deckfläche	$= 1{,}00 \cdot 0{,}52 = 0{,}52$ m²

$$\text{Einfalzverlust in \%} = \frac{0{,}08 \cdot 100}{0{,}52} = 15{,}4\%$$

Einfalzverluste

Tafelgröße mm	Aufkantungen mm	Querfalz mm	Deckfläche m²	Einfalzverlust in m²	Einfalzverlust in %
2000×1000	55 + 45	90	1,72	0,28	16,3
2000×1000	50 + 40	90	1,74	0,26	14,9
2000×1000	45 + 35	90	1,76	0,24	13,6
2000×1000	40 + 30	90	1,78	0,22	12,4
2000×1000	34 + 26	90	1,795	0,205	11,4
2000×1000	55 + 45	80	1,73	0,27	15,6
2000×1000	50 + 40	80	1,75	0,25	14,3
2000×1000	45 + 35	80	1,77	0,23	13,0
2000×1000	40 + 30	80	1,79	0,21	11,7
2000×1000	34 + 26	80	1,805	0,195	10,8
1000× 666	45 + 35	80	0,540	0,126	23,4
1000× 666	34 + 26	80	0,558	0,108	19,8
1000× 500	45 + 35	80	0,386	0,114	27,6
1000× 500	34 + 26	80	0,405	0,095	23,4
666× 500	45 + 35	80	0,246	0,087	35,4
666× 500	34 + 26	80	0,258	0,075	29,1
500× 400	45 + 35	80	0,134	0,066	49,4
500× 400	34 + 26	80	0,143	0,057	39,8
Bandbreite mm			m²/lfd. m	m²/lfd. m	
500	45 + 35		0,42	0,08	19,1
500	34 + 26		0,44	0,06	13,6
600	45 + 35		0,52	0,08	15,4
600	34 + 26		0,54	0,06	11,1
670	45 + 35		0,59	0,08	13,6
670	34 + 26		0,61	0,06	9,8
700	45 + 35		0,62	0,08	12,9
700	34 + 26		0,64	0,06	9,4
710	45 + 35		0,63	0,08	12,7
750	45 + 35		0,67	0,08	11,9
800	45 + 35		0,72	0,08	11,1
900	45 + 35		0,82	0,08	9,8
1000	45 + 35		0,92	0,08	8,7

Anmerkung: Bei den kleinen Tafelgrößen und Bandbreiten erscheinen die Kleinfalze, die für geschweifte Flächen gedacht sind. Ihre fertige Höhe beträgt 16 mm.
Bei einfachen Falzen oder bei Nietnähten sind für die Quernähte entsprechend kleinere Abzüge zu machen.
Bei Dachflächen unter 100 m² werden die Prozentzahlen aufgerundet.

13. Die Berechnung des Materialaufwands

In der DIN 18 339 unter Abschnitt 5 „Abrechnung" heißt es:

5.1.1. Die Leistung ist aus Zeichnungen zu ermitteln, soweit die ausgeführte Leistung diesen Zeichnungen entspricht. Sind solche Zeichnungen nicht vorhanden, ist die Leistung aufzumessen.

Die Ermittlung der Leistung – gleichgültig ob sie nach Zeichnungen oder nach Aufmaß erfolgt – sind zugrunde zu legen:

bei Metalldeckungen an Wänden deren Konstruktionsmaße,

bei Metalldachdeckungen auf Flächen mit begrenzenden Bauteilen, z. B. Attika, Wände, die zu deckenden bis zu den begrenzenden ungeputzten bzw. unbekleideten Bauteilen,

bei Metalldachdeckungen auf Flächen ohne begrenzende Bauteile, die Abmessungen der zu bedeckenden Fläche ohne Berücksichtigung der Dachkanten und Abschlüsse.

5.2. Es werden abgerechnet:

5.2.1. Metalldachdeckungen nach Flächenmaß (m²), ohne Rücksicht auf die Überdeckungen an den Lötnähten und Falzen. Aussparungen über 1 m² Einzelgröße in der Deckung, z. B. für Schornsteine, Fenster, Oberlichte, Entlüfter und dergleichen, werden abgezogen; reicht die Aussparung über den First oder Grat hinweg, ist sie in jeder gedeckten Fläche mit ihrem jeweiligen Maß zu berücksichtigen.

Es muß also unterschieden werden zwischen dem Material, welches an der fertigen Dachdeckung meßbar ist, und dem Material, das wohl auch benötigt wird, aber nicht gemessen werden kann bzw. darf. Wir sprechen hier von den Maßverlusten, die bei der Feststellung des Gesamt-Materialaufwands möglichst genau ermittelt werden müssen. Die Maßverluste werden im Angebotspreis mit einkalkuliert.

Entgegen der früheren Regelung, bei der die **gedeckte** Dachfläche aufgemessen wurde, bei der Maueranschlüsse, Anschlüsse von Oberlichtern und Ortganganschlüsse mitgemessen werden konnten, darf jetzt nur noch die **zu deckende** Dachfläche aufgemessen werden.

Der Ermittlung der Maßverluste kommt also noch größere Bedeutung zu, denn zwischen der gedeckten und der zu deckenden Dachfläche besteht teilweise ein erheblicher Unterschied. Hinzu kommen noch Verwahrungen an Dachdurchbrüchen und an Anschlüssen, die teilweise über das „normale" Maß erheblich hinausgehen, die nun in den Angebotspreis für den m² eingerechnet werden müssen. Bei der Ermittlung des Materialaufwands ist also eine genaue Kenntnis der Gegebenheiten am Bau erforderlich.

Im Interesse der Vergleichsmöglichkeit bei Submissionen ist es daher zu empfehlen, die Ausführung von größeren Maueranschlüssen, Ortgang, Firstleisten mit Entlüftung und dergleichen als getrennte Position zu erfassen.

Der **Gesamtmaterialaufwand** setzt sich zusammen aus der aufgemessenen Dachfläche und der Summe der Maßverluste.

Die folgende Aufstellung soll als Richtschnur für die Materialaufwandsberechnungen dienen. Alle bei einer Eindeckung auftretenden Punkte sind erfaßt, so daß bei einer Projektbearbeitung nur verglichen werden muß.

Zur Feststellung des Materialaufwands für eine Dachdeckung sind folgende Berechnungen notwendig:

A) Die zu deckende Dachfläche wird nach der Bauzeichnung des Architekten oder nach eigener Maßskizze ermittelt.

Es wird die reine Schalungsfläche gemessen. Öffnungen für Schornsteine, Oberlichte, Dachluken, die größer sind als 1 m², werden abgezogen, soweit sie nicht mit Blech abgedeckt werden.

Dieser Wert erscheint als „ausgeführte Leistung" in der Abrechnung.

B) Berechnung der Maßverluste

Es muß zunächst der Materialaufwand ermittelt werden, zu dem der Einfalzverlust hinzugerechnet werden muß, nämlich:

a) Vorsprung und Umkantung an der Traufe. Die Deckung springt über die Schalung vor und wird zur Befestigung umgekantet. Bei Ausführung mit Traufblech und Rinne: Vorsprung 50 mm, Umkantung 30 mm, Gesamt-Zugabe also 80 mm.
Bei kleineren Dächern ohne Rinne, mit Vorsprungstreifen genügen: Vorsprung 30 mm, Umkantung 20 mm, Gesamtzugabe also 50 mm.

b) Aufkantung an Mauern
Für Maueraufkantungen wird das Normalmaß von mindestens 150 mm angesetzt.

c) Aufkantung am Schornstein, Oberlicht und dergleichen
Für Schornsteinaufkantungen werden schulmäßig 150 mm, an Oberlichten 200 mm zugegeben. In der Praxis wird das natürlich verschieden sein. (Das Material, das für Durchbrüche unter 1 m² nicht benötigt wird aber übermessen werden kann, muß hier noch abgezogen werden.)

d) Ortgangverkleidung (sofern nicht eigene Position)
Die Ortgangbildung dürfte an den Gebäuden sehr verschieden ausfallen. Sie ist aus den Detailskizzen des Architekten zu ersehen. Schulmäßig rechnet man 150 mm.

e) Mehraufwand durch Firstfalz
Der Firstfalz gilt bei Tafelmaterial als Querfalz. Wird durch größeren Firstfalz das Maß des Querfalzes überschritten, so rechnet man diesen Mehraufwand aus. Bei Verwendung von Bandmaterial wird der Firstfalz grundsätzlich als Maßverlust ganz dazugezählt.

f) Dehnungsmöglichkeit in der Scharenlänge.
Der Mehraufwand durch die zusätzliche Aufkantung, durch Vorsprung und Umkantung (wie bei der Traufe) muß hier eingesetzt werden.

Aus der Summe der zu deckenden Dachfläche und der Maßverluste a) bis f) wird ermittelt:

g) Einfalzverlust
Die Prozentzahlen werden aus der Tabelle entnommen oder nach den Beispielen errechnet. Bei Dachflächen unter 100 m² werden die Prozentwerte aufgerundet.

Weitere Maßverluste können je nach der Art des Daches entstehen:

h) Mehraufwand durch Kehlfalze
Kehlfalze laufen schräg durch die Deckung, werden also nicht von den Einfalzverlusten erfaßt. Gerechnet wird die doppelte Kehlenlänge mal 0,08 m. Bei vertieften Kehlen wird der Mehraufwand entsprechend festgestellt.

i) Mehraufwand durch Gratfalze
Der gleiche Fall wie bei Kehlen; es wird nur eine Gratlänge gerechnet.

j) Mehraufwand durch Querfalze bei Bandmaterial
Bei Bandmaterial wurde in den Einfalzverlusten kein Querfalz mitgerechnet. Wo Quernähte durch Ansetzen des nächsten Bandes entstehen sollten, muß man den Materialbedarf dafür einsetzen.

k) Anschlußfalze
Anschlußfalze werden grundsätzlich mit 80 bis 90 mm Breite dazugezählt. Wenn bei Tafelmaterial an derselben Stelle ein Querfalz wäre, entfällt der Zuschlag.

l) Ortganganschlüsse, wenn diese schräg in der Fläche liegen
Der Ortgangfalz gilt als Längsfalz, wenn er parallel zu den anderen Längsfalzen läuft. Nur wenn er schräg durch die Fläche verläuft, wird er gerechnet wie ein Gratfalz (80 mm).

m) Mehraufwand durch First- und Gratleisten
Es wird hier viel Material gebraucht. Nur die Oberfläche der Leiste zählt zur Deckung. Aufkantungen und Falze werden als Zuschlag gerechnet, die je nach Leistengröße verschieden sein können. Man beachte bei den Projekten die entsprechenden Beispiele.

n) Mehraufwand an Firstentlüftungen
Firstentlüftungen werden im Leistungsverzeichnis meistens durch eine Position erfaßt. Wo dies nicht der Fall ist, muß der sehr beträchtliche Materialaufwand hier berücksichtigt werden.

o) Mehraufwand durch Trennleisten
Trennleisten treten an die Stelle von Längsfalzen. Es wird hier wie bei First- und Gratleisten verfahren, man bringt aber die 80 mm der Falzaufkantung in Abzug, weil diese bereits durch die Einfalzverluste erfaßt sind.

p) Überhangstreifen
Für Überhangstreifen werden 80 mm angesetzt. Wenn sie hier erfaßt werden, dürfen sie nicht mehr in einer Position erscheinen.

q) Vorsprungstreifen
Normal wird die Dachhaut um den Vorsprung des Traufblechs herumgebogen. Das Traufblech erscheint als Position hinter der Dachrinne. Wo jedoch keine Rinne angeschlagen wurde, brauchen wir die Vorsprungstreifen als untere Befestigung der Dachhaut. Diese Streifen werden in der größten Länge unter Zugrundelegung der Zuschnittbreite als Maßverlust gerechnet (Schulmäßig 200 mm).

r) Verschnitt
Der Verschnitt liegt zwischen 1 und 12% der aufgemessenen Dachfläche. Er kann nur erfahrungsgemäß erfaßt werden. Meistens wird er zu hoch angesetzt. Bei glatten Dächern dürfte er um 3%, bei Dächern mit Kehlen und Graten kaum über 4% betragen. Hohe Verschnittsätze entstehen nur bei komplizierten Dachflächen und ausgefallenen Kleindächern. Als Verschnitt gelten die **unbrauchbaren** Blechabfälle.

Der Materialaufwand wird in m² und in kg errechnet. Weiter wird das Prozentverhältnis der Maßverluste zur aufgemessenen Dachfläche ermittelt. Dieser Prozentwert kann bei ähnlichen Projekten als Erfahrungswert zur überschlägigen Ermittlung des Materialbedarfs herangezogen werden.

14. Projektbearbeitung

Mit einem kleinen, ausgearbeiteten Projekt soll gezeigt werden, wie man in der Praxis zweckmäßig vorgeht. Die Aufgabenstellung ist aus dem Skizzenblatt zu ersehen. In dieser Reihenfolge wird auch vorgegangen.
Da es sich um eine einfache Dachdeckung handelt, erübrigt sich vor dem Einzeichnen der Teilung die Klärung von Detailpunkten. Das muß aber bei umfangreichen Arbeiten unbedingt geschehen. Der Materialaufwand für Firstentlüftungen, Grat- oder Trennleisten muß bekannt sein, damit er in der Maßverlustberechnung berücksichtigt werden kann.
Die Draufsicht der Skizze zeigt die Scharenlängen verkürzt, die wirkliche Länge wird im Schnittbild gezeigt.
Man beginnt mit der Einteilung eines Daches an dem Punkt, der am schwierigsten erscheint. So ist es möglich, die günstigste Eindeckungsart zu wählen. Hier ist das Oberlicht mit seinen vier Ecken und der Kehle am schwierigsten auszuführen. Wir nehmen die Decktafelbreite (Tafelbreite – Aufkantungen) mit 0,92 m maßstäblich in den Zirkel und tragen von der Mitte des Oberlichtes nach beiden Seiten bis zum Längsfalze an. Wir erkennen dabei, daß die Falze über 30 cm neben dem Oberlicht vorbeilaufen; Platz genug, um die Eckfalze seitlich wegzuführen. Die seitliche Maueraufkantung ist allerdings nur noch etwa 130 mm hoch, was aber ausreicht.
Schwieriger ist die Einteilung der Querfalze. Die Maße dafür müssen auf der wahren Länge des Daches angetragen werden, einmal mit einer ganzen Tafel beginnend, einmal mit einer halben Tafel. Die Decktafellänge beträgt nach Abzug eines Querfalzes (90 mm) 1,91 m. An der Traufkante werden aber für den Vorsprung und die Umkantung mindestens 50 und 25 mm benötigt, am oberen Ende der ersten Tafel ein halber Querfalz von 45 mm. Diese 120 mm gehen von der ganzen bzw. halben Tafel ab, darum erscheinen von der Traufkante nach oben 1,88 m bzw. 0,88 m als effektive Tafellänge. Von diesen Punkten werden dann jeweils 1,91 m als Deckmaß nach oben angetragen. Wir erhalten damit die Punkte, von denen die Querfalze auf die Dachfläche übertragen werden (gestrichelte Linien). So entsteht auf der Fläche ein Gitternetz, aus dem die zweckmäßigste Einteilung der Querfalze herauszulesen ist.
Im Beispiel wurde links unten mit einer ganzen Tafel angefangen. Die dritte Tafel der ersten Schar ginge bis zur Unterkante des Schornsteins. Sie reicht nicht aus, um die 150 mm Schornsteinaufkantung herzustellen. Darum wurde an dieser Tafel ein Streifen von 333 mm abgeschnitten (Rinnenzuschnitt) und der Eckfalz des Schornsteins nach unten in den Querfalz geführt. Aus dieser Einteilung der ersten Schar ergeben sich zwangsläufig die Querfalze des ganzen Daches. Nur hinter dem Oberlicht tragen wir noch nicht ein. Dort ergeben sich folgende zwei Möglichkeiten: Wird die Kehle – 2 Tafeln quer gelegt – aus Meterbreiten angefertigt, so braucht man bis zum Anschluß an die hintere Mauer

noch vier Tafeln mit 1,80 m Länge. Man kann aber auch die Kehle mit 80 cm Breite zuschneiden, dann kann man nach hinten vier ganze Tafeln einfügen. Im ersten Fall entstehen von den Tafeln vier Abfallstücke 1,00 × 0,20 m, im zweiten Fall zwei Abfallstücke von 2,00 × 0,20 m. Im Beispiel wurde der letzte Fall gewählt. Hinter der Kehle liegen so vier ganze Tafeln ohne Nähte.

Die Einteilung des Daches wird geschlossener, wenn in diese Tafeln Querfalze eingebaut werden, wie sie gestrichelt dargestellt sind. Die Abfallstücke werden dann 90 cm schmaler. Der Vollständigkeit halber ist die zeichnerische Darstellung der wahren Ortganglänge eingesetzt.

In der Dachflächenberechnung ist die rechnerische Ermittlung der wahren Längen vorangestellt (Lehrsatz des Pythagoras). Der Materialverbrauch am Ortgang wurde bewußt weggelassen; die Ortgangverkleidung erscheint als Position im Leistungsverzeichnis.

Auf die Ausführungen bei der Materialaufwandsberechnung wird hingewiesen.

Bei der Kostenaufstellung werden zwei Berechnungsarten gezeigt. Man wird bei größeren Projekten der zweiten Möglichkeit – vom ganzen Dach abgeleitet – den Vorzug geben, da sich nur hier alle Nebenkosten, wie Holzleisten, Lüftungskappen, Firstentlüftung usw., erfassen lassen.

Im Leistungsverzeichnis wurde die Länge für das Ablaufrohr angenommen.

Werkstättendach

Abzudecken nach dem Falzsystem
Material: Verzinktes Stahlblech Nr. 22 (0,63 mm dick, 5,00 kg/m^2).
Tafelgröße: 2000 × 1000 mm.

A) Zu deckende Dachfläche

W. L. Dach $= \sqrt{5,90^2 + 1,80^2} = \sqrt{34,81 + 3,24} = \sqrt{38,05}$
$= 6,17$

W. L. Ortgang $= \sqrt{6,17^2 + 1,50^2} = \sqrt{38,05 + 2,25} = \sqrt{40,30}$
$= 6,35$

Dachfläche $= \dfrac{8,75 + 7,25}{2} \cdot 6,17 = 8,00 \cdot 6,17 \qquad = 49,36$ m^2

abzüglich Oberlicht 3,00 · 1,50 $\qquad\qquad\qquad = 4,50$ m^2

Dachfläche $\qquad\qquad\qquad\qquad\qquad\qquad$ **44,86 m^2**

B) Berechnung des Materialaufwands

1. Zu deckende Dachfläche $\qquad\qquad\qquad = 44,86$ m^2
2. Maßverluste
   a) Vorsprung und Umkantung an der Traufe
      8,75 · 0,08 $\qquad\qquad\qquad\qquad = 0,7$ m^2
   b) Maueraufkantungen einschl. Kamin
      (6,20 + 7,25) · 0,15 $\qquad\qquad = 2,02$
      abzüglich Kaminfläche
      0,5 · 0,5 $\qquad\qquad\qquad\qquad = 0,25 \quad 1,77$ m^2
   c) Aufkantungen am Oberlicht
      9,0 · 0,20 $\qquad\qquad\qquad\qquad = 1,8$ m^2
      Maßverluste, zu denen die Einfalzverluste
      zugerechnet werden $\qquad\qquad 4,27$ m^2 = 4,27 m^2
      $\qquad\qquad\qquad\qquad\qquad\qquad\qquad\overline{49,13\text{ m}^2}$
   d) Einfalzverluste (lt. Tabelle 13,6 ≈ 14%)
      14% aus 49,13 m^2 $\qquad\qquad = 6,88$ m^2
   e) Ortgangfalz
      6,35 · 0,08 $\qquad\qquad\qquad\qquad = 0,51$ m^2
   f) Überhangstreifen
      (6,20 + 7,25) · 0,08 $\qquad\qquad = 1,08$ m^2
   g) Verschnitt
      3% aus 44,86 m^2 $\qquad\qquad\qquad = 1,35$ m^2
      $\qquad\qquad\qquad\qquad\qquad\qquad\overline{9,82\text{ m}^2} = 9,82$ m^2

Gesamtmaterialaufwand $\qquad\qquad\qquad$ **58,95 m^2**

Materialaufwand in kg
58,95 m^2 · 5 kg/m^2 $\qquad\qquad\qquad = 294,75$ kg

Maßverluste a) bis c) $\qquad\qquad\qquad = 4,27$ m^2
$\qquad\qquad$ d) bis g) $\qquad\qquad\qquad = 9,82$ m^2

Gesamtmaßverluste $\qquad\qquad\qquad\qquad$ **14,09 m^2**

Maßverluste in % $\dfrac{14,09 \cdot 100}{44,86} \qquad\qquad = \mathbf{31,4\%}$

Zu 1. Vernünftigerweise wird man bei der Kalkulation die Summe auf 45,00 m^2 aufrunden.

Zu 2d. Da es sich um eine kleine Dachfläche handelt, wird auf 14% aufgerundet.

Zu 2e. Der Falz läuft schräg durch die Dachfläche, er wird darum als Maßverlust berechnet.

Zu 2f. Die Überhangstreifen sind dieses Mal hier erfaßt. Sie dürfen daher im Leistungsverzeichnis nicht mehr erscheinen.

Der Gesamt-Materialaufwand wird normalerweise auf 60,00 m^2 = 30 Tafeln Blech aufgerundet. Aus schulischen Gründen kann das hier nicht geschehen. Entsprechend ändert sich dann auch der Materialbedarf in kg.

C) Kostenberechnung

a) **Für einen m^2 gerechnet:**

1,00 m^2 Abdeckungsmaterial	
(5,00 kg zu 1,30 DM/kg)	= 6,50 DM
31,4% Zuschlag für Maßverluste	= 2,04 DM
Befestigung (6 Hafte/m^2 zu 0,30 DM/St.)	= 1,80 DM
zusammen	= 10,34 DM
Zuschlag 21% für anteilige Gemeinkosten	= 2,17 DM
Materialkosten	= 12,51 DM
Lohnkosten	
(50 Gruppenminuten/m^2 zu 0,42 DM)	= 21,00 DM
Zuschlag 97% für anteilige Gemeinkosten	
(einschl. Gewinn)	= 20,37 DM
Nettopreis	= 53,88 DM
Mehrwertsteuer, ____ %	= ___ DM
Lieferpreis	= ___ DM

b) **Vom ganzen Dach abgeleitet:**

294,75 kg verz. Stahlblech zu 1,30 DM/kg	= 383,18 DM
Befestigung (270 Hafte m. Stiften	
zu 0,30 DM/St.)	= 81,00 DM
30 St. Mauerhaken zu 0,20 DM/St.	= 6,00 DM
zusammen	= 470,18 DM
Zuschlag 21% für anteilige Gemeinkosten	= 98,74 DM
Materialkosten	= 568,92 DM
Lohnkosten, 44,86 m^2 zu 21,00 DM/m^2	= 942,06 DM
Zuschlag 97% für anteilige Gemeinkosten	= 913,80 DM
Nettopreis	= 2424,78 DM
Mehrwertsteuer ____ %	= ___ DM
Lieferpreis	= ___ DM

Angebotspreis/m$^2 = \dfrac{2424,78}{44,86} \qquad = 54,05$ DM

(+ Mehrwertsteuer)[1]

D) Leistungsverzeichnis
über die Abdeckung eines Werkstättendaches einschließlich aller dazugehörigen Klempnerarbeiten.

Pos. 1: **Abdeckung** des Daches (Holzschalung mit bauseits verlegter talkumierter 333er-Pappe) nach dem Falzsystem aus verzinktem Stahlblech 0,63 mm, Tafelgröße 2000 × 1000 mm, einschließlich Verwahren eines Oberlichtes und eines Schornsteins, fertig verlegt
$\qquad\qquad\qquad\qquad\qquad\qquad$ **rd. 45,00 m^2**

Pos. 2: **Dachrinne**, halbrund, aus verz. Stahlblech 0,63 mm, 285 mm Zuschnitt, mit verz. Trägern 30 × 4 mm, fertig verlegt
$\qquad\qquad\qquad\qquad\qquad\qquad$ **rd. 8,75 m**

Zuschlag für Ablaufstutzen $\qquad\qquad$ **1 Stück**

Pos. 3: **Traufbleche** aus verz. Blech 0,63 mm, 285 mm Zuschnitt, mit 30 mm breiter Vorkantung zum Einhängen der Dachhaut, auf der Unterlage versetzt genagelt, anzufertigen und anzubringen
$\qquad\qquad\qquad\qquad\qquad\qquad$ **rd. 8,75 m**

Pos. 4: **Ortgangverkleidung**, verz. Stahlblech 0,63 mm, 160 mm Zuschnitt, mit der Dachhaut doppelt verfalzt $\qquad$ **rd. 6,40 m**

Pos. 5: **Ablaufrohre** aus verz. Stahlblech 0,63 mm, 80 mm ⌀, mit Sockelwinkel und freiem Auslauf, Schwanenhals aus Rohrwinkeln hergestellt, einschl. Rohrschellen, fertig angeschlagen
$\qquad\qquad\qquad\qquad\qquad\qquad$ **rd. 5,20 m**

Zuschlag für Rohrwinkel $\qquad\qquad\qquad$ **5 Stück**

---

[1] Der Preisunterschied stammt aus dem Hinzurechnen der Mauerhaken im zweiten Berechnungsbeispiel. Diese ließen sich bei der ersten Berechnungsart nicht einfügen.

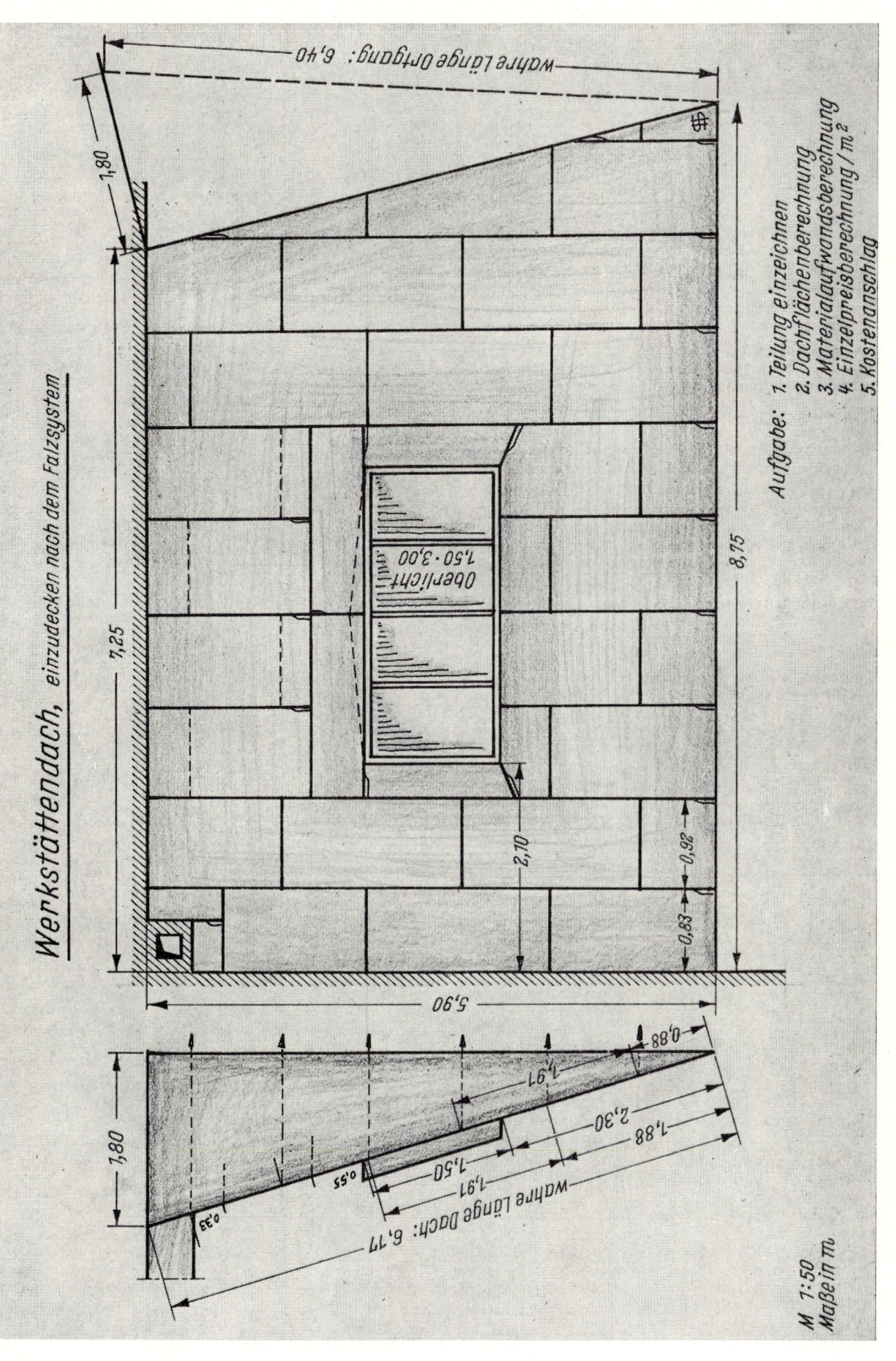

Werkstättendach, einzudecken nach dem Falzsystem

wahre Länge Ortgang: 6,40
1,80
7,25
8,75
Oberlicht 1,50 · 3,00
2,70
0,92
0,83
5,90

Aufgabe:
1. Teilung einzeichnen
2. Dachflächenberechnung
3. Materialaufwandsberechnung
4. Einzelpreisberechnung / m²
5. Kostenanschlag

M 1:50
Maße in m

1,80
0,33
0,55
1,50
1,91
1,91
2,30
1,88
0,88
wahre Länge Dach: 6,17

Elisenbrunnen, Aachen

II. Leistendächer

1. Allgemeines

Leistendächer bewähren sich schon seit vielen Jahrzehnten. Durch ihre Konstruktion gewähren sie den Metallen bei Temperaturschwankungen größte Bewegungsfreiheit. Man findet sie hauptsächlich in Gegenden, wo fast ausschließlich Zink zur Dachdeckung verwendet wird. Sie prägen mit ihrer charakteristischen Form oft das Bild einer Gegend, hauptsächlich in Küsten- und Industriegebieten.
Leisten profilieren eine Dachfläche wesentlich stärker als Falze. Aus architektonischen Gründen wird darum oft das Leistendach bevorzugt.
Auch bei modernen Falzdächern verwendet man Leisten zum Trennen großer Flächen.

2. Systeme

Im Laufe der Zeit haben sich drei Hauptsysteme durchgesetzt und bewährt:
1. Das belgische Leistensystem.
2. Das deutsche Leistensystem.
3. Das französische Leistensystem.

Die Anwendung der verschiedenen Deckarten ist gebietsmäßig verschieden. Wo sich eine bestimmte Ausführung eingebürgert hat, wird sie kaum gewechselt werden.
Nach DIN 18 339 sollen nur Leisten mit nach unten verjüngtem Querschnitt verwendet werden. Deswegen käme das französische System, bei dem die Leiste nach oben hin schmaler wird, für uns nicht zur Anwendung. Der Vollständigkeit wegen ist es jedoch im Skizzenblatt gezeigt, denn gerade in Frankreich werden ja die meisten Leistendächer gedeckt.
Die „klassischen Formen" der Systeme zeigt das Skizzenblatt:
Beim belgischen System ① erhalten die Scharen auf beiden Seiten eine Aufkantung von 35 mm, die in schneereichen Gegenden bei entsprechender Leistengröße auch höher gemacht wird. Die Holzleiste, die die Scharen voneinander trennt, hat folgende Standardmaße: Höhe 40 mm, obere Breite 40 mm, untere Breite 30 mm. Die Aufkantung an der Schar wird senkrecht ausgeführt, so verbleibt zwischen Holz und Blech ein Zwischenraum von 5 mm, der gut ausreicht, um die Dehnung nach der Scharenbreite aufzunehmen.

Die Scharen werden von Streifenhaften, die unter den Leisten durchgeführt werden, festgehalten. Der Haftabstand soll den Angaben entsprechen, wie sie beim Falzdach (Seite 66) gemacht wurden, die Haftbreite beträgt etwa 50 mm.
Zum Befestigen der Holzleiste setzt man die Nägel wechselweise schräg. Dadurch ist die Haftung auf der Schalung viel stabiler als bei senkrecht stehenden Nägeln.
Nach dem Verlegen der Scharen werden die Leistenkappen aufgesetzt. Sie sind beim belgischen System nach der herkömmlichen Art in die Streifenhafte eingehängt. Zuvor drückt man die Leistenkappe auf, ihre Unterkante wird auf den Haften angezeichnet, das überstehende Material abgeschnitten. Die fertig gekanteten Kappen werden dann eingeschoben.
Beim Abkanten der Leistenkappen muß die obere Fläche 8 bis 10 mm breiter sein als die der Holzleiste, damit alle darunter befindlichen Blechdicken bequem Platz haben.
Das deutsche System ② unterscheidet sich vom belgischen dadurch, daß die Holzleiste an der oberen Fläche angeschrägt ist. Ihre Grundmaße bleiben gleich: 40 x 40 / 30 mm. Die Decktafeln erhalten zusätzlich zur Aufkantung eine Einkantung von 10 bis 12 mm. Bei flachen Dächern kann die Befestigung der Scharen wie in der Skizze erfolgen: Mit etwa 150 mm langen und 1 mm dicken Blechstreifen werden die Scharen nur niedergehalten. Die Blechflächen bleiben auf diese Weise weitgehend spannungsfrei und liegen ohne Blasen. Das geht aber nur bei flachen Dächern, weil sonst die Gefahr des Abrutschens besteht. Sonst ist die Befestigung mit Streifenhaften zweckmäßiger, die unter der Holzleiste durchgeführt sind. Als Material dafür verwendet man verzinktes Stahlblech 0,63 mm.
Die Leistenkappe erhält in der Mitte einen leichen Knick, auf der einen Seite einen fertigen Falz zum Einhängen, auf der anderen Seite jedoch nur eine Abkantung, damit man über die Einkantung der Schar hinwegkommt. Erst dann wird dieser Falz geschlossen.
Statt dem Falz kann man die Leistenkappe auch mit einem Wulst auf beiden Seiten versehen. Der Materialbedarf für die Leistenkappe erhöht sich dabei aber um etwa 50%.
Die deutsche Dachdeckung erscheint fertig gedeckt wuchtiger, denn die Leistenkappe ist mit etwa 70 mm wesentlich breiter als bei der belgischen Deckung.
Die französische Deckart ③ erkennt man daran, daß die Holzleiste mit der Schmalseite nach oben liegt. Die Decktafeln

109

erhalten auf beiden Seiten eine Aufkantung von 35 mm. Die Befestigung erfolgt wie bei den vorherigen Deckungen mit Streifenhaften. Die Leistenkappe ist einfach und ohne Umschlag an der Unterkante. Besser ist aber ein Umschlag, da er die Kante versteift und beim Zusammensetzen der Kappen ein Einführen in diese möglich ist. Ursprünglich wurden die Kappen durch Schrauben mit Unterlegscheiben gehalten, über die zum Schluß ein Zinkbuckel gelötet wurde. Heute werden die einzelnen Stücke am oberen Ende durch einen Nagel gehalten, mit dem auch eine Feder oder ein Schuh befestigt ist. Das untere Ende der folgenden Kappe wird damit gehalten (im nächsten Skizzenblatt gezeigt).

Die Dreieckleiste ④ ist eine Deckform, die vornehmlich bei kleineren Flächen angewendet wird. Die Leistenkappe ist wesentlich schmaler als die der normalen Systeme. Es lassen sich nach dieser Deckungsart auch leicht geschwungene Flächen eindecken. Die Hafte sind wie bei den Falzdächern gehalten, je ein Flügel hält die Scharen fest.

Eine Kombination zwischen der belgischen und deutschen Deckart zeigt Skizze ⑤. Man verwendet sie gerne als First- und Gratleiste. Wenn sie mind. 15 mm höher als die anderen Leisten ist, lassen sich die Leistenkappen der Scharen unter den Vorsprung führen und von der Kappe dieser Leiste erfassen. Auch bei Falzdächern verwenden wir diese Form zum Trennen großer Flächen an Firsten und Graten.

Neben diesen Deckarten und Leistenformen für normale und große Dachflächen zeigt das Skizzenblatt weitere Formen von Leistenverbindungen. Sie sind für kleine Dachflächen, die auch eine geschwungene Form haben können, geeignet. Normalleisten würden hier zu wuchtig aussehen. Das Prinzip ist das gleiche wie bei den Normaldeckungen, lediglich die Holzleiste fehlt. Darum muß man beim Verlegen darauf achten, daß die Scharen mit einem Zwischenraum von mindestens 3 mm versehen sind, damit die Dehnung nach der Scharenbreite aufgefangen werden kann. Sonst kommt es zu häßlichen Blasenbildungen, die um so schlimmer sind, weil solche Kleindächer als Vordächer oder Erker usw. meistens eingesehen werden können.

Die Deckung ⑬ ist verlegt wie das belgische System, ㉙ zeigt die Grundformen der deutschen Deckart. Zur Befestigung der Scharen werden die Flügelhafte des Falzdachs verwendet. Skizze ⑥ zeigt die Überdeckung der Scharenstöße durch einen Wulst. Dieser wird beidseitig nur soweit angerundet, daß der Zwischenraum verbleibt, um ihn am Bau über die Schareneinkantungen drücken zu können. Erst dann wird er mit einer breitmauligen Deckzange zugedrückt.

Einfachste Verbindungen, beispielsweise gut geeignet für Abdeckungen von Schaufenstervitrinen unter Gebäuden, also für Stellen, wo normalerweise kaum Wasser hinkommt, zeigen die Skizzen ⑦. Die Aufkantungen sind spitzwinklig gestellt, sie sind überdeckt durch runde oder eckige Rohrprofile. Mit einer Ziehvorrichtung kann man sich die Herstellung erleichtern. Die Flügelhafte zur Befestigung müssen breiter als bei Falzdächern sein.

Skizze ⑧ zeigt eine sehr gut aussehende Deckungsart für Scharenlängen bis zur Größe des im Betrieb vorhandenen Wulststabes. Da die Verbindungsstellen ausschließlich mit Maschinen gerichtet sind, ergibt sich eine saubere, glatte Deckung. Die Decktafeln erhalten auf der einen Seite eine breitere Aufkantung, an die später der Wulst nach außen hin gedreht wird. Die andere Seite erhält eine Auf- und Einkantung, hier werden die Scharen befestigt – die folgende Decktafel wird einfach darübergedreht. Wandverkleidungen und Mauerabdeckungen können so leicht und schnell hergestellt werden. Größere Längen sind allerdings nicht zu empfehlen, da es an den Nahtstellen der Wulste leicht zu Verwerfungen kommt, die unschön aussehen.

Westfalenhalle, Dortmund, Leistendeckung aus Aluminium

Belgische Deckart

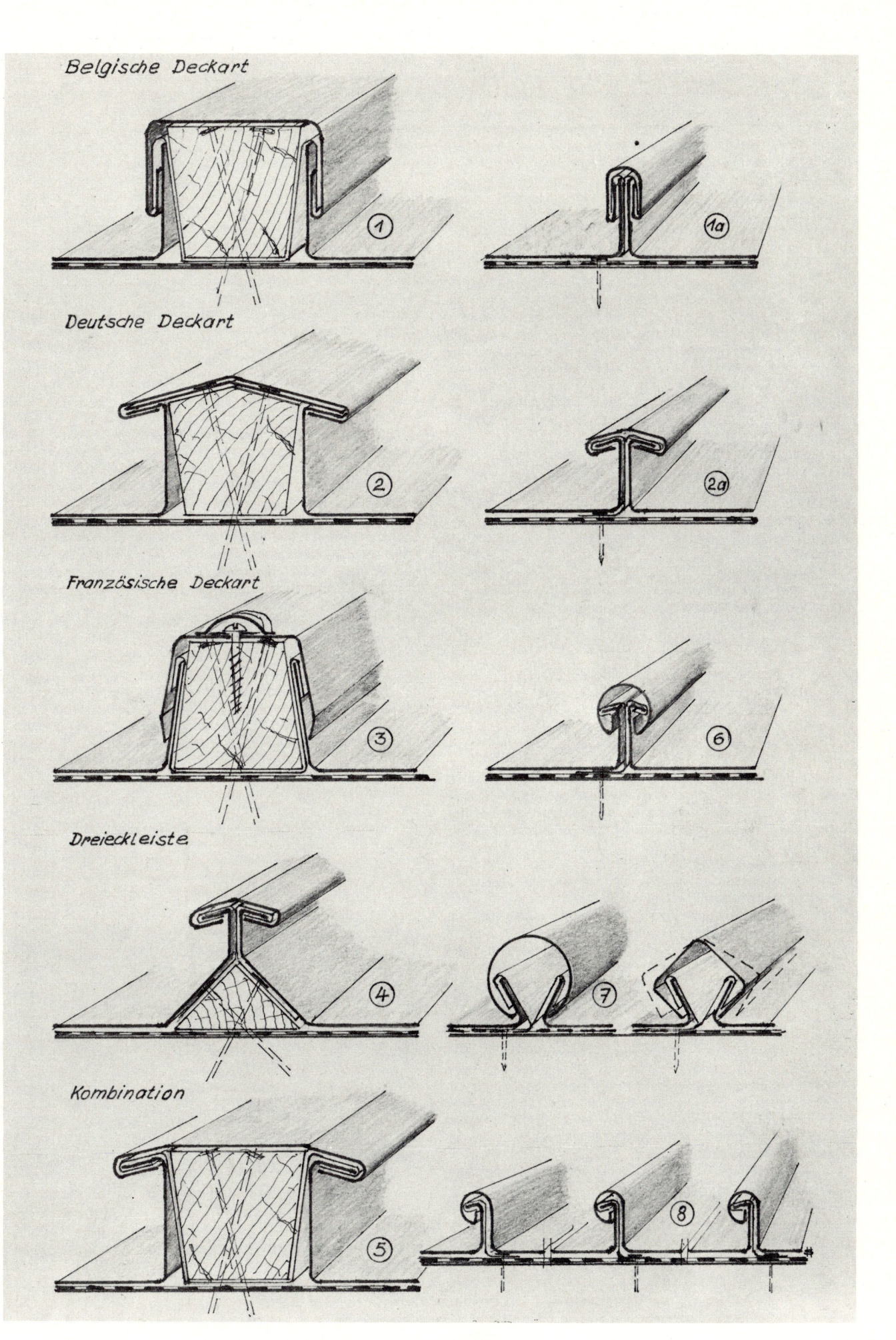

Deutsche Deckart

Französische Deckart

Dreieckleiste

Kombination

3. Dehnungsmöglichkeiten der Scharenlänge

Während die Dehnung der Scharenbreite an den Zwischenräumen der Leiste berücksichtigt ist, muß man der Dehnung nach der Länge der Scharen ganz besondere Beachtung schenken. Was im ersten Fall einen oder zwei Millimeter ausmacht, wirkt sich nach der Länge der Scharen viel stärker aus. Besonders, wo es sich bei Leistendächern um Material handelt, das ohnehin schon einen großen Ausdehnungskoeffizienten besitzt. Die Qualität der Leistendeckung steht und fällt mit der Dilatationsmöglichkeit der Scharen.

Bei Scharenlängen bis zu 5 m genügt die Dehnungsmöglichkeit an der Traufe ①. Der Vorsprung des Traufbleches und die Umkantung der Scharen müssen mindestens 30 mm breit sein. Beim Verlegen bzw. beim Umkanten an der Traufe müssen die Jahreszeit und die Temperatur beachtet werden. Bei warmer und heißer Witterung muß zwischen der Vorderkante des Vorsprungs am Traufblech und der Umkantung an den Scharen ein Zwischenraum verbleiben, damit sich die Scharen beim Abkühlen zusammenziehen können. Wo dies nicht ermöglicht wird, kann durch das Zusammenziehen die Umkantung der Traufe aufgebogen werden. Ein Aufreißen der Dachhaut bei Windböen ist die Folge. Die nötigen Zwischenräume sind in der Skizze durch Pfeile gekennzeichnet.

Zum Umbiegen der Traufkante in der warmen Jahreszeit verwendet man ein Schablonenblech aus 1-mm-Material ⓐ. Die Vorderkante dieses Bleches stößt je nach Erfordernis 5 bis 10 mm weiter nach vorn als die Kante des Traufblechs. Die Umkantung an der Schablone ist so lang, daß sie hinten an das Traufblech stößt; damit wird ein gleichmäßiger Abstand an der Traufkante erreicht.

Bei Scharenlängen über 5 m muß neben der Dehnungsmöglichkeit an der Traufe eine weitere Dehnung innerhalb der Scharen geschaffen werden. Große Längen gleiten nämlich nicht leicht auf der Unterlage, sie würden vielmehr Wellen innerhalb der Schar bilden. Auch ist die Gefahr des Aushängens an der Traufe gegeben.

Bei Dächern mit einer Neigung von über 30° erhält man diese weitere Dehnungsmöglichkeit durch einen einfachen Falz mit etwa 40 mm Breite ②. Während der untere Teil der Schar an dieser Stelle durch mehrere Hafte gehalten wird und zur Traufe hin arbeitet, kann der obere Teil sich hier ausgleichen und bewegen.

In diesen Fällen muß eine gewisse Sicherheitshöhe eingehalten werden. Sie beträgt normal 35 mm, entsprechend den Aufkantungen an jeder Seite der Scharen. Würde das Wasser höher steigen, liefe es auch an den Leisten unter das Dach. Aus diesem Grunde kann man den einfachen Falz nicht bei flachen Dächern verwenden. Um die Sicherheitshöhe zu erhalten, muß der obere Teil der Schar den unteren entsprechend überdecken. Je flacher das Dach, desto größer ist auch die Überdeckung. Diese Art der Dehnungsermöglichung bezeichnen wir mit Zusatzfalz ③. Auf den unteren Teil der Schar werden drei Haftstreifen aufgelötet, bei Aluminium aufgenietet, die etwa 200 mm lang sind. Ein durchgehender Haftstreifen ist nicht zweckvoll, weil etwa eindringendes Wasser nicht mehr oder nur schlecht ablaufen könnte. Die Arbeitsweise der Scharen am Zusatzfalz ist die gleiche wie beim einfachen Falz.

Beim Zusatzfalz wird jedoch beim Flacherwerden des Daches einmal ein Punkt erreicht, an dem die Überdeckung so groß werden müßte, daß es unwirtschaftlich und nicht mehr zu vertreten wäre. Auch würden diese Stellen auf dem Dach unschön aussehen, weil sie sich im Laufe der Zeit durchdrücken. Darum ist es in solchen Fällen besser, die beste Art der Dehnungsmöglichkeiten einzubauen, nämlich eine Gefällestufe oder Abtreppung, wie sie andernorts genannt wird.

An vorhandenen Dächern läßt sich diese Stufe durch Aufschiften nachträglich einbauen. Auf die Sparren kommen Schieblinge (Holzkeile), auf die dann die Schalung verlegt wird ④. Die Keile müssen so lang sein, daß auf dem angehobenen Stück noch ein genügendes Gefälle erreicht wird.

Der untere Teil der Schar schließt an die Stufe wie bei einem Maueranschluß an (siehe nächstes Skizzenblatt). Die Stufe muß mindestens 15 mm höher als die Höhe der verwendeten Holzleisten sein. Nur so ist es möglich, auch die Leistenkappe unter die Traufe des oberen Teiles der Schar zu bringen. Als Zugabe an die Schar kommen die Höhe der Stufe und mindestens 30 mm für die Traufbildung. Vor dem Einhängen der oberen Schar ist es gut, wenn man auf der ganzen Länge der Abtreppung einen Traufstreifen anbringt. Damit wird diese Traufkante stabiler, und wir erfüllen damit die Forderung der DIN-Norm, welche an flachen Dächern einen Traufstreifen mit mindestens 200 mm Breite vorschreibt. Der Anschluß der oberen Scharen erfolgt dann wie bei der Traufe an der Dachrinne.

Die Stufe, die man durch Aufschiften erhält, ist noch nicht die Vollendung. Denn auf der Dachfläche bleibt der Keil sichtbar. Die ideale Lösung für Dächer mit langen Scharen ist die Stufe, die bereits in der Dachkonstruktion vorgesehen ist ⑤. Allerdings muß sich der ausführende Handwerker früh genug mit dem Bauherrn und dem Architekten ins Benehmen setzen. Dann lassen sich auch die Stufe oder die Stufen einwandfrei in das Bild der Dachfläche einfügen. Dabei ist es besser, eine Stufe mehr als eine zuwenig einzusetzen. Um so sicherer wird man die Fläche dicht verlegen können. In Frankreich sieht man sehr gute Beispiele, die bereits alle 2,50 m eine Stufe besitzen und mit vorgefertigten Bauteilen abgedeckt werden.

Die Skizze ⑥ zeigt die Fixierung der Scharen an der Firstleiste. Um zu verhindern, daß die Scharen abrutschen (gestrichelte Linie), werden an jede Schar zwei Hafte angelötet bzw. angenietet und bevor die Firstleiste aufgesetzt wird, durch Falze ineinandergehängt. Die Firstleiste wird an diesen Stellen etwas ausgespart und zum Schluß aufgesetzt.

Den Stoß einer Leistenkappe zeigt Skizze ⑦. Um das Abrutschen zu verhindern, erhält die Kappe am oberen Ende einen Nagel, mit dem zugleich eine Feder befestigt wird. Man überdeckt mindestens 50 mm und läßt die Naht ungelötet. Diese Feder verhindert auch das Abrutschen, wo das letzte Stück der Abdeckung an der Oberkante nicht mehr genagelt werden kann, und hält weiter die Blechkappe auf der Holzleiste fest, wenn auf einen Umschlag an der Unterkante verzichtet wurde. Für die Federn wird ein verzinnter, halbharter Kupferstreifen 0,8 mm empfohlen. Die Verzinnung verhindert die Kontaktkorrosion, das Kupferblech ist federnd genug, um das Blech festzuhalten. Wo der Streifen unter dem Blech heraustritt, wird er um einen Nagel herumgebogen, auf die passende Länge geschnitten und angeklopft.

Dehnungsmöglichkeit in der Scharenlänge durch Aufschiftung (hier an einem Stehfalzdach).

Dehnungsmöglichkeiten nach der Scharenlänge

① An der Traufe — mind. 30, 30

①a Abstandsschablone — Stahlblech 1 mm

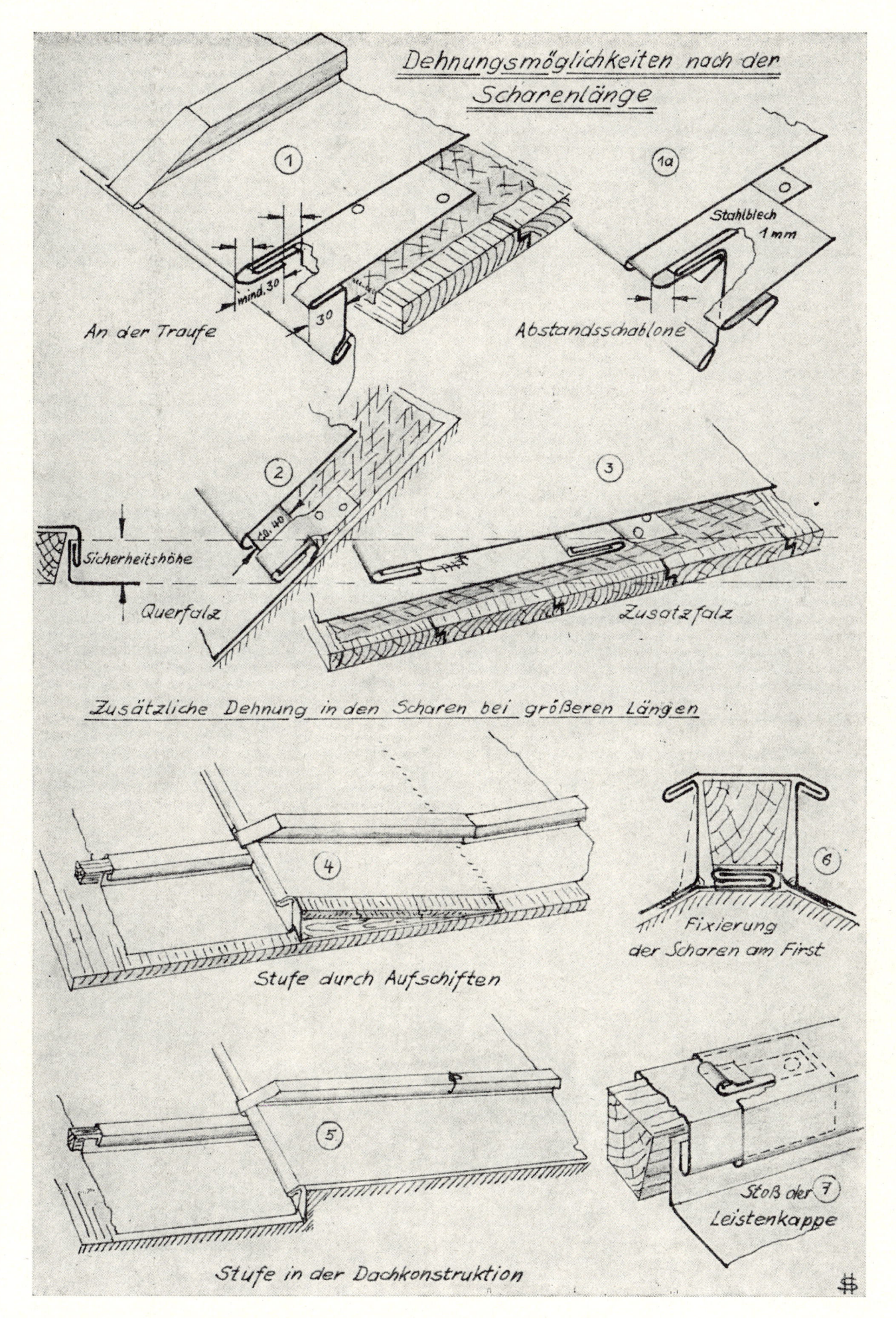

② Querfalz — Sicherheitshöhe, 40·40

③ Zusatzfalz

Zusätzliche Dehnung in den Scharen bei größeren Längen

④ Stufe durch Aufschiften

⑤ Stufe in der Dachkonstruktion

⑥ Fixierung der Scharen am First

⑦ Stoß oder Leistenkappe

4. Leistenanschlüsse

Das Heranführen der Leisten mit den Leistenkappen an den Traufpunkt ist nicht ganz einfach. Um saubere und gleichmäßige Anschlüsse zu erhalten, bedarf es eines geschickten Handwerkers. Jede Deckart braucht entsprechend ihrer Konstruktion eine andere Ausführung. Die Skizzen zeigen bewährte Anschlüsse für das deutsche und belgische System.

Skizze ① zeigt das Leistenende der deutschen Deckung und den Anschluß an die Traufe. Die Holzleiste ist unter einem Winkel von 30°, höchstens 45° abgeschrägt. Man soll an der, auch vom Erdboden aus sichtbaren Traufkante, die kräftigen Unterbrechungen durch die Leisten nicht sehen. Entsprechend werden schon die Scharen vorbereitet. In der Skizze wurde von der herkömmlichen Ausführung abgewichen. Die Aufkantung schwenkt von der Stelle, wo sich die Leiste zur Traufe hin absenkt, um 20 bis 25 mm zur Scharenmitte hin. Dadurch wird das Wasser, das entlang der Aufkantung läuft, unter dem Falz, gebildet durch die Leistenkappe, herausgeleitet und kann frei ablaufen. Am Punkt, wo die Aufkantung diese Schwenkung beginnt, entsteht eine kleine Quetschfalte. Diese wird oben am Falz ausgeschnitten. Die Aufkantung wird jetzt auf die schräg abfallende Leiste gelegt und zum Schluß der Falz so gebogen und beschnitten, daß seine Außenkante in der gleichen Breite weiterläuft wie entlang der Leisten. Die Leistenkappe wird über die Schräge heruntergeführt und um die Traufkante herumgebogen.

Wir verhindern mit dieser Ausführung die Bildung von Schmutzecken und Feuchtigkeitsnestern, die sonst unter dem Falz der Leistenkappe an der Traufkante zu frühzeitigen Schäden führen könnten. Nach einigen Versuchen hat man sich auf die gezeigte Ausführung eingestellt, die wirklich vorteilhafter ist.

Beim belgischen System ② werden die Holzleisten angeschrägt wie zuvor. Die einfachen Aufkantungen der Scharen werden über diese Schräge niedergelegt und überlappen sich einige Zentimeter. Diese Überlappung darf auf keinen Fall gelötet werden, denn damit würde die Dilatation gestoppt. Das Material muß beim Niederlegen kräftig geschweift werden, sonst entstehen Spannungen, die beim Umschlag um das Traufblech zu Rissen führen können. Die Leistenkappe wird an der Schräge entsprechend angeschnitten. Um sie nach unten knicken zu können, muß man sie entweder einschneiden und später verlöten, am Knickpunkt mit einer Falte versehen oder nach dem englischen Musterbeispiel herstellen.

An den Leistenenden besteht die Gefahr, daß durch Stauungen bei Sturmböen oder Eisbildung leicht Wasser eindringen kann. Dies würde zwar nur das Holz durchnässen, weil das Traufblech darunterliegt. Solche Feuchtigkeit im Holz tut auch dem Blech von unten her nicht gut, darum wird man bei einer soliden Arbeit vor dem Verlegen der Scharen auf jedes Leistenende einen Leistenschuh setzen ③. Diese Schuhe können serienmäßig in der Werkstatt vorgefertigt werden, da sie für beide Systeme gleich sind.

Als Giebelabschluß oder Ortgang setzt man grundsätzlich eine Leiste ④. Statt der nur einseitig angeschrägten Ortgangleiste kann auch eine Scharenleiste verwendet werden. Die Leistenkappe wird in einem Stück zur Abtropfkante heruntergezogen, sie bildet eine glatte Sichtfläche. Hat das Dach am Giebel keinen Vorsprung, wird die Unterkante herausgebogen.

Den Wandanschluß für das belgische System zeigt Skizze ⑤. Die Scharen erhalten an der Aufkantungen Quetschfalten, die hinter dem oberen Holzleistenende liegen. Über dieser Falte wird eingeschnitten und ein Falz angebogen ⓐ. Beim belgischen System ist auch das Falzanbiegen nach ⓑ möglich. Die Leistenkappe wird bis zur Mauer geführt, das Ende mit einem Bördel nach oben versehen. An der Maueraufkantung wird ein Schieber über die Falze geschoben. Er ist unten nach dem Kappenprofil ausgeschnitten und gebördelt. Schieber und Kappe werden miteinander verlötet.

Für den Wandanschluß des deutschen Systems wird man ebenso verfahren.

Für den Anschluß von Scharen und Leisten an eine Stufe in der Dachfläche verzichtet man auf den Falz für den Schieber. Man läßt das Blech wie in Skizze ⓑ stehen. Das Kopfstück der Kappe wird jetzt aber breiter ausgeführt. Es wird auf die Leistenkappe gelötet und erhält oben eine 30 mm breite Vorkantung für die Traufe der darüberliegenden Dachfläche ⓒ.

Eine sehr praktische Art von Leistenkappenanschlüssen zeigen die Skizzen und Abb. im Textteil, die freundlicherweise von der Zinkberatung zur Verfügung gestellt wurden; diese Methode kommt aus England und macht eine Lötung an diesen Stellen überflüssig. Für die Traufe wird das Ende der Kappe in einem Formblock gefaltet und niedergeschlagen. Die Leiste wird in diesem Falle auf 45° oder 60° angeschrägt. Ähnlich wird am oberen Ende gearbeitet. Durch das Falten des Blechs wird Material gewonnen, das man zur Überbrückung von der Seitenkante der Aufkantung zur Unterkante der Leistenkappe braucht. Nach einigem Üben wird man feststellen, daß die Arbeitszeiten für die Herstellung solcher Anschlüsse wesentlich verringert werden.

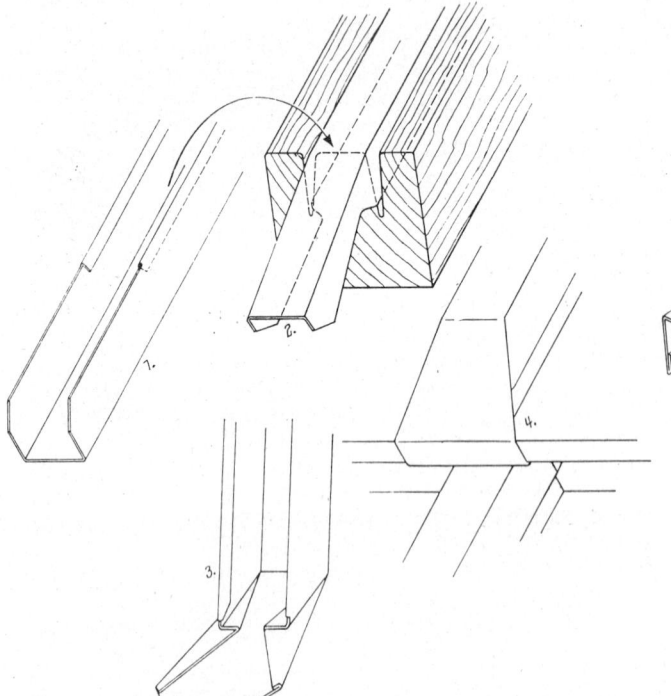

Ausarbeitung der Leistenkappe am Scharenfuß mit Hilfe eines Formblocks

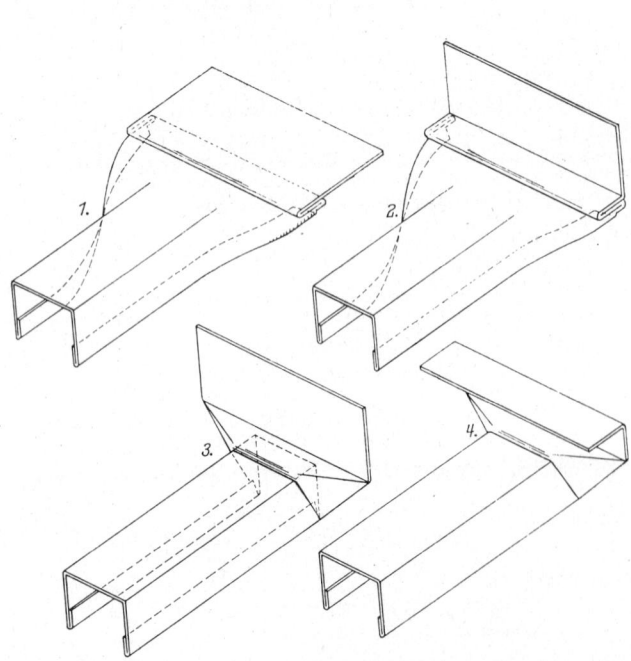

Arbeitsgänge bei der Herstellung des Anschlußstücks eines Leistendeckels

① Deutsche Deckung   ② Belgische Deckung

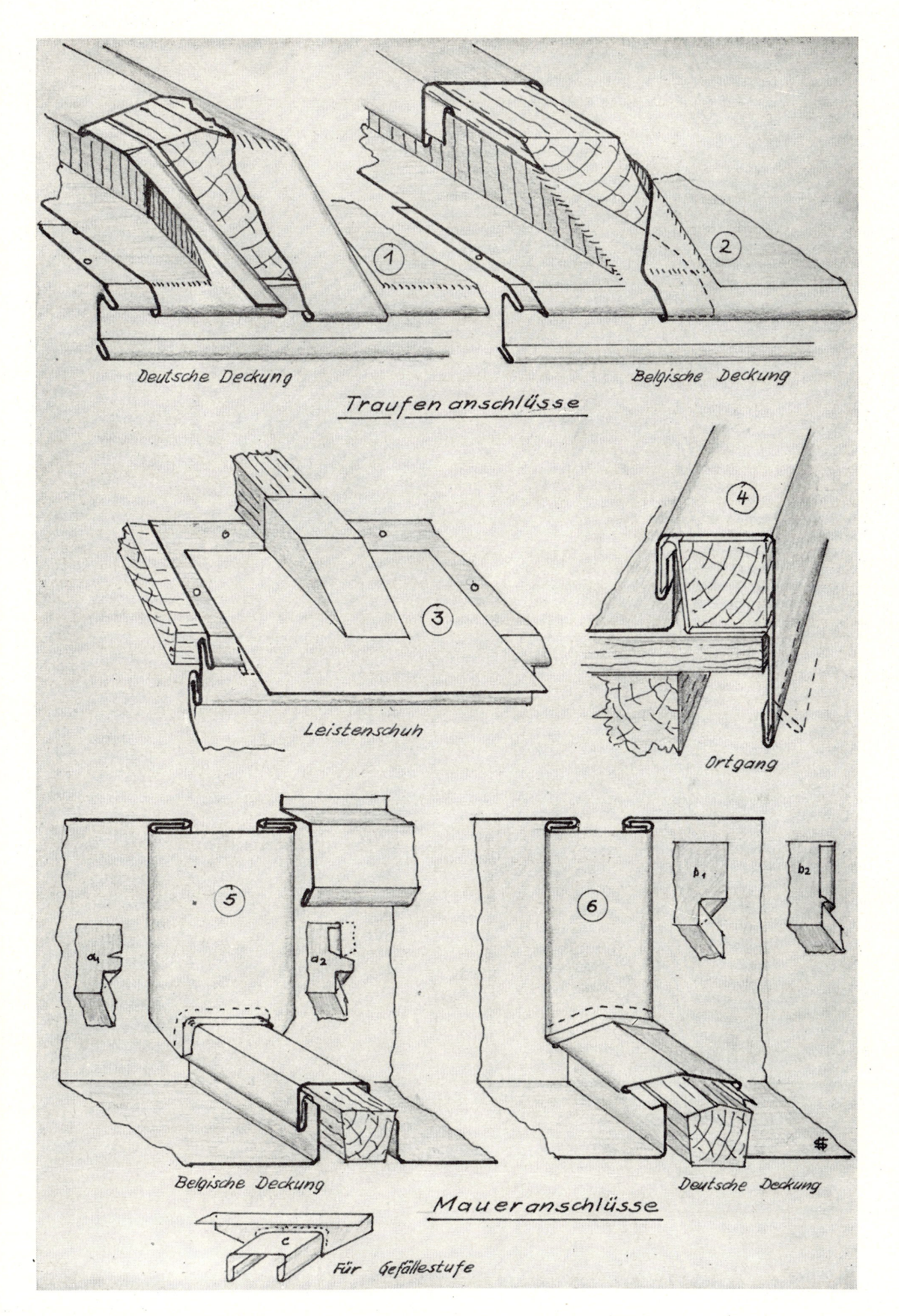

Traufenanschlüsse

③ Leistenschuh   ④ Ortgang

⑤ Belgische Deckung   ⑥ Deutsche Deckung

Maueranschlüsse

Für Gefällestufe

5. Kehlen

Besonders kritische Punkte bei den Leistendeckungen sind die Kehlen. Da sie, wie ja bekannt ist, das geringste Gefälle der Dachfläche haben, da die Anschlüsse im Normalfall nur durch einen einfachen Falz hergestellt werden, müssen bei flachen Dächern entsprechende Vorkehrungen getroffen werden, um einmal dicht zu verlegen, zum anderen die Dehnung der Flächen sicherzustellen.

Nur bei Dächern mit einer Neigung von über 30° wird man darum die Kehle mit einem einfachen Falz an die Flächen anschließen können. Als Zuschnitt wird die Tafel- oder Bandbreite genommen. Der angebogene Falz mit mindestens 40 mm Breite wird mit einem Falzschutzstreifen abgedeckt. Er verhindert bei weichem Material ein Zusammendrücken des Falzes beim Begehen und verstärkt den Einhang der hier einmündenden Scharen. Verzinktes Stahlblech, 1 mm dick, erfüllt am besten den Zweck ②a.

Bei etwas flacheren Dächern kann man sich auch mit einem Zusatzfalz helfen. Entsprechend der nötigen Überdeckung werden Einhängestreifen, die mit Abständen verlegt werden, benutzt. Die Scharen werden hier eingehängt; wir erhalten so die gleiche Sicherheit wie bei den zusätzlichen Dehnungseinrichtungen innerhalb der Scharen ②b.

Am besten und sichersten ist jedoch die tiefergelegte Kehle ①. Selbst wenn man nur um die Dicke der Schalbretter vertiefen kann, erhält die Kehle bei einem Zuschnitt von 500 mm einen Füllquerschnitt, der größer als der einer sechsteiligen, halbrunden Dachrinne ist. Das Wasser läuft durch das Gefälle schnell ab. Der Anschluß der Scharen ist einfacher. Er erfolgt wie an den Traufen. Die Leistenenden, die in einem schrägen Winkel an diese Kante anschließen, müssen entsprechend gerichtet werden. Vernünftigerweise wird man vor dem Einhängen der Scharen ein Traufblech anbringen. Der Mehraufwand an Material, der an diesen Stellen durch die solide Ausführung eintritt, muß beim Berechnen der Maßverluste berücksichtigt werden.

Bei der Einmündung der Kehle in die Dachrinne darf man nicht einschneiden, um die Umkantung am Traufblech herzustellen. Vielmehr schneidet man im Wasserlauf rund und läßt den Bördel senkrecht nach unten stehen. An diesem Abtropfpunkt wird sich kein Wasser zurückziehen können (Skizze).

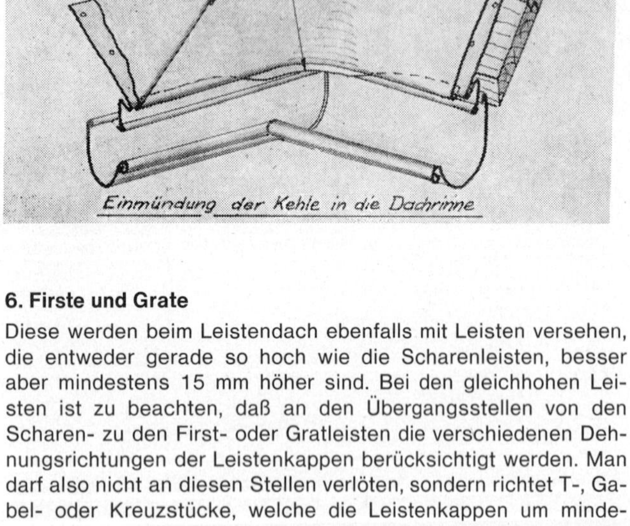

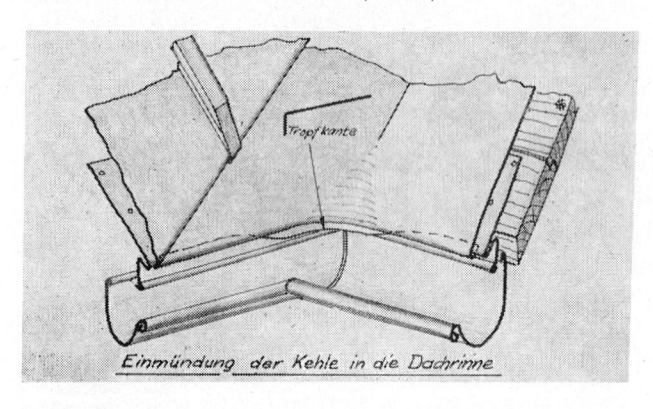

6. Firste und Grate

Diese werden beim Leistendach ebenfalls mit Leisten versehen, die entweder gerade so hoch wie die Scharenleisten, besser aber mindestens 15 mm höher sind. Bei den gleichhohen Leisten ist zu beachten, daß an den Übergangsstellen von den Scharen- zu den First- oder Gratleisten die verschiedenen Dehnungsrichtungen der Leistenkappen berücksichtigt werden. Man darf also nicht an diesen Stellen verlöten, sondern richtet T-, Gabel- oder Kreuzstücke, welche die Leistenkappen um mindestens 50 mm überdecken (③ und ④). Die Kanten dieser Stücke müssen angereift sein und gut anliegen, dann wird kein Wasser eindringen. An den Eckpunkten werden sie rund geschnitten und können so gerichtet sein wie die Kehle beim Einlauf in die Dachrinne.

Wenn die Grat- und Firstleisten höher sind, läßt sich ein tadelloser Anschluß herstellen, da auch die Enden der Leistenkappen von der Kappe der höheren Leiste erfaßt werden. Die Dehnung ist nach allen Richtungen vollkommen sichergestellt (Skizzen ⑤, ⑥ und ⑧). Durch die größeren Leisten an Firsten und Graten erfolgt eine Betonung der Dachform.

Bei einfachen Leistenausführungen kann auch auf die Holzleiste verzichtet werden ⑧.

Bei ganz flachen Dächern und kurzen Scharenlängen, z. B. Vordächer, kann man auf die Firstleiste verzichten ⑦. An den Knickstellen muß man die Aufkantungen der Scharen schweifen.

Zusammenführung von Grat- und Firstleiste und Anschluß der Scharenleisten an First und Grat. Die Firstleisten sind nicht entlüftet; daher sind die Lüftungshauben notwendig.

7. Schornsteine und ähnliche Anschlüsse

Diese Anschlüsse sind bei Zinkdächern einfach herzustellen. Die Aufkantungen werden rund ausgeführt, an den Ecken werden entsprechende Nahtzugaben gemacht. Sie werden mit einer sauberen Baunaht geschlossen. Zwischen der Aufkantung und dem Schornstein muß rundum ein Zwischenraum von etwa 10 mm vorhanden sein, um Dehnungsspannungen zu vermeiden. Sonst kommt es an den gelöteten Stellen im Laufe der Zeit zu Rißbildungen.

Verwenden wir Aluminium, Kupfer oder verzinktes Stahlblech, so werden die Schornsteinecken wie beim Falzdach ausgeführt. Die Eckfalze laufen an die Scharenleisten, werden dort aufgebogen und zum Schluß mit der Leistenkappe überdeckt. Eine weitere Möglichkeit wäre das Vernieten der Nähte mittels Zugnieten und Nietzange und anschließender Lötung.

Sinngemäß gilt das auch für die Anschlüsse an Oberlichte, Aussteigluken und ähnliche Dachdurchbrüche.

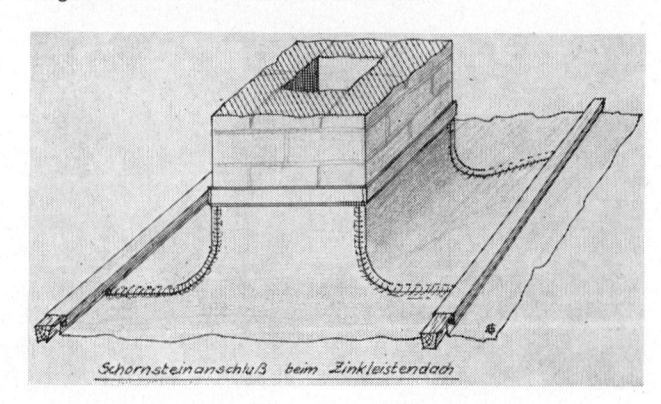

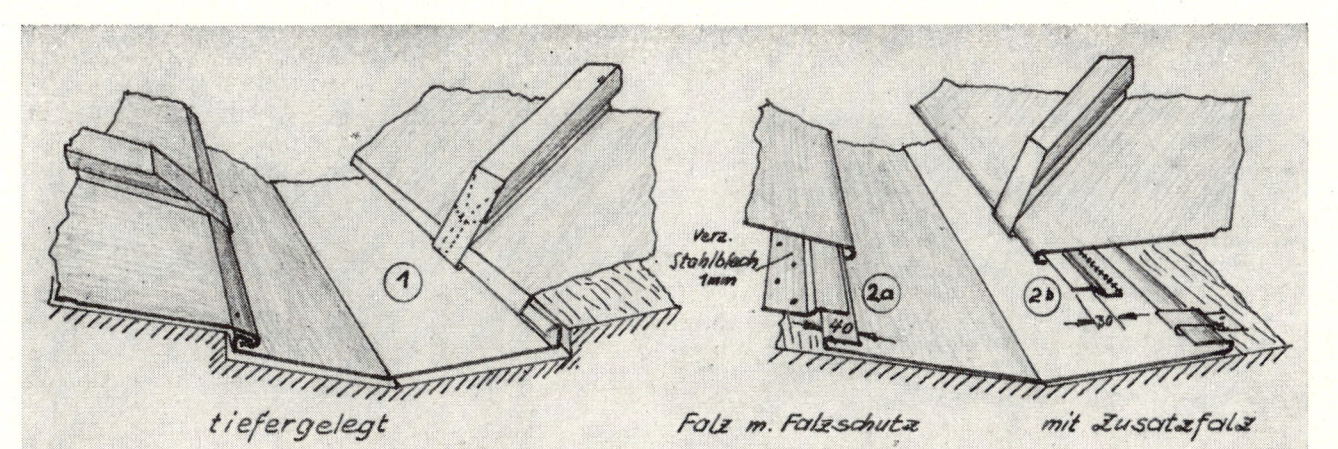

tiefergelegt   Falz m. Falzschutz   mit Zusatzfalz

Kehlen im Leistendach

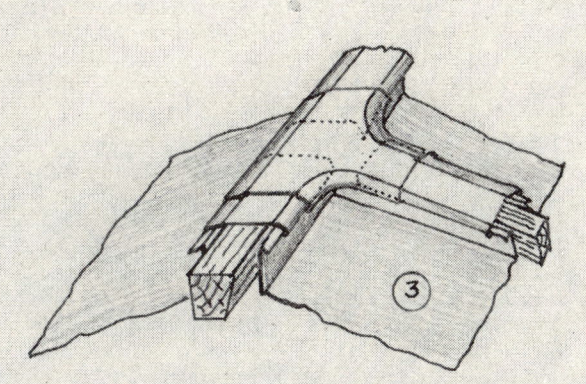

T- bzw. Kreuzkappen bei gleichhohen Leisten

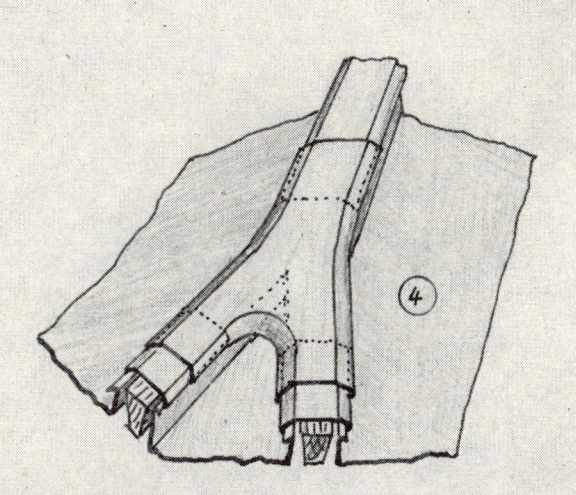

Firste und Grate

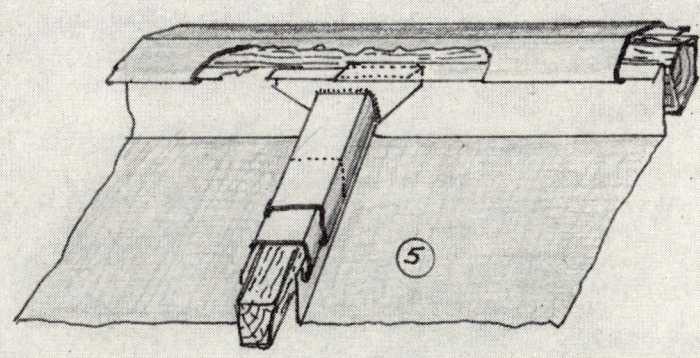

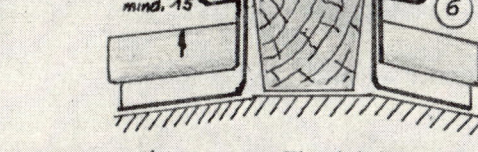

Anschluß bei höheren Firstleisten

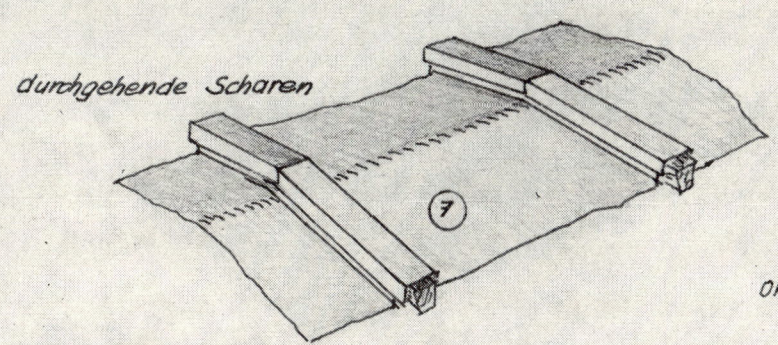

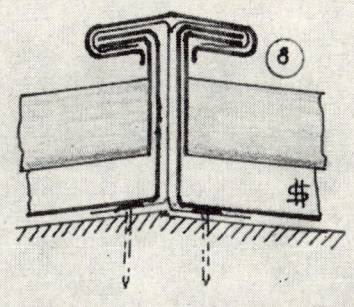

durchgehende Scharen

Ohne Firstleiste für Kleindächer

8. Sondersysteme

Zur Ergänzung der bekannten Deckarten mit Leisten werden in diesem Skizzenblatt zwei Systeme gezeigt, die mit der Leistendeckung verwandt sind, doch wohl nur in einigen Sonderfällen zur Anwendung kommen. Sie setzen von vornherein eine entsprechende Dachkonstruktion voraus; der ausführende Handwerker muß schon beim Planungsentwurf gehört werden.

Das Rinnchensystem verwendet statt der Holzleisten kleine Rinnen, die mit Scharenabstand in der Dachfläche eingelassen sind. Wo eine Dachfläche begangen wird, bietet diese Deckungsart unbestreitbare Vorteile. Die Rinnchen, die in flacher und tiefer Ausführung (Skizzen oben) gebaut werden, sollen nicht zur Wasserableitung dienen, sondern ihr eigentlicher Zweck ist die Ermöglichung der Dehnung für die Breite der Scharen.

Die flache Ausführung verwendet Rinnchen mit 80 bis 100 mm Breite und 20 bis 30 mm Tiefe. Bei der tiefen Ausführung haben wir eine Breite von 50 bis 60 mm und eine Tiefe von 40 mm.
Bei der Verlegung ist zunächst darauf zu achten, daß die Dachrinne um die Rinnchentiefe tiefer gehängt wird, um diese anschließen zu können. Das Traufblech wird zusammen mit den Rinnchen zuerst verlegt. Diese Bleche darf man nur überdecken, aber nicht verlöten, damit sie zwischen den Rinnchen arbeiten können. Die Enden der Rinnchen werden über das Traufblech gebördelt und mit ihm verlötet (Mitte links). Das ganze Traufblech wird durch die Scharen überdeckt. Am Austritt der Rinnchen wird die Traufe der Scharen so ausgeschnitten, daß das Wasser ohne Behinderung auslaufen kann (Mitte links).
Die Scharen werden um den Einhang der Rinnchen herumgebogen und angereift. Bei der flachen Ausführung hat man besseres Arbeiten hierfür, aber das Schließblech, das zum Schluß eingeschoben wird, braucht die gewölbte Form und stärkeres Blech, damit es nicht niedergetreten wird. Bei der tiefen Ausführung ist dies weniger möglich, doch ist hier der Anschluß der Scharen an die schmalen Rinnchen etwas umständlicher.

Die Herstellung von Mauer- und ähnlichen Anschlüssen zeigt die Skizze Mitte rechts. Ein guter Handwerker wird sie gerade so fertigbringen wie die Anschlüsse der Leistendächer. Die ganze Arbeit ist etwas umständlicher als bei Leistendeckungen, sie ist durch die tieferliegenden Rinnen auch störanfälliger.

Das Stufensystem (unten links) hat querliegende Scharen. Sie sind also parallel zur Traufe verlegt und eignen sich besonders zur Abdeckung von Rundbauten wie Pavillons u. ä. Ihr bedeutendstes Anwendungsbeispiel hat diese Deckung bei der Westfalenhalle in Dortmund gefunden, wo rd. 9000 m² im kombinierten Leisten- und Stufensystem mit Aluminium gedeckt sind. Man wird über Scharenlängen von 8 bis 10 m nicht hinausgehen, sondern die Scharen dort mit einer Leiste unterbrechen. Dabei beachtet man die Dehnung der langen Scharen und läßt bei diesen Anschlüssen entsprechend Platz zwischen Leiste und Aufkantung.

Die Stufen müssen mindestens 40 mm hoch sein, der Vorsprung für die Traufe an den Stufen mindestens 30 mm. Die Trennleisten müssen die Oberkante der Stufen um mindestens 40 mm überragen, dann läßt sich auch der Anschluß an diesen Stellen leicht herstellen (unten rechts).

Auf weitere Detailpunkte wurde verzichtet. Wenn die früher beschriebenen Dachdeckungen in ihren Details beherrscht werden, ist es auch in diesem Falle leicht, den passenden Anschluß herzustellen.

Dachdetails der Westfalenhalle.

Treppenförmige Abdeckung auf dem mittleren Teil des Daches.

Dachanschluß bei einer Entlüftungshaube.

Rinnchensysteme

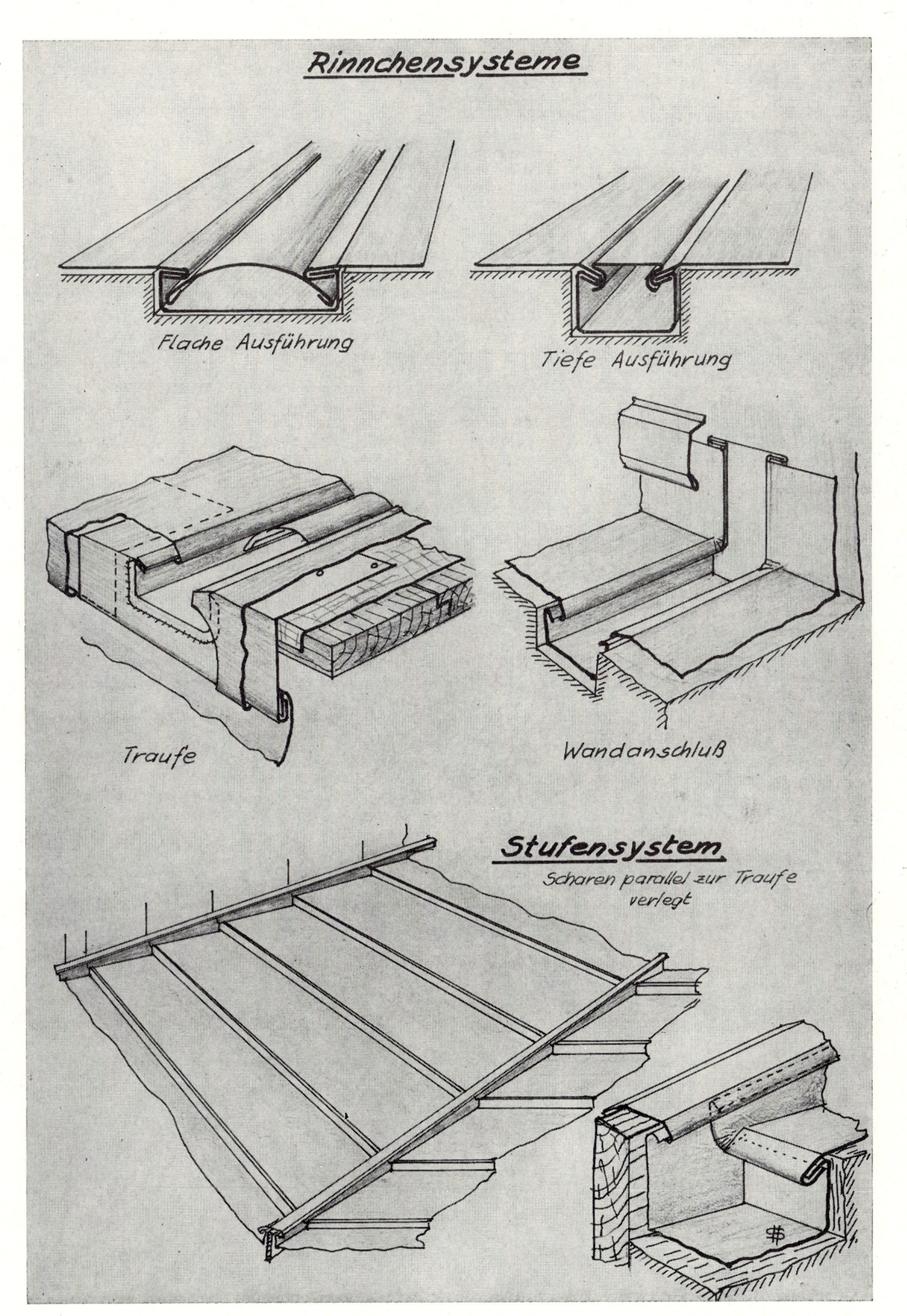

Flache Ausführung

Tiefe Ausführung

Traufe

Wandanschluß

Stufensystem
Scharen parallel zur Traufe verlegt

9. Berechnung der Eindeckverluste

Wie die Einfalzverluste beim Falzdach, so müssen die Eindeckverluste beim Leistendach ermittelt werden. Die Norm sieht für Aufmaß und Abrechnung nur die zu deckende Fläche ohne Rücksicht auf die Überdeckungen an Lötnähten, Falzen oder anderen Verbindungsstellen vor.

Im Gegensatz zum Falzdach ist zu beachten, daß auch die Leisten eine bestimmte Fläche abdecken. Die Deckflächen und Verluste betreffen sowohl die Scharen als auch die Leisten.

Die Berechnung wird in zwei Beispielen gezeigt:

a) Belgische Deckart:

Tafelgröße	2,00 · 1,00	= 2,00 m²
Aufkantungen (2 × 35 mm)		0,07
Überdeckung (Nahtbreite)		0,03
Deckmaß	1,97 · 0,93	= 1,83 m²
Eindeckverlust an der Tafel		= 0,17 m²
Zuschnitt d. Leistenkappe	2,00 · 0,125	= 0,25 m²
Deckfläche d. Leistenkappe	1,97 · 0,045	= 0,09 m²
Eindeckverlust a. d. Leistenkappe		= 0,16 m²
Gesamt-Deckfläche	= 1,83 + 0,09	= 1,92 m²
Gesamt-Eindeckverlust	= 0,17 + 0,16	= 0,33 m²

$$\text{Eindeckverlust in \%} = \frac{\text{Eindeckverlust} \cdot 100}{\text{Deckfläche}}$$

$$\frac{0,33 \cdot 100}{1,92} = 17,2\%$$

b) Deutsche Deckart

Tafelgröße	2,00 · 1,00	= 2,00 m²
Auf- und Einkantungen (2 × 45)		0,09
Überdeckung (Nahtbreite)		0,03
Deckmaß	1,97 · 0,91	= 1,79 m²
Eindeckverlust an der Tafel		= 0,21 m²
Zuschnitt der Leistenkappe	2,00 · 0,10	= 0,20 m²
Deckfläche der Leistenkappe	1,97 · 0,045	= 0,09 m²
Eindeckverlust an der Leistenkappe		= 0,11 m²
Gesamt-Deckfläche	1,79 + 0,09	= 1,88 m²
Gesamt-Eindeckverlust	0,21 + 0,11	= 0,32 m²

$$\text{Eindeckverlust in \%} = \frac{0,32 \cdot 100}{1,88} = 17,0\%$$

Statt der Löt- oder Nietnaht wird bei Falzverbindungen die entsprechende Breite eingesetzt. Bei Bandmaterial entfällt die Quernaht; man errechnet die Eindeckverluste vom laufenden Meter Material.

10. Die Berechnung des Materialaufwands

In folgender Reihenfolge wird die Berechnung des Materialaufwands für Leistendächer vorgenommen:

A) Berechnung der zu deckenden Dachfläche
Die Fläche der Schalung wird ermittelt, Öffnungen für Oberlichte und Schornsteine über 1 m² werden abgezogen.

B) Berechnung der Maßverluste
Es ist besonders wichtig, die Maßverluste im voraus möglichst genau zu ermitteln. Denn es handelt sich dabei um Material, das zur Dachdeckung gebraucht wird, beim Aufmaß aber nicht mitgemessen werden kann!
a) Vorsprung und Umkantung an der Traufe (50 + 30 mm)
b) Aufkantung an Mauern und Schornsteinen (mindestens 150 mm)
c) Aufkantung an Oberlichtern u. ä. (etwa 200 mm)
d) Ortgangverkleidung (je nach Wunsch verschieden, sofern nicht eigene Position)
e) Mehraufwand durch zusätzliche Dehnungsmöglichkeit innerhalb der Scharen: Falze, Zusatzfalze, Abtreppungen.

Aus der errechneten zu deckenden Dachfläche zuzüglich der Maßverluste a) bis e) wird der Eindeckverlust errechnet. Er zählt noch zu den Maßverlusten. Für die weiteren hier aufgeführten Maßverluste gelten die Ergänzungen zur Materialaufwandsberechnung bei Falzdächern sinngemäß.
f) Eindeckverlust lt. Berechnung
g) Mehraufwand durch Kehlfalze oder Kehl-Zusatzfalze (Falzschutzstreifen)
h) Mehraufwand durch vertiefte Kehlen
i) Mehraufwand durch Firstleisten (besonders bei entlüftetem First)
j) Mehraufwand durch Gratleisten
k) Mehraufwand durch Ortgang, der schräg durch die Fläche verläuft
l) Mehraufwand durch Vorsprungstreifen, wenn kein Traufblech verwendet wurde
m) Überhangstreifen, sofern sie nicht gesondert berechnet werden
n) Verschnitt (1–10% der aufgemessenen Dachfläche).

Der Materialaufwand ergibt sich aus der zu deckenden Dachfläche pluß Maßverluste. Er wird errechnet in m² und kg. Weiter stellt man das Prozentverhältnis der gesamten Maßverluste zur aufgemessenen Dachfläche fest.

11. Projektbearbeitung

Es handelt sich um zwei Pultdachflächen, die oben an eine Mauer stoßen. Die Kehle wurde aus den vorher gesagten Gründen 30 mm tiefer gelegt. Als Material steht Titanzink 0,7 mm in Normaltafeln 2000 × 1000 mm zur Verfügung. Auf Bandmaterial wurde verzichtet, um das Antragen der Quernähte zu zeigen.

Da die Dachflächen in der Draufsicht infolge der Dachneigung verkürzt erscheinen, müssen zur Ermittlung der Quernähte die Schnitte mit den wahren Längen eingezeichnet werden.
Die Quernähte sind 30 mm überdeckt; sie werden mit einer Baulötung (versetzte Naht) geschlossen.
Die Anschlüsse an das Oberlicht und den Schornstein werden rund ausgeführt. Die Ecknähte werden überlappt gelötet.
Die Scharenbreite von Mitte bis Mitte der Leisten ergeben sich aus der Leistengröße und der Höhe der Aufkantungen. Der Abstand kann auch je nach der gewählten Deckart verschieden groß sein. Im Beispiel (belgische Deckart) ergibt sich durch Aufkantungen von 2 × 35 mm und einer Leistenbreite von 40 mm ein Leistenabstand von 970 mm.
Man beginnt mit dem Einteilen der Deckung an den schwierigen Stellen. In der Fläche 1 legt man eine Leiste in die Mitte des Oberlichtes und trägt von hier aus die Leistenabstände nach links und rechts an. Dadurch erhalten wir an beiden Seiten des Oberlichts gleichbreite Streifen, die groß genug sind, um die Anschlüsse rund auszuführen. In der Fläche 2 nimmt man den Schornstein in die Mitte einer Schar und deckt dann nach beiden Seiten hin ein. Die Abschnitte, die am Ortgang der Fläche 1 sowie am Maueranschluß der Fläche 2 entstehen, sind breit genug, um den Ortgangstreifen und Überhangstreifen daraus zu fertigen.
Da die Scharen unabhängig voneinander verlegt sind, brauchen die Quernähte nicht versetzt werden.
Die Länge der Anfangstafel ergibt sich aus der Tafellänge minus dem Bedarf für Vorsprung und Umkantung an der Traufe (50+30 mm) sowie der oberen Nahtbreite (30 mm). Für die normale Decktafel geht von der Tafellänge nur die Nahtbreite ab.
Neben der zeichnerischen Darstellung der wahren Längen in der Eindeckungsskizze sind diese in der Dachflächenberechnung rechnerisch ermittelt.

Metalldachdeckung

Ausgeführt nach dem Leistensystem – belgische Deckart –
Material: Titanzink 0,7 mm, Tafelgröße 2000 × 1000 mm

Berechnungsbeispiele siehe nächste Seite.

A) Dachflächenberechnung

W. L. 1 $= \sqrt{3{,}50^2+1{,}10^2} = \sqrt{12{,}25+1{,}21} = \sqrt{13{,}46} = 3{,}67$ m

W. L. 2 $= \sqrt{5{,}50^2+1{,}10^2} = \sqrt{30{,}25+1{,}21} = \sqrt{31{,}46} = 5{,}61$ m

W. L. Kehle $= \sqrt{5{,}61^2+3{,}50^2} = \sqrt{31{,}46+12{,}25} = \sqrt{43{,}71} = 6{,}61$ m

Fläche 1 = $\dfrac{8{,}00+4{,}50}{2} \cdot 5{,}61$	= 35,06 m²	
Abzüglich Oberlicht 3,20 · 1,70	= 5,44 m²	
Abzudeckende Fläche	= 29,62 m²	= 29,62 m²
Fläche 2 = $\dfrac{12{,}00+6{,}50}{2} \cdot 3{,}67$	= 33,95 m²	
+ Rest 1,30 · 0,50	= 0,65 m²	
Abzudeckende Fläche	= 34,60 m²	= 34,60 m²
Gesamt-Dachfläche		**= 64,22 m²**

B) Berechnung des Materialaufwands

1. Zu deckende Dachfläche = 64,22 m²
2. Maßverluste

   a) Vorsprung und Umkantung an der Traufe
   11,5 · 0,08 = 0,92 m²

   b) Maueraufkantungen
   (8,0+12,0+1,0+2,4+0,5) · 0,15 = 3,59 m²
   abzüglich Schornsteinfläche
   0,5 · 0,5 = 0,25 m²   3,34 m²

   c) Aufkantungen am Oberlicht
   9,8 · 0,20 = 1,96 m²

   d) Ortgangverkleidung
   (5,65 + 1,35) · 0,1 = 0,7 m²

   6,92 m² = 6,92 m²

   71,14 m²

   e) Eindeckverluste

Tafelgröße	2,00 · 1,00	= 2,00 m²
Aufkantungen (2×35 mm)		0,07
Lötnahtbreite		0,03
Deckmaß	1,97 · 0,93	= 1,83 m²
Eindeckverlust an der Tafel		= 0,17 m²
Zuschn. d. Leistenkappe	2,00 · 0,125	= 0,25 m²
Deckfläche der Leiste	1,97 · 0,045	= 0,09 m²
Eindeckverlust an der Leiste		= 0,16 m²
Gesamtdeckfläche	1,83+0,09	= 1,92 m²
Gesamteindeckverlust	0,17+0,16	= 0,33 m²

   Eindeckverlust in % = $\dfrac{0{,}33 \cdot 100}{1{,}92}$ = 17,2%

   17,2% von 71,14 m² = 12,23 m²

   f) Mehraufwand an der Kehle
   6,65 · 2 · 0,12 = 1,6 m²

   g) Überhangstreifen
   23,90 · 0,08 = 1,91 m²

   h) Verschnitt
   3% aus 64,22 m² = 1,93 m²

   17,67 m² = 17,67 m²

Gesamtmaterialaufwand **88,81 m²**

Materialaufwand in kg: 88,81 m² · 5,03 kg/m² = **446,71 kg**

Maßverluste: a) bis d) 6,92 m²
e) bis h) 17,67 m²
24,59 m²

Maßverluste in %: $\dfrac{24{,}59 \cdot 100}{64{,}22}$ = **38,3%**

C) Kostenberechnung

Materialaufwand:

447,00 kg Titanzink 0,7 mm	zu 3,30 DM	= 1475,10 DM
400 St. Streifenhafte (6 St./m²)	zu 0,30 DM	= 120,00 DM
30 St. Normalhafte	zu 0,20 DM	= 6,00 DM
13 St. Leistenschuhe	zu 2,20 DM	= 28,60 DM
65,20 m Holzleisten 40/40/30 mm	zu 0,80 DM	= 52,16 DM
10% Verschnitt	=	5,22 DM
2,50 kg Lötzinn, 40%	zu 19,50 DM	= 48,75 DM
3,00 kg Drahtstifte 70/4 mm	zu 6,– DM	= 18,00 DM
60 St. Mauerhaken, verzinkt	zu 0,25 DM	= 15,00 DM
zusammen		= 1768,83 DM
Zuschlag 21% für anteilige Gemeinkosten		= 371,45 DM
Materialkosten		= 2140,28 DM

Lohnkosten (55 Gruppenminuten/m² zu 0,42 DM = 23,10 DM/m²)

64,22 m² aufgemessene Dachfläche	zu 23,10 DM	= 1483,48 DM
Zuschlag 97% für anteilige Gemeinkosten		= 1438,98 DM
Nettopreis		= 5062,74 DM
Mehrwertsteuer, ... %	=	DM
Lieferpreis	=	DM

Angebotspreis/m² = $\dfrac{5062{,}74}{64{,}22}$ = 78,83 DM

+ Mehrwertsteuer

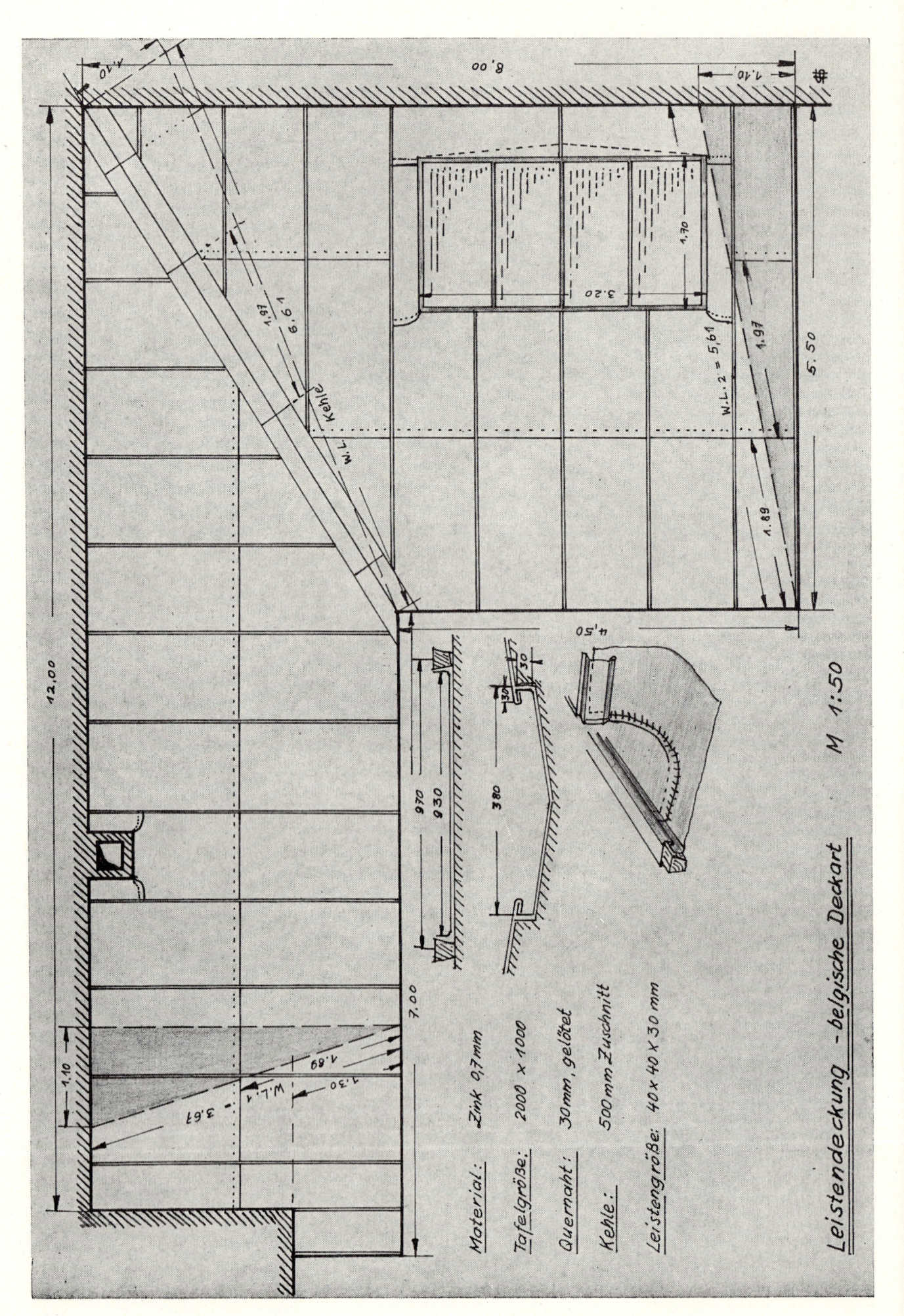

Material: Zink 0,7 mm
Tafelgröße: 2000 × 1000
Quernaht: 30 mm, gelötet
Kehle: 500 mm Zuschnitt
Leistengröße: 40 × 40 × 30 mm

Leistendeckung – belgische Deckart

M 1:50

Trapezblech-Außenwand
Material: feuerverzinktes
Stahlblech.

Dachdeckungen mit Profilblechen

Anstelle dieses Abschnitts stand bisher ein solcher über Furraldächer, die bei Drucklegung der ersten Auflage die modernste Dachdeckung mit Fertigelementen darstellten. Es hatte den Anschein, daß damit ein weiterer, großer Schritt in der Weiterentwicklung von Metall-Dachdeckungen getan war. Leider machte man nicht nur einen Schritt nach vorn, sondern weitere hundert Schritte in die Breite! Die Sorge, am großen Geschäft des Baubooms nicht teilhaben zu können, ließ eine solche Vielfalt an Formen auf dem Markt erscheinen, daß schließlich nur noch „Spezialfirmen" sich mit den einzelnen Produkten befassen konnten. Da nunmehr die Furralbauelemente in Deutschland nicht mehr zur Verfügung stehen, war eine Neufassung dieses Abschnitts nötig. Und anstelle eines Produktes soll ein Überblick über die Möglichkeiten der Dachdeckung und Wandverkleidung mit verschiedenartigen Metallbauelementen gegeben werden.

Bei der Durchsicht des Angebots war festzustellen, daß drei große Gruppen übrigblieben. Alles sind profilierte Bleche, im Gegensatz zu den bisher beschriebenen Tafeln und Bändern, nämlich

    a) Wellbleche,
    b) Pfannenbleche,
    c) Trapezbleche.

Wellbleche als Dachdeckungsmaterial werden von allen Metalldeckungen wohl am meisten auf dem Erdball eingesetzt. Vom Lagerschuppen und überdachten Autostellplatz bei uns bis zu

123

billigen Notwohnungen auf der ganzen Welt, von der selbstgefertigten Gartenlaube bis zum vollkommen verkleideten Industriebau entdecken wir diese stabilen, selbsttragenden Profile, die sich längst zu einem vielseitigen und reichhaltigen Bausystem entwickelt und durchgesetzt haben. Wellbleche werden auch zur Verkleidung von Balkonbrüstungen und daneben in vielen anderen Bereichen wie Fahrzeugbau und Schiffbau eingesetzt. Als Werkstoffe dienen heute alle üblichen Baumetalle von **A**luminium bis **Z**ink. Im folgenden Abschnitt, Seiten 126 bis 129, werden jedoch die Ausführungen auf das feuerverzinkte Wellblech bezogen.

Im Skizzenblatt wird ein Überblick über genormte Wellprofile, über Blechdicken und Abmessungen, Baulängen und Belastbarkeit gegeben. Wichtig sei auch der Hinweis über das reichhaltige Zubehör für jedes Profil. Auch stehen für Sonderfälle Zwischen- und Überlängen bis 12 000 mm zur Verfügung. Ein „Wellblech-Handbuch" für Konstruktion und Montage, das über die Beratungsstelle bezogen werden kann, informiert vollständig. Hier soll nur mit einigen Details auf die vielen Möglichkeiten hingewiesen werden.

Pfannenbleche, wie diese profilierten, großflächigen Dachdeckbleche genannt werden, sind bereits rund einhundert Jahre alt und haben somit ihre Daseinsberechtigung längst bewiesen. Auch hier wird ein ausgereiftes Programm an Normal- und Zwischengrößen, an Anschlußteilen und Befestigungen bereitgestellt; die Eindeckung auch schwieriger Dachflächen mit An- und Ausbauten ist möglich. Die verzinkten Stahldachpfannen sind nach DIN 59 231 sozusagen gütegesichert und beweisen auf vielen Wohn- und Industriebauten ihre Zuverlässigkeit.

Trapezbleche und seine Sonderformen erscheinen zur Zeit in über einhundert verschiedenen Abmessungen auf dem Markt. Die Möglichkeiten sind fast unbegrenzt, denn auf modernen Walz- bzw. Profilierstraßen lassen sich schließlich alle Abmessungen herstellen. Die Verwendung der Trapezbleche ist nicht nur auf Dachdeckungen und Wandverkleidungen beschränkt; im Bauwesen werden sie – in entsprechender Dicke – auch für Geschoßdecken und Trennwände eingesetzt. Ihre Profilhöhen reichen von 15 bis über 120 mm, die Blechdicken je nach Einsatz von 0,4 bis 2,0 mm. Solche Bleche können für den Straßentransport bis 15 m Länge geliefert werden, in Sonderfällen noch länger.

Während für Baukonstruktionen hauptsächlich feuerverzinkte Stahlbleche verwendet werden, können im Bauklempnerbereich für die Dachdeckung und vor allem bei Wandverkleidungen auch die anderen üblichen Werkstoffe eingesetzt werden. Zusätzlich können vor allem für Sichtflächen geprägte, farbige, eloxierte und kunststoffbeschichtete Bleche eingesetzt werden.

Vor einem Angebot an den Bauherren sind jedoch Rückfragen bei dem jeweiligen Herstellerwerk nötig, denn es ist unmöglich, alle Profile auf Lager zu halten. Meist sind entsprechend große Bestellmengen erforderlich, um die Blechbänder wirtschaftlich profilieren zu können. So wird man, trotz des Riesenangebotes, meist auf Standardgrößen zurückkommen. Und immer sind bei solchen Aufträgen auch die nötigen Zubehörteile und die passenden Befestigungen mitzubestellen!

Alle profilierten Bleche haben gegenüber den Flachblechen den Vorteil, daß sie selbsttragend sind und somit keine geschlossene Schalung benötigen. Es sind, vor allem bei Aluminium, leichte Dächer, welche bei Aufstockungen leicht demontierbar und später wieder zu verwenden sind.

Soweit es sich um Wohngebäude handelt und auch dort, wo es geboten ist, muß unterhalb der Dachdeckung eine Wärmedämmschicht eingebracht werden. Hier gilt alles Gesagte der Seiten 60 bis 64 in diesem Buch. Profilbänder werden allein schon wegen ihrer Form belüftet verlegt. Das kommt der Haltbarkeit der Dachdeckung und der Verkleidung zugute.

Profilbleche geben jedoch dem Wind einige Angriffsmöglichkeiten. Darum ist auf keinen Fall mit Befestigungen zu sparen, auch nicht mit entsprechenden Profilhöhen und Blechdicken. Hier ist ein Zuviel besser, denn die Erfahrungen mit „fliegenden Dächern" in den Jahren 1967 und 1975 sprechen eine deutliche Sprache!

Rollformer für Trapezbleche.

Wandprofile an einem Verwaltungsgebäude in Düsseldorf.
Material: Edelstahl-Rostfrei.

Wellbleche

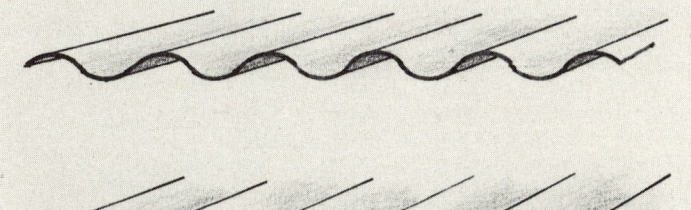

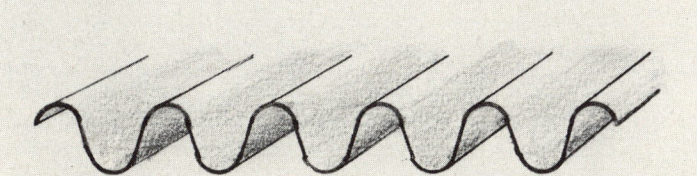

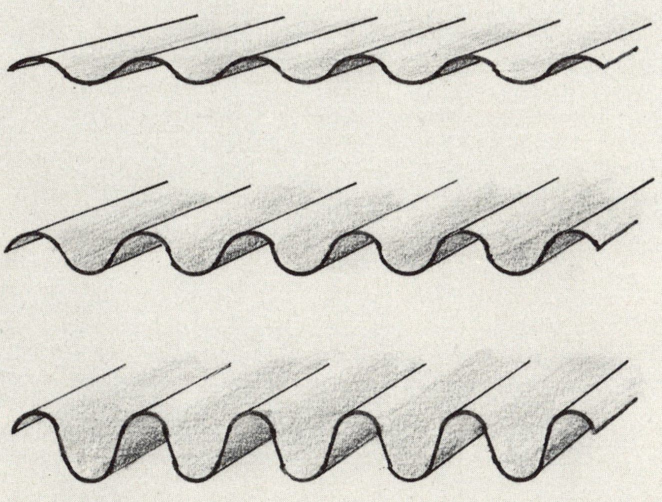

Wellenhöhen 15 – 88 mm
Wellenbreiten 30 – 150 mm
Blechdicken 0,44 – 2,0 mm } je nach Profil
Baubreiten 400 – 810 mm
Baulängen 2000, 2500, 3000, 3500 mm,
Zwischen- und Überlängen bis 12000 mm.
Belastbarkeit z.B. für Freilänge 2,50 m
31 – 1430 kp/m² je nach Profil
Zubehör vielseitig für jedes Profil
Außerdem gebogenes (bombiertes)
Wellblech nach Bestellung.

Werkstoffe: Hauptsächlich verzinkte
Stahlbleche, ferner die üblichen
Baubleche von Aluminium bis Zink,
alle auf Wunsch auch kunststoffbeschichtet.

Trapezbleche

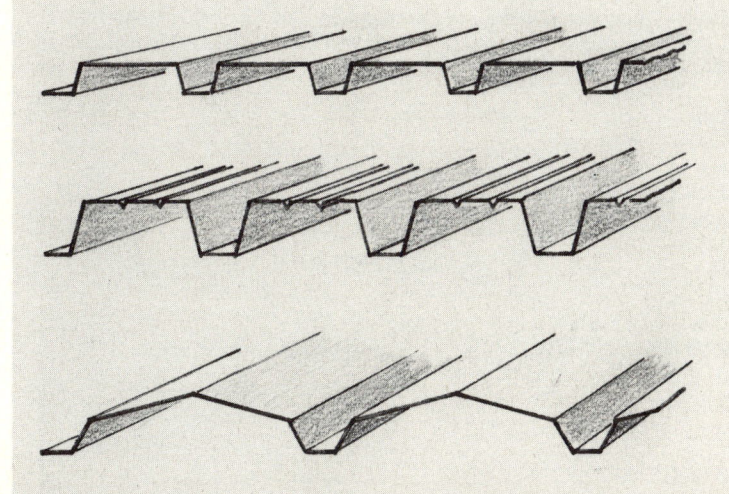

Profilhöhen 15 – über 120 mm
Blechdicken 0,4 – 2,0 mm
Baubreiten je nach Profil verschieden
Baulängen max. 15 m für Straßentrans-
port, sonst länger möglich

Weit über 50 verschiedene Profile

Einsatz im Bauklempnerbereich mehr
für Wandverkleidungen

Werkstoffe wie oben; außerdem
geprägte, kunststoffbeschichtete
sowie farbige Oberflächen

Pfannenbleche, Profilbänder

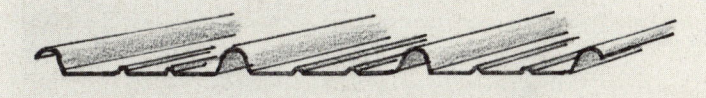

Pfannenbleche seit fast 100 Jahren.
Normalpfanne 850 × 2000 mm;
Zwischen- und Überlängen bis 10000 mm.
Blechdicken 0,63 – 1,00 mm
Belastbarkeit z.B. für Freilänge 0,75 m
468 – 751 kp/m² je nach Blechdicke
Zubehör sehr reichhaltig und vielseitig.
Werkstoffe wie oben.

Profilbänder ergänzen die Trapez-
blechformen und eignen sich zum
Einsatz für Dach und Wand.

Wellbleche

Bei dieser Art von profilierten Blechen handelt es sich hauptsächlich um feuerverzinkte Stahlwellbleche nach DIN 59 231 mit der Grundstofflieferung nach DIN 17 162 (E) und 59 233 (E). Dieses Wellblech ist widerstandsfähig gegen ständige Einwirkungen von Regen, Schnee und Eis. Es ist unempfindlich gegen Hagel- und Steinschlag und es ist begehbar. Durch den Zinküberzug ist die Oberfläche korrosionsbeständig und durch einen geeigneten Farbanstrich erreicht man einen hohen und auch wirtschaftlichen Schutz. Schließlich sind sie heute auch werkseitig kunststoffbeschichtet lieferbar.

Die großen Flächen gestatten eine schnelle Verlegung; durch Vernieten und Verschrauben erhält man eine zusammenhängende und trotzdem elastische Fläche, die Erschütterungen und Bewegungen der Unterkonstruktion mitmacht und auch die Dehnung bei Temperaturunterschieden sicherstellt.

Die Belastbarkeit eines solchen Daches ergibt sich aus dem Wellenprofil mit Wellenhöhe und Wellenbreite und der verwendeten Blechdicke, wobei die Freilänge zwischen den Pfetten mitentscheidet. In den Schriften der Beratungsstelle finden sich Tabellen mit allen notwendigen Angaben.

Für Dacheindeckungen verwendet man hauptsächlich die großwelligen Profile 45/150, 30/135 und 27/100 mm. In den größeren Wellentälern läuft auch bei starkem Regen das Wasser gut ab und kann nicht in die Überdeckungen an den Seiten eindringen. Auch ist bei diesen Formaten das Widerstandsmoment größer als bei den kleinwelligen Blechen.

Für Wandverkleidungen kommen dagegen mehr die Profile 18/76 und 27/100 mm zum Einsatz.

Als Baulängen stehen zur Verfügung: 2000, 2500, 3000 und 3500 mm. Die Lieferung von Überlängen ist bis 12 m möglich. Die Baubreiten schwanken je nach Wellenprofil und betragen z. B. bei den oben genannten Dachwellblechen in deren Reihenfolge 750, 810 und 800 mm.

Die Längenüberdeckungen sind je nach Dachneigung verschieden (Skizze). Zwischen 8 und 15° soll 200 mm breit überdeckt werden, darüber 150 mm und bei über 18° Dachneigung mindestens 100 mm. Wenn bei flacheren Dächern zwei Dichtstreifen in die Überdeckung gelegt werden, kann bis auf 5° heruntergegangen werden. Die Seitenüberdeckungen können nach Erfordernis und Beanspruchung normal, mit halber oder mit ganzer Welle erfolgen (Skizze).

Als Zubehör stehen für alle Wellenprofile die nachstehend aufgeführten Normteile zur Verfügung. Sie haben auch im Skizzenblatt die richtige Normteilnummer.

 1 Einfaches First- oder Gratblech ohne Profilausschnitte
 2 Einfaches Firstblech mit Profilausschnitten
 3 First- oder Gratbleche mit Wulst ohne Profilausschnitte
 4 Firstblech mit Wulst und Profilausschnitten, Zuschnitt der Teile 1–4: 330 oder 500 mm breit,
    2000 oder 1000 mm lang
 5 Firstkappe aus Wellblech
    Länge entspricht der Wellblech-Baubreite
    Breiten 300 und 500 mm
 6 Dreiteilige Firstabdeckung: Zwei Seitenteile mit Profilausschnitten und einer Wulstkappe
 7 Dreiteilige Gratabdeckung: Zwei Seitenteile ohne Profilausschnitte und einer Wulstkappe
    Zuschnitte der Seitenteile: 330 oder 500 mm breit
    2000 oder 1000 mm lang
 8 Übergangsblech von Well- auf Flachblech für Profile 18/76 und 27/100 mm
    Länge entspricht der Wellblech-Baubreite
    Breiten 600 und 660 mm
 9 Kehlblech
    500 mm breit, 2000 oder 1000 mm lang
10 Eckbleche (Seitenbleche)
    Zuschnitt: 330 oder 500 mm breit
    2000 oder 1000 mm lang
11 Vorderes Anschlußblech
    Zuschnitte: 330 oder 500 mm breit
    2000 oder 1000 mm lang
12 Seitliches Anschlußblech, Maß wie vor.

Die zum Wellblech gehörenden Befestigungsmaterialien sind:

Hakenschrauben
Holzschlüsselschrauben
Nägel mit angepreßter Bleibscheibe
Maschinenschrauben mit Rund- oder Sechskantkopf
selbstschneidende Gewindeschrauben nach DIN
Nieten
Blech- und Bleiunterlagscheiben
Agraffen.

Das Vernieten und Verschrauben erfolgt im allgemeinen mit 6-mm-Nieten oder -Schrauben. Wenn möglich, entweder nieten oder schrauben. Beim Nieten sind unter Setz- und Schließkopf je eine Blechscheibe einzulegen, beim Schrauben zusätzlich eine Bleischeibe unter die obere Blechscheibe.

Bei der Höhenüberdeckung grundsätzlich auf jeder Hochwelle nieten oder schrauben, bei der Seitenüberdeckung mit 300 bis 500 mm Abstand.

An Trauf- und Firstpfetten ist jedes Blech mit je drei Hakenschrauben in entsprechender Form zu befestigen. Im allgemeinen werden dabei Hakenschrauben M 10 verwendet, seltener solche M 8. An den Zwischenpfetten sind je Wellblechtafel mindestens zwei Hakenschrauben anzubringen.

Bei der Nagelung von verzinkten Wellblechen werden ausnahmslos verzinkte Spezialnägel 38/100 mit angepreßter Bleischeibe verwendet. Wenn die Höhenüberdeckung auf einer Holzpfette erfolgt, entfällt die Vernietung, sonst wird wie zuvor verfahren.

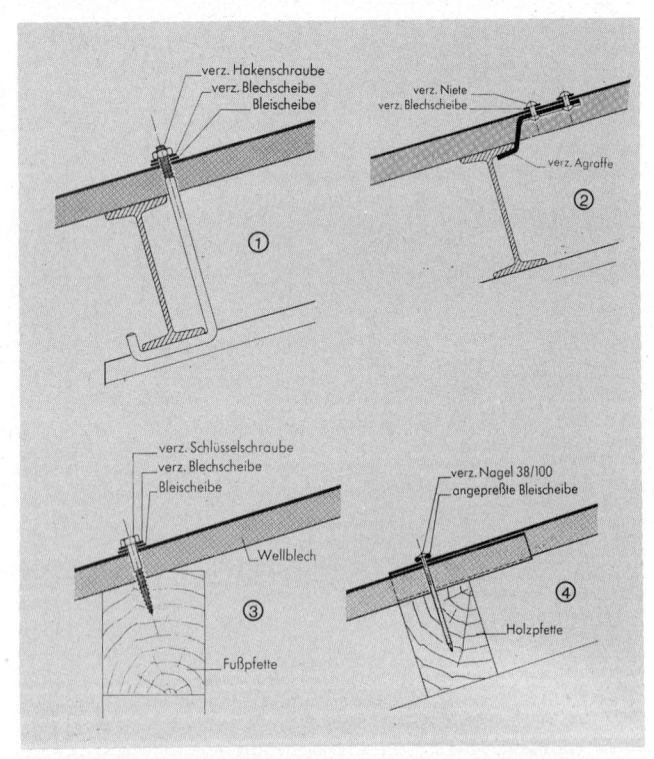

Befestigung von Wellblechen mit Hakenschraube ①, Agraffe ②, Schlüsselschraube ③ und Spezialnagel ④.

Wellbleche nach DIN 59231

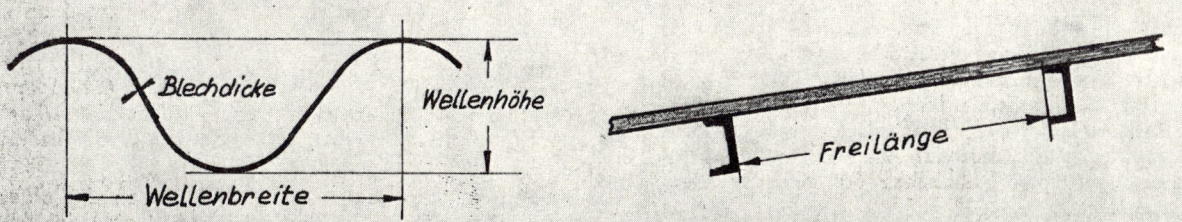

Blechdicke, Wellenhöhe, Wellenbreite, Freilänge

Wellenprofil, Blechdicke und Freilänge bestimmen die zulässige Belastung.

normale Überdeckung
Überdeckung mit halber Welle
Überdeckung mit ganzer Welle

Seitenüberdeckungen

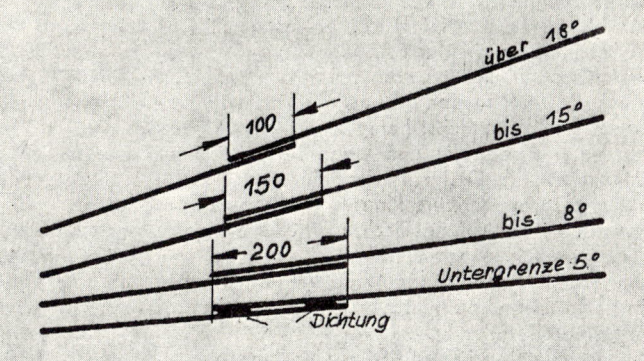

über 18°
bis 15° — 100
bis 8° — 150
Untergrenze 5° — 200
Dichtung

Längenüberdeckungen

Zubehörteile (Für alle Profile werkseitig lieferbare Normteile)

① ② ③ ④ ⑤ ⑥ ⑦ ⑧ ⑨ ⑩ ⑪ ⑫

Wellblechanschlüsse

Aus einer Fülle von über 100 Anschlußmöglichkeiten werden in diesem Skizzenblatt einige wenige gezeigt, um Anregungen zu geben. Die Anschriften der Beratungsstellen und ein Schrifttumsverzeichnis im Anhang dieses Buches gestattet jedem Interessierten, direkten Kontakt aufzunehmen.
Mit Hilfe der Wellbleche, der Normteile und den Befestigungsteilen lassen sich für jede Konstruktion entsprechende und speziell für Wellbleche passende Anschlüsse herstellen. Dabei sind die Allgemeinen Technischen Bestimmungen der DIN 18 339 zu beachten.

Traufenanschlüsse: Wie auch bei anderen Dachdeckungsarten ragen die Wellbleche in das erste Drittel der Dachrinne hinein. Besteht bei flachen Dächern die Gefahr des „Anziehens" der Wassertropfen auf der Blechunterseite, so kann man das Wellental am Ende etwas nach unten bördeln und erhält so eine einwandfreie Tropfkante. In der Skizze ① sind die Rinnenhalter am Wellblech selbst befestigt. In diesem Fall geschieht das an einer Hochwelle und wenn irgend möglich in der Seitenüberdeckung. Dadurch wird ein besserer Halt erzielt. Handelt es sich um größere Rinnen, wird man zusätzlich noch ein gerundetes Versteifungsblech, mindestens 1 mm dick, über der entsprechenden Welle vorsehen.
Bei der Kastenrinne in Skizze ② sind die Rinnenhalter mit dem oberen Wandriegel verschraubt. Meist hat man für diese Halter stärkere Profile.
Die Hakenschrauben in den ersten vier Bildern haben jeweils andere Formen. Sie müssen den Bauteilen angepaßt sein und sind daher entsprechend zu bestellen. Immer sind aber, auch wenn es in den Skizzen nicht deutlich zu sehen ist, die Unterlag- und Bleischeiben zu verwenden, um eine sichere Abdichtung zu erhalten.

Firstanschlüsse: Die Firstbleche mit Wulst und Profilausschnitten (Normteil 4) sind in der Skizze ③ mit drei Hakenschrauben je Wellblechtafel an der Firstpfette befestigt. Die Verbindung Firstblech-Wellblech erfolgt mit Nieten oder Schrauben auf jeder Hochwelle. Genauso geschieht dies in der Skizze ④, wo eine dreiteilige Firstabdeckung verwendet wurde (Normteil 6). Auch hier werden für jede Wellblechtafel drei Hakenschrauben je Pfettenstrang verwendet.
Anstelle der Firstabdeckungen können auch die Firstkappen (Normteil 5) verwendet werden. Sie sind ebenso befestigt wie die Firstabdeckungen.

Pultdachabschluß: In der Skizze ⑤ wurde Holz als Unterlage verwendet, um hier die verschiedenen Befestigungsmöglichkeiten zu zeigen. Um einen sauberen, glatten Abschluß zu erhalten, wurde hier das Abschlußblech in einen Vorsprungstreifen eingehängt und nur auf der Dachseite direkt befestigt. First- und Wellblech wurden auf jeder Hochwelle befestigt und mit verzinkten Nieten oder Schrauben verbunden. Zuvor mußte an der Abkantung auf der Dachseite das Wellenprofil ausgeschnitten werden.
Die gleiche Befestigungsart wird in der Skizze ⑥ an einem Shed-First gezeigt, wo das Abschlußblech im U-Eisen über der kittlosen Verglasung eingehängt ist. Hier erfolgt die Befestigung mit den zuvor erwähnten Spezialnägeln mit angepreßter Bleischeibe, wobei zusätzlich auch noch die Vorderkante an den Hochwellen vernietet oder verschraubt werden kann.

Der Seitenabschluß eines Wellblechdaches an eine Mauer erfolgt mit dem Normteil 12. Zur Sicherheit geht das Abdeckblech auf dem Dach über zwei Wellen und ist in Abständen von 300 bis 500 mm vernietet oder verschraubt. Die Aufkantung an der Mauer muß nach DIN 18 339 mindestens 150 mm hoch sein. Die Abdichtung an der Wand erfolgt nicht direkt, sondern über einen Überhangstreifen, der mit Putzhaken oder Schrauben befestigt ist und zum Schluß in der Fuge mit einem dauerplastischen Kitt abgedichtet wird.
Verläuft das Dach schräg einwärts zur Rinne hin, so muß auch am Seitenblech eine Ablaufrinne angebogen sein (Skizze ⑧). In diese münden dann die schräg geschnittenen Wellblechtafeln. Hier sind wiederum die Tropfkanten anzubördeln, um ein Rücksaugen des Tropfwassers zu verhindern. Diese Seitenblech braucht ihr notwendiges Fassungsvermögen entsprechend der Dachfläche; so muß auch die nötige Befestigung sein.

Pultdachanschluß: Endet ein Pultdach vor einer Wand (Skizze ⑨), muß die Wandaufkantung wieder 150 mm hoch sein und mit einem Überhangstreifen überdeckt werden. Dessen Befestigung und Abdichtung erfolgt in der gleichen Weise wie zuvor beschrieben. Mit drei Hakenschrauben je Wellblechtafel werden Well- und Anschlußbleche am Untergrund befestigt, die Anschlußbleche an jeder Hochwelle vernietet oder verschraubt.
Neben einer Vielzahl von weiteren Anschlußmöglichkeiten bleiben hier Kehlen- und Gratanschlüsse, Lüftungen und Schneefanggitter unberücksichtigt. Ein Hinweis zur Dehnung bzw. zur Überbrückung einer Gebäudedehnfuge zeigt Skizze ⑩. Entsprechend geformte Bleche werden an zwei Hochwellen befestigt und ermöglichen so sicher das Arbeiten der Unterkonstruktion.

Einige weitere Details werden im Abschnitt über Wandverkleidungen erwähnt bzw. gezeigt.

Zum Schluß seien auch die gebogenen (bombierten) Wellblechtafeln erwähnt, welche freitragende Überdeckungen ermöglichen. Zur Ermittlung der erforderlichen Stückzahlen, Blechlängen und Radien sind folgende Angaben nötig: Sehnenlänge, Stichhöhe oder Radius und Bogenlänge, Traufüberstand, Gebäudelänge und Dachüberstand am Giebel.

Anschlüsse an einem Wellblechdach.

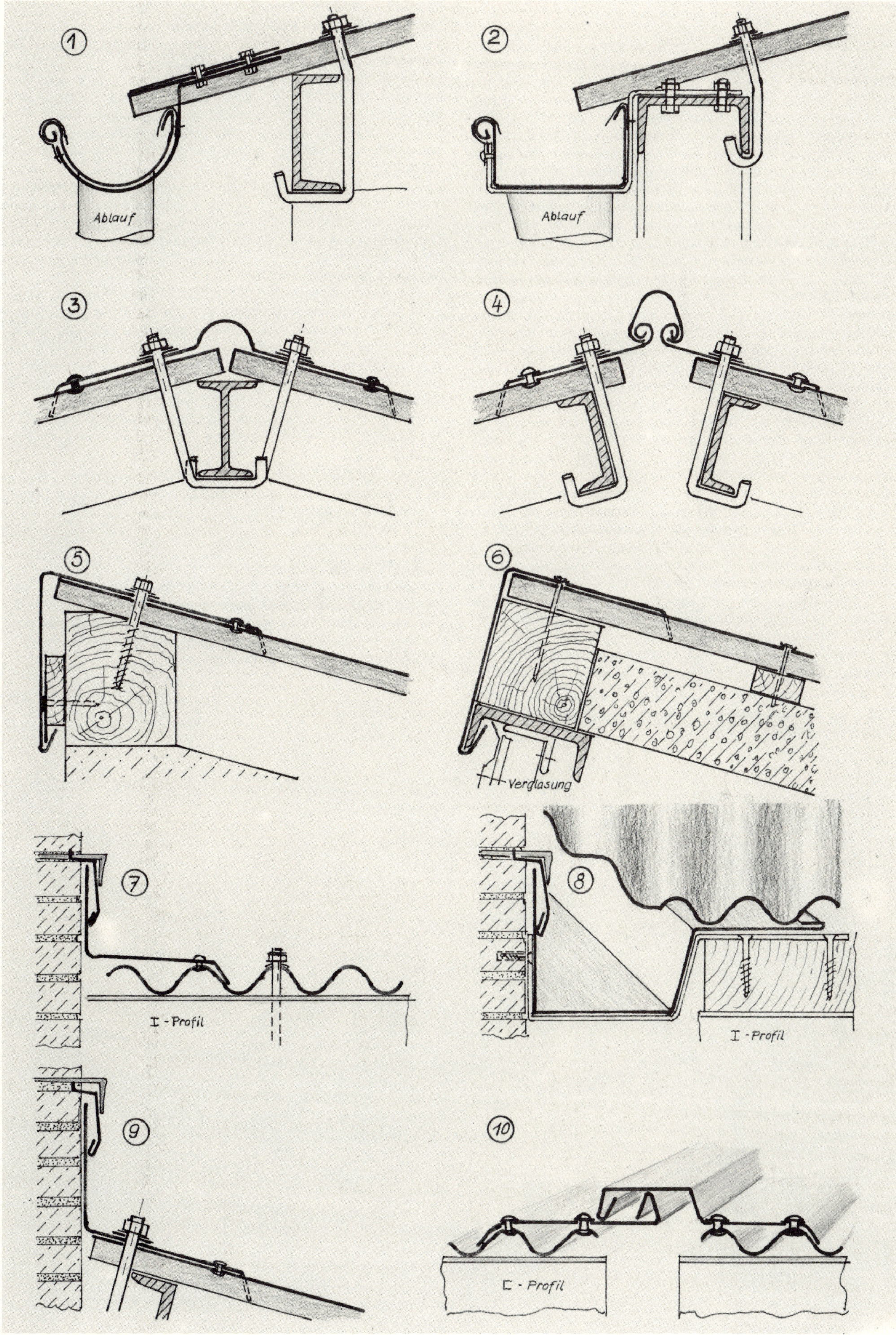
1
Ablauf
2
Ablauf
3
4
5
6
Verglasung
7
I - Profil
8
I - Profil
9
10
⊏ - Profil

Stahldachpfannen

Wie die Wellbleche gehören auch die verzinkten Stahldachpfannen zu den großflächigen Dachdeckelementen. Durch die besondere Profilierung greifen die Randwulste leicht ineinander und sind bei entsprechender Verlegung und Befestigung sturm-, regen- und schneesicher. Pfannenbleche sind so stabil, daß sie begehbar sind; steinschlag- und hagelfest sind sie außerdem. Durch die Elastizität machen die Stahldachpfannen jede übliche Bewegung der Unterkonstruktion mit, Erschütterungen und Schwingungen werden aufgefangen. Als Metalldachdeckung ist sie feuersicher und bei entsprechendem Anschluß auch blitzschlagsicher. Seit nunmehr einhundert Jahren hat sich diese Deckung hauptsächlich im Industriebau, aber auch in der Landwirtschaft und im Wohnbau bewährt. Da auch diese Dachdeckung selbsttragend ist, gehört sie ohne Schalung zu den leichten Dächern. Erforderlich ist eine Lattung mit verhältnismäßig weiten Abständen. Allerdings muß im Wohnbau die nötige Wärmedämmung sichergestellt sein. Durch die Bereitstellung von reichhaltigem Zubehör und den entsprechenden Befestigungsmaterialien ist die Eindeckung vielerlei Dachformen gewährleistet. Die Erfahrungen von Jahrzehnten haben diese Deckart fast problemlos gemacht.

Das Hauptelement der Dachdeckung ist die Normalpfanne mit 2000 mm Länge und 850 mm Breite. Die Blechdicken sind wählbar zwischen 0,63 mm (Nr. 22) und 1,00 mm (Nr. 19). Zum Seitenausgleich und für die richtige Eindeckungsfolge gibt es dazu in gleichen Längen die ⅔-Pfanne mit 567 mm Breite sowie die ⅓-Pfanne mit 283 mm Breite. Die Gebäudelänge erhält bereits bei der Planung jeweils soviel Giebelüberstand, daß die Dachdeckung mit den gegebenen Pfannenbreiten aufgeht.

Die Sparrenlänge, also die Neigungslänge des Daches, kann mit Zwischenlängen von 500 mm, jeweils um 250 mm steigend bis 1750 mm ausgeglichen werden. Außerdem stehen als Ausgleichspfannen auch die Überlängen von 2250 und 2500 mm bis 10 000 mm zur Verfügung.

Die Überdeckungen, die je nach Dachneigung verschieden sind (Skizze), müssen bei der Bestellung berücksichtigt werden.

Als Zubehörteile stehen zur Verfügung:

First- und Gratabdeckung, dreiteilig, bestehend aus je zwei Seitenteilen und einer Wulstkappe.
Fertige Einzelbreite 120 mm, 2000 oder 1000 mm lang.
Bei den Firstblechen sind die Seitenteile bereits ausgeschnitten. Bei den Gratblechen sind die Seitenteile entsprechend der Dachneigung am Bau auszuschneiden.
Durch die Verbindung über die Wulstkappe lassen sich Anschlüsse für alle Dachneigungen herstellen (Skizze); beide Seiten sind dabei auch unabhängig voneinander montierbar.
Kehlbleche, 500 mm breit und 2000 bzw. 1000 mm lang, können mitbezogen werden, sofern sie der Klempner nicht selbst herstellt.
Das Anschlußblech liegt in der Deckungsebene und hat einen angeformten Pfannenwulst. Mit ihm werden seitliche An- oder Abschlüsse gefertigt.
Das seitliche Anschlußblech liegt dagegen in Pfannenwulsthöhe. Es rundet sich in der Form des Pfannenwulstes nach unten (siehe Skizzen Seite 133).
Die vorderen Anschlußbleche, die im Gegensatz zum seitlichen Abschlußblech Ausschnitte in Form der Pfannenwulste haben, verwendet man vor Schornsteinen, an oberen Wandanschlüssen und vor Dachgaupen. Schließlich steht noch ein Windblech oder Ortgangblech zur Verfügung, bei dem auch schon die Wulstform der Pfanne angebogen ist. Es läßt sich je nach Giebelgestaltung weiter verformen.
Alle genannten Bleche werden in Längen von 2000 und 1000 mm geliefert. Als weitere Zubehörteile stehen werkseitig zur Verfügung:

Liegende Dachfenster, in einer ⅔-Pfanne eingebaut,
Lüfterkappen in ⅓-Pfannenpaßstück, 500 mm lang als Dunstrohr oder in Muschelform,
Firstentlüfter,
Schneefanggitter,
Dachhaken.

Zur Befestigung werden grundsätzlich nur verzinkte Teile verwendet. Es sind im Grunde genommen die gleichen Teile wie bei den Wellblechen: Hakenschrauben, Schlüsselschrauben, Spezialnägel mit angepreßter Bleischeibe, verzinkte Blech-Unterlagscheiben und Bleischeiben zur Abdichtung.

Dachdeckung mit verzinkten Stahldachpfannen.

Stahldachpfannen nach DIN 59231

Normallänge: 2000 mm
Zwischenlängen: 500, 750, 1000, 1250, 1500, 1750 mm
Überlängen: 2250, 2500 mm

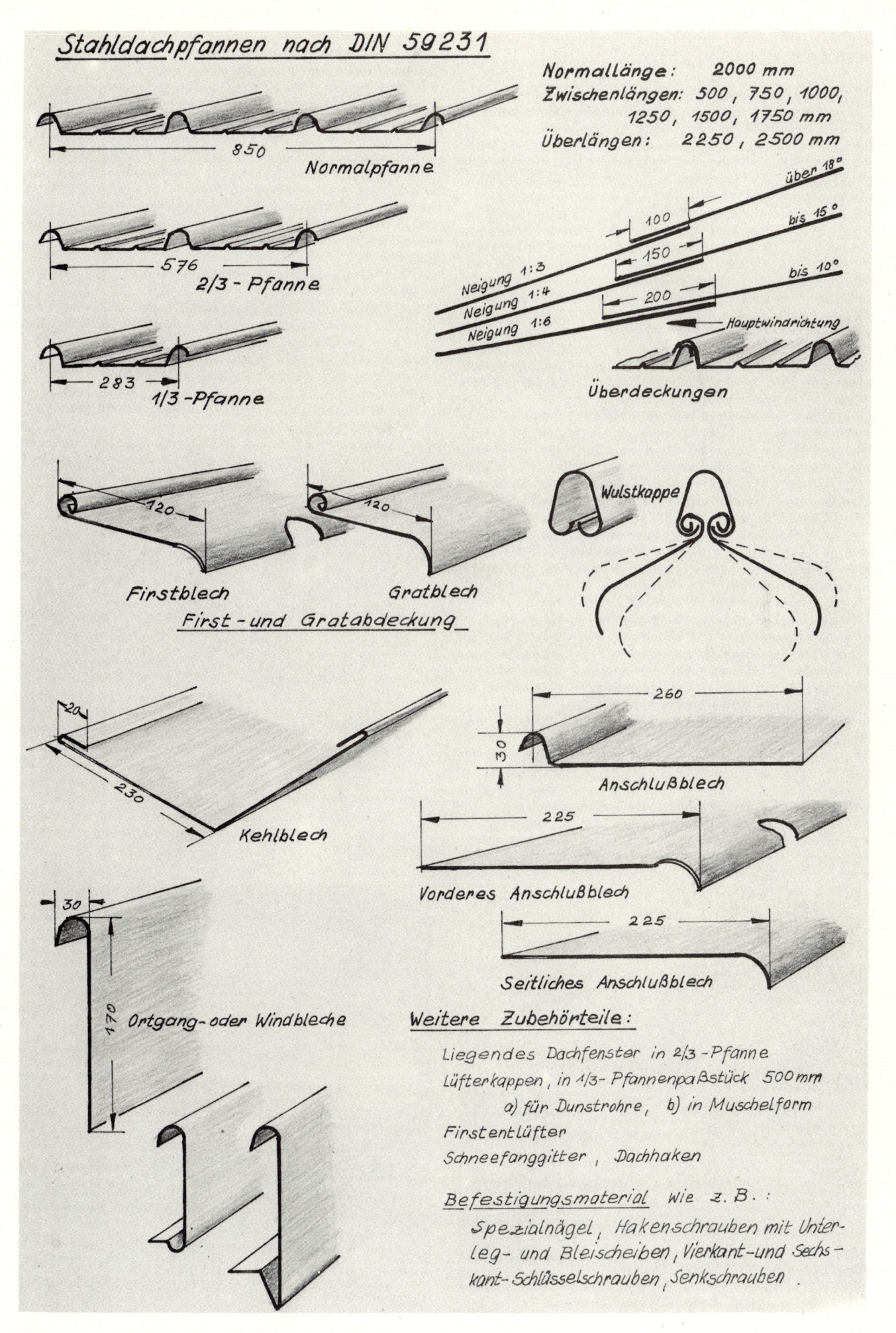

850 — Normalpfanne
576 — 2/3-Pfanne
283 — 1/3-Pfanne

Neigung 1:3 — 100 — über 18°
Neigung 1:4 — 150 — bis 15°
Neigung 1:6 — 200 — bis 10°
Hauptwindrichtung

Überdeckungen

Firstblech — 120
Gratblech — 120
First- und Gratabdeckung

Wulstkappe

Kehlblech — 20, 230

Anschlußblech — 260, 30
Vorderes Anschlußblech — 225
Seitliches Anschlußblech — 225

Ortgang- oder Windbleche — 30, 170

Weitere Zubehörteile:

Liegendes Dachfenster in 2/3-Pfanne
Lüfterkappen, in 1/3-Pfannenpaßstück 500 mm
  a) für Dunstrohre, b) in Muschelform
Firstentlüfter
Schneefanggitter, Dachhaken

Befestigungsmaterial wie z.B.:

Spezialnägel, Hakenschrauben mit Unterleg- und Bleischeiben, Vierkant- und Sechskant-Schlüsselschrauben, Senkschrauben.

Stahldachpfannen-Anschlüsse

Nachdem die Bauteile und Befestigungsarten bekannt sind, muß vor der Eindeckung eines Daches mit verzinkten Stahldachpfannen das Lattungsschema festliegen. Vorher ist der Bedarf der Deckplatten zu bestimmen. Neben den Normallängen sind sicher noch Zwischen- und Überlängen notwendig. Diese müssen richtig plaziert werden, da an den Stößen bzw. Überdeckungen der Platten jeweils eine stärkere Holzplatte gesetzt werden muß. Ob der Zimmermann oder der Klempner die Lattung durchführt, ist örtlich verschieden. Man benötigt auf alle Fälle an Traufe und First und an den Überdeckungen Latten in der doppelten Breite der üblichen Dachlatten, also etwa 24 x 100 mm. In die Lücken kommen dann die sogenannten Zwischenlatten. In unserer Skizze wurden zwei Zwischenlatten gesetzt, was einer Freilänge von etwa 600 mm entspricht.

Werden Schneefanggitter gefordert, so wird zunächst der ganze Dachvorsprung verschalt. Als erste Pfannenreihe verwendet man 500-mm-Paßstücke, hinter denen die Befestigungshaken eingehängt und verschraubt werden. Erst die zweite Deckreihe wird mit Normallängen gedeckt (Skizze).

Die Eindeckung eines Daches beginnt sonst mit Normallängen und erfolgt gegen die Hauptwindrichtung, so daß die Seitenüberdeckung von der Wetterseite abgewendet ist. Entsprechend der Dachneigung werden die nötigen Überdeckungen vorgesehen. Die zweite Reihe beginnt mit einer ⅔-Pfanne, damit die Längs-Überdeckungen nicht in einer Linie erfolgen. So wird dann aus dem gleichen Grund die dritte Reihe schließlich mit einer ⅓-Pfanne begonnen (Skizze). Die Quersicken am oberen und unteren Rand sollen das Hochsaugen von Wasser durch Kapilarität verhindern, darum sollen sie nicht ineinandergreifen.

Betrachten wir nunmehr die Traufenanschlüsse, so können wir sehen, daß die Dachrinnen in der altbekannten Art montiert sind, sei es als vorgehängte Rinne oder als Stand- oder Kastenrinne. Ein Traufblech bis zur Hinterkante der Trauflatte wird angebracht; zuvor werden jedoch die Rinnenhalter in das Traufbrett eingelassen. Die Stahldachpfannen springen üblicherweise in das erste Drittel der Dachrinne vor. Das sichere Abtropfen des Wassers ist durch die Mindestdachneigung gewährleistet.

Beim Firstanschluß müssen zunächst die etwa 100 mm breiten Latten vorhanden sein. Beim normalen, einfachen Anschluß werden die Pfannen und die Firstbleche zusammen an jedem Wulst auf die Unterlage genagelt. Die durchgehenden, 100 mm langen Spezialnägel mit gerauhtem Schaft und angepreßter Bleischeibe werden an der Dachunterseite umgeschlagen.

Am Grat wird ähnlich verfahren. Die Unterlagbretter müssen vorhanden sein. An den Gratblechen müssen entsprechend der Dachneigung die Ausschnitte für die Pfannenwulste gemacht werden. Beim Nageln darf die Pressung nicht so stark werden, daß sich die Pfannen verformen!

Das Kehlblech kommt in seiner ganzen Breite auf eine Unterlage. Zwischen Holz und Blech kommt eine Lage nackter oder talkumierter Pappe als Isolierung. Wie bei Ziegeldächern werden die Kehlbleche beidseitig mit Haften befestigt. Am oberen Ende der Einzelstücke werden die Kehle mit zwei Stiften direkt genagelt und mit dem nächsten Blech überdeckt. So verhindert man das Abrutschen.

Die Stahldachpfannen müssen schräg geschnitten und an der Einmündung in die Kehle etwa 15 bis 20 mm breit umgebogen werden. So kann das Wasser an der verzinkten Kante abtropfen und nicht am blanken Eisen der Schnittkante. Diese gefährdeten Stellen sollte man ohnehin zusätzlich mit einigen Pinselstrichen Farbe schützen.

Am Giebelabschluß oder Ortgang verwendet man die werkseitig lieferbaren Normteile. Je nach Giebelgestaltung wird das Blech geformt, über den Pfannenwulst gehängt, gespannt und von unten verschraubt (Skizze). Bei breiteren Giebelstreifen kann man das Windblech auch um einen Vorsprungstreifen herumbiegen. Die einzelnen Baulängen werden jeweils unter der Überdeckung mit einem oder zwei Nägeln gegen Abrutschen gesichert.

Bei einem Pultdachabschluß wird ein vorderes Anschlußblech, das ja die Ausschnitte der Pfannenwulste hat, entsprechend gebogen und entweder direkt mit Spezialnägeln aufgenagelt oder an der Sichtfläche über einen Vorsprungstreifen gebogen, was sicher besser aussehen wird. Bei geringen Überdeckungen oder Dachneigungen wird das obere Pfannenende etwa 15 mm aufgebogen (Skizze).

An seitlichen Wandanschlüssen kann auf dreierlei Art verfahren werden:

a) Man verwendet ein seitliches Anschlußblech, das auf den letzten Pfannenwulst gelegt und dort mit Abständen von etwa 300 mm vernagelt oder verschraubt wird. Im letzteren Falle muß man an Unterlags- und Bleischeiben denken! Der Wandanschluß wird mit Überhangstreifen überdeckt, dieser mit einer dauerplastischen Masse abgedichtet (Skizze).

b) Es steht noch so viel Blechbreite ohne den Pfannenwulst zur Verfügung, daß das letzte Pfannenblech 150 mm aufgekantet und mit einem Überhangstreifen überdeckt werden kann (Skizze).

c) Ist der Abstand zwischen der Wand und dem Pfannenwulst etwas größer, wird ein Anschlußblech mit Profilwulst verwendet. Die Befestigung erfolgt wie bei den Pfannenblechen, an der Wand wird wiederum mit einem Überhangstreifen überdeckt und abgedichtet.

Auch bei dieser Dachdeckung steht über die Beratungsstellen umfangreiches Informationsmaterial zur Verfügung, worauf im Anhang hingewiesen ist.

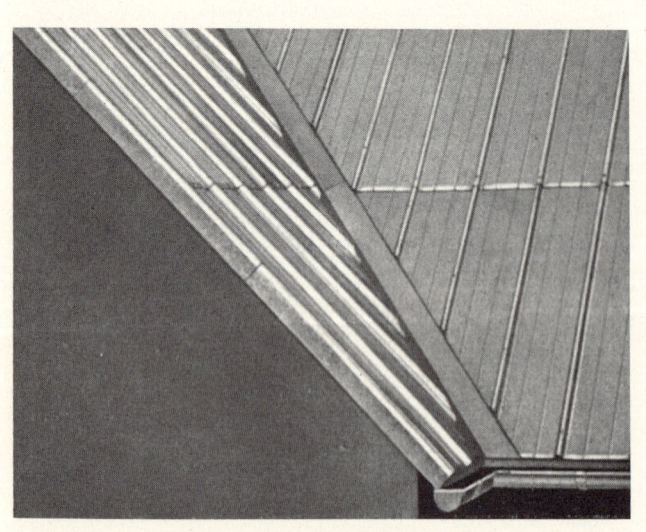

Anschlüsse an der Kehle und an einer Gaupe bei Stahldachpfannen.

Lattungsschema

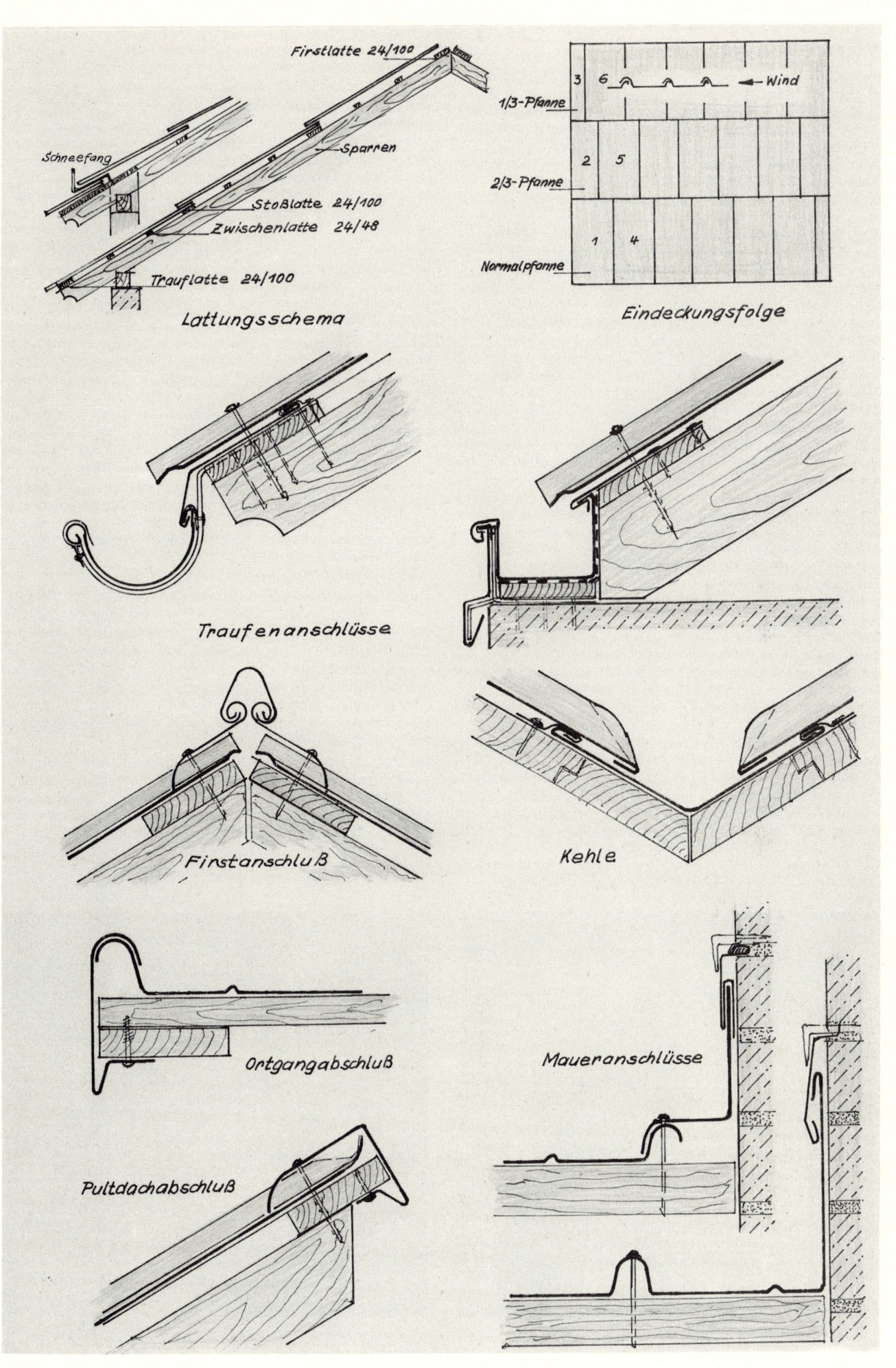

- Firstlatte 24/100
- Schneefang
- Sparren
- Stoßlatte 24/100
- Zwischenlatte 24/48
- Trauflatte 24/100

Eindeckungsfolge

- 1/3-Pfanne
- 2/3-Pfanne
- Normalpfanne
- Wind

Traufenanschlüsse

Firstanschluß

Kehle

Ortgangabschluß

Maueranschlüsse

Pultdachabschluß

133

Wandverkleidungen

Wände und Fassaden aus Metall finden immer breiteren Eingang in unsere Umwelt. Lange schon sind bei Industriehallen und Zweckgebäuden die wellblechverkleideten Wände bekannt, längst glänzen aus jedem Industriegebiet die blanken Fassaden der Trapezbänder aus Aluminium und Edelstahl-Rostfrei und in den Hauptgeschäftsstraßen sind es Kassetten in jeder Form und Vielfalt aus Aluminium, Edelstahl-Rostfrei, Kupfer, verzinktem Stahlblech und Titanzink. All diese Werkstoffe wurden und werden auch künftig für Bauten aller Art eingesetzt.

Hinzu kommt noch bei jedem dieser Werkstoffe die verschieden gestaltete Oberfläche. Sie kann glatt sein oder geprägt. Wir finden metallisch blanke als auch farbig gestaltete und z. T. geätzte Bleche. Schließlich finden wir die Werkstoffe als Profilbänder, zum Teil kunststoffbeschichtet, daneben Wandverkleidungen nach dem Stehfalz- und Leistensystem. Auch gegossene Leichtmetall- und Titanzinkplatten werden vor Wänden montiert.

Genauso findet man Metalle im Gebäudeinnern als Wand- und Deckenverkleidung und selbst als Tanzfläche kann man rostfreien Edelstahl entdecken.

Der Einsatz von Metallen in Formen und Farben ist fast unermeßlich. Allein bei Profilbändern und -blechen habe ich über 100 verschiedene Muster und Maße entdeckt! Es würde also viel zu weit führen, wollte man einen umfassenden Überblick geben. Hier soll nur aus der Sicht eines Bauklempners, der sich noch nicht als „Spezialfirma" bezeichnet, betrachtet und einige wesentliche Voraussetzungen allgemeiner Art genannt werden. Alle Dachdecksysteme aus Metall lassen sich auch für die Montage an der Wand einsetzen. Mit den üblichen Baublechen und -bändern lassen sich Doppelfalz-, Leisten- und Wulstverbindungen herstellen und in der üblichen Weise montieren. Dabei müssen zusätzlich Vorkehrungen gegen das Abrutschen der Bleche getroffen werden.

Die erstgenannten Verkleidungen werden auf Schalung verlegt. Im Wohnbau wird die Schalung möglichst auf Konterlatten vor der Wand montiert, damit ein belüfteter Zwischenraum entsteht. Denn wie auf dem Dach entstehen auch an Wänden die gleichen Probleme durch Auftreten von Schwitzwasser. Sollte solches entstehen, muß es im belüfteten Zwischenraum verdunsten können und ins Freie abgeführt werden. Auch bei Verwendung von Kassetten muß auf die gleiche Weise verfahren werden, wenn die Belüftung nicht schon durch eine entsprechende Kassettenform gewährleistet ist.

Weniger problematisch sind diese Dinge bei Well- und Pfannenblechen sowie bei allen Trapez- und Sonderformen. Hier erfolgt die Be- und Entlüftung durch die Wellen und Wulste zwangsläufig. Trotzdem kann in extremen Fällen eine Überprüfung des Querschnitts der Lüftungswege notwendig sein.

Aus Energieersparnisgründen wird man vor dem Aufbringen der Metallverkleidung für eine einwandfreie Wärmedämmung an der Wand sorgen. Zwischen den sorgfältig ausgesuchten, verzugsfreien und imprägnierten Latten zum Aufschrauben der Bleche werden die Dämmlatten aufgebracht. Die Verankerung der Hölzer an der Wand wird mit nichtrostenden Ankern und Schrauben vorgenommen; abgerostete Anker führten gelegentlich bereits zu Schadensfällen.

Wandflächen sind oft stärkeren Windbelastungen ausgesetzt als Dächer. So muß die Befestigung zumindest so stark wie auf dem Dach sein. Dies erfordert mindestens sechs in der Unterlage verschraubte Hafte. Ebenso ist bei Kassetten zu verfahren.

Während die Well- und Pfannenbleche in der üblichen Art wie auf dem Dach befestigt werden, also auf den Hochwellen und Wulsten, verschraubt man Trapezbleche direkt an den Auflagepunkten. Das geht jedoch nur bei kurzen Längen, etwa in Stockwerkslänge. Wo lange, durchlaufende Bänder gefordert werden, ist die Dehnung infolge Temperaturschwankungen unbedingt zu beachten. So wie man beim Blechdach die Schiebehafte entwickelt hat, gibt es bei Bändern entsprechende Klammern und Gleitelemente, die das Arbeiten ermöglichen (Skizze).

So sind auch alle anderen vorspringenden Kanten der Verkleidung wie z. B. am Sockelabschluß oder an Fensterbrüstungen durch Vorstoßbleche zu sichern, die einerseits ein Hochheben verhindern und außerdem die Dehnung gestatten. Die indirekte Befestigung ist vorzuziehen und nur dort, wo man das Abrutschen verhindern muß, wird am oberen Teil direkt befestigt.

Verwendet man bei der Doppelfalz-Wandverkleidung Tafelbleche, so genügt bei der Überdeckung ein einfacher Falz von 20 bis 30 mm Breite. Hier lassen sich zusätzliche Hafte einbauen.

Erfolgt die Deckung mit durchgehenden Längsfalzen, wird der Übergang zum Querfalz am einfachsten mit der französischen Art hergestellt (s. S. 70, französische Traufe). Bei durchgehenden, betonten Querfalzen verfährt man genauso. Die oberen Stehfalzenden werden mit Falz nach unten niedergelegt und dann umgebogen.

Beschäftigt man sich einmal etwas genauer mit den Dingen und benutzt man die zur Verfügung gestellten Unterlagen der Beratungsstellen, wird man schnell begriffen haben. Wer Mitarbeiter hat, die ein Doppelfalzdach einwandfrei ausführen können, dem braucht auch vor einer Wandverkleidung nicht bange zu sein.

Industrie-Fassade aus Titanzink-Trapezprofilen, walzblank bzw. beschichtet. Objekt: Metallverarbeitender Betrieb in Datteln.

Außenwandverkleidung. Material: Kupfer.

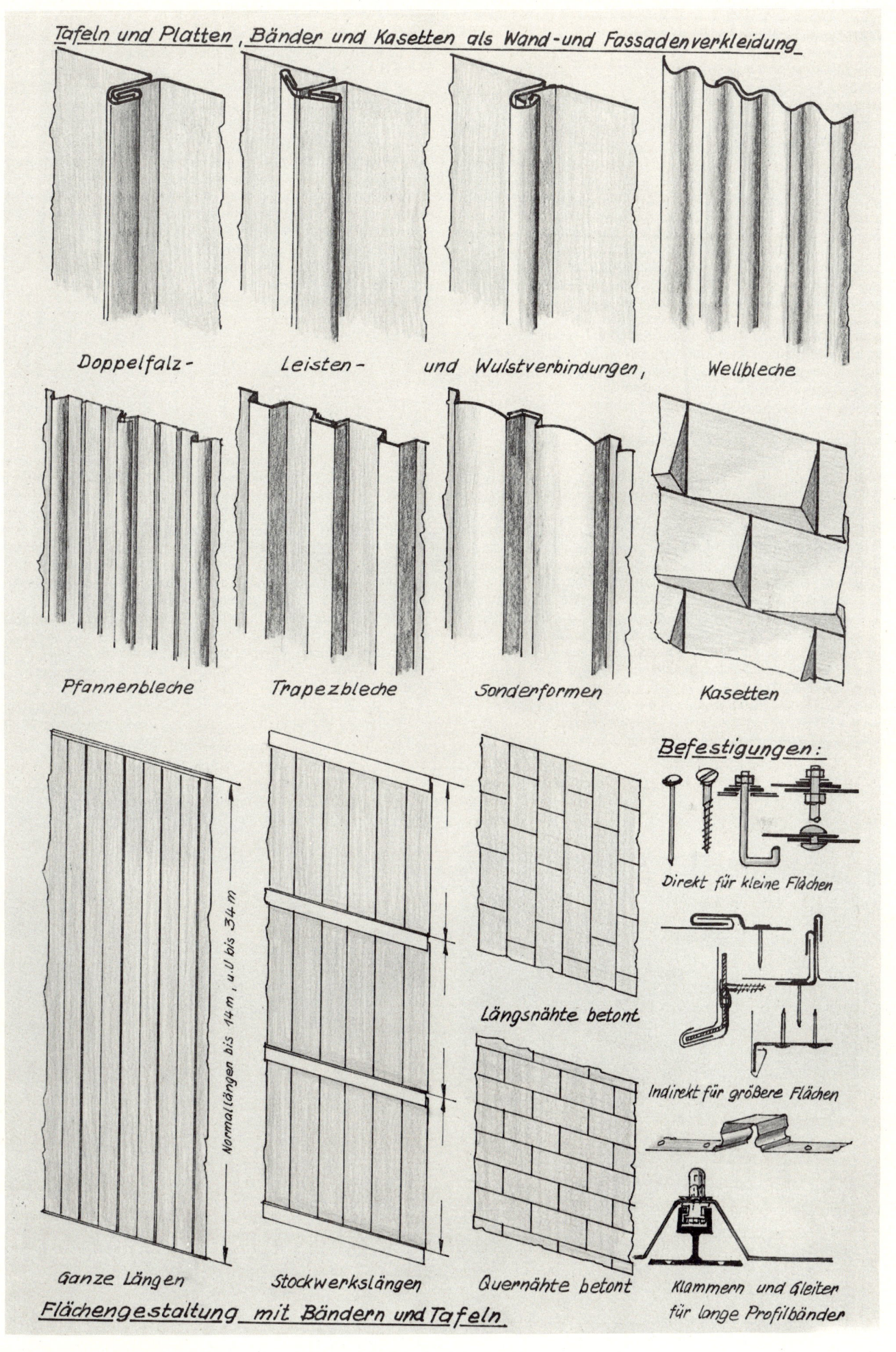

Tafeln und Platten, Bänder und Kasetten als Wand- und Fassadenverkleidung

Doppelfalz-   Leisten-   und Wulstverbindungen,   Wellbleche

Pfannenbleche   Trapezbleche   Sonderformen   Kasetten

Normallängen bis 14 m, u.U. bis 34 m

Ganze Längen   Stockwerkslängen   Längsnähte betont   Quernähte betont

Flächengestaltung mit Bändern und Tafeln.

Befestigungen:

Direkt für kleine Flächen

Indirekt für größere Flächen

Klammern und Gleiter für lange Profilbänder

Wandverkleidungen-Anschlüsse

Ein kleiner Überblick über Gestaltungsmöglichkeiten von Wandverkleidungen an einzelnen Punkten soll in diesem Skizzenblatt stellvertretend für Hunderte anderer Lösungen stehen. Mit dem nötigen Gespür lassen sich aus den gezeigten Skizzen viele weitere Möglichkeiten ableiten.

Beginnen wir am Fuß des Gebäudes mit Sockelabschlüssen: Wird eine Verkleidung mit Überstand am Sockel verlegt, ist dafür zu sorgen, daß die Bleche nicht abrutschen. In der ersten Skizze sorgt die Hakenschraube über dem U-Eisen dafür. Das Wasser kann frei vor dem Gebäude abfließen. Auf diese Weise lassen sich Well-, Pfannen- und Trapezbleche befestigen.

Wenn die Verkleidung wie in der Skizze ② über dem Sockel endet, muß ein Fußblech für die Ableitung des Wassers sorgen. Springt dieses Blech noch weiter vor, verhindern starke, verzinkte Einhängestreifen oder auch Flacheisen das Hochbiegen der Vorderkante. In der Skizze wurde das Fußblech über den Fußwinkel gebogen; die zwei Agraffen, die an jeder Platte befestigt sind, halten das Fußblech und gestatten außerdem die Dehnung der Verkleidung.

Im Beispiel ③ ist der Untergrund für glatte Bleche gerichtet, und zwar Hinterlüftung auf Konterlatten verlegt. Die Wandverkleidung ist in einem Lochblech eingehängt, das den freien Zwischenraum abdeckt. Zwischen Blech und Holz wird wie üblich eine Lage Pappe oder Ölpapier als Isolierung gegen evtl. Einwirkungen von Imprägnierungsmitteln oder Gerbsäure im Holz eingebracht.

Beispiel ④ zeigt eine Aluminiumverkleidung, die auf justierbare Aluminiumprofile geschraubt ist. Der Alu-Winkel ist wiederum auf Edelstahl-Rostfrei-Halter bzw. -anker geschraubt. Auch diese Halterung ist über ein Schlitzloch justierbar, so daß schließlich eine einwandfrei ausgerichtete Fassade entsteht. Zu beachten ist in diesem Vorschlag, daß die gesamte Befestigung mit Edelstahlschrauben vorgenommen wird. Auch hier wurde ein Fußblech verwendet, das von einem Abschlußblech gehalten wird. Die Hinterlüftung der Aluminiumfassade erfolgt über die Profilhöhe des Trapezbleches.

Quernähte in der Verkleidung werden wie schon am Sockel von je zwei Hakenschrauben je Platte festgehalten und so auch am Abrutschen gehindert. Außerdem wird die Höhenüberdeckung vernietet oder geschraubt. Mit geringen Unterschieden lassen sich so alle Profilbänder und -platten überdecken ⑤.

Glatte Bleche werden in einem Falz von 20 bis 30 mm Breite eingehängt. Hier kann dann gut der Dehnungsausgleich bei Temperaturschwankungen erfolgen. Nach der Befestigung müssen diese Falze soweit zugeschlagen bzw. angepreßt werden, daß bei Windanfall keine Klappergeräusche auftreten können ⑥.

Quernähte, die durch das Trennen der Bänder in Stockwerkslängen notwendig sind, werden mit Fußblechen überbrückt. Sie müssen hinter der Verkleidung weit genug nach oben geführt werden und nach unten weit genug nach unten überstehen. Neben dem Dehnungsausgleich darf an diesen Stellen die Funktion der Hinterlüftung nicht unterbrochen werden ⑫.

Möchte man die Stockwerkstrennung mehr betonen, wird man statt des Fußbleches ein Breitband anbringen. Hierzu sind jedoch wegen der großen Breite entweder stärkere Bleche zu verwenden oder das Blech muß durch Kantungen profiliert und damit stabilisiert werden. Nur so lassen sich häßliche Blasenbildungen vermeiden.

Zu den Lösungsmöglichkeiten zählt auch die letzte Skizze, in der die Trennung und Überbrückung der Aluminiumbänder mit einem entsprechend geformten Strangpreßprofil durchgeführt ist. Es ist wie der dazugehörige Haltewinkel aus Edelstahl-Rostfrei justierbar und ergänzt die bereits oben gezeigte Sockelausführung.

Eckenausführungen richten sich nach den verwendeten Profilen oder Blechen. Entsprechend geformte Eckbleche werden aufgeschraubt, in anderen Beispielen mit Falzstreifen verbunden oder direkt verfalzt. In den drei gezeigten Skizzen lassen sich gut die großen Hinterlüftungsquerschnitte erkennen (⑦ bis ⑨).

Obere An- bzw. Abschlüsse sollen unter dem Dachvorsprung so enden, daß die Entlüftung der Fassade gewährleistet ist. Das Anbringen eines Gitterbleches oder eines Drahtsiebs ist zu empfehlen, um das Nisten von Vögeln zu verhindern ⑩.

Bei Fensterbrüstungen verfährt man mit der Überdeckung wie bei den Bandtrennungen in Stockwerkshöhe. Das Wasser muß einwandfrei abtropfen und die Luft entweichen können ⑪.

In windgefährdeten Gegenden und bei hohen Gebäuden besteht auch die Gefahr, daß der Wind das Regenwasser nach oben drückt. Hier hilft wahrscheinlich schon ein Wasserfalz, nach vorn gebogen, oder eine längere Überdeckung nach unten. Unter Umständen müssen Versuche angestellt werden.

Sheddacheindeckung aus Aluminium-Profilbändern auf einer Automobilfabrik.

Brüstungsverkleidungen mit Trapezblechen. Material: Kupfer.

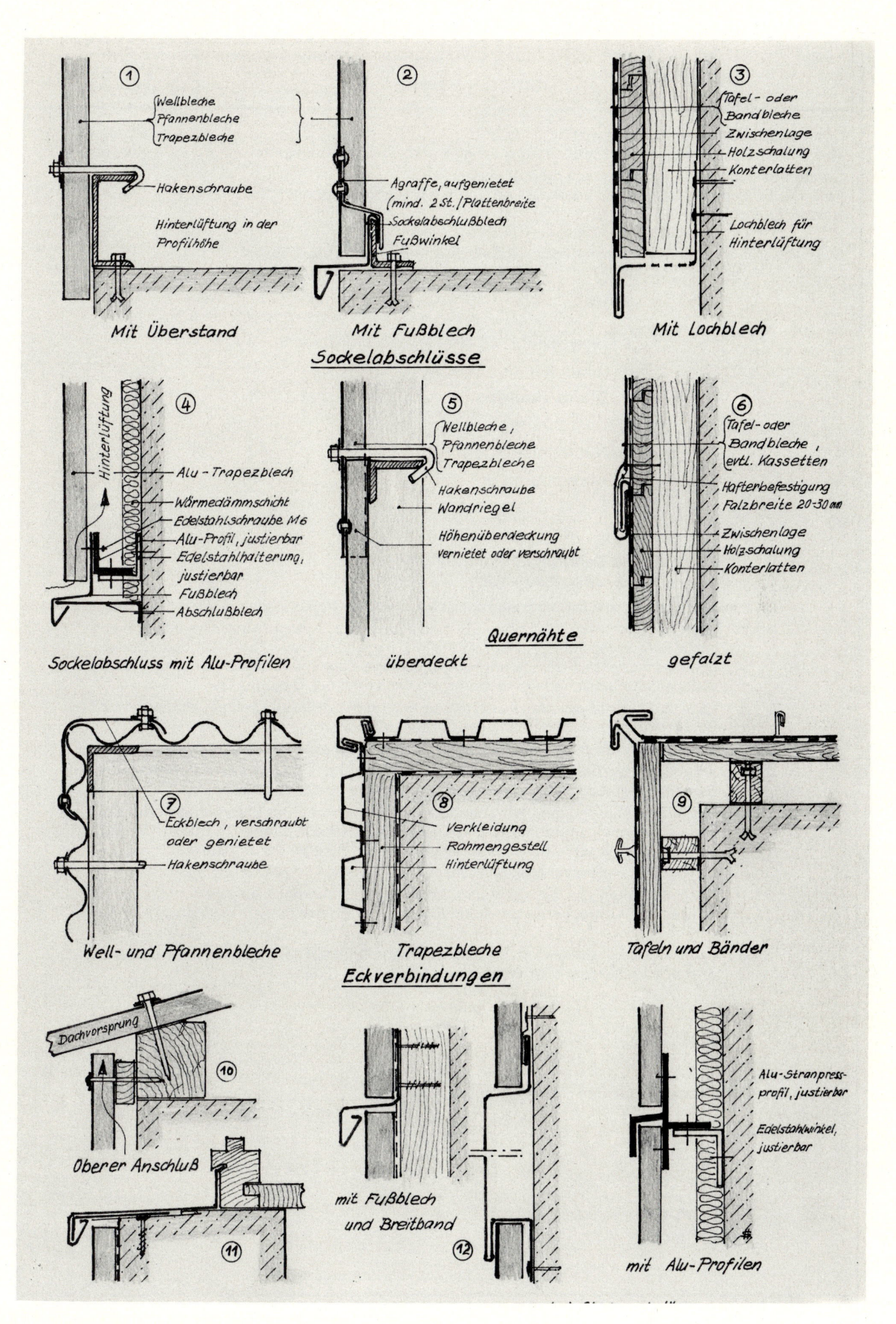

① Mit Überstand
- Wellbleche, Pfannenbleche, Trapezbleche
- Hakenschraube
- Hinterlüftung in der Profilhöhe

② Mit Fußblech
- Agraffe, aufgenietet (mind. 2 St./Plattenbreite)
- Sockelabschlußblech
- Fußwinkel

③ Mit Lochblech
- Tafel- oder Bandbleche
- Zwischenlage
- Holzschalung
- Konterlatten
- Lochblech für Hinterlüftung

Sockelabschlüsse

④ Sockelabschluss mit Alu-Profilen
- Hinterlüftung
- Alu-Trapezblech
- Wärmedämmschicht
- Edelstahlschraube M6
- Alu-Profil, justierbar
- Edelstahlhalterung, justierbar
- Fußblech
- Abschlußblech

⑤ überdeckt
- Wellbleche, Pfannenbleche, Trapezbleche
- Hakenschraube
- Wandriegel
- Höhenüberdeckung vernietet oder verschraubt

⑥ gefalzt
- Tafel- oder Bandbleche, evtl. Kassetten
- Hafterbefestigung
- Falzbreite 20-30 mm
- Zwischenlage
- Holzschalung
- Konterlatten

Quernähte

⑦ Well- und Pfannenbleche
- Eckblech, verschraubt oder genietet
- Hakenschraube

⑧ Trapezbleche
- Verkleidung
- Rahmengestell
- Hinterlüftung

⑨ Tafeln und Bänder

Eckverbindungen

⑩ Oberer Anschluß
- Dachvorsprung

⑪

⑫ mit Fußblech und Breitband

mit Alu-Profilen
- Alu-Stranpressprofil, justierbar
- Edelstahlwinkel, justierbar

DK 69(083.78) : 696 DEUTSCHE NORM September 1984

VOB Verdingungsordnung für Bauleistungen
Teil C: Allgemeine Technische Vorschriften für Bauleistungen
Klempnerarbeiten

DIN 18 339

Contract procedure for building works;
Part C: General technical specifications for building works; sheet metal works
Cahier des charges pour des travaux du bâtiment;
Partie C: Règlements techniques générales pour des travaux du bâtiment;
travaux de ferblantier

Ersatz für Ausgabe 10.79

Diese Vorschrift wurde vom Deutschen Verdingungsausschuß für Bauleistungen aufgestellt.

Inhalt

	Seite
0 *Hinweise für die Leistungsbeschreibung*)*	1
1 Allgemeines	3
2 Stoffe, Bauteile	4
3 Ausführung	6
4 Nebenleistungen	13
5 Abrechnung	15

0 Hinweise für die Leistungsbeschreibung *)
(siehe auch Teil A – DIN 1960 – § 9)

0.1 In der Leistungsbeschreibung sind nach Lage des Einzelfalles insbesondere anzugeben:

0.1.1 Lage der Baustelle und Umgebungsbedingungen, z. B. Hauptwindrichtung, Einflugschneisen, Verschmutzung der Außenluft, Bebauung usw., Zufahrtsmöglichkeiten und Beschaffenheit der Zufahrt sowie etwaige Einschränkungen bei ihrer Benutzung, Art der baulichen Anlagen, Anzahl und Höhe der Geschosse.

0.1.2 Lage und Ausmaß der dem Auftragnehmer für die Ausführung seiner Leistungen zur Benutzung oder Mitbenutzung überlassenen Flächen.

0.1.3 besondere Maßnahmen aus Gründen der Landespflege und des Umweltschutzes.

0.1.4 Art und Umfang des Schutzes von Bäumen, Pflanzenbeständen, Vegetationsflächen, Bauteilen, Bauwerken, Grenzsteinen u. ä. im Bereich der Baustelle.

0.1.5 besondere Anordnungen, Vorschriften und Maßnahmen der Eigentümer (oder der anderen Weisungsberechtigten) von Leitungen, Kabeln, Dränen, Kanälen, Wegen, Gewässern, Gleisen, Zäunen und dergleichen im Bereich der Baustelle.

0.1.6 für den Verkehr freizuhaltende Flächen.

0.1.7 Besonderheiten der Regelung und Sicherung des Verkehrs, gegebenenfalls auch, wieweit der Auftraggeber die Durchführung der erforderlichen Maßnahmen übernimmt.

0.1.8 Lage, Art und Anschlußwert der dem Auftragnehmer auf der Baustelle zur Verfügung gestellten Anschlüsse für Wasser und Energie.

---
*) Diese Hinweise werden nicht Vertragsbestandteil.

Fortsetzung Seite 2 bis 17

DIN Deutsches Institut für Normung e. V.

0.1.9 Mitbenutzung fremder Gerüste, Hebezeuge, Aufzüge, Aufenthalts- und Lagerräume, Einrichtungen und dergleichen durch den Auftragnehmer.
0.1.10 Auf- und Abbauen sowie Vorhalten der Gerüste, die nicht unter Abschnitt 4.1.10 fallen.
0.1.11 besondere Anforderungen an die Baustelleneinrichtung.
0.1.12 Art und Zeit der vom Auftraggeber veranlaßten Vorarbeiten.
0.1.13 ob und in welchem Umfang dem Auftragnehmer Arbeitskräfte und Geräte für Abladen, Lagern und Transport zur Verfügung gestellt werden.
0.1.14 Arbeiten anderer Unternehmer auf der Baustelle.
0.1.15 Leistungen für andere Unternehmer.
0.1.16 Art, Menge, Gewicht der Stoffe und Bauteile, die vom Auftraggeber beigestellt werden, sowie Art, Ort (genaue Bezeichnung) und Zeit ihrer Übergabe.
0.1.17 Güteanforderungen an nicht genormte Stoffe und Bauteile.
0.1.18 Art und Umfang verlangter Eignungs- und Gütenachweise.
0.1.19 Art und Beschaffenheit des Untergrundes (Unterlage, Unterbau, Tragschicht, Tragwerk).
0.1.20 vorgesehene Arbeitsabschnitte, Arbeitsunterbrechungen und -beschränkungen nach Art, Ort und Zeit.
0.1.21 besondere Erschwernisse während der Ausführung, z. B. bei Arbeiten an Gebäuden und in Räumen, wenn der Betrieb des Auftraggebers weiterläuft, Arbeiten bei außergewöhnlichen Temperaturen oder Witterungsbedingungen.
0.1.22 Benutzung von Teilen der Leistung vor der Abnahme.
0.1.23 Ausbildung der Anschlüsse an Bauwerke.
0.1.24 Art und Anzahl der geforderten Musterflächen, Mustermontagen und Proben.
0.1.25 besondere Maßnahmen, die zum Schutz von benachbarten Grundstücken und Bauwerken notwendig sind.
0.1.26 ob nach bestimmten Zeichnungen oder nach Aufmaß abgerechnet werden soll.
0.1.27 zulässige Belastungen der Dachfläche oder Tragkonstruktion.
0.1.28 Dachneigung und Dachform.
0.1.29 ob gekrümmte Teil- oder Kleinflächen, Gaupen, Erker, Dachausbauten u. ä. auszuführen sind.
0.1.30 Anzahl, Art und Ausbildung von Dachdurchdringungen, Dachfenstern, Lichtkuppeln.
0.1.31 ob Schornsteine mit einer Abdeckhaube versehen werden sollen.
0.1.32 ob oberhalb von Durchdringungen zur Ableitung des Wassers Sättel bauseitig vorhanden sind.
0.1.33 Art und Lage von Dachentwässerungen.
0.1.34 die Zuschnittsbreite oder Richtgröße der Dachrinnen, Anzahl, Art und Maße der Rinnenhalter, Regenfallrohre, Traufbleche und dergleichen in Zuschnitteilen und deren Dicke.
0.1.35 ob die Rinnenhalter mit Spreizen (Spanneisen) herzustellen sind.
0.1.36 ob Leiterhaken, Schneefanggitter oder Wasserabweiser anzubringen sind.
0.1.37 ob Gefällestufen bauseitig vorgesehen sind.
0.1.38 besondere mechanische, chemische und thermische Beanspruchungen, denen Stoffe und Bauteile nach dem Einbau ausgesetzt sind.
0.1.39 zusätzliche Maßnahmen zur Sturmsicherung.
0.1.40 Anforderungen an den Brand-, Schall-, Wärme- und Feuchteschutz sowie lüftungstechnische Anforderungen.
0.1.41 Art und Dicke der Dämmschichten.
0.1.42 Art, Umfang und Ausbildung der Hinterlüftung sowie Abdeckung ihrer Öffnungen.
0.1.43 geforderte gestalterische Wirkung von Flächen, z. B. Teilung, Fugenausbildung, Struktur, Farbe, Oberflächenbehandlung sowie besondere Verlegeart.
0.1.44 ob und wie Fugen abzudichten und abzudecken sind.
0.1.45 Stoffe, die für die Dachdeckung und Wandbekleidung verwendet werden.
0.1.46 Art der Bekleidungen, Dicke, Maße der Einzelteile sowie ihre Befestigung, z. B. sichtbar oder nicht sichtbar.
0.1.47 ob Trennschichten anzubringen und aus welchen Werkstoffen diese auszuführen sind.
0.1.48 Art und Farbe des Oberflächenschutzes oder der Beschichtung des zu verwendenden Stoffes.
0.1.49 ob ein zusätzlicher Korrosionsschutz auszuführen ist.
0.1.50 Art des Korrosionsschutzes.
0.1.51 ob chemischer Holzschutz gefordert wird.
0.1.52 ob der Auftragnehmer Verlegepläne oder Montagepläne zu liefern hat.
0.1.53 Art und Durchführung der Befestigung der Bauteile.
0.1.54 Art und Anzahl der Dübel, Dübelleisten, Traufbohlen usw., die zur Befestigung bauseitig vorgesehen sind.
0.1.55 ob zur Befestigung Schrauben oder Nägel verwendet werden sollen.
0.1.56 Art und Ausführung der Wandanschlüsse und ob Vorleistungen anderer Unternehmer vorliegen.
0.1.57 Dehnungsausgleicher nach Art oder Typ und Anzahl.
0.1.58 Art und Ausführung von provisorischen Abdeckungen bzw. Abdichtungen und deren Beseitigung.
0.1.59 besonderer Schutz der Leistungen, z. B. Verpackung, Kantenschutz und Abdeckungen.
0.1.60 Leistungen nach Abschnitt 4.2 in besonderen Ansätzen, wenn diese Leistungen keine Nebenleistungen sein sollen.
0.1.61 Leistungen nach Abschnitt 4.3 in besonderen Ansätzen.
0.2 In der Leistungsbeschreibung sind Angaben zu folgenden Abschnitten nötig, wenn der Auftraggeber eine abweichende Regelung wünscht:

Abschnitt 1.2 (Leistungen mit Lieferung der Stoffe und Bauteile)
Abschnitt 2.1 (Vorhalten von Stoffen und Bauteilen)
Abschnitt 2.2.1 (Liefern ungebrauchter Stoffe und Bauteile)
Abschnitt 3.1.11 (Art der Einfassung von Durchdringungen)
Abschnitt 3.2.1 (Metall-Dachdeckungen aus Bändern)
Abschnitt 3.2.2 (Metall-Wandbekleidungen aus Bändern)
Abschnitt 3.2.3 (Abdichtung von Fälzen)
Abschnitt 3.2.4 (Trennschicht aus feinbesandeter Glasvlies-Bitumendachbahn)
Abschnitt 3.2.5 (doppelte Stehfalze von mindestens 23 mm Höhe)
Abschnitt 3.2.6 (Leistendächer nach Deutschem Leistensystem)
Abschnitt 3.2.9 (Abdichtung von Quernähten)
Abschnitt 3.2.10 (Gefällesprung mit mindestens 60 mm Höhe)
Abschnitt 3.2.14 (Art und Einzelheiten der leichten Außenwandbekleidungen)

1 Allgemeines

1.1 DIN 18 339 „Klempnerarbeiten" gilt nicht für Deckungen mit genormten Well-, Pfannen- und Trapezblechen (siehe DIN 18 338 „Dachdeckungs- und Dachabdichtungsarbeiten"), Fassaden und Bekleidungen mit Metallbauteilen (siehe DIN 18 360 „Metallbauarbeiten, Schlosserarbeiten") und nicht für Blecharbeiten bei Wärmedämmarbeiten (siehe DIN 18 421 „Wärmedämmarbeiten an betriebstechnischen Anlagen").

1.2 Alle Leistungen umfassen auch die Lieferung der dazugehörigen Stoffe und Bauteile einschließlich Abladen und Lagern auf der Baustelle, wenn in der Leistungsbeschreibung nichts anderes vorgeschrieben ist.

1.3 Stoffe und Bauteile, die vom Auftraggeber beigestellt werden, hat der Auftragnehmer rechtzeitig beim Auftraggeber anzufordern.

2 Stoffe, Bauteile

2.1 Vorhalten

Stoffe und Bauteile, die der Auftragnehmer nur vorzuhalten hat, die also nicht in das Bauwerk eingehen, können nach Wahl des Auftragnehmers gebraucht oder ungebraucht sein, wenn in der Leistungsbeschreibung darüber nicht vorgeschrieben ist.

2.2 Liefern

2.2.1 Allgemeine Anforderungen

Stoffe und Bauteile, die der Auftragnehmer zu liefern und einzubauen hat, die also in das Bauwerk eingehen, müssen ungebraucht sein, wenn in der Leistungsbeschreibung nichts anderes vorgeschrieben ist. Sie müssen für den jeweiligen Verwendungszweck geeignet und aufeinander abgestimmt sein. Stoffe und Bauteile, für die DIN-Normen bestehen, müssen den DIN-Güte- und -Maßbestimmungen entsprechen.

Stoffe und Bauteile, die nach den behördlichen Vorschriften einer Zulassung bedürfen, müssen amtlich zugelassen sein und den Zulassungsbedingungen entsprechen.

Stoffe und Bauteile, für die weder DIN-Normen bestehen noch eine amtliche Zulassung vorgeschrieben ist, dürfen nur mit Zustimmung des Auftraggebers verwendet werden.

Für die gebräuchlichsten genormten Stoffe und Bauteile sind die DIN-Normen nachstehend aufgeführt.

2.2.2 Dachrinnen und Regenfallrohre

DIN 18 461	Hängedachrinnen, Regenfallrohre außerhalb von Gebäuden und Zubehörteile aus Metall
DIN 18 469	Hängedachrinnen aus PVC hart (Polyvinylchlorid hart); Anforderungen, Prüfung.

2.2.3 Zinkbleche und Zinkbänder

DIN 17 770 Teil 1	Bänder und Bleche aus Zink für das Bauwesen; Technische Lieferbedingungen
DIN 17 770 Teil 2	Bänder und Bleche aus Zink für das Bauwesen; Maße.

2.2.4 Stahlbleche und Stahlbänder

2.2.4.1 Feuerverzinkte und beschichtete Stahlbleche und -bänder:

DIN 17 162 Teil 1	Flachzeug aus Stahl; Feuerverzinktes Band und Blech aus weichen unlegierten Stählen, Technische Lieferbedingungen
DIN 17 162 Teil 2	Flachzeug aus Stahl; Feuerverzinktes Band und Blech, Technische Lieferbedingungen, Allgemeine Baustähle
DIN 59 232	Flachzeug aus Stahl; Feuerverzinktes Breitband und Blech aus weichen unlegierten Stählen und aus allgemeinen Baustählen, Maße, zulässige Maß- und Formabweichungen.

2.2.4.2 Nichtrostende Stahlbleche und Stahlbänder

DIN 17 440	Nichtrostende Stähle; Gütevorschriften
DIN 59 381	Flachzeug aus Stahl; Kaltgewalztes Band aus nichtrostenden und aus hitzebeständigen Stählen, Maße, zulässige Maß-, Form- und Gewichtsabweichungen
DIN 59 382	Flachzeug aus Stahl; Kaltgewalztes Breitband und Blech aus nichtrostenden Stählen, Maße, zulässige Maß- und Formabweichungen.

2.2.5 Kupferbleche, Kupferbänder, Kupferprofile

Für Kupferbleche und Kupferbänder ist SF-Cu nach DIN 1787 „Kupfer; Halbzeug" zu verwenden. Ferner gelten:

DIN 1751	Bleche und Blechstreifen aus Kupfer und Kupfer-Knetlegierungen, kaltgewalzt; Maße
DIN 1759	Rechteckstangen aus Kupfer und Kupfer-Knetlegierungen, gezogen, mit scharfen Kanten; Maße, zulässige Abweichungen, statische Werte
DIN 1791	Bänder und Bandstreifen aus Kupfer und Kupfer-Knetlegierungen, kaltgewalzt; Maße
DIN 17 670 Teil 1	Bänder und Bleche aus Kupfer und Kupfer-Knetlegierungen; Eigenschaften
DIN 17 670 Teil 2	Bleche und Bänder aus Kupfer und Kupfer-Knetlegierungen; Technische Lieferbedingungen.

2.2.6 Aluminium und Aluminiumlegierungen

DIN 1725 Teil 1	Aluminiumlegierungen; Knetlegierungen
DIN 1745 Teil 1	Bänder und Bleche aus Aluminium und Aluminium-Knetlegierungen mit Dicken über 0,35 mm; Eigenschaften
DIN 1745 Teil 2	Bänder und Bleche aus Aluminium und Aluminium-Knetlegierungen mit Dicken über 0,35 mm; Technische Lieferbedingungen
DIN 1747 Teil 1	Stangen aus Aluminium und Aluminium-Knetlegierungen; Festigkeitseigenschaften
DIN 1783	Bänder und Bleche aus Aluminium und Aluminium-Knetlegierungen mit Dicken über 0,35 mm, kaltgewalzt; Maße
DIN 17 611	Anodisch oxidiertes Halbzeug aus Aluminium und Aluminium-Knetlegierungen mit Schichtdicken von mindestens 10 µm; Technische Lieferbedingungen.

2.2.7 Bleche aus Blei und Bleilegierungen

DIN 17 640	Blei und Bleilegierungen für Kabelmäntel
DIN 59 610	Bleche aus Blei; Maße.

2.2.8 Feuerverzinkte und feuerverbleite Bauteile

DIN 50976	Korrosionsschutz; Durch Feuerverzinken auf Einzelteile aufgebrachte Überzüge, Anforderungen und Prüfung

Feuerverbleite Stahlteile müssen gut haftende und dichte Überzüge aufweisen.

2.2.9 Verbindungsstoffe (Schweiß- und Lötstoffe)

DIN 267 Teil 11	Mechanische Verbindungselemente; Technische Lieferbedingungen mit Ergänzungen zu ISO 3506, Teile aus rost- und säurebeständigen Stählen
DIN 1707	Weichlote; Zusammensetzung, Verwendung, Technische Lieferbedingungen
DIN 1732 Teil 1	Schweißzusatzstoffe für Aluminium; Zusammensetzung, Verwendung und Technische Lieferbedingungen
DIN 8511 Teil 1	Flußmittel zum Löten metallischer Werkstoffe; Flußmittel zum Hartlöten von Schwermetallen
DIN 8511 Teil 2	Flußmittel zum Löten metallischer Werkstoffe; Flußmittel zum Weichlöten von Schwermetallen
DIN 8511 Teil 3	Flußmittel zum Löten metallischer Werkstoffe; Flußmittel zum Hart- und Weichlöten von Leichtmetallen
DIN 8513 Teil 1	Hartlote; Kupferbasislote, Zusammensetzung, Verwendung, Technische Lieferbedingungen
DIN 8513 Teil 2	Hartlote; Silberhaltige Lote mit weniger als 20 Gew.-% Silber, Zusammensetzung, Verwendung, Technische Lieferbedingungen
DIN 8513 Teil 3	Hartlote; Silberhaltige Lote mit mindestens 20 Gew.-% Silber, Zusammensetzung, Verwendung, Technische Lieferbedingungen
DIN 8513 Teil 4	Hartlote; Aluminiumbasislote, Zusammensetzung, Verwendung, Technische Lieferbedingungen
DIN 8556 Teil 1	Schweißzusatzwerkstoffe für das Schweißen nichtrostender und hitzebeständiger Stähle; Bezeichnung, Technische Lieferbedingungen.

3 Ausführung

3.1 Allgemeines

3.1.1 Wenn Verkehrs-, Versorgungs- und Entsorgungsanlagen im Bereich des Baugeländes liegen, sind die Vorschriften und Anordnungen der zuständigen Stellen zu beachten.

3.1.2 Die für die Aufrechterhaltung des Verkehrs bestimmten Flächen sind freizuhalten.

Der Zugang zu Einrichtungen der Versorgungs- und Entsorgungsbetriebe, der Feuerwehr, der Post und Bahn, zu Vermessungspunkten und dergleichen darf nicht mehr als durch die Ausführung unvermeidlich behindert werden.

3.1.3 Stoffe und Bauteile, für die Verarbeitungsvorschriften des Herstellerwerkes bestehen, sind nach diesen Vorschriften zu verarbeiten.

3.1.4 Der Auftragnehmer hat bei seiner Prüfung (siehe Teil B – DIN 1961 – § 4 Nr. 3) Bedenken insbesondere geltend zu machen bei:

ungeeigneter Beschaffenheit des Untergrundes, z.B. zu rauhen, zu porigen, feuchten, verschmutzten oder verölten Flächen,

ungenügenden Schalungsdicken, zu scharfen Schalungskanten und Graten, Unebenheiten, fehlenden Abrundungen an Ecken und Kanten,

fehlenden oder ungeeigneten Befestigungsmöglichkeiten an z.B. Anschlüssen, Aussparungen, Durchdringungen,

fehlender Be- und Entlüftung bei zu durchlüftenden Dächern und Wandbekleidungen,

ungeeigneter Art und Lage von Durchdringungen, Entwässerungen, Anschlüssen, Schwellen und dergleichen,

Abweichung von der Waagerechten oder dem Gefälle, das in der Leistungsbeschreibung vorgeschrieben oder nach Sachlage nötig ist,

fehlenden Höhenbezugspunkten je Geschoß,

fehlenden oder ungenügenden Ausdehnungsmöglichkeiten,

fehlender oder ungenügender baulicher Voraussetzungen für Sicherheitsüberläufe,

fehlenden Sätteln an Dachdurchdringungen.

3.1.5 Bei Verwendung verschiedener Metalle müssen, auch wenn sie sich nicht berühren, schädigende Einwirkungen aufeinander ausgeschlossen sein; dies gilt insbesondere in Fließrichtung des Wassers.

3.1.6 Metalle sind gegen schädigende Einflüsse angrenzender Stoffe, z.B. Mörtel, Steine, Beton, Holzschutzmittel, durch eine geeignete Trennschicht z.B. aus Glasvlies-Bitumendachbahn zu schützen.

3.1.7 Verbindungen und Befestigungen sind so auszuführen, daß sich die Teile bei Temperaturänderungen schadlos ausdehnen, zusammenziehen oder verschieben können. Hierbei ist von einer Temperaturdifferenz von 100 K im Bereich von $-20\,°C$ bis $+80\,°C$ auszugehen.

Die Abstände von Dehnungsausgleichern sind abhängig von deren Ausführung und der Art und Anordnung der Bauteile zu wählen. Folgende Abstände der Ausgleicher untereinander dürfen nicht überschritten werden:

in wasserführenden Ebenen für eingeklebte Einfassungen, Winkelanschlüsse, Rinneneinhänge und Shedrinnen 6 m,

für Strangpreß-Profile 6 m,

außerhalb wasserführender Ebenen für Mauerabdeckungen, Dachrandabschlüsse, nicht eingeklebte Dachrinnen mit einem Zuschnitt über 500 mm 8 m, bei Stahl 14 m,

für Scharen von Dachdeckungen und Wandbekleidungen, bei innenliegenden, nicht eingeklebten Dachrinnen mit einem Zuschnitt unter 500 mm, Hängedachrinnen mit einem Zuschnitt über 500 mm 10 m, bei Stahl 14 m,

für Hängedachrinnen bis 500 mm Zuschnitt 15 m.

Für die Abstände von Ecken oder Festpunkten gelten jeweils die halben Längen.

3.1.8 Gegen Abheben und Beschädigung durch Sturm sind geeignete Sicherungsmaßnahmen zu treffen.

Für Hafte und Befestigungsmittel gelten die Anforderungen gemäß Tabelle 1.

Tabelle 1. **Hafte und Befestigungsmittel; Anforderungen**

Werkstoff [1]) der zu befestigenden Teile	Hafte		Befestigungsmittel [2])			
			gerauhte Nägel		Senkkopfschrauben	
	Werkstoff	Dicke mm	Werkstoff	Maße mm × mm	Werkstoff	Maße mm × mm
1	2	3	4	5	6	7
1 Titanzink	Titanzink	≥ 0.7	feuerverzinkter Stahl	≥ (2,8 × 25)	feuerverzinkter Stahl	≥ (4 × 25)
	feuerverzinkter Stahl	≥ 0.6				
	Aluminium[3])	≥ 0.8				
2 feuerverzinkter Stahl	feuerverzinkter Stahl	≥ 0.6	feuerverzinkter Stahl	≥ (2,8 × 25)	feuerverzinkter Stahl	≥ (4 × 25)
	Aluminium[3])	≥ 0.8				
3 Aluminium	Aluminium[3])	≥ 0.8	Aluminium	≥ (3,8 × 25)	feuerverzinkter Stahl	≥ (4 × 25)
	Edelstahl	≥ 0.6	Edelstahl	≥ (2,5 × 25)	Edelstahl	≥ (4 × 25)
4 Kupfer	Kupfer	≥ 0.6	Kupfer	≥ (2,8 × 25)	Kupfer-Zink-Legierung	≥ (4 × 25)
					Edelstahl	≥ (4 × 25)
					Kupfer	≥ (4 × 25)
5 Edelstahl	Edelstahl	≥ 0.4	Kupfer	≥ (2,8 × 25)	Kupfer-Zink-Legierung	≥ (4 × 25)
			Edelstahl	≥ (2,8 × 25)	Edelstahl	≥ (4 × 25)
					Kupfer	≥ (4 × 25)
6 Blei	Kupfer	≥ 0.7	Kupfer	≥ (2,8 × 25)	Kupfer-Zink-Legierung	≥ (4 × 30)
					Edelstahl	≥ (4 × 30)
					Kupfer	≥ (4 × 30)

[1]) Die erforderliche Schalungsdicke bei Dachdeckungen beträgt bei Blei mindestens 30 mm, bei allen Werkstoffen mindestens 24 mm.
[2]) Je Haft mindestens 2 Stück mit einer Einbindetiefe von mindestens 20 mm.
[3]) Bei Schiebehaften ist das Unterteil mindestens 1 mm dick auszuführen.

3.1.9 Halter für Dachrandeinfassungen und Verwahrungen im Deckbereich sind bündig einzulassen und versenkt zu verschrauben.

3.1.10 Anschlüsse an höhergeführte Bauwerksteile müssen mindestens 150 mm über die Oberkante des Dachbelages hochgeführt und regensicher verwahrt werden.

3.1.11 Durchdringungen von Dächern oder Bekleidungen sind regendicht mit der Deckung oder Bekleidung einzufassen oder zu verbinden, z.B. durch Falten, Falzen, Nieten, Löten oder Schweißen, wenn in der Leistungsbeschreibung nichts anderes vorgeschrieben ist.

3.1.12 Alle einzuklebenden Metallanschlüsse müssen Klebeflansche von mindestens 120 mm Breite aufweisen. Verbindungen sind wasserdicht auszuführen. Bei Längen über 3 m ist die Befestigung indirekt auszuführen.

3.2 Metall-Dachdeckungen (Falz- und Leistendächer), Metall-Wandbekleidungen

3.2.1 Metall-Dachdeckungen sind aus Bändern herzustellen, wenn in der Leistungsbeschreibung nichts anderes vorgeschrieben ist, z.B. aus Tafeln.

3.2.2 Metall-Wandbekleidungen sind aus Bändern nach dem Doppelfalzsystem herzustellen, wenn in der Leistungsbeschreibung nichts anderes vorgeschrieben ist.

3.2.3 Bei Dachneigungen unter 5% (3°) sind die Längsfälze zusätzlich abzudichten, wenn in der Leistungsbeschreibung nichts anderes vorgeschrieben ist.

3.2.4 Für Metall-Dachdeckungen ist eine Trennschicht aus Glasvlies-Bitumendachbahnen fein besandet einzubauen, wenn in der Leistungsbeschreibung nichts anderes vorgeschrieben ist.

3.2.5 Metallfalzdächer müssen senkrecht zur Traufe doppelte Stehfalze von mindestens 23 mm Höhe haben, wenn in der Leistungsbeschreibung nichts anderes vorgeschrieben ist.

3.2.6 Leistendächer sind nach dem Deutschen Leistensystem auszuführen, wenn in der Leistungsbeschreibung nichts anderes vorgeschrieben ist, z.B. Belgisches Leistensystem. Der Leistenquerschnitt muß mindestens 40 mm × 40 mm betragen.

3.2.7 Scharenlänge, Scharenbreite und Werkstoffdicke sowie Anzahl der Hafte sind Tabelle 2 zu entnehmen.

3.2.8 Zwischen den Unterkanten der Längsaufkantung der Scharen ist ein Abstand von 3 mm zur Aufnahme der Dehnung zwischen den Falzen vorzusehen.

3.2.9 Quernähte sind nach Tabelle 3 auszubilden, wenn in der Leistungsbeschreibung nichts anderes vorgeschrieben ist.

Tabelle 2. **Metalldachdeckung: Breite und Länge der Scharen, Werkstoffdicken, Anzahl und Abstand der Hafte**

	Gebäudehöhe m		bis 8				über 8 bis 20			über 20 bis 100	
	1	2	3	4	5	6	7	8	9	10	11
1	Scharenbreite [1] mm		~520	~620	~720	~920	~520	~620	~720 [2]	~520	~620 [2]
2	Werkstoff	Scharenlänge m	\multicolumn{9}{Mindestwerkstoffdicke mm}
3	Aluminium	≤ 10	0,7	0,8	0,8	— [3]	0,7	0,8	— [3]	0,7	— [3]
4	Kupfer	≤ 10	0,6	0,6	0,7	— [3]	0,6	0,6	— [3]	0,6	— [3]
5	Titanzink	≤ 10	0,7	0,7	0,8	— [3]	0,7	0,7	— [3]	0,7	— [3]
6	feuerverzinkter Stahl	≤ 14	0,6	0,6	0,6	0,7	0,6	0,6	0,6	0,6	0,6
7	Hafte, Anzahl und Abstand untereinander [4]										
8	Allgemeiner Dachbereich	Anzahl Stück/m²	4				5			6	
		Abstand mm	≤ 500	≤ 420	≤ 360	≤ 280	≤ 400	≤ 330	≤ 280	≤ 330	≤ 280
9	Dachrandbereich nach DIN 1055 T 4 (⅛ der Gebäudebreite)	Anzahl Stück/m²	4				6			8 [5]	8
		Abstand mm	≤ 500	≤ 420	≤ 360	≤ 280	≤ 330	≤ 280	≤ 240	≤ 250	≤ 210

[1] Die Scharenbreiten errechnen sich aus den Band- bzw. Blechbreiten von 600, 700, 800 und 1000 mm abzüglich etwa 80 mm bei Falzdächern. Für Leistendächer ergibt sich eine geringere Scharenbreite in Abhängigkeit vom Leistenquerschnitt.

[2] Größere Scharenbreite unzulässig.

[3] Unzulässig.

[4] Anforderungen an Hafte siehe Tabelle 1.

[5] Für Kupferdeckung statt Nägel auch Schrauben aus Kupfer-Zink-Legierung 4 × 25, 6 Stück/m² mit max. 380 mm Abstand.

Tabelle 3. **Quernähte**

	Dachneigung	Art der Quernähte
	1	2
1	58 % (30°) und größer	Überlappung 100 mm
2	47 % (25°) und größer	Einfacher Querfalz
3	18 % (10°) und größer	Einfacher Querfalz mit Zusatzfalz
4	13 % (7°) und größer	Doppelter Querfalz (ohne Dichtung)
5	kleiner als 13 % (7°)	Wasserdichte Ausführung je nach verwendetem Werkstoff, gelötet, genietet oder doppelt gefalzt mit Dichtung

3.2.10 Ist der Abstand zwischen First und Traufe größer als die zulässige Scharenlänge nach Tabelle 2, ist ein Gefällesprung mit mindestens 60 mm Höhe vorzusehen, wenn in der Leistungsbeschreibung nichts anderes vorgeschrieben ist, z. B. Aufschiebling mit mindestens 60 mm Höhe oder Schiebenaht.

3.2.11 Die Traufe ist so auszubilden, daß die Längenänderungen der Scharen und die Windsoglasten aufgenommen werden. Die Scharenenden müssen mittels Umschlag an dem als Haftstreifen ausgebildeten Traufblech befestigt sein.

3.2.12 Bei durchlüfteten Dächern (Kaltdächern) dürfen durch die Ausführung der Metalldeckung die Lüftungsquerschnitte nicht beeinträchtigt werden.

3.2.13 Bei Metall-Wandbekleidungen muß die Überdeckung in der Senkrechten bei glatten Stößen mindestens 50 mm betragen.

3.2.14 Außenwandbekleidungen sind nach den „Richtlinien für Fassadenbekleidung mit und ohne Unterkonstruktion" auszuführen, für Außenwandbekleidungen aus kleinformatigen Platten und Asbestzementplatten gilt außerdem DIN 18 517 Teil 1 „Außenwandbekleidungen mit kleinformatigen Fassadenplatten; Asbestzementplatten", wenn in der Leistungsbeschreibung nichts anderes vorgeschrieben ist.

3.3 Kehlen

3.3.1 Kehlen aus Metall sind auf beiden Seiten mit aufgebogenem Wasserfalz auszuführen.

3.3.2 Ungelötete Überdeckungen müssen mindestens 100 mm betragen. Bei Kehlneigungen unter 26 % (15°) müssen Überdeckungen gelötet werden.

3.3.3 Metallkehlen müssen vollflächig aufliegen.

3.4 Dachrandabschlüsse, Mauerabdeckungen und Anschlüsse

3.4.1 Die erforderliche Werkstoffdicke ist in Abhängigkeit von der Größe, der Zuschnittsbreite, der Formgebung, der Befestigung, der Unterkonstruktion und dem verwendeten Werkstoff zu wählen, dabei ist die Mindestdicke für gekantete Dachrandabschlüsse, Mauerabdeckungen und Anschlüsse nach Tabelle 4 einzuhalten.
Die Mindestdicke für Strangpreßprofile muß 1,5 mm betragen; für auf Unterkonstruktion verlegte Metallteile gilt Tabelle 2.

3.4.2 Dachrandabschlüsse, Mauerabdeckungen und Anschlüsse sind mit korrosionsgeschützten Befestigungselementen verdeckt anzubringen. Für den Dehnungsausgleich gilt Abschnitt 3.1.7.

Tabelle 4. **Mindestwerkstoffdicken für gekantete Dachrandabschlüsse, Mauerabdeckungen und Anschlüsse**

	Werkstoff	Dicke für gekantete		
		Dachrandabschlüsse mm	Mauerabdeckungen mm	Anschlüsse mm
	1	2	3	4
1	Aluminium	$\geq 1,2$	$\geq 0,8$	$\geq 0,8$
2	Kupfer (halbhart)	$\geq 0,8$	$\geq 0,7$	$\geq 0,7$
3	Verzinkter Stahl	$\geq 0,7$	$\geq 0,7$	$\geq 0,7$
4	Titanzink	$\geq 0,8$	$\geq 0,7$	$\geq 0,7$
5	Edelstahl	$\geq 0,7$	$\geq 0,7$	$\geq 0,7$

3.4.3 Abdeckungen müssen eine Tropfkante mit mindestens 20 mm Abstand von den zu schützenden Bauwerksteilen aufweisen.

3.4.4 Alle Ecken sind je nach Werkstoff durch Falzen, Nieten, Weichlöten, Hartlöten oder Schweißen regendicht auszuführen.

3.4.5 Aufgesetzte Kappleisten sind mindestens alle 250 mm, Wandanschlußschienen mindestens alle 200 mm zu befestigen.

3.5 Dachrinnen; Rinnenhalter; Regenfallrohre

3.5.1 Dachrinnen, Regenfallrohre und Zubehör sind nach DIN 18 460 „Regenfalleitungen außerhalb von Gebäuden und Dachrinnen; Begriffe, Bemessungsgrundlagen" zu bemessen und nach DIN 18 461 auszuführen.

3.5.2 Querschnitte und Abstände der Rinnenhalter sind nach DIN 18 461 zu bemessen.

3.5.3 Bei Metalldächern und bei Dachabdichtungen aus Bahnen sind die Halter in die Schalung bündig einzulassen und versenkt zu befestigen.

3.5.4 Für die Abführung von Regenwasser während der Bauzeit sind Wasserabweiser vorzuhalten. Sie sind so anzubringen, daß sie mindestens 50 cm über das Gerüst hinausreichen.

4 Nebenleistungen

Nebenleistungen sind Leistungen, die auch ohne Erwähnung in der Leistungsbeschreibung zur vertraglichen Leistung gehören (siehe Teil B – DIN 1961 – § 2 Nr. 1).

4.1 Folgende Leistungen sind Nebenleistungen:

4.1.1 Messungen für das Ausführen und Abrechnen der Arbeiten einschließlich des Vorhaltens der Meßgeräte, Lehren, Absteckzeichen usw., des Erhaltens der Lehren und Absteckzeichen während der Bauausführung und des Stellens der Arbeitskräfte, jedoch nicht Leistungen nach Teil B – DIN 1961 – § 3 Nr. 2.

4.1.2 Schutz- und Sicherheitsmaßnahmen nach den Unfallverhütungsvorschriften und den behördlichen Bestimmungen.

4.1.3 Schutz der ausgeführten Leistungen und der für die Ausführung übergebenen Gegenstände vor Beschädigung und Diebstahl bis zur Abnahme.

4.1.4 Heranbringen von Wasser und Energie von den vom Auftraggeber auf der Baustelle zur Verfügung gestellten Anschlußstellen zu den Verwendungsstellen.

4.1.5 Vorhalten der Kleingeräte und Werkzeuge.

4.1.6 Lieferung der Betriebsstoffe.

4.1.7 Befördern aller Stoffe und Bauteile, auch wenn sie vom Auftraggeber beigestellt sind, von den Lagerstellen auf der Baustelle zu den Verwendungsstellen und etwaiges Rückbefördern.

4.1.8 Beleuchten, Beheizen und Reinigen der Aufenthalts- und Sanitärräume für die Beschäftigten des Auftragnehmers.

4.1.9 Beseitigen aller Verunreinigungen und Abfälle (Bauschutt und dergleichen), die von den Arbeiten des Auftragnehmers herrühren.

4.1.10 Auf- und Abbauen sowie Vorhalten der Gerüste, deren Arbeitsbühnen bis zu 2 m über Gelände oder Fußboden liegen.

4.1.11 Anzeichnen der Aussparungen, Schlitze und Durchbrüche am Bau.

4.1.12 Einlassen und Befestigen der Rinnenhalter, Laufbrettstützen, Dübel, Rohrschellen.

4.1.13 Liefern der Verbindungs- und Befestigungsmittel, z.B. Rinnenhalter, Spanneisen, Rohrschellen, Hafte, Schrauben, Nägel, Niete, Draht, Dübel, Lötzinn, Blei.

4.1.14 Sichern der Arbeiten gegen Tagwasser, mit dem normalerweise gerechnet werden muß, und seine etwa erforderliche Beseitigung.

4.2 Folgende Leistungen sind Nebenleistungen, wenn sie nicht durch besondere Ansätze in der Leistungsbeschreibung erfaßt sind:

4.2.1 Einrichten und Räumen der Baustelle.

4.2.2 Vorhalten der Baustelleneinrichtung einschließlich der Geräte und dergleichen.

4.3 Folgende Leistungen sind keine Nebenleistungen:

4.3.1 „Besondere Leistungen" nach Teil A – DIN 1960 – § 9 Nr. 6.

4.3.2 Aufstellen, Vorhalten und Beseitigen von Bauzäunen, Blenden und Schutzgerüsten zur Sicherung des öffentlichen Verkehrs sowie von Einrichtungen außerhalb der Baustelle zur Umleitung und Regelung des öffentlichen Verkehrs.

4.3.3 Sichern von Leitungen, Kanälen, Dränen, Kabeln, Grenzsteinen, Bäumen und dergleichen.

4.3.4 besondere Maßnahmen aus Gründen der Landespflege und des Umweltschutzes.

4.3.5 Maßnahmen zum Schutz angrenzender Bauwerke und Grundstücke.

4.3.6 Vorhalten von Aufenthalts- und Lagerräumen, wenn der Auftraggeber Räume, die leicht verschließbar gemacht werden können, nicht zur Verfügung stellt.

4.3.7 Auf- und Abbauen sowie Vorhalten der Gerüste, deren Arbeitsbühnen mehr als 2 m über Gelände oder Fußboden liegen.

4.3.8 Umbau von Gerüsten für Zwecke anderer Unternehmer.

4.3.9 Herstellen von im Bauwerk verbleibenden Verankerungsmöglichkeiten, z.B. für Gerüste.

4.3.10 zusätzliche Maßnahmen für die Weiterarbeit bei Frost und Schnee, soweit sie dem Auftragnehmer nicht ohnehin obliegen.

4.3.11 besonderer Schutz der Bauleistung, der vom Auftraggeber für eine vorzeitige Benutzung verlangt wird, seine Unterhaltung und spätere Beseitigung.

4.3.12 Erstellen von Montage- und Verlegeplänen.

4.3.13 Reinigen des Untergrundes von grober Verschmutzung durch Bauschutt, Gips, Mörtelreste, Farbreste u.ä., soweit sie von anderen Unternehmern herrühren.

4.3.14 Schaffen der notwendigen Höhenfestpunkte nach Teil B – DIN 1961 – § 3 Nr. 2.

4.3.15 Herausschaffen, Aufladen und Abfahren des Bauschuttes anderer Unternehmer.

4.3.16 Herstellen von Proben, Musterflächen, Musterkonstruktionen und Modellen.

4.3.17 Liefern statischer und bauphysikalischer Nachweise.

4.3.18 Anbringen, Vorhalten und Befestigen von Wasserabweisern, wenn Maßnahmen nach Abschnitt 3.5.4 nicht ausreichen.

4.3.19 Anbringen, Vorhalten und Befestigen von behelfsmäßigen Regenfallrohren und -ablaufstutzen.

4.3.20 Abnehmen und Wiederanbringen von Regenfallrohren, soweit es der Auftragnehmer nicht zu vertreten hat.

4.3.21 Liefern und Einbauen von Laub- und Schmutzfängen.

4.3.22 Herstellen von Schlitzen und Dübellöchern in Werkstein und von Schlitzen in Mauerwerk und Beton.

4.3.23 Schließen von Schlitzen.

4.3.24 nachträgliches Herstellen und Schließen von Löchern im Mauerwerk und Beton für Auflager und Verankerungen.

4.3.25 Auf- und Zudecken des Daches, soweit es der Auftragnehmer nicht zu vertreten hat.

4.3.26 Ausbau und/oder Wiedereinbau von Bekleidungselementen für Leistungen anderer Unternehmer.

4.3.27 nachträgliches Anarbeiten und/oder nachträglicher Einbau von Teilen.

5 Abrechnung
5.1 Allgemeines
5.1.1 Die Leistung ist aus Zeichnungen zu ermitteln, soweit die ausgeführte Leistung diesen Zeichnungen entspricht. Sind solche Zeichnungen nicht vorhanden, ist die Leistung aufzumessen.

5.1.2 Der Ermittlung der Leistung — gleichgültig, ob sie nach Zeichnung oder nach Aufmaß erfolgt — sind zugrunde zu legen
bei Dachdeckungen und Dachabdichtungen
> auf Flächen ohne begrenzende Bauteile die Maße der zu deckenden bzw. zu bekleidenden Flächen,
> auf Flächen mit begrenzenden Bauteilen die Maße der zu deckenden bzw. zu bekleidenden Flächen bis zu den begrenzenden, ungeputzten bzw. unbekleideten Bauteilen,

bei Fassaden die Maße der Bekleidung.

5.1.3 Bei Schrägschnitten von Abkantungen und Profilen wird die jeweils größte Kantenlänge zugrunde gelegt.

5.2 Es werden abgerechnet:
5.2.1 Nach Flächenmaß (m^2):
5.2.1.1 Dachdeckungen, Wandbekleidungen und dergleichen, getrennt nach Art;

5.2.1.2 Trenn- und Dämmschichten, getrennt nach Art und Dicke; Bohlen, Sparren und dergleichen werden übermessen.

5.2.2 Nach Längenmaß (m):
5.2.2.1 Geformte Bleche, Blechprofile, z. B. Firste, Grate, Traufen, Kehlen, An- und Abschlüsse, Einfassungen, Gefällestufen, Dehnungs- und Bewegungselemente von Dachdeckungen und Wandbekleidungen, Abdeckungen für Gesimse, Ortgänge, Fensterbänke, Überhangstreifen, getrennt nach Art, Dicke und Zuschnitt; Überdeckungen und Überfälzungen werden übermessen;

5.2.2.2 Schneefanggitter, einschließlich Stützen, getrennt nach Art und Größe;

5.2.2.3 Rinnen und Traufbleche, getrennt nach Art, Dicke, Zuschnitt oder Nennmaß an den Vorderwulsten gemessen; Winkel und Dehnungsausgleicher werden übermessen;

5.2.2.4 Wulstverstärkungen an Rinnen, getrennt nach Art und Größe;

5.2.2.5 Regenfallrohre, getrennt nach Art, Dicke und Nennmaß in der Mittellinie ermittelt; Winkel und Bogen werden übermessen;

5.2.2.6 Strangpreßprofile, getrennt nach Art und Größe;

5.2.2.7 in Streifen verlegte Trenn- und Dämmschichten, getrennt nach Art, Dicke und Breite.

5.2.3 Nach Anzahl (Stück):
5.2.3.1 Ecken zum Abschnitt 5.2.2.1, Formstücke zum Abschnitt 5.2.2.6, nach Art und Größe;

5.2.3.2 Leiterhaken, Laufbrettstützen, Dachlukendeckel, getrennt nach Art und Größe, Einfassungen für Durchdringungen, z. B. Lüftungshauben, Dachentlüfter, Rohre und Stützen für Geländer, Laufbretter, Schneefanggitter, getrennt nach Art, Größe, Dicke und Zuschnitt;

5.2.3.3 Dehnungsausgleicher, z. B. an Dachrinnen, Traufblechen, An- und Abschlüssen, Gesims- und Mauerabdeckungen, getrennt nach Art, Dicke und Zuschnitt;

5.2.3.4 Rinnenwinkel, Bodenstücke, Ablaufstutzen, Rinnenkessel, Gliederbogen, konische Rohre für Ablaufstutzen, Regenrohrklappen, Rohranschlüsse, Rohrbogen und -winkel, Standrohre und Abdeckplatten, Laub- und Schmutzfänger, Wasserspeier und dergleichen, getrennt nach Art, Dicke und Größe;

5.2.3.5 Abdeckhauben an Schornsteinen, Schächten und dergleichen, getrennt nach Art, Dicke und Größe.

5.3 Es werden abgezogen:
5.3.1 Bei Abrechnung nach Flächenmaß (m^2):
Aussparungen und Öffnungen über 2,50 m^2 Einzelgröße, z. B. für Schornsteine, Fenster, Oberlichter, Entlüftungen.

5.3.2 Bei Abrechnung nach Längenmaß (m):
Unterbrechungen von mehr als 1,00 m Länge.

Zitierte Normen

DIN	1055 Teil 4	Lastannahmen für Bauten; Verkehrslasten; Windlasten nicht schwingungsanfälliger Bauwerke
DIN	1960	VOB Verdingungsordnung für Bauleistungen; Teil A: Allgemeine Bestimmungen für die Vergabe von Bauleistungen
DIN	1961	VOB Verdingungsordnung für Bauleistungen; Teil B: Allgemeine Vertragsbedingungen für die Ausführung von Bauleistungen
DIN 18338		VOB Verdingungsordnung für Bauleistungen; Teil C: Allgemeine Technische Vorschriften für Bauleistungen; Dachdeckungs- und Dachabdichtungsarbeiten
DIN 18360		VOB Verdingungsordnung für Bauleistungen; Teil C: Allgemeine Technische Vorschriften für Bauleistungen; Metallbauarbeiten, Schlosserarbeiten
DIN 18421		VOB Verdingungsordnung für Bauleistungen; Teil C: Allgemeine Technische Vorschriften für Bauleistungen; Wärmedämmarbeiten an betriebstechnischen Anlagen
DIN 18460		Regenfalleitungen außerhalb von Gebäuden und Dachrinnen; Begriffe, Bemessungsgrundlagen
DIN 18517 Teil 1		Außenwandbekleidungen mit kleinformatigen Fassadenplatten; Asbestzementplatten

Übrige zitierte Normen siehe Abschnitte 2.2.2 bis 2.2.9.

Frühere Ausgaben

DIN 1972: 08.25; DIN 18339: 07.55, 12.58, 08.74; 10.79

Änderungen

Gegenüber der Ausgabe Oktober 1979 wurden folgende Änderungen vorgenommen:
Die Norm wurde dem Stand der Technik entsprechend vollständig überarbeitet.

Internationale Patentklassifikation

E 04

| DK 696.121 : 001.4 | DEUTSCHE NORMEN | September 1978 |

Regenfalleitungen außerhalb von Gebäuden und Dachrinnen
Begriffe, Bemessungsgrundlagen

DIN 18 460

Roof gutters outside of buildings and downpipes; terms, principles for dimensioning

Tuyaux de descente pluviable au dehors des bâtiments et gouttières; définitions, bases de calcul

1 Geltungsbereich

Diese Norm behandelt Begriffe und wesentliche Bemessungsgrundlagen für Dachrinnen und Regenfalleitungen außerhalb von Gebäuden, die der Ableitung des Niederschlagswassers von Dächern dienen.

2 Mitgeltende Normen

DIN 1986 Teil 2 Entwässerungsanlagen für Gebäude und Grundstücke; Bestimmungen für die Ermittlung der lichten Weiten und Nennweiten für Rohrleitungen

3 Begriffe

3.1 Regenfalleitung

Innen- oder außenliegende Leitung zum Ableiten des Regenwassers von Dachflächen, Balkonen und Loggien (siehe aber Abschnitt 1).

3.1.1 Regenfallrohrmuffe
Loses oder angeformtes Teil zur Verbindung zweier Regenfallrohre.

3.1.2 Schrägrohr
Konisches Verbindungsrohr zwischen Rinnenstutzen und Regenfalleitung.

3.1.3 Standrohr
Teil einer Regenfalleitung am Anschluß an die Grund- bzw. Sammelleitung in einem Bereich, in dem mit mechanischen Beschädigungen gerechnet werden muß.

3.1.4 Rohrbogen
Rohrteil zur Richtungsänderung innerhalb einer Regenfalleitung.

3.1.5 Fallrohrabzweig
Formteil zum Verbinden von zwei unabhängigen Fallleitungen.

3.1.6 Regenwasserklappe
Vorrichtung zur Entnahme von Regenwasser.

3.1.7 Rohrwulst (Nase)
An der Regenfalleitung befestigtes Auflager über der Rohrschelle.

3.1.8 Rohrschelle
Halter zur Befestigung der Regenfalleitung.

3.2 Dachrinne

Dachrinne ist ein offenes Profil, in der Regel mit vorderer und hinterer Versteifung in Form von Wulst und Wasserfalz, zum Sammeln und Ableiten von Niederschlagswasser.

3.2.1 Rinnenverbinder
Teil zum Verbinden zweier Dachrinnen.

3.2.2 Rinnenablauf
Rinnenstutzen als Übergangsstück zwischen Dachrinne und Regenfalleitung.

3.2.3 Rinnenwinkel
Rinnenstück zur Richtungsänderung einer Dachrinne.

3.2.4 Rinnenendstück
Abschlußteil an den Dachrinnenenden.

3.2.5 Rinnenhalter
Halter zur Befestigung der Dachrinne.

3.3 Bemessung

3.3.1 Regenspende (r)
Regensumme in der Zeiteinheit, bezogen auf die Fläche in $l/(s \cdot ha)$.

3.3.2 Regenwasserabfluß (Q_r)
Regenwassermenge, die sich aus Regenspende, Abflußbeiwert und Niederschlagsfläche ergibt.

3.3.3 Regenwasserabflußspende (q_r)
Regenwasserabfluß bezogen auf die Fläche in $l/(s \cdot ha)$.

3.3.4 Abflußbeiwert (ψ)
Verhältnis der Regenwasserabflußspende zur Regenspende.

4 Bemessungsgrundlagen

Die Bemessung der Regenfalleitungen und damit die Zuordnung der Dachrinnengröße ist abhängig von der Regenspende, der Dachgrundfläche (Grundrißfläche) und dem Abflußbeiwert (Neigung, Oberflächenbeschaffenheit). Es gelten für die Bemessung der Regenfalleitungen und der zugeordneten Dachrinnen die aus den lichten Maßen der wasserführenden Profile errechneten Querschnittsflächen. Bei Regenfalleitungen mit rechteckigem Querschnitt muß die kleinste Seite mindestens den Wert des Durchmessers (Nennmaß) der entsprechenden Regenfalleitungen mit kreisförmigem Querschnitt haben.

Wegen der erhöhten Verschmutzungsgefahr von Dachrinnen werden Regenfalleitungen, um Eindringen von Niederschlagswasser aus der Dachrinne in das Gebäude zu vermeiden, für eine Regenspende von mindestens $300\ l/(s \cdot ha)$ bemessen (siehe Tabelle 1 bis 3).

Fortsetzung Seite 2 und 3

Normenausschuß Bauwesen (NABau) im DIN Deutsches Institut für Normung e. V.
Normenausschuß Wasserwesen (NAW) im DIN

5 Bemessung der Regenfalleitung

Tabelle 1. **Bemessung der Regenfalleitung mit kreisförmigem Querschnitt und Zuordnung der halbrunden und kastenförmigen Dachrinnen aus Metall** (siehe DIN 18461)
(Auszug aus Tabelle 12 von DIN 1986 Teil 2, Ausgabe September 1978)

anzuschließende Dachgrundfläche bei max. Regenspende $r = 300$ l/(s · ha)*) m^2	Regenwasserabfluß [2]) Q_r zul l/s	Regenfalleitung		zugeordnete Dachrinne			
				halbrund		kastenförmig	
		Durchmesser = Nennmaß mm	Querschnitt cm^2	Nennmaß = Abwicklung mm	Rinnenquerschnitt cm^2	Nennmaß = Abwicklung mm	Rinnenquerschnitt cm^2
37	1,1	60[1])	28	200	25	200	28
57	1,7	70	38	–	–	–	–
83	2,5	80[1])	50	250 285	43 63	250	42
150	4,5	100[1])	79	333	92	333	90
243[3])	7,3	120[1])	113	400	145	400	135
270	8,1	125	122	–	–	–	–
443	13,3	150[1])	177	500	245	500	220

*) Ist die örtliche Regenspende größer als 300 l/(s · ha), muß mit den entsprechenden Werten gerechnet werden (siehe Beispiel)
[1]) Für die Dachentwässerung übliche Nennmaße
[2]) Die angegebenen Werte resultieren aus trichterförmigen Einläufen
[3]) In DIN 1986 Teil 2 nicht enthalten

Tabelle 2. **Bemessung der Regenfalleitung mit rundem Querschnitt und Zuordnung der halbrunden und kastenförmigen Dachrinnen aus PVC hart** (siehe auch DIN 8062)

anzuschließende Dachgrundfläche bei max. Regenspende $r = 300$ l/(s · ha)*) m^2	Regenwasserabfluß [2]) Q_r zul l/s	Regenfalleitung			zugeordnete Dachrinne		
					halbrund		kastenförmig
		Außendurchmesser mm	Nennmaß mm	Querschnitt cm^2	Richtgröße[1])	Rinnenquerschnitt cm^2	Rinnenquerschnitt cm^2
20	0,6	50	50	17	80	34	22
37	1,1	63	63	28	80	34	34
57	1,7	75	70	38	100	53	53
97	2,9	90	90	56	125	73	73
170	5,1	110	100	86	150	101	100
243	7,3	125	125	113	180	137	137
483	14,5	160	150	188	250	245	225

*) Ist die örtliche Regenspende größer als 300 l/(s · ha), muß mit den entsprechenden Werten gerechnet werden (siehe Beispiel)
[1]) Richtgröße entspricht der lichten Weite in mm
[2]) Die angegebenen Werte resultieren aus trichterförmigen Einläufen

Tabelle 3. **Abflußbeiwerte** [1]

Art der angeschlossenen Dachfläche	Abflußbeiwert ψ
Dächer $\geq 15°$	1
Dächer $< 15°$	0,8
Dachgärten	0,3

[1] Auszug aus DIN 1986 Teil 2 (Ausgabe September 1978), Tabelle 13: Abflußbeiwerte zur Ermittlung des Regenwasserabflusses Q_r:
Q_r (l/s) = Fläche (ha) × Regenspende r
(l/(s · ha)) × Abflußbeiwert ψ

6 Berechnungsbeispiele
nach Tabelle 1 oder 2

Berechnungsbeispiel 1:
(bei einer örtlichen Regenspende $r \leq 300$ l/(s · ha))

Regenspende: $r = 300$ l/(s · ha)
Dachgrundfläche
12,5 m × 17,5 m: $A = 220\,\text{m}^2$
Abflußbeiwert: $\psi = 1,0$
(Dach $\geq 15°$)

Regenwasserabfluß: $Q_r = \dfrac{220}{10\,000} \cdot 300 \cdot 1,0$

$Q_r = 6,6$ l/s

nach Tabelle 1 gewähltes
Rohr für $Q_r \leq 7,3$ l/s: 1 Regenfalleitung mit Nennmaß 120 mm, oder wahlweise 2 Regenfalleitungen mit Nennmaß 100 mm

Berechnungsbeispiel 2:
(bei einer örtlichen Regenspende $r > 300$ l/(s · ha))
Regenwasserabfluß: $Q_r = A \cdot r \cdot \psi$ in l/s
Regenspende z. B.: $r = 400$ l/(s · ha)
Dachgrundfläche
12,5 m × 17,5 m: $A = 220\,\text{m}^2$
Abflußbeiwert: $\psi = 1,0$
(Dach $\geq 15°$)

$Q_r = \dfrac{220}{10\,000} \cdot 400 \cdot 1,0$

$Q_r = 8,8$ l/s

nach Tabelle 1 gewähltes
Rohr für $Q_r \leq 13,2$ l/s: 1 Regenfalleitung mit Nennmaß 150 mm, oder wahlweise 2 Regenfalleitungen mit Nennmaß 100 mm

Weitere Normen

DIN 18461 Hängedachrinnen, Regenfalleitungen außerhalb von Gebäuden und Zubehörteile aus Metall
DIN 18469 Hängedachrinnen aus PVC hart (Polyvinylchlorid hart); Anforderungen, Prüfung

Wiedergegeben mit Genehmigung des DIN Deutsches Institut für Normung e.V. Maßgebend für das Anwenden der Norm ist deren Fassung mit dem neuesten Ausgabedatum, die bei der Beuth Verlag GmbH, 1000 Berlin 30 und 5000 Köln 1, erhältlich ist.

DK 696.121-034   DEUTSCHE NORMEN   September 1978

Hängedachrinnen, Regenfallrohre außerhalb von Gebäuden und Zubehörteile aus Metall

DIN 18 461

Roof gutters, rainwaiter downpipers outside of buildings and accessory parts in metal

Gouttières suspendues, tuyaux de descente pluviable au dehors des bâtiments et accessoires métalliques

Maße in mm

Inhalt

	Seite		Seite
1 Geltungsbereich	1	5 Regenfallrohre und Rohrschellen	6
2 Mitgeltende Normen	1	6 Rohrbogen für kreisförmige Regenfallrohre	8
3 Halbrunde Hängedachrinnen und Rinnenhalter	2	7 Rinnenablaufstutzen	9
4 Kastenförmige Hängedachrinnen und Rinnenhalter	4	8 Schrägrohr	10
		9 Verbinden und Verlegen	10

Frühere Ausgaben: 11.69

Änderung September 1978: Norm erweitert um „Kastenförmige Dachrinne", „Rinnenablaufstutzen" und „Schrägrohr". Vollständig überarbeitet.

1 Geltungsbereich

Diese Norm gilt für Hängedachrinnen (im folgenden Dachrinne genannt), Rinnenhalter, Regenfallrohre außerhalb von Gebäuden, Rohrschellen, Rohrbogen, Schrägrohre und Rinnenablaufstutzen aus Metall.

Alle übrigen, hier nicht im besonderen aufgeführten Zubehörteile, müssen sinngemäß dieser Norm entsprechen.

Beim Vorliegen klimatisch bedingter außerordentlicher Beanspruchungen und besonderer Vorschriften der Länderbaubehörden sind besondere Wulst- und Rinnenhalterausführungen festzulegen, die über die in der Norm gemachten Angaben hinausgehen.

Begriffe und Bemessungsgrundlagen sind in DIN 18 460 angegeben.

2 Mitgeltende Normen

DIN 1055 Teil 5	Lastannahmen für Bauten; Verkehrslasten; Schneelast und Eislast
DIN 1745 Teil 1	Bleche und Bänder aus Aluminium und Aluminium-Knetlegierungen mit Dicken über 0,35 mm; Festigkeitseigenschaften
DIN 1747 Teil 1	Stangen aus Aluminium und Aluminium-Knetlegierungen; Festigkeitseigenschaften
DIN 1751	Bleche und Blechstreifen aus Kupfer und Kupfer-Knetlegierungen, kaltgewalzt; Maße
DIN 1759	Rechteckstangen aus Kupfer und Kupferknetlegierungen, gezogen mit scharfen Kanten; Maße, zulässige Abweichungen, statische Werte
DIN 1770	Rechteckstangen aus Aluminium (Reinstaluminium, Reinaluminium und Aluminium-Knetlegierungen), gepreßt; Maße, zulässige Abweichungen, statische Werte
DIN 1783	Bleche und Blechstreifen aus Aluminium 0,4 bis 15 mm kaltgewalzt; Maße
DIN 1784 Teil 1	Bänder aus Aluminium, Bänder und Randstreifen, 0,4 bis 3 mm kaltgewalzt; Maße
DIN 1791	Bänder und Bandstreifen aus Kupfer und Kupfer-Knetlegierungen, kaltgewalzt; Maße
DIN 17 100	Allgemeine Baustähle; Gütevorschriften
DIN 17 162 Teil 1	Flachzeug aus Stahl; Feuerverzinktes Band und Blech aus weichen unlegierten Stählen; Technische Lieferbedingungen
DIN 17 670 Teil 1	Bleche und Bänder aus Kupfer und Kupferknetlegierungen; Festigkeitseigenschaften
DIN 17 770 Teil 1	(z. Z. noch Entwurf) Bleche und Bänder aus Zink für das Bauwesen; Technische Lieferbedingungen
DIN 18 460	Regenfalleitungen außerhalb von Gebäuden und Dachrinnen; Begriffe, Bemessungsgrundlagen
DIN 50 961	Galvanische Überzüge; Zinküberzüge auf Eisenwerkstoffen
DIN 50 976	Korrosionsschutz; Anforderungen an Zinküberzüge auf Gegenständen aus Eisenwerkstoffen, die als Fertigteile feuerverzinkt werden
DIN 55 928 Teil 1	Korrosionsschutz von Stahlbauten durch Beschichtungen und Überzüge; Allgemeines

Fortsetzung Seite 2 bis 11

Normenausschuß Bauwesen (NABau) im DIN Deutsches Institut für Normung e.V.
Normenausschuß Eisen-, Blech- und Metallwaren im DIN

Alleinverkauf der Normen durch Beuth Verlag GmbH, Berlin 30 und Köln 1

DIN 18 461 Sep 1978 Preisgr. 8

3 Halbrunde Hängedachrinnen und Rinnenhalter
3.1 Halbrunde Hängedachrinnen (H)

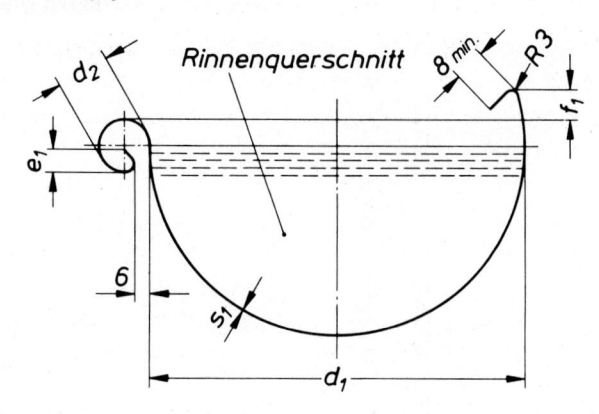

Bild 1. Halbrunde Hängedachrinne

Bezeichnung einer halbrunden Dachrinne (H) von 333 mm Zuschnittbreite aus SF - Cu F25 (Cu):

Dachrinne DIN 18 461 - H 333 - Cu

Tabelle 1. **Halbrunde Hängedachrinne, Maße**

Zuschnittbreite Nennmaße nach DIN 18 460	d_1 ±1	d_2 ±1	e_1 ±1	f_1 ±1	s_1 min. bei Al	Cu	St	Zn	Rinnenquerschnitt cm²
200	80	16	5	8	0,70	0,60	0,60	0,65	25
250	105	18	7	10	0,70	0,60	0,60	0,65	43
285	127	18	7	10	0,70	0,60	0,60	0,70	63
333	153	20	9	11	0,70	0,60	0,60	0,70	92
400	192	22	9	11	0,80	0,70	0,70	0,70	145
500	250	22	9	21	0,80	0,70	0,70	0,80	245

Werkstoff:

- Al = AlMn F14 oder AlMg1,5 F18 nach DIN 1745 Teil 1 (nach Wahl des Herstellers)
  Verwendbares Halbzeug:
  Bleche und Blechstreifen nach DIN 1783, Bänder und Bandstreifen nach DIN 1784 Teil 1
- Cu = SF - Cu F25 nach DIN 17 670 Teil 1
  Verwendbares Halbzeug:
  Bleche und Blechstreifen nach DIN 1751
  Bänder und Bandstreifen nach DIN 1791
- ST = St01 Z 275 nach DIN 17 162 Teil 1 (normale Zinkauflage, zweiseitig)
- Zn = Legiertes Zink (Titanzink), bandgewalzt, D - Zn bd nach DIN 17 770 Teil 1 (z. Z. noch Entwurf) (gilt für Fertigungslängen > 1 m und Zubehör)
  Verwendbares Halbzeug:
  Blech und Bänder nach DIN 17 770 Teil 1 (z. Z. noch Entwurf)

3.2 Rinnenhalter für halbrunde Hängedachrinnen

Form FFH mit zwei Federn   **Form NFH mit Nase und Feder**

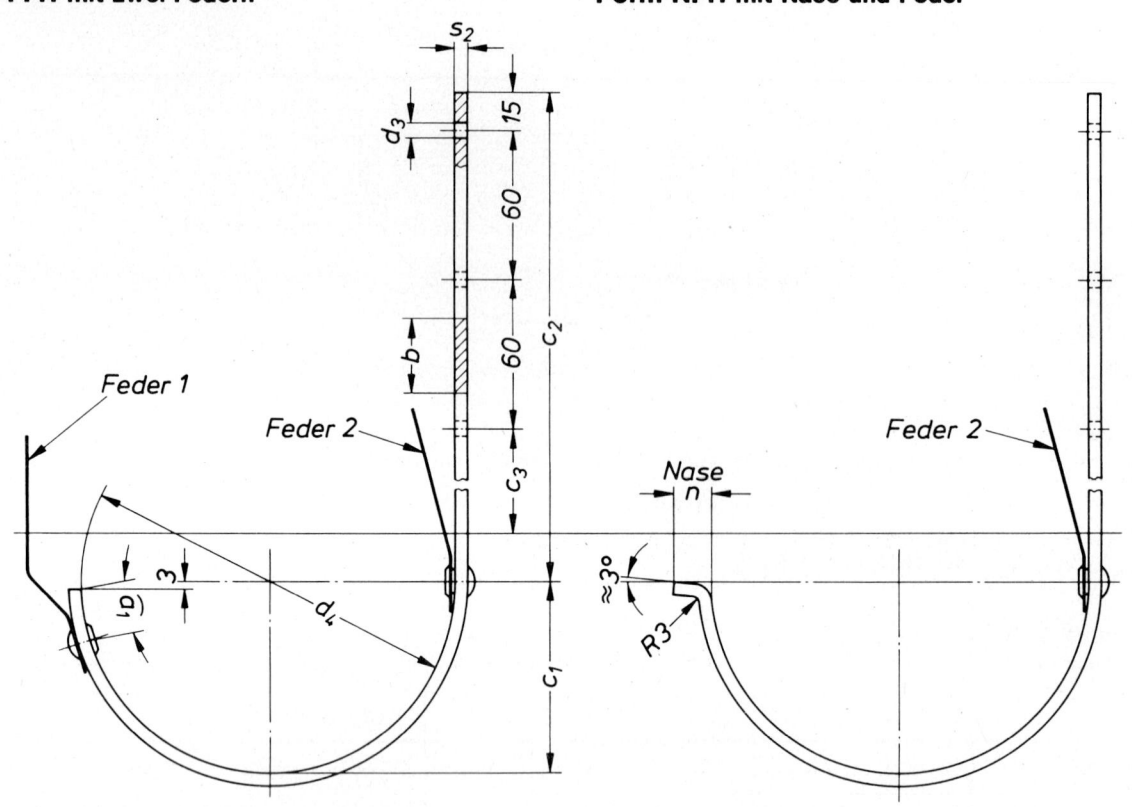

Bild 2. Rinnenhalter für kreisförmige Hängedachrinnen   übrige Maße wie linkes Bild

Bezeichnung eines Rinnenhalters Form FFH für kreisförmige Dachrinnen von 333 mm Zuschnittbreite von $c_2 = 230$ mm und $b \times s_2 = 30$ mm $\times$ 5 mm (Reihe 1) aus USt 37-2 (St), feuerverzinkt (V):

Halter DIN 18 461 – FFH 333 – 230 – 1 – StV

Tabelle 2. **Rinnenhalter für halbrunde Hängedachrinne, Maße**

Für halbrunde Hängedachrinnen Zuschnittbreite	c_2 ±3	$b \times s_2$ Reihe [1] 1	2	3	d_3 ±1	d_4 ±1	a_1[3] ±1	c_1 ±1	c_3 ±1	n ±1
200	200 / 240	25 x 4	–	–	[2]	80	18	40	50	12
250	230 / 280	25 x 4	30 x 4	25 x 6		105	20	50	75	14
285	230 / 290	30 x 4	30 x 5	25 x 6		127	20	60	75	14
333	230 / 300	30 x 5	40 x 5	25 x 6		153	20	75	75	14
400	250 / 340	30 x 5	40 x 5	25 x 8		192	20	95	95	14
500	250 / 390	40 x 5	40 x 5	25 x 8		250	20	125	95	14

[1] Siehe Abschnitt 9.2.2
[2] 6 mm bei $s_2 \leq 5$ mm; 7 mm bei $s_2 > 5$ mm
[3] 5 mm kürzer bei $s_2 = 8$ mm

Tabelle 3. **Federnmaße**

Feder		bei s_2
1	2	
20 x 1,25 x 100	20 x 1 x 80	4
24 x 1,25 x 100		5
24 x 1,5 x 100	20 x 1,25 x 80	6
		8

Werkstoff:

Al = AlMgSi1 F28 nach DIN 1747 Teil 1
  Verwendbares Halbzeug:
  Rechteckstangen nach DIN 1770
Cu = SF – Cu F25 nach DIN 17 670 Teil 1
  Verwendbares Halbzeug:
  Rechteckstangen nach DIN 1759
St = USt 37-2 nach DIN 17 100
  Verwendbares Halbzeug:
  Bandstahl, feuerverzinkt, nach DIN 50 976

Ausführung:

Rinnenhalter aus St:

V = feuerverzinkt nach DIN 50 976
M = feuerverzinkt nach DIN 50 976 oder DIN 55 928 Teil 1 und kupferummantelt

4 Kastenförmige Hängedachrinnen und Rinnenhalter
4.1 Kastenförmige Hängedachrinnen (K)

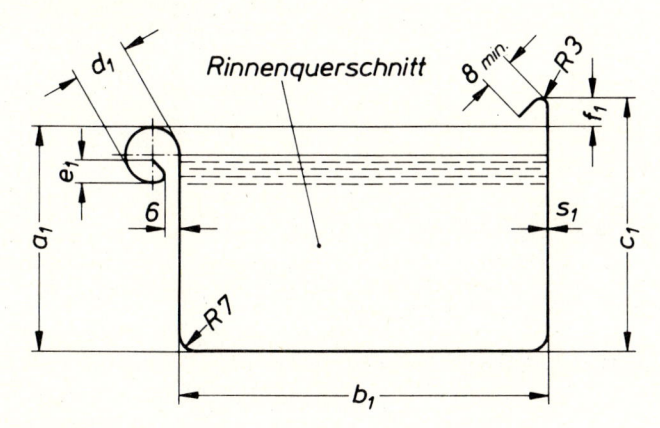

Bild 3. Kastenförmige Hängedachrinne

Bezeichnung einer kastenförmigen Dachrinne (K) von 400 mm Zuschnittbreite aus St 01 (St):

Dachrinne DIN 18 461 – K 400 – St

Tabelle 4. **Kastenförmige Hängedachrinne, Maße**

Zuschnittbreite Nennmaß nach DIN 18 460	a_1 ±1	b_1 −1	c_1 ±1	d_1 ±1	e_1 ±1	f_1 ±1	s_1 min. bei				Rinnenquerschnitt cm²
							Al	Cu	St	Zn	
200	42	70	50	16	5	8	0,70	0,60	0,60	0,65	28
250	55	85	65	18	7	10	0,70	0,60	0,60	0,65	42
333	75	120	85	20	7	10	0,70	0,60	0,60	0,70	90
400	90	150	100	22	9	11	0,80	0,70	0,70	0,70	135
500	110	200	130	22	9	11	0,80	0,70	0,70	0,80	220
667	180	225	200	22	9	21	0,80	0,70	0,70	0,80	400

Werkstoff: nach Abschnitt 3.1

4.2 Rinnenhalter für kastenförmige Hängedachrinnen

Form FFK mit 2 Federn
kastenförmig

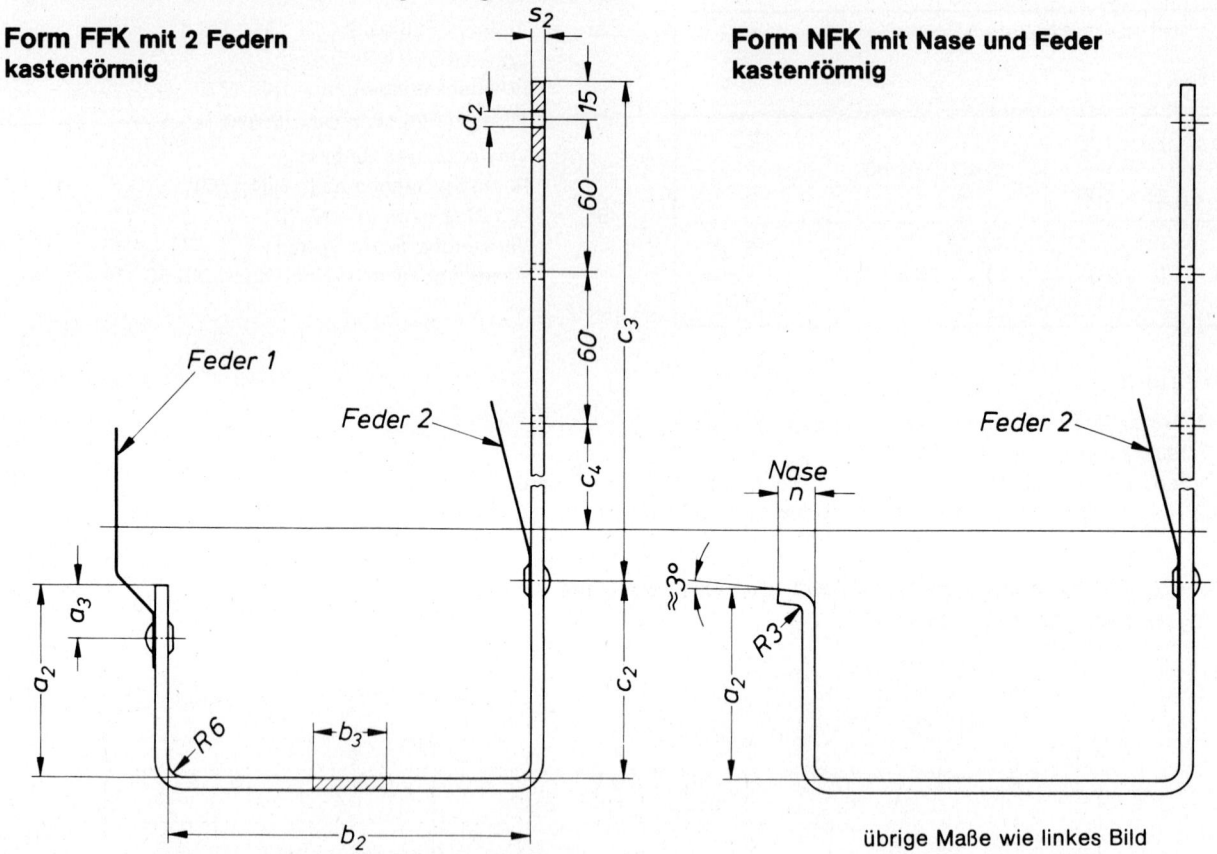

Form NFK mit Nase und Feder
kastenförmig

Bild 4. Rinnenhalter für kastenförmige Hängedachrinnen

Bezeichnung eines Rinnenhalters Form FFK für kastenförmige Dachrinnen von 333 mm Zuschnittbreite von c_3 = 300 mm und $b_3 \times s_2$ = 30 mm × 5 mm (Reihe 1) aus USt 37-2 (St), feuerverzinkt (V):

Halter DIN 18 461 – FFK 333 – 300 – 1 – StV

Tabelle 5. **Rinnenhalter für kastenförmige Hängedachrinnen, Maße**

Für kastenförmige Hängedachrinnen Zuschnittbreite	c_3	$b_3 \times s_2$ Reihe [1]			d_2	b_2	a_2[3]	a_3[4]	c_2	c_4	n
	±3	1	2	3	±1	+2	±1	±1	±1	±1	±1
200	200	25 x 4	–	–	[2]	70	31	18	34	50	12
	240										
250	230	25 x 4	30 x 4	25 x 6		85	43	20	46	75	14
	280										
333	230	30 x 5	40 x 5	25 x 6		120	62	20	65	75	14
	300										
400	250	30 x 5	40 x 5	25 x 8		150	76	20	79	95	14
	340										
500	250	40 x 5	40 x 5	25 x 8		200	96	20	99	95	14
	390										
667	260	40 x 5	40 x 5	25 x 8		225	166	20	169	95	14
	390										

[1] Siehe Abschnitt 9.2.2
[2] 6 mm bei $s_2 \leq$ 5 mm; 7 mm bei $s_2 >$ 5 mm
[3] 10 mm kürzer bei s_2 = 8 mm
[4] 5 mm kürzer bei s_2 = 8 mm

Federmaße: nach Tabelle 3

Werkstoff und Ausführung: nach Abschnitt 3.2

5 Regenfallrohre und Rohrschellen
5.1 Kreisförmige Regenfallrohre (KR)

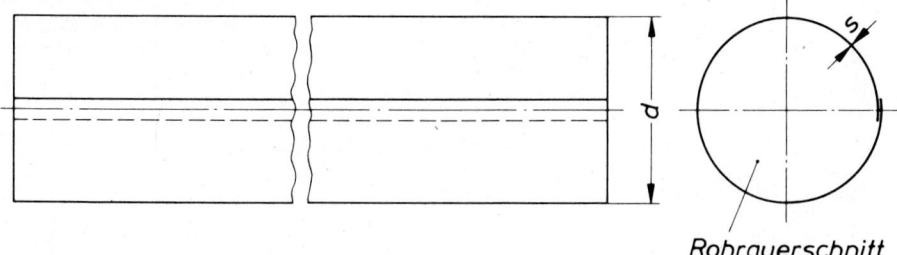

Bild 5. Kreisförmiges Regenfallrohr, gelötet (L):

Bezeichnung eines kreisförmigen Regenfallrohres (KR) von Nennmaß 100 mm aus Zn, gelötet (L):

$$\text{Fallrohr DIN 18 461 - KR 100 - Zn - L}$$

Regenfallrohre in Lieferlängen müssen steckbar sein.

Tabelle 6. **Kreisförmige Regenfallrohre, Maße**

Durchmesser Nennmaß nach DIN 18 460	d ±1	s min. bei Al	Cu	St	Zn	Rohrquerschnitt cm^2
60	60	0,70	0,60	0,60	0,60	28
80	80	0,70	0,60	0,60	0,65	50
100	100	0,70	0,60	0,60	0,65	79
120	120	0,70	0,70	0,70	0,70	113
150	150	0,70	0,70	0,70	0,70	177

Werkstoff: nach Abschnitt 3.1

Ausführung: L = gelötet
S = geschweißt
F = gefalzt

Geradheitstoleranz:
5 mm bei 3 m langem Regenfallrohr, in der Mitte gemessen

5.2 Rohrschellen für kreisförmige Regenfallrohre (RKR)

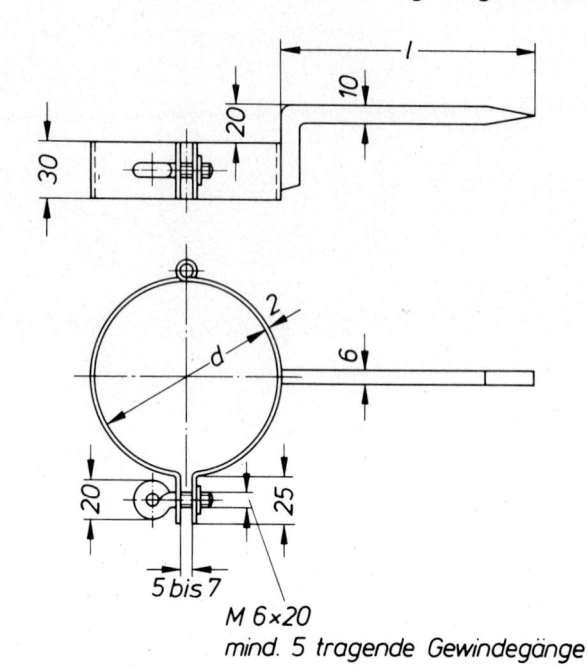

Tabelle 7. **Rohrschellen für kreisförmige Regenfallrohre, Maße**

Durchmesser Nennmaß nach DIN 18 460	d ±1	l ±5
60	60	120
80	80	120
100	100	120
100	100	140
120	120	140
150	150	140

Bild 6. Rohrschelle für kreisförmige Regenfallrohre

Bezeichnung einer Rohrschelle für kreisförmige Regenfallrohre (RKR) von Nennmaß 100 und l = 120 mm aus SF – Cu F25 (Cu):

$$\text{Schelle DIN 18 461 – RKR 100 – 120 – Cu}$$

Werkstoff: nach Abschnitt 3.2

Ausführung: Die Schrauben müssen korrosionsgeschützt sein. Für galvanische Verzinkung gilt DIN 50 961

5.3 Rechteckige Regenfallrohre (RR)

Die Abmessungen der rechteckigen Regenfallrohre sind nicht genormt. Die kleinste Seite der rechteckigen Regenfallrohre muß mindestens den Wert des Durchmessers (Nennmaß) der entsprechenden kreisförmigen Regenfallrohre nach DIN 18 460 haben. Die Blechdicke muß mindestens die Blechdicke der Dachrinne nach Tabelle 1 aufweisen.

6 Rohrbogen für kreisförmige Regenfallrohre (B)

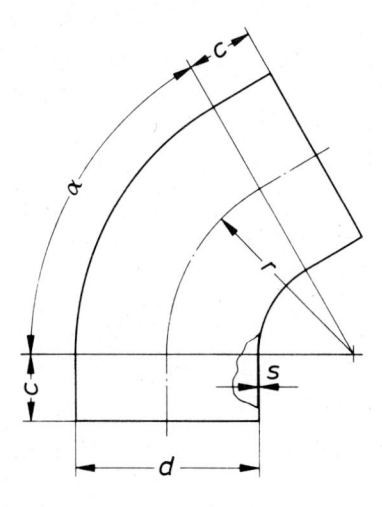

Bild 7. Rohrbogen für kreisförmige Regenfallrohre

Bezeichnung eines Rohrbogens für kreisförmige Regenfallrohre (B) von Nennmaß 100 und $\alpha = 60°$ aus SF – Cu F25 (Cu) geschweißt (S):

Bogen DIN 18 461 – B 100 – 60 – Cu – S

Tabelle 8. **Rohrbogen für kreisförmige Regenfallrohre, Maße**

Durchmesser (d) Nennmaß nach DIN 18 460	a	r	Einstecklänge c ±3	s min. bei Al	Cu	St	Zn
60			30	0,70	0,60	0,60	0,70
80	40°	d x 1,75	35	0,70	0,60	0,60	0,70
100	60°		35	0,70	0,60	0,60	0,70
120	72°	d x 1,35	40	0,70	0,70	0,60	0,80
150			40	0,70	0,70	0,60	0,80

Werkstoff: nach Abschnitt 3.1
Ausführung: nach Abschnitt 5.1

7 Rinnenablaufstutzen

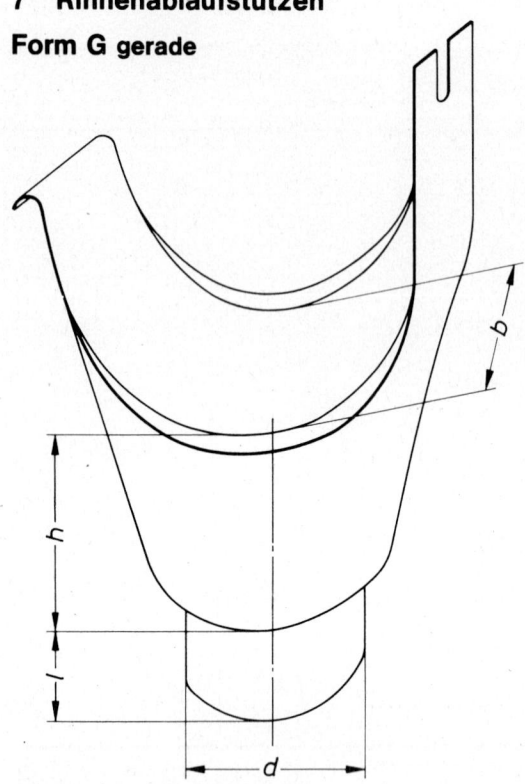

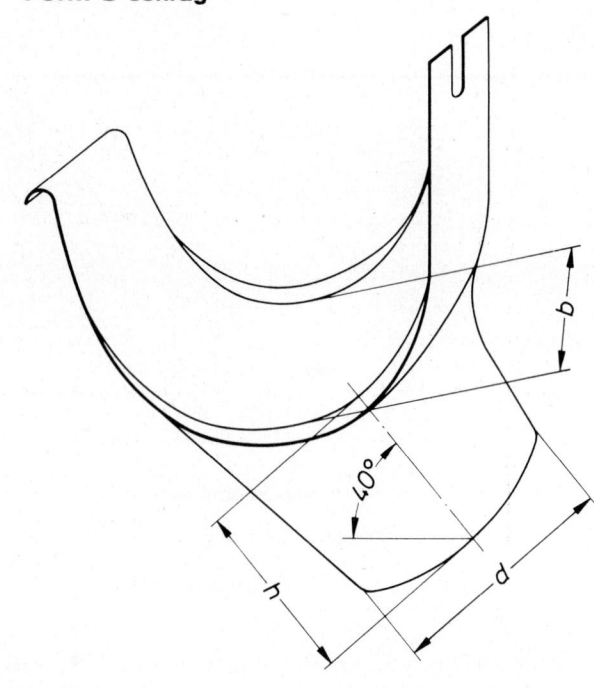

Form G gerade   **Form S schräg**

Bild 8. Rinnenablaufstutzen

Bezeichnung eines Rinnenablaufstutzens Form G für halbrunde Hängedachrinnen von 333 mm Zuschnittbreite aus St 01 (St), geschweißt (S):

$$\text{Stutzen DIN 18 461} - \text{G 333} - \text{St} - \text{S}$$

Tabelle 9. **Rinnenablaufstutzen, gerade, Maße**

Nennmaß der halbrunden Rinne nach DIN 18 460	Nennmaß des kreisförmigen Rohres nach DIN 18 460	Außen-durchmesser d ±1	Breite b ±1	Höhe h ±1	Einsteck-länge l ±1	Rinnen-Öffnung Richtwerte oval max.
200	60	58	125	60	35	115/65
250	80	78	165	80	40	155/85
285	80	78	165	80	40	155/85
333	100	98	208	100	45	198/110
400	120	118	250	120	50	240/135

Werkstoff: nach Abschnitt 3.1
Ausführung: nach Abschnitt 5.1

Tabelle 10. **Rinnenablaufstutzen, schräg, Maße**

Nennmaß der halbrunden Rinne nach DIN 18 460	Nennmaß des kreisförmigen Rohres nach DIN 18 460	Außen-durchmesser d ±1	Breite b ±1	Höhe h ±1	Rinnen-Öffnung Richtwerte oval max.
285	80	105	120	80	110 x 85
333	100	125	140	93	130 x 110
400	120	140	175	113	165 x 135

Werkstoff: nach Abschnitt 3.1
Ausführung: nach Abschnitt 5.1

8 Schrägrohr (SR)

Zu verwenden mit Rohrbogen 40° und Rinneneinhangstutzen Form S

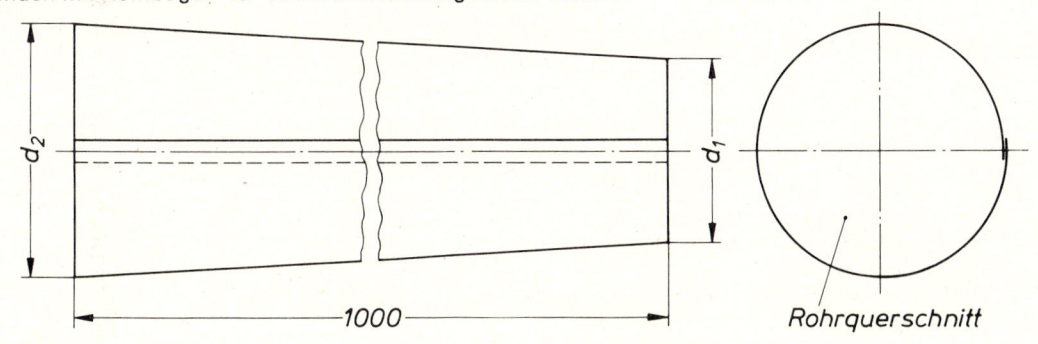

Bild 9. Schrägrohr

Bezeichnung eines Schrägrohres (SR) von Nennmaß 80 mm aus SF – Cu F25 (Cu), gefalzt (F):

Schrägrohr DIN 18 461 – SR 80 – Cu – F

Tabelle 11. **Schrägrohr, Maße**

Nennmaß nach DIN 18 460	Innendurchmesser	
	d_1 ± 1	d_2 ± 1
80	78	117
100	98	136
120	118	161

Werkstoff: nach Abschnitt 3.1

Ausführung: nach Abschnitt 5.1

9 Verbinden und Verlegen

9.1 Verbindungen

Die Fallrohre müssen an den Verbindungen mindestens 50 mm ineinander greifen.

Die Überlappung an den Stößen der Dachrinnen soll bei Lotverbindung mindestens 10 mm, bei Nietverbindungen mindestens 30 mm betragen.

Bei Verbindung durch Löten muß bei Teilen aus legiertem Zink (Titanzink) das Weichlot im Lötspalt im waagerechten und leicht geneigten Bereich in einer Breite von 10 mm gebunden haben. Im übrigen, insbesondere im senkrechten Bereich, sollte eine Lötnaht eine Bindung von mindestens 5 mm aufweisen.

Bei Verwendung von Teilen aus feuerverzinktem Stahlblech sind die Stöße mit Dichtbeilage zu nieten oder zu nieten und weich zu löten.

Bei Verwendung von Teilen aus Kupferblech sind die Stöße hart zu löten oder einreihig genietet weich zu löten oder mit Dichtbeilage versetztreihig zu nieten.

Bei Verwendung von Teilen aus Aluminiumblech sind die Stöße mit Dichtbeilage zu nieten. Falzen, Hartlöten und Schweißen sind zulässig.

9.2 Verlegen

9.2.1 Halbrunde und kastenförmige Dachrinnen

Halbrunde und kastenförmige Dachrinnen sollen, wenn nichts anderes vorgeschrieben ist, mit einem Gefälle von mindestens 1 mm/m verlegt werden.

Dachrinnen müssen sich ausdehnen können. Die Rinnenlängen sind wegen der auftretenden Wärmeausdehnung auf höchstens 15 m zu begrenzen. Größere Rinnenlängen sind sinngemäß in Gefällelängen aufzuteilen und mit Dehnungsvorrichtungen auszustatten.

Die Hinterkante der verlegten Dachrinne muß mindestens 8 mm höher liegen als die Vorderkante; in dieser Lage ist die Dachrinne zu befestigen.

9.2.2 Rinnenhalter

Für Dachrinnen aus legiertem Zink (Titanzink) und aus verzinktem Stahlblech sind Rinnenhalter aus feuerverzinktem Bandstahl, für Dachrinnen aus Kupfer sind Rinnenhalter aus Flachkupfer oder aus kupferummanteltem Bandstahl, feuerverzinkt, und für Dachrinnen aus Aluminium sind Rinnenhalter aus Aluminiumband oder Bandstahl, feuerverzinkt, zu verwenden.

Die Bemessung der Rinnenhalter richtet sich nach klimatischen oder örtlichen Anforderungen. Im Regelfall sind die Querschnitte (siehe Tabellen 2 und 5) der Reihe 1 für Abstände der Rinnenhalter bis 700 mm, der Reihe 2 für Abstände der Rinnenhalter über 700 mm und der Reihe 3 für Abstände der Rinnenhalter bis höchstens 700 mm in Gebieten mit großem Schneefall und dadurch mögliche Eisbildung an der Traufe ausreichend. Gegebenenfalls können auch Spreizen angebracht werden. DIN 1055 Teil 5 ist zu beachten.

Die Befestigung der Rinnenhalter hat entsprechend der Dachkonstruktion zu erfolgen.

9.2.3 Rohrschellen

Der Abstand der Rohrschellen darf bei einem Rohrinnendurchmesser bis zu 100 mm nicht über 3 m, bei größerem Rohrinnendurchmesser nicht über 2 m betragen.

9.2.4 Rinneneinhang (Traufblech)

Der Rinneneinhang ist in die Hinterkante der Dachrinne (Wasserfalz) oder tiefergreifend einzuhängen und muß mindestens 150 mm auf das Traufbrett der Dachfläche hinaufgreifen.

Wiedergegeben mit Genehmigung des DIN Deutsches Institut für Normung e.V. Maßgebend für das Anwenden der Norm ist deren Fassung mit dem neuesten Ausgabedatum, die bei der Beuth Verlag GmbH, 1000 Berlin 30 und 5000 Köln 1, erhältlich ist.

Arbeitssicherheit, Unfallverhütung

A) Auszug aus „Unfallverhütungsvorschrift, Allgemeine Vorschriften":

I Allgemeine Vorschriften und Pflichten des Unternehmers

Allgemeine Anforderungen

§ 2 (1) Der Unternehmer hat zur Verhütung von Arbeitsunfällen Einrichtungen, Anordnungen und Maßnahmen zu treffen, die den Bestimmungen dieser Unfallverhütungsvorschrift und den für ihn sonst geltenden Unfallverhütungsvorschriften und im übrigen den allgemein anerkannten sicherheitstechnischen und arbeitsmedizinischen Regeln entsprechen. Soweit in anderen Rechtsvorschriften, insbesondere in Arbeitsschutzvorschriften, Anforderungen gestellt werden, bleiben diese Vorschriften unberührt.

(2) Tritt bei einer Einrichtung ein Mangel auf, durch den für die Versicherten sonst nicht abzuwendende Gefahren entstehen, ist die Einrichtung stillzulegen.

Persönliche Schutzausrüstungen

§ 4 (1) Ist es durch betriebstechnische Maßnahmen nicht ausgeschlossen, daß die Versicherten Unfall- oder Gesundheitsgefahren ausgesetzt sind, so hat der Unternehmer geeignete persönliche Schutzausrüstungen zur Verfügung zu stellen und diese in ordnungsgemäßem Zustand zu halten.

(2) Der Unternehmer hat insbesondere zur Verfügung zu stellen:
1. Kopfschutz, wenn mit Kopfverletzungen durch Anstoßen, durch pendelnde, herabfallende, umfallende oder wegfliegende Gegenstände oder durch lose hängende Haare zu rechnen ist;
2. Fußschutz, wenn mit Fußverletzungen durch Stoßen, Einklemmen, umfallende, herabfallende oder abrollende Gegenstände, durch Hineintreten in spitze und scharfe Gegenstände oder durch heiße Stoffe, heiße oder ätzende Flüssigkeiten zu rechnen ist;
3. Augen- oder Gesichtsschutz, wenn mit Augen- oder Gesichtsverletzungen durch wegfliegende Teile, Verspritzen von Flüssigkeiten oder durch gefährliche Strahlung zu rechnen ist;
4. Atemschutz, wenn Versicherte gesundheitsschädlichen, insbesondere giftigen, ätzenden oder reizenden Gasen, Dämpfen, Nebeln oder Stäuben ausgesetzt sein können oder wenn Sauerstoffmangel auftreten kann;
5. Körperschutz, wenn mit oder in der Nähe von Stoffen gearbeitet wird, die zu Hautverletzungen führen oder durch die Haut in den menschlichen Körper eindringen können, sowie bei Gefahr von Verbrennungen, Verätzungen, Verbrühungen, Unterkühlungen, elektrischen Durchströmungen, Stich- oder Schnittverletzungen.

(3) Die Vorschriften über die ärztlichen Vorsorgeuntersuchungen sind unabhängig davon anzuwenden, ob persönliche Schutzausrüstungen benutzt werden.

Auslegung von Unfallverhütungsvorschriften, Unterweisung der Versicherten

§ 7 (1) Der Unternehmer hat die für sein Unternehmen geltenden Unfallverhütungsvorschriften an geeigneter Stelle auszulegen. Den mit der Durchführung der Unfallverhütung betrauten Personen sind die Arbeitsschutz- und Unfallverhütungsvorschriften auszuhändigen, soweit sie ihren Arbeitsbereich betreffen.

(2) Der Unternehmer hat die Versicherten über die bei ihren Tätigkeiten auftretenden Gefahren sowie über die Maßnahmen zu ihrer Abwendung vor der Beschäftigung und danach in angemessenen Zeitabständen, mindestens jedoch einmal jährlich, zu unterweisen.

Pflichtenübertragung

§ 12 Hat der Unternehmer die ihm hinsichtlich der Unfallverhütung obliegende Pflichten übertragen, so hat er dies unverzüglich schriftlich zu bestätigen. Die Bestätigung ist von dem Verpflichteten zu unterzeichnen; in ihr sind der Verantwortungsbereich und die Befugnisse zu beschreiben. Eine Ausfertigung der schriftlichen Bestätigung ist dem Verpflichteten auszuhändigen.

II Pflichten der Versicherten

Befolgung von Weisungen des Unternehmers, Benutzung persönlicher Schutzausrüstungen

§ 14 Die Versicherten haben alle der Arbeitssicherheit dienenden Maßnahmen zu unterstützen. Sie sind verpflichtet, Weisungen des Unternehmers zum Zwecke der Unfallverhütung zu befolgen, es sei denn, es handelt sich um Weisungen, die offensichtlich unbegründet sind. Sie haben die zur Verfügung gestellten persönlichen Schutzausrüstungen zu benutzen. Die Versicherten dürfen sicherheitswidrige Weisungen nicht befolgen.

Beseitigung von Mängeln

§ 16 (1) Stellt ein Versicherter fest, daß eine Einrichtung sicherheitstechnisch nicht einwandfrei ist, so hat er diesen Mangel unverzüglich zu beseitigen. Gehört dies nicht zu seiner Arbeitsaufgabe oder verfügt er nicht über Sachkunde, so hat er den Mangel dem Vorgesetzten unverzüglich zu melden.

(2) Absatz 1 gilt entsprechend, wenn der Versicherte feststellt, daß
1. Arbeitsstoffe sicherheitstechnisch nicht einwandfrei verpackt, gekennzeichnet oder beschaffen sind oder
2. das Arbeitsverfahren oder der Arbeitsablauf sicherheitstechnisch nicht einwandfrei gestaltet bzw. geregelt sind.

III Betriebsanlagen und Betriebsregelungen

Arbeitsplätze

§ 18 (1) Arbeitsplätze müssen so eingerichtet und beschaffen sein und so erhalten werden, daß sie ein sicheres Arbeiten ermöglichen. Dies gilt insbesondere hinsichtlich des Materials, der Geräumigkeit, der Festigkeit, der Standsicherheit, der Oberfläche, der Trittsicherheit, der Beleuchtung und Belüftung sowie hinsichtlich des Fernhaltens von schädlichen Umwelteinflüssen und von Gefahren, die von Dritten ausgehen.

(2) Arbeitsplätze müssen so beschaffen sein, daß sie nicht einstürzen, umkippen, einsinken, abrutschen oder ihre Lage auf andere Weise ungewollt ändern können.

Durchführungsanweisung
zu § 18 Abs. 1:

Areitsplätze sind die Bereiche, in denen Beschäftigte sich bei der von ihnen auszuübenden Tätigkeit aufhalten. Es können Gänge, Laufstege, Treppen, Leitern, Brücken, Dächer, Arbeitsgruben ebenso sein wie fest angebrachte oder bewegliche Podeste, Bühnen oder Gerüste aller Art.

Arbeitsplätze können ihrer Dauer nach ständig (z. B. am Fließband, in der Werkstatt) oder vorübergehend (z. B. Montagestellen) und ihrer Art nach ortsfest (z. B. Maschinenstände, fest angebrachte Bühnen) oder ortsveränderlich (z. B. Leitern, Gerüste, Fahrzeuge) sein.

Kleidung, Mitführen von Werkzeugen und Gegenständen, Tragen von Schmuckstücken

§ 35 (1) Versicherte dürfen bei der Arbeit nur Kleidung tragen, durch die ein Arbeitsunfall, insbesondere durch sich bewegende Teile von Einrichtungen, durch Hitze, ätzende Stoffe, elektrostatische Auflaudung nicht verursacht werden kann.

(2) Scharfe und spitze Werkzeuge oder andere gefahrbringende Gegenstände dürfen in der Kleidung nur getragen werden, wenn Schutzmaßnahmen eine Gefährdung während des Tragens ausschließen.

(3) Schmuckstücke, Armbanduhren oder ähnliche Gegenstände dürfen beim Arbeiten nicht getragen werden, wenn sie zu einer Gefährdung führen können.

Genuß von Alkohol

§ 38 (1) Versicherte dürfen sich durch Alkoholgenuß nicht in einen Zustand versetzen, durch den sie sich selbst oder andere gefährden können.

(2) Versicherte, die infolge Alkoholgenusses oder anderer berauschender Mittel nicht mehr in der Lage sind, ihre Arbeit ohne Gefahr für sich oder andere auszuführen, dürfen mit Arbeiten nicht beschäftigt werden.

B) Auszug aus „Unfallverhütungsvorschrift Bauarbeiten":

Leitung und Aufsicht

§ 4 (1) Bauarbeiten müssen von fachlich geeigneten Vorgesetzten geleitet werden. Diese müssen die vorschriftsmäßige Durchführung der Bauarbeiten gewährleisten.
(2) Bauarbeiten müssen von aufsichtführenden Personen beaufsichtigt werden, die weisungsbefugt sind (Aufsichtführende). Diese müssen ausreichende Kenntnisse besitzen, um die arbeitssichere Durchführung der Bauarbeiten überwachen zu können.

Wahrnehmung von Sicherungsaufgaben

§ 5 Mit Sicherungsaufgaben dürfen nur Personen betraut werden, die
1. das 18. Lebensjahr vollendet haben und
2. von denen zu erwarten ist, daß sie die ihnen übertragene Aufgabe zuverlässig erfüllen.

Sie dürfen während des Sicherungseinsatzes mit keiner anderen Tätigkeit betraut werden noch eine solche ausüben.

Standsicherheit und Tragfähigkeit

§ 6 (1) Die Standsicherheit und Tragfähigkeit von
1. baulichen Anlagen und ihren Teilen sowie von Bauteilen,
2. Hilfskonstruktionen, Gerüsten und Laufstegen,
3. Baugruben und Gräben,

müssen während der einzelnen Bauzustände gewährleistet sein.
(2) ....
(5) Hilfskonstruktionen, Gerüste, Laufstege, Baugruben und Gräben sind nach Bedarf auf ihre Standsicherheit und Tragfähigkeit zu überwachen. Dabei festgestellte Mängel und Gefahrenzustände sind unverzüglich zu beseitigen.

Arbeitsplätze auf Gerüsten

§ 7 (1) ....
(2) Verfahrbare Standgerüste und andere verfahrbare Arbeitsplätze müssen vor dem Verfahren verlassen werden, wenn beim Verfahren die Gefahr des Umkippens besteht.
(3) Verfahrbare Standgerüste und andere verfahrbare Arbeitsplätze müssen gegen unbeabsichtigte Fahrbewegungen festgelegt werden.

„Nicht begehbare" Bauteile

§ 11 Bauteile, die beim Begehen brechen oder vom Auflager abrutschen können, dürfen nur betreten werden, nachdem Maßnahmen gegen diese Gefahren getroffen worden sind.

C) Arbeiten an und auf Dächern

Die Maßnahmen zur Unfallverhütung und zur Arbeitssicherheit für Arbeiten an und auf Dächern sind – außer in der Unfallverhütungsvorschrift Bauarbeiten – in Richtlinien, Sicherheitsregeln und Merkheften der Berufsgenossenschaften und in DIN-Normen festgelegt. Dies sind unter anderen:
DIN 4420 Teil 1 „Arbeits- und Schutzgerüste" (ausgenommen Leitergerüste) – Berechnung und bauliche Durchbildung –
Teil 2 „Leitergerüste" –
Merkheft „Arbeits- und Schutzgerüste" –
Richtlinien für Sicherheits- und Rettungsgeschirre –
Sicherheitsregeln für Auffangnetze bei Bauarbeiten –
Sicherheitsregeln „Schutzwände für Arbeiten auf geneigten Dachflächen"
Sicherheitsregeln für Arbeiten an und auf Dächern aus Wellplatten –

Die Vorkehrungen bei Blechnerarbeiten sind unterschiedlich und hängen ab von
der Höhe der möglichen Absturzkante (Traufe, Ortgang),
der Neigung der Fläche
dem Eindeckmaterial (tragfähig oder nicht),
dem Umfang der Arbeiten.

1. Einrichtungen zur Arbeitssicherheit, Arten und Ausführung

a) Fanggerüst

Die Breite des Fanggerüstes ist von dem lotrechten Abstand seines Belages von der Absturzkante abhängig.

lotrechter Abstand h bis	2,00	3,00	4,00 m
Breite b mind.	1,00	1,30	1,80 m

Der waagerechte Abstand zwischen Fanggerüst und Absturzkante darf nicht größer als 0,30 m sein. Wird ein Fanggerüst als Schutzdach verwendet, ist der Belag bis zum Bauwerk auszulegen. Besteht Absturzgefahr auch zum Bauwerk hin, ist der Belag des Fanggerüstes nach innen zu verbreitern (Bild ① bis ④).

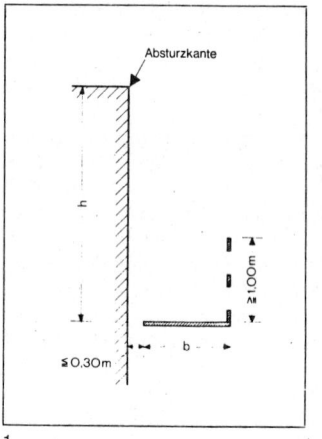

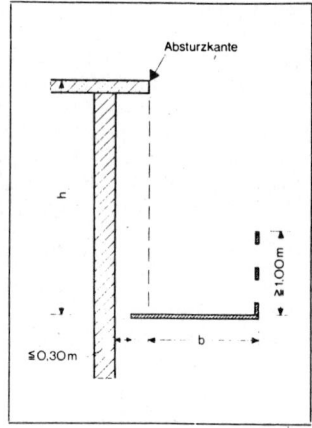

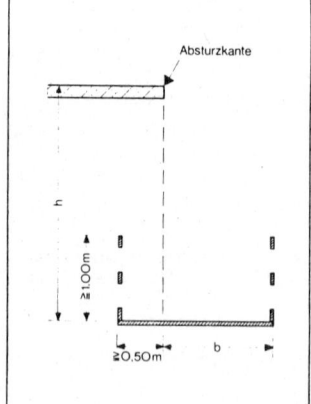

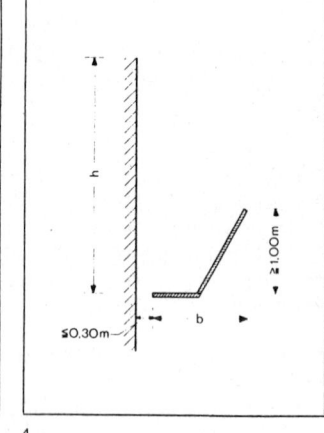

b) Dachfanggerüste

Der Belag des Dachfanggerüstes darf nicht tiefer als 1,50 m unter der Traufkante liegen. Die Schutzwand muß über dem Gerüstbelag mindestens 1,00 m hoch sein. Sie muß von der Traufkante in waagerechter Richtung mindestens einen Abstand von b = 0,70 m haben und sie in lotrechter Richtung mindestens h = 0,80 m überragen; bei einem waagerechten Abstand b größer als 0,70 m darf die Höhe h um das entsprechende Maß niedriger sein.

Die Schutzwand darf aus einer dichten oder unterbrochenen Verbretterung oder aus ausreichend tragfähigen Netzen oder Geflechten gebildet werden. Die Zwischenräume oder Maschenweiten dürfen höchstens 0,05 m groß sein (Bild ⑤).

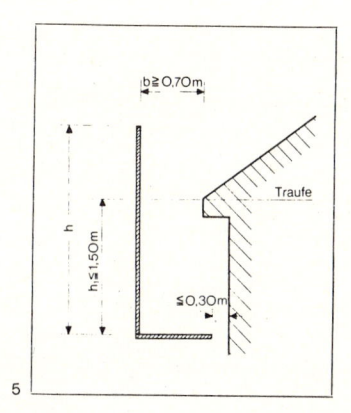

c) Dachschutzwände

Schutzwände dürfen nur bei Dachneigungen bis zu 60° verwendet werden und müssen die zu sichernden Arbeitsplätze seitlich um mindestens 2,00 m überragen. Sie müssen eine Bauhöhe von ≧ 80 cm haben, wobei sich die Oberkante mindestens 50 cm über der Dachfläche befinden muß. Der Zwischenraum der Schutzwandbretter oder die Maschenweite der Geflechte darf höchstens 50 mm betragen (Bild ⑥).

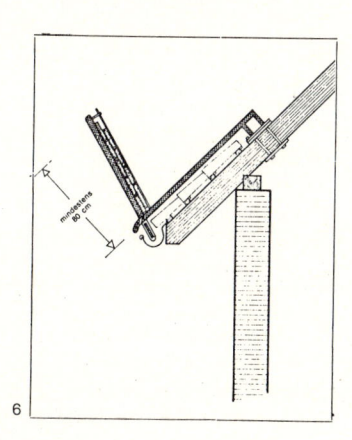

d) Innere Fanggerüste

(z. B. beim Decken von nicht geschalten Dächern mit Profilblechen über Hallen)
Es können verwendet werden: Raumgerüst oder Fahrgerüst innen, Hängegerüst (z. B. an den Dachbindern) und Fangnetze.

e) Dachdeckerarbeitsgerüst

Als Belag dieser Dachdeckerarbeitsgerüste sind mindestens 40 mm dicke und 28 cm breite Bretter zu verwenden. Die Stühle (Schlitten) müssen in Abständen von höchsten 2,5 m angeordnet werden.
Jeder Stuhl muß an einem mindestens 24 mm starken Hanfseil oder an einem anderen Seil gleicher Festigkeit hängen (Bild ⑦). Die Seile sind vor jeder Verwendung auf ordnungsgemäßen Zustand zu überprüfen. Sie müssen in fachgemäß befestigte Dachhaken eingehängt oder um Sparren oder sonstige ausreichend tragfähige Teile der Dachkonstruktion geschlungen werden.

f) Dachleitern

Dachleitern müssen in Werkstoff und Verarbeitung den Regeln der Technik entsprechen.
Als Werkstoff ist geeignet für Holme: astfreies Fichtenholz, Sprossen: astfreies Buchenholz.
Die Sprossen der Dachleitern sind möglichst der Form der Dacheindeckung anzugleichen.
Mögliche Ausführung Bild ⑧.

g) Lauf- und Arbeitsstege

Dachflächen, die mit Asbestzement-Wellplatten eingedeckt sind, gelten als nicht begehbar. Sie dürfen deshalb nur auf besonderen Laufstegen betreten werden.

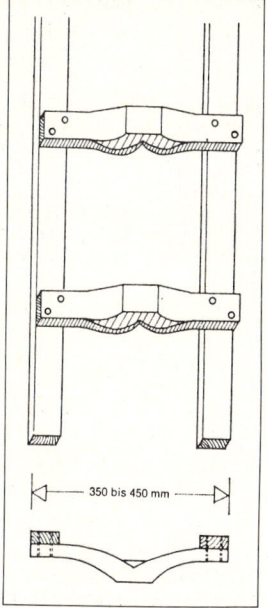

Die Laufstege sind gegen Verschieben und Abrutschen bei Dachneigungen von mehr als 20° festzulegen und mit Trittleisten zu versehen. Sie müssen unmittelbar von der Leiter oder einem anderen Aufstieg aus betreten werden können.

h) Sicherheitsgeschirre zum Anseilen

Auffanggurt (Bild ⑨), fängt eine abstürzende Person auf.

Haltegurt (Bild ⑩), soll einen Absturz verhindern.

Sicherheitsseil (Polyamid), meist mit einem Karabinerhaken und einem Auge.

Seilkürzer (Bild ⑪), läuft an einem Halteseil in beiden Richtungen mit und blockiert bei einem Absturz.

Falldämpfer (Bild ⑫), mindert die Stoßkräfte bei einem Absturz.

Höhensicherheitsgerät (Bild ⑬), hält – ähnlich dem Automatikgurt im PKW – das Seil gespannt, rollt es nach Bedarf auf und ab und blockiert bei einem Absturz.

i) Dachdeckerfahrstuhl

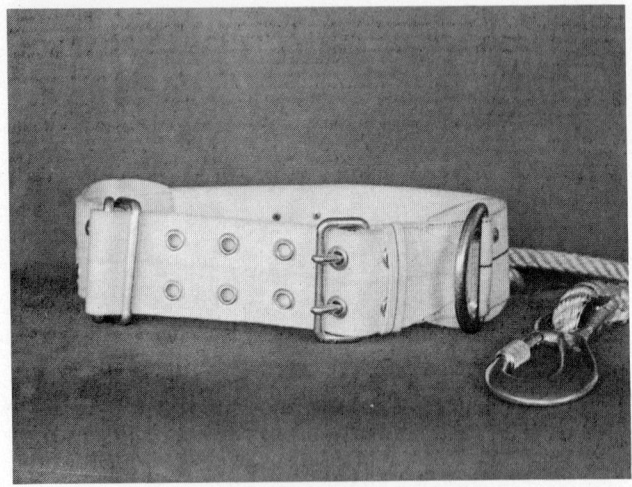

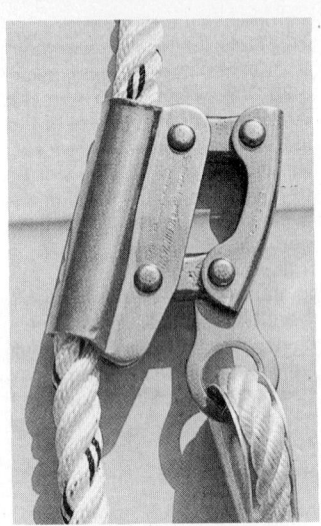

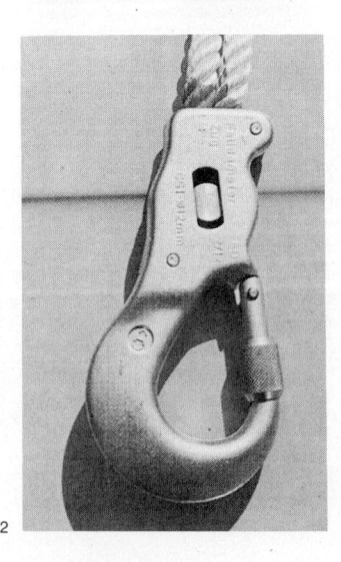

2. Einrichtungen zur Arbeitssicherheit, Anwendung

Die Sicherheitsmaßnahmen sollen das Abrutschen oder Abstürzen der Beschäftigten und das Herabfallen von Baustoffen und Werkzeugen sowohl nach außen als auch nach innen verhindern. Sie sind rechtzeitig vor Beginn der Arbeiten an und auf Dächern durchzuführen. Die Absturzsicherungen sind während der Dauer der Arbeiten vorzuhalten und erst nach ihrer Beendigung abzubauen bzw. zu entfernen.

Die Arbeiten an und auf Dächern umfassen insbesondere das Neu- und Umdecken von Dachflächen einschließlich des Schalens und Lattens, das Arbeiten an Dachaufbauten und Schornsteinen über Dach, das Arbeiten an Dachgesimsen, das Anbringen, Erneuern und Reinigen von Dachrinnen und Schneefanggittern, das Errichten von Blitzableiteranlagen und Antennen auf Dächern sowie Anstreicher-, Reinigungs- und Ausbesserungsarbeiten an und über der Dachhaut.

Ob Absturzsicherungen gebraucht werden oder nicht, hängt von der möglichen Absturzhöhe ab.

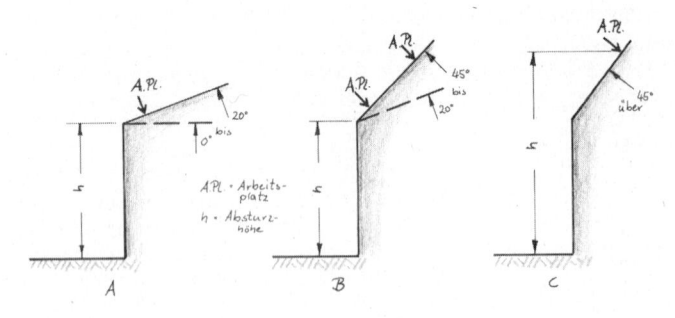

Absturzsicherungen sind in allen drei Fällen notwendig, wenn die mögliche Absturzhöhe 5 m oder mehr beträgt.

Bei Dachneigungen bis zu 20 Grad (Bild A),

also auch bei Flachdächern, sind bei Traufhöhen von mehr als 5 m die Beschäftigten bei Arbeiten an oder in der Nähe von Dachkanten oder Traufen durch Anseilen gegen Absturz zu schützen.

Auf diese Sicherheitsmaßnahmen kann verzichtet werden, wenn Fanggerüste oder ausreichender Seitenschutz vorhanden sind.

Der Begriff „in der Nähe" ist mit 2 m anzunehmen und ergibt sich aus der Absturzstelle, die durch Stolpern eines Mannes auf dem Dach möglich ist.

Dieser Abstand von der Dachkante oder der Traufe muß unter besonderen Umständen, z. B. bei Windböen oder glatter Dachhaut, entsprechend größer gewählt werden.

Sind in diesem 2-m-Bereich keine Arbeiten auszuführen, ist in einem Abstand von mindestens 2 m zur Absturzkante eine Absperrung oder Abgrenzung auf dem Dach anzubringen.

Bei Dachneigung von 20 bis 45° (Bild B)

erhöht sich die Gefahr des Abrutschens vom Dach. Es sind deshalb Dachfanggerüste erforderlich. Der Ausbau eines vorhandenen Fanggerüstes für Maurerarbeiten zum Dachfanggerüst ist nur dann möglich, wenn dessen Belag nicht tiefer als 1,50 m unter der Traufkante liegt. Erfüllt das vorhandene Fanggerüst diese Forderung nicht, ist für das Dachfanggerüst ein gesonderter, zusätzlicher Gerüstboden zu errichten.

Sind an der Traufe keine Arbeiten erforderlich, können auch Dachschutzwände eingesetzt werden.

Bei Dachneigung über 45° (Bild C)

sind zusätzlich Arbeitsgerüste auf dem Dach zu erstellen, wenn die Dachfläche geschalt oder anderweitig geschlossen ist, z. B. Betondach.

Bei sehr steilen Dächern und an Türmen können an Stelle der geforderten Dachdeckerarbeitsgerüste Dachdeckerfahrstühle verwendet werden. Vor der Verwendung ist das Gerät auf seinen einwandfreien Zustand zu überprüfen. Ein besonderes Augenmerk ist außerdem der Aufhängung zu schenken. Dabei achtet der Fachmann nicht nur darauf, wo, sondern auch wie er seinen Fahrstuhl anschlägt. Muß dabei ein Seil über eine scharfe Kante geführt werden, so ist es durch das Unterlegen von Holz oder durch ähnliche Maßnahmen vor Beschädigungen zu schützen.

Der Benutzer eines Dachdeckerfahrstuhles hat sich durch Haltegurt und Sicherheitsseil bzw. ein Höhensicherungsgerät gegen Absturz zu sichern. Das Anbringen geforderter Dachfanggerüste wird dadurch nicht entbehrlich. Das Sicherheitsseil bzw. das Höhensicherungsgerät muß unabhängig vom Dachdeckerfahrstuhl befestigt sein.

Mansarddächer und Dachaufbauten

mit einer Neigung des Oberdaches von mehr als 30 Grad können beim Abrutschen eines Menschen wie eine Sprungschanze wirken. Deshalb muß am Oberdach eine Schutzwand angebracht werden. Das Dachfanggerüst an der Traufkante wird dadurch nicht überflüssig.

Wird durch Dachaufbauten auf der Fläche des Hauptdaches die Schutzwirkung des Dachfanggerüstes an der Traufe in Frage gestellt, sind zusätzlich ausreichende Absturzsicherungen zu treffen, z. B. Schutzwand an der Traufe von Schleppgauben.

Benutzung von Dach-Leitern

Dach-Leitern dürfen nur in fachgerecht befestigte Dachhaken eingehängt werden.

Zum Einhängen darf nicht die oberste Sprosse benutzt werden.
Dach-Leitern dürfen nicht in die Dachrinne gestellt werden.
Bei Arbeiten von Dach-Leitern müssen Sicherheitsgeschirre (Haltegurt und Sicherheitsseil) benutzt werden. Holme und Sprossen dürfen nicht geflickt werden.
Dach-Leitern sind gegen schädigende Einflüsse zu schützen.

Anseilen

Bei der Benutzung von Sicherheitsgeschirren sind einige wichtige Punkte zu beachten:

Sicherheitsgeschirre sind vor jeder Benutzung durch Besichtigung eingehend auf Beschädigungen zu überprüfen.

Sicherheitsgeschirre sind an einem Festpunkt anzuschlagen, der wenigstens in Höhe der Arbeitsstelle oder senkrecht darüber liegt. Seine Festigkeit muß den Belastungen, insbesondere auch der Stoßbelastung bei einem Absturz standhalten. Kann das Sicherheitsseil nicht fest angeschlagen werden, sondern muß es von einem Mitarbeiter gehalten werden, so hat dieser das Seil mindestens einmal um einen Festpunkt (z. B. Dachsparren, Schornstein) zu schlingen. Wer das Seil nur in der Hand führt, kann den Absturz kaum verhindern und gefährdet sich außerdem noch selbst.

Sicherheitsseile sind straff zu halten, damit der Fallweg möglichst kurz bleibt.

Müssen Sicherheitsseile ausnahmsweise über scharfe Kanten geführt werden, so sind die Seile besonders auf Abnutzung zu überwachen.

Sicherheitsgeschirre sind in trockenen, nicht zu warmen Räumen, Gurte wie Seile freihängend an nicht rostenden Haken aufzubewahren. Sicherheitsgeschirre dürfen keinen schädigenden Einflüssen durch ätzende oder andere aggressive Stoffe (zum Beispiel Säuren, Laugen, Lötwasser, Putzmittel) ausgesetzt werden.

Sicherheitsgeschirre sind nicht nur vor jedem Einsatz, sondern außerdem durch einen Fachkundigen in regelmäßigen Abständen, wenigstens aber einmal im Jahr durch Besichtigung auf Abnutzung und Schäden zu überprüfen. Seile und Gurte, die Mängel zeigen, müssen sofort ausgeschieden und jeder Benutzung entzogen werden. Sicherheitsseile dürfen nicht für andere Arbeiten, zum Beispiel als Aufzugsseil, benutzt werden.

Arbeiten an und auf Dächern ohne tragfähige Dachhaut

Für das Verlegen und Unterhalten von Dächern ohne tragfähige Dachhaut, z. B. Glasdächern, Asbestzementdächern, sind Verkehrswege und Arbeitsplätze mit tragfähigem Belag zu schaffen. Sie ersetzen jedoch nicht die sonst geforderten Absturzsicherungen.

Absturzsicherungen – bei geringfügigen Ausbesserungsarbeiten

Bei geringfügigen Ausbesserungsarbeiten sollen die Sicherheitsmaßnahmen in einem vernünftigen Verhältnis zum Umfang der Arbeiten stehen.

Es reicht deshalb aus, daß sich die Beschäftigten bei geringfügigen Arbeiten anseilen. Voraussetzung ist dabei, daß die Arbeiten von einem sicheren Standplatz aus durchgeführt werden, zum Beispiel von Dachleitern oder Arbeitsgerüsten.

Dabei kann das Herunterfallen von Werkzeug und Baustoffen durch Schutzblenden verhindert werden.

Als geringfügige Ausbesserungsarbeiten gelten:

1. Ausbesserungen von Ziegel- und Schieferdächern aller Art, wenn auf einer bis 50 m² großen, zusammenhängenden Fläche bei einer Neigung bis 45 Grad etwa 75, über 45 Grad etwa 50 Ziegel oder Schiefer auszuwechseln sind.
2. Ausbesserungen sonstiger Dachflächen und Aufbauten über Dach, wenn nicht mehr als 2 Arbeiter höchstens einen Tag beschäftigt werden.
3. Das Erneuern oder der Anstrich von Laufbohlen, Dachhaken und Schneefängen, der Innenanstrich und das Reinigen von Dachrinnen.
4. Das Eindecken in der Dachfläche liegender Dachfenster.

D) Aus der „Unfallverhütungsvorschrift Leitern und Tritte"

III. Anforderungen an bestimmte Leiterbauarten

Anlegeleitern

§ 7 (1) Anlegeleitern müssen gegen Abrutschen gesichert sein.
(2) Stufenanlegeleitern müssen mit einer Aufsetz-, Einhak- oder Einhängevorrichtung versehen sein, die zugleich gewährleistet, daß die Stufen waagerecht stehen.

Durchführungsanweisungen
zu § 7 Absätze 1 und 2:
Sicherungen gegen Abrutschen des Leiterfußes sind geeignete Fußausbildungen, z. B. Stahlspitzen, Gummifüße u. dgl., je nach Bodenbeschaffenheit.

Sicherungen gegen Abrutschen des Leiterkopfes sind
1. Aufsetz-, Einhak- oder Einhängevorrichtungen,
2. Anbinden des Leiterkopfes,

3. geeignete Gestaltung des Leiterkopfes der Leiter, z. B. Kopfpolster,
4. Verbreiterung des Leiterfußes,
5. geeignete Holmabstützungen.

Stehleitern

§ 9 (1) Stehleitern müssen durch ihre Bauart gegen Umstürzen und Auseinandergleiten gesichert sein.
(2) Spreizsicherungen müssen fest mit den Leiterschenkeln verbunden sein.
(3) Oberhalb der Gelenke dürfen sich keine Widerlager bilden können.
(4) Auf der obersten Stufe von Stehleitern, die zum Betreten vorgesehen ist, muß sicheres Stehen gewährleistet sein.

IV. Prüfung

§ 16 (1) Leitern und Tritte sind regelmäßig auf ihren ordnungsgemäßen Zustand zu prüfen. Die Berufsgenossenschaft kann den Nachweis der Prüfung verlangen.
(2) Betriebsfremde Leitern und Tritte sind vor ihrer Benutzung besonders sorgfältig auf Eignung und Beschaffenheit zu prüfen.

V. Benutzung

Allgemeines

§ 18 (1) Leitern und Tritte sind in der erforderlichen Art, Anzahl und Größe bereitzustellen und zu benutzen. Ungeeignete Aufstiege dürfen an ihrer Stelle nicht verwendet werden.
(2) Werden Leitern vorwiegend von weiblichen Personen benutzt, sind Stufenleitern bereitzustellen. Werden Stufenstehleitern bereitgestellt, so muß die oberste Stufe zum Betreten vorgesehen sein.
(3) Leitern und Tritte dürfen nur zu Zwecken benutzt werden, für die sie nach ihrer Bauart bestimmt sind.
(4) Bei Stehleitern mit aufgesetzter Schiebleiter und bei freistehend verwendeten Anlegeleitern dürfen die obersten vier Sprossen nicht bestiegen werden.
(5) Von Stehleitern, Stehleitern mit aufgesetzter Schiebleiter und freistehend verwendeten Anlegeleitern darf nicht auf Bühnen und andere hochgelegene Arbeitsplätze oder Einrichtungen übergestiegen werden.
§ 19 (1) Für Arbeiten, bei denen Leitern und Tritte schädigenden Einflüssen ausgesetzt sind, die ihre Haltbarkeit beeinträchtigen können, sind Leitern und Tritte aus entsprechend widerstandsfähigen Werkstoffen oder mit schützenden Überzügen zu verwenden.
(2) Leitern und Tritte sind gegen schädigende Einwirkungen geschützt aufzubewahren.
Durchführungsanweisungen
zu § 19 Abs. 1:
Deckende Anstriche lassen Schäden im Holz nicht erkennen. Als schützende Überzüge eignen sich daher nur farblose Lacke, Lasierungen und ähnliche Imprägnierungen. (Siehe auch Durchführungsanweisungen zu § 19 Abs. 2.)
zu § 19 Abs. 2:
Schäden können je nach Werkstoff z. B. durch Witterungseinflüsse, sonstige Feuchtigkeits- und Temperatureinflüsse, Säure- und Laugeneinwirkungen eintreten.
§ 20 Schadhafte Leitern und Tritte sind der Benutzung zu entziehen. Sie dürfen erst nach einer sachgemäßen Instandsetzung, durch die ihre ursprüngliche Festigkeit wiederhergestellt und sicheres Begehen gewährleistet ist, wieder benutzt werden.

Durchführungsanweisung
zu § 20:
Leitern und Tritte, die nicht mehr reparaturfähig sind, sollten möglichst sofort vernichtet werden. Dies ist erfahrungsgemäß die wirksamste Methode, um sie der Benutzung zu entziehen. Unsachgemäßes Instandsetzen ist z. B. das Anlegen von Bandagen um gebrochene Leiterholme. Bei Auswechslung von Sprossen ist darauf zu achten, daß schadhafte oder fehlende Sprossen durch fehlerfreie Sprossen der gleichen Art ersetzt werden.

Durch die Verwendung von Sprossenhaltern für die Befestigung von Ersatzsprossen darf die Festigkeit der Holme nicht beeinträchtigt werden.
§ 21 (1) Leitern und Tritte sind standsicher und sicher begehbar aufzustellen.
(2) Leitern sind je nach Art der auszuführenden Arbeiten zusätzlich gegen Umstürzen zu sichern, wenn sie nicht von der Bauart her gegen Umfallen, Abrutschen oder Umkanten gesichert sind.

Durchführungsanweisungen
zu § 21 Abs. 1:
Es ist darauf zu achten, daß die Leiterfüße nicht auf ungeeignete Unterlagen wie Kisten, Steinstapel oder Steine, Tische und ähnliches oder lose Unterlagen, z. B. Teppiche, gesetzt werden. Bei Anlegeleitern ist auf den richtigen Anstellwinkel (68°–75°) zu achten, bei Stehleitern darauf, daß die Spreizsicherungen gespannt sind.

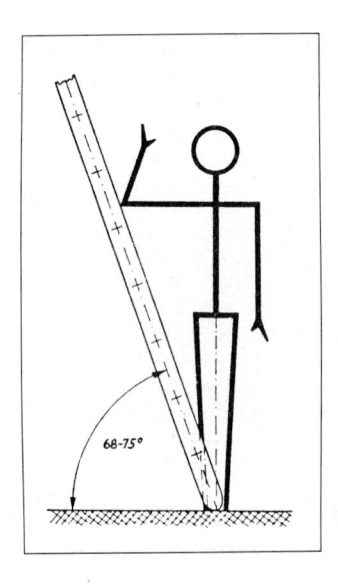

Stehleitern

§ 25 Bei Stehleitern darf die oberste Stufe oder die oberste Sprosse nur bestiegen werden, wenn sie hierfür eingerichtet ist.

Anlegeleitern

§ 23 (1) Anlegeleitern dürfen nur an sichere Stützpunkte angelegt werden.
(2) Über Austrittstellen müssen Anlegeleitern mindestens 1 m hinausragen, wenn nicht eine gleichwertige Haltemöglichkeit vorhanden ist.
(3) Lassen es die Betriebsverhältnisse zu, sind Anlegeleitern mit Aufsetz-, Einhak- oder Einhängevorrichtung zu benutzen.
(4) Wangen und Holme von Anlegeleitern dürfen nicht behelfsmäßig verlängert werden.
(5) Von Anlegeleitern aus dürfen nur Arbeiten geringen Umfanges ausgeführt werden.

Durchführungsanweisungen
zu § 23 Abs. 5:
Bei der Beurteilung des Begriffs „Arbeiten geringen Umfanges" ist der Umfang des auf der Leiter mitzuführenden Werkzeuges und des Materials neben der Dauer und dem Schwierigkeitsgrad der Arbeit zu berücksichtigen. Zu beurteilen ist, ob beim Arbeiten von der Leiter aus geringere Gefahren auftreten als z. B. bei Verwendung eines Gerüstes einschließlich des Auf- und Abbaues. Für ständige Arbeitsplätze sind möglichst fest eingebaute Aufstiege vorzusehen.

Gebietseinteilung der Bau-Berufsgenossenschaft

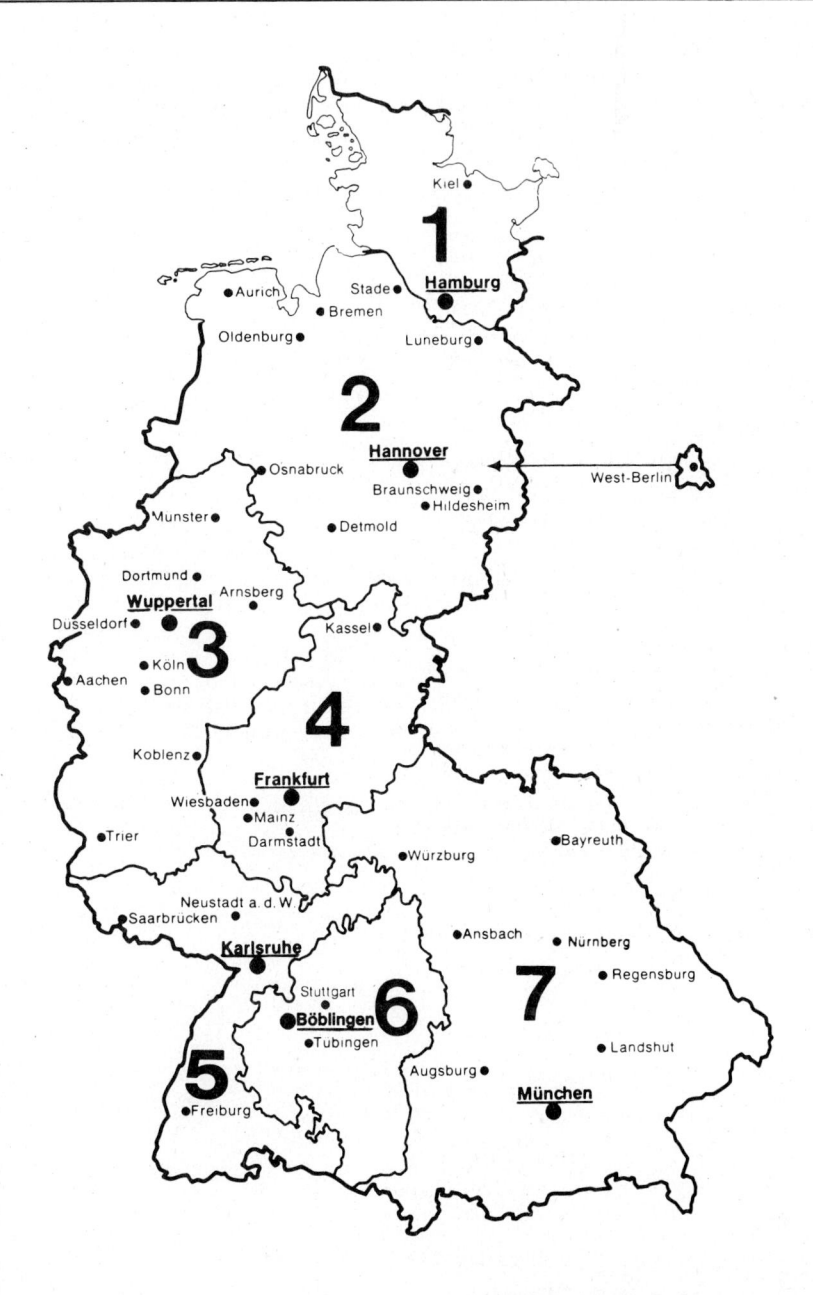

Anschriften der Bau-Berufsgenossenschaften

1. Bau-Berufsgenossenschaft Hamburg
   Holstenwall 8, 2000 Hamburg 36, Telefon: (0 40) 34 17 37
2. Bau-Berufsgenossenschaft Hannover
   Hildesheimer Straße 309, 3000 Hannover 81,
   Telefon: (05 11) 83 80-1
3. Bau-Berufsgenossenschaft Wuppertal
   Viktoriastraße 21, 5600 Wuppertal 1, Telefon: (02 02) 3 98-1
4. Bau-Berufsgenossenschaft Frankfurt am Main
   An der Festeburg 27–29, 6000 Frankfurt 60,
   Telefon: (06 11) 47 05-1
5. Südwestliche Bau-Berufsgenossenschaft
   Steinhäuserstraße 10, 7500 Karlsruhe 1,
   Telefon: (07 21) 81 02-1
6. Württ. Bau-Berufsgenossenschaft
   Friedrich-Gerstlacher-Str. 15, 7030 Böblingen 1,
   Telefon: (0 70 31) 6 25-0
7. Bayerische Bau-Berufsgenossenschaft
   Loristraße 8, 8000 München 2, Telefon: (0 89) 12 74-1

Auszüge aus dem Reichsstrafgesetzbuch, dem Bürgerlichen Gesetzbuch und der Reichsversicherungsordnung

1. Reichsstrafgesetzbuch

§ 222

Wer durch Fahrlässigkeit den Tod eines Menschen verursacht, wird mit Gefängnis bis zu drei Jahren bestraft. Wenn der Täter zu der Aufmerksamkeit, welche er aus den Augen setzte, vermöge seines Amtes, Berufes oder Gewerbes besonders verpflichtet war, so kann die Strafe bis auf fünf Jahre Gefängnis erhöht werden.

§ 230

Wer durch Fahrlässigkeit die Körperverletzung eines anderen verursacht, wird mit Geldstrafe bis zu 900 DM oder Gefängnis bis zu zwei Jahren bestraft. War der Täter zu der Aufmerksamkeit, welche er aus den Augen setzte, vermöge seines Amtes, Berufes oder Gewerbes besonders verpflichtet, so kann die Strafe auf drei Jahre Gefängnis erhöht werden.

§ 330

Wer bei der Leitung oder Ausführung eines Baues wider die allgemein anerkannten Regeln der Baukunst dergestalt handelt, daß hieraus für andere Gefahr besteht, wird mit Geldstrafe bis zu 900 DM oder mit Gefängnis bis zu einem Jahr bestraft.

§ 367

Mit Geldstrafe bis zu 150 DM oder mit Haft wird bestraft:
14. Wer Bauten oder Ausbesserungen von Gebäuden, Brunnen, Brücken, Schleusen oder anderen Bauwerken vornimmt, ohne die von der Polizei angeordneten oder sonst erforderlichen Sicherungsmaßregeln zu treffen;
15. Wer als Bauherr, Baumeister oder Bauhandwerker einen Bau oder eine Ausbesserung, wozu die polizeiliche Genehmigung erforderlich ist, ohne diese Genehmigung oder mit eigenmächtiger Abweichung von dem durch die Behörde genehmigten Bauplan ausführt oder ausführen läßt.

2. Bürgerliches Gesetzbuch

§ 276

Der Schuldner hat, sofern nicht ein anderes bestimmt ist, Vorsatz[1] und Fahrlässigkeit zu vertreten. Fahrlässig handelt, wer die im Verkehr erforderliche Sorgfalt außer acht läßt.
Die Haftung wegen Vorsatzes kann dem Schuldner nicht im voraus erlassen werden.

§ 831

Wer einen anderen zu einer Verrichtung bestellt, ist zum Ersatz des Schadens verpflichtet, den der andere in Ausführung der Verrichtung einem Dritten widerrechtlich zufügt.
Die Ersatzpflicht tritt nicht ein, wenn der Geschäftsherr bei der Auswahl der bestellten Person und, sofern er Vorrichtungen oder Gerätschaften zu beschaffen oder die Ausführung der Verrichtung zu leiten hat, bei der Beschaffung oder der Leitung die im Verkehr erforderliche Sorgfalt beobachtet, oder wenn der Schaden auch bei Anwendung dieser Sorgfalt entstanden sein würde.
Die gleiche Verantwortlichkeit trifft denjenigen, welcher für den Geschäftsherrn die Besorgung eines der im Absatz 1 Satz 2 bezeichneten Geschäfte durch Vertrag übernimmt.

3. Reichsversicherungsordnung

§ 640

1. Haben Personen, deren Ersatzpflicht durch § 636 oder § 637 beschränkt ist, den Arbeitsunfall vorsätzlich oder grob fahrlässig herbeigeführt, so haften sie für alles, was die Träger der Sozialversicherung nach Gesetz oder Satzung infolge des Arbeitsunfalls aufwenden müssen. Statt der Rente kann der Kapitalwert gefordert werden.
2. Die Träger der Sozialversicherung können nach billigem Ermessen insbesondere unter Berücksichtigung der wirtschaftlichen Verhältnisse des Schädigers auf den Ersatzanspruch verzichten.

---

[1] Vorsatz, Begriff im Gesetz nicht bestimmt. Vorsätzlich handelt, wer eine rechtswidrige Handlung im Bewußtsein ihrer Rechtswidrigkeit vornimmt.

Aluminium-Zentrale e.V.

Bauen mit Aluminium

Produktion und Verbrauch

Der Werkstoff Aluminium steht schon seit Jahren in Produktion und Verbrauch an der Spitze der NE-Metalle und ist, wenn auch in respektierlichem Abstand, hinter Stahl der meistverarbeitete metallische Baustoff. Diese steile Aufwärtsentwicklung erfolgte in wenigen Jahrzehnten, denn um die Jahrhundertwende lag die Weltproduktion noch bei etwa 8000 t; sie ist inzwischen auf ungefähr 16 Millionen Jahrestonnen angewachsen, und der Verbrauch liegt nur knapp darunter.

Als Geburtsjahr der modernen Aluminium-Industrie wird das Jahr 1886 angesehen, als es erstmalig gelang, dieses junge und zunächst sehr teure Metall nach dem Prinzip der heute noch praktizierten Elektrolyse von Aluminium-Oxid wirtschaftlich, d. h. zu einem konkurrenzfähigen Preis, herzustellen und damit zu einem Gebrauchsmetall zu machen. Noch vor der Jahrhundertwende, nämlich im Jahre 1897, erfolgte die erste Anwendung von Aluminium-Blech als Dachhaut für die Kuppeln der Kirche San Gioacchino in Rom. Obwohl die Bleche nur einen Reinheitsgrad von 98,9% hatten, also eine Qualität, die unter der heutigen Normvorschrift (99,5%) liegt, befand sich das Dach bei der letzten Untersuchung vor einigen Jahren noch in sehr gutem Zustand.

Ähnliche Bewährungsbeispiele aus dem Inland können aus bekannten Gründen leider nur aus der Nachkriegszeit genannt werden, aber schließlich weisen die seit Ende der vierziger Jahre verlegten Aluminiumdächer der Bundesrepublik auch schon wieder eine Lebensdauer von bald 35 Jahren auf. Wie sehr Aluminium und seine Legierungen sich seit dieser Zeit gerade auf dem Bausektor einen festen Platz gesichert haben, mögen nur wenige Vergleichszahlen beweisen:

```
1960  Verbrauch insgesamt      406 800 t
      davon für Bauwesen        24 400 t =  6%
1970  Verbrauch insgesamt      830 000 t
      davon für Bauwesen       112 200 t = 13,5%
1980  Verbrauch insgesamt    1 365 600 t
      davon für Bauwesen       191 400 t = 14%
```

Das Bauwesen liegt damit an zweiter Stelle hinter dem Verkehrswesen mit (1980) 282 300 t bzw. 20,7%. Trotz dieses Aufschwungs braucht sich der Verarbeiter der Rohstoffversorgung keine Gedanken zu machen, da die Reserven an Bauxit, aus welchem Aluminium gewonnen wird, größer als die aller anderen Metallerze außer Eisen sind.

Werkstoff-Eigenschaften und Normen

Das Aluminium verdankt seine zunehmende Verwendung auch im Bauwesen dem Zusammentreffen folgender wertvoller Eigenschaften:

- geringes spezifisches Gewicht
- günstige mechanische Festigkeit
- gute chemische Beständigkeit
- hohes Reflexionsvermögen von Wärme und Licht
- Unbrennbarkeit und Funkenfreiheit
- leichte Verarbeitbarkeit nach vielerlei Verfahren
- vielerlei Veredlungsmöglichkeiten für die Oberfläche

Es hat sich eingebürgert, den Ausdruck „Aluminium" als Oberbegriff nicht nur für Reinaluminium, sondern auch für alle Aluminiumlegierungen zu benützen. Die Zusammensetzung dieser Werkstoffe ist unter Angabe der Grenzwerte für Beimengungen für Rein- und Reinstaluminium in DIN 1712 und für die Aluminiumlegierungen in DIN 1725 genormt und nachzulesen.

Das sogenannte „Halbzeug" wird in fünf Gruppen eingeteilt, und zwar in

Bleche und Bänder	nach DIN 1745
Rohre	nach DIN 1746
Stangen und Drähte	nach DIN 1747
Strangpreßprofile	nach DIN 1748
Gesenkschmiedestücke	nach DIN 1749

In diesen DIN-Vorschriften findet man jeweils in Blatt 1 die Festigkeitseigenschaften und in Blatt 2 die technischen Lieferbedingungen. Für Strangpreßprofile und Gesenkschmiedestücke sind in Blatt 3 und 4 außerdem noch Gestaltungsrichtlinien bzw. zulässige Maßabweichungen zusammengestellt.

Für die Berechnung von Aluminium-Bauelementen im Hochbau ist das Normblatt DIN 4113 maßgebend.

Für das Bauwesen kann die Aluminium-Industrie, dem jeweiligen Verwendungszweck angepaßt, verschiedene Legierungen anbieten, deren Eigenschaften den oben erwähnten DIN-Normen wie auch den Merkblättern W 1, W 2 usw. der Aluminium-Zentrale zu entnehmen sind. Für die Bedachung verwendet man neben Reinaluminium hauptsächlich die Legierungen AlMn (Aluminium-Mangan), AlMgMn (Aluminium-Magnesium-Mangan) oder AlMnMg und AlMg. Diese Werkstoffe zeichnen sich durch die eingangs aufgeführten und im folgenden noch näher erläuterten Vorzüge aus.

1. Geringes spezifisches Gewicht

Die geringe Wichte (spezifisches Gewicht) von 2,7 kg/dm^3 (Kupfer etwa 8,9, Eisen etwa 7,8, Zink etwa 7,2) bringt wirtschaftliche Vorteile durch rasche und leichte Montage sowie geringere Kosten für Transport und Unterkonstruktion.

2. Festigkeit und Elastizität

Die Festigkeit des Aluminiums und die Möglichkeit zur Herstellung in verschiedenen Härtegraden gestattet sowohl die Verlegung als freigespannte Dachdeckung oder Wandverkleidung aus profilierten Blechen und Bändern, als auch eine starke Verformung bei handwerklicher Verlegung als Doppelfalz- oder Leistendach. Außerdem ermöglicht ein hohes Rückfederungsvermögen die Anwendung von Klemmverbindungen, wodurch eine Verletzung der Aluminium-Dachhaut durch die üblichen Befestigungsmittel (z. B. Nägel) vermieden wird.

3. Gute chemische Beständigkeit

Gegenüber Einflüssen der Atmosphäre und Einwirkung von Rauchgasbestandteilen (Ammoniak, Kohlen- und Schwefeldioxid) ist Aluminium hervorragend beständig, so daß die Verlegung normalerweise in metallisch blankem Zustand erfolgen kann. Die natürliche, graugetönte und dichte Oxidhaut verstärkt sich im Laufe der Zeit, wodurch die Schutzwirkung noch erhöht wird; bei evtl. Verletzungen bildet sie sich unverzüglich neu.

4. Wärmerückstrahlung

Bei blanker Oberfläche reflektiert das Aluminiumdach etwa 80 bis 90% der einstrahlenden Wärme (oder Kälte); bei matter Oberfläche liegt dieser Wert noch bei etwa 70% und bedeutet damit für die aluminiumgedeckten und -verkleideten Gebäude einen sehr günstigen Wärmehaushalt.

5. Unbrennbarkeit und Blitzschutz

Infolge seiner Unbrennbarkeit bietet Aluminium erhöhte Sicherheit, da das Dach durch evtl. Flugfeuer von Nachbargebäuden nicht entzündet werden kann. Auch umgekehrt werden andere Gebäude nicht durch umherfliegende brennende Dachelemente gefährdet.

Eine Aluminiumbedachung von mindestens 0,5 mm Blechdicke ist bei ausreichender Erdung ein hervorragender Blitzschutz. Wo zusätzlich Blitzschutzanlagen gefordert werden, braucht beim Aluminiumdach keine besondere Auffangeinrichtung mehr erstellt werden. Zu beachten bleiben natürlich stets die Richtlinien des Ausschusses für Blitzableiterbau – ABB.

6. Leichte Umformung und Bearbeitbarkeit

Aluminium läßt sich in weichem Zustand sehr gut biegen, kanten, falzen, drücken und treiben, wodurch gute Anpassung an gekrümmte Dach- und Wandflächen erreicht werden kann. Auch in halbhartem Zustand ist die Formbarkeit in der Regel noch ausreichend. Diese Eigenschaft erleichtert die Fertigung profilierter Bedachungs- und Verkleidungsbleche ganz entscheidend. Soweit überhaupt notwendig, ist die spanende Bearbeitung mit Bearbeitungswerkzeugen für Aluminium und höheren Schnittgeschwindigkeiten als etwa bei Stahl vorzunehmen, d. h. man spart wiederum Zeit und Lohn.

7. Oberflächenbehandlung

Im allgemeinen genügt für reine Zweckbauten die walzblanke Oberfläche mit der sich im Laufe der Zeit bildenden graugetönten Patina, der natürlichen Oxidhaut. Wenn es der Bauherr oder Architekt wünscht, können auch Bleche mit geprägter (dessinierter) Oberfläche geliefert werden.

Durch eine chemische Vorbehandlung (z. B. MBV- oder Alodine-Verfahren) lassen sich die Bleche und Bänder grünlichgrau oder gelbbraun tönen. Eine solche chemische Oxidation wird gelegentlich von behördlicher Seite verlangt, um die Blendwirkung des Aluminiums zu mindern.

In den Fällen, in denen Aluminium-Profiltafeln zur Wahrung des dekorativen Aussehens eloxiert worden sind, war das Ergebnis nur selten ästhetisch voll befriedigend. Das liegt in erster Linie daran, daß die verfahrenstechnischen Randbedingungen beim Eloxieren solcher großflächiger Elemente nicht mit Sicherheit ausreichend konstant gehalten werden können.

Schließlich kann man die Oberfläche mit Einbrennlackierung oder Kunststoffbeschichtung versehen, wobei wie bei anderen Werkstoffen eine gute Haftgrundvorbereitung wichtige Voraussetzung für lange Lebensdauer ist.

Anwendung – Verlegungsarten

Aluminiumdächer, insbesondere die handwerklichen Dachdeckungsarten, werden im allgemeinen in der auch bei anderen Metalldächern üblichen Weise ausgeführt. Dies gilt gleichermaßen für die Ausbildung von Firsten, Graten, Kehlen, Mauer- und Schornsteinanschlüssen und sonstigen Dachdurchbrüchen sowie Rinnen und Fallrohren. Gewisse Besonderheiten sind im folgenden und in der A-Reihe der Aluminium-Zentrale-Merkblätter dargestellt. Außerdem sind bei Spezialformen die Verarbeitungsvorschriften der Hersteller zu beachten.

Doppelfalzdach

Diese Verlegungsart wird vor allem bei flachgeneigten Dächern sowie für gewölbte Flächen (z. B. Kuppeln) gewählt. Als günstiges Gefälle hat sich eine Dachneigung von 14% = 8° erwiesen. Die mindestzulässige Neigung beträgt 5%; es ist jedoch vor allem bei größeren Dachflächen ratsam, nicht unter 5° zu gehen! In der Regel verwendet man Bänder in einer Breite von 60 cm und 0,7 bis 0,8 mm Dicke; als Unterkonstruktion sind sowohl Holzschalungen als auch Massivdächer geeignet.

Falls keine Belüftung möglich ist (einschaliges, mehrschichtiges Warmdach), muß unbedingt eine Dampfsperre in den Zonen vorgesehen werden, wo der Temperaturabfall noch keine Kondensation bewirkt, d. h. unterhalb der Wärmedämmung.

Leistendach

Das Leistendach ist eine Abart des Doppelfalzdaches. Die einzelnen Bahnen werden hier nicht unmittelbar durch Falze miteinander verbunden, sondern über Leisten gelegte Blechstreifen schaffen die Verbindung der einzelnen Bahnen untereinander. Diese Ausführung gewährleistet bessere Bewegungsmöglichkeiten für die einzelnen Bleche, ist aber wegen der Steifigkeit der Leisten für gewölbte Flächen weniger geeignet. Das Leistendach wird wegen der stärkeren Profilierung der Dachfläche auch oft aus ästhetischen Gründen bevorzugt.

Profilblechdach

Als Wellblech, Trapezblech und in zahlreichen Sonderformen stehen heute vorgefertigte Dachdeckungselemente in großen Längen zur Verfügung, die in einfacher Verlegetechnik mit Nägeln oder Schrauben, mit Spezialbefestigungsmitteln oder nur durch Klemmung freitragend auf der Unterkonstruktion befestigt werden.

Die Tabelle oben gilt für Trapez- und Wellprofile bis 65 mm Höhe. Für Profilhöhen über 65 mm und für Spezialprofile siehe Angaben der Hersteller. Für Querstöße bei Dachneigungen unter 10% ist die Neigung um 2% zu erhöhen. Für Dachdurchbrüche ist je nach Größe und Lage die Neigung um 2 bis 5% zu erhöhen.

Mindestdachneigung für Trapez- und Wellprofile ohne Querstöße und Durchbrüche

Länge First-Traufe	Profilhöhe in mm			
	18 bis 25	> 25 bis 36	> 36 bis 44	> 44 bis 65
bis 10 m	8%	5 bis 3%	3%	3%
10 bis 18 m	15%	7 bis 5%	5%	3%
> 18 m	22%	10%	8%	5 bis 3%

Querstöße sind im allgemeinen mit einer Überdeckung von 200 mm auszuführen und bei Dachneigungen unter 10% abzudichten. Die Querstöße müssen grundsätzlich über den Pfetten angeordnet werden.

Sofern für die Profilbleche Befestigungselemente erforderlich sind, sollten diese aus Aluminium oder Chrom-Nickel-Stahl 18/8, zumindest aber aus rostgeschütztem Stahl, hergestellt sein. Im letztgenannten Fall ist es ratsam, die herausragenden Schraubköpfe durch eine Abdeckung aus Aluminium, nichtrostendem Stahl oder Kunststoff zu schützen.

Klebedach

Hier erfolgt die Anwendung dünner Aluminiumbänder von 0,08 bis 0,1 mm Dicke meist in Form von fabrikfertig ein- oder beidseitig mit Bitumen beschichteten Bahnen, die je nach Verwendungszweck und Beanspruchung eventuell noch mit Gewebeeinlagen bewehrt sind.

Einseitig bitumenbeschichtete, mit metallblanker Oberfläche auf Klebedächern verlegte Aluminiumbänder sind in erster Linie als Schutzschicht anzusehen. Sie bewahren das Bitumen vor den Einflüssen der Witterung und ultravioletter Strahlen und verringern durch ihre guten Reflexionseigenschaften die Erwärmung der Dachhaut infolge Sonneneinstrahlung.

Beidseitig bitumenbeschichtete dünne Aluminiumbänder werden in mehrlagigen Klebedächern verwendet. Außerdem kann man sie als Dampfsperre innerhalb der Unterkonstruktion der Dachdeckung einsetzen.

Klebedächer mit schwarzer Bitumenoberfläche erfahren durch die Sonneneinstrahlung eine Erwärmung bis etwa 80 °C. Die Wintertemperaturen eingerechnet, können also Temperaturdifferenzen von 100 °C entstehen, was für das Aluminiumband eine Längenänderung 2,4 mm/lfd.m bedeutet. Da diese Dehnung, über die ganze Dachfläche addiert, nicht ohne Schaden bewältigt werden könnte, muß man das Klebedach entweder gegen die Sonneneinstrahlung durch eine helle, lose Kiesaufschüttung schützen oder die äußere Aluminiumdachhaut in Längenabschnitte von max. 3 bis 3$\frac{1}{2}$ m unterteilen.

Der relativ hohe lineare Wärmeausdehnungskoeffizient des Aluminiums (etwa doppelt so groß wie bei Stahl) läßt sich durch Anordnung von Dehnungsfugen, Falze, Schiebenähte oder nachgiebige Befestigungsmittel ausgleichen und jederzeit in den Griff bekommen. Im übrigen sind die bei einer behinderten Wärmeausdehnung auftretenden Eigenspannungen beim Aluminiumblech auch nur $\frac{2}{3}$ so groß wie bei Stahl.

Zusammenbau mit anderen Werkstoffen

Unbedenklich ist der Zusammenbau mit Zink, verzinktem, inkromiertem oder kadmiertem Stahl sowie nichtrostendem Stahl. Berührungsstellen mit Kupfer, Eisen, Bronze und Zinn sind auf jeden Fall zu vermeiden; auch darf von Kupfer ablaufendes Wasser nicht auf ungeschützte Aluminiumteile gelangen. Blitzschutzanlagen aus Kupfer sind deshalb auf walzblanken Aluminiumdächern unzulässig.

Unterkonstruktionen aus Stahl sind grundsätzlich rostgeschützt auszuführen. Betonteile erhalten einen Bitumenschutzanstrich oder werden mit einem Dachpappen- oder Kunststoffolienstreifen abgedeckt, während vollflächig auf Holzschalungen oder Betondecken aufliegende Aluminiumdeckungen eine Unterlage aus aufgeklebter Bitumendachpappe erhalten.

Holzteile, die mit Aluminium in Berührung kommen, sollen trocken und nur mit solchen Imprägnierungsmitteln behandelt sein, die keine für das Aluminium schädlichen Bestandteile enthalten; unbedenklich sind ölige oder ölartige Holzschutzmittel auf Phosphatbasis laut Verzeichnis des Institutes für Bautechnik (Reihe

A, Heft 3, April 1980). Bei feuerhemmender Imprägnierung des Holzes ist eine Zwischenlage aus Bitumenpappe oder bituminöser Anstrich der Auflagefläche erforderlich.
Aluminiumteile, die mit frischem Mörtel oder Beton in Berührung kommen (z. B. Maueranker oder Hafte), sind durch einen Bitumenschutzanstrich gegen die aggressiven alkalischen Bestandteile dieser Baustoffe zu schützen. Abgebundener Mörtel oder Beton greifen Aluminium nicht mehr an.

Verbindungs- und Befestigungsarbeiten

Bei Dächern und Wandverkleidungen aus Aluminium kommen als Verbindungen in erster Linie Falzen und Nieten in Frage, und in geringem Umfang Hartlöten, Autogenschweißen oder Schutzgasschweißen. Weichlöten ist bei Verbindungen, die der Feuchtigkeit ausgesetzt sind, unzulässig; es sei denn, daß ausdrücklich für den Außengebrauch geeignete Lote verwendet werden. Hartlöten darf nur mit schwermetallfreien Loten (z. B. L-AlSi 12 nach DIN 1732) ausgeführt werden.
Zur Befestigung dienen bei handwerklicher Verarbeitung (Doppelfalz- und Leistendach) Nägel bzw. bei schwereren Teilen auch Schrauben, während bei profilierten Blechen und Bändern je nach Konstruktion außerdem noch Schlagschrauben, Hakenschrauben, selbstschneidende Schrauben, Schießbolzen und Spezialbefestigungselemente verwendet werden.
Bei Blechlängen bis etwa 8 m können die sich aus den Längenänderungen ergebenden Spannungen durch starre Befestigung (selbstschneidende Schrauben, Schießbolzen, Schweißbolzen) aufgenommen werden. Bei längeren Blechen und Bändern müssen die Längenänderungen in den Befestigungsgarnituren ausgeglichen werden – üblicherweise durch Langlöcher. Bei Klemmverbindungen erfolgt der Längenausgleich durch Gleiten in den Halteelementen.

Dachzubehör

Das Anbringen der Dachrinnen (bevorzugt aus AlMn halbhart/ 0,7 bis 1,0 mm) erfolgt durch Rinnenhalter, die sowohl aus Al-Flachstangen (z. B. AlMg 3 oder AlMgSi 1 – 10 mm dick und 30 bis 50 cm breit), als auch aus verzinktem Stahl hergestellt sein können.
Die Dachrinne soll generell nicht direkt mit der Dachhaut verfalzt werden. Man verwendet als Bindeglied einen 10 bis 33 cm breiten Blechstreifen (Vorstoßblech, Rinneneinhang), der mittels Schiebehafte am Dach befestigt wird.
Auch für Regen- und Abfallrohre setzt man Rohrschellen aus AlMgSi oder verzinktem Stahl ein. Das Regenrohr soll 3 bis 4 cm Abstand von der Wand haben; die Rohrschellen werden in einem Abstand von etwa 4 m angeordnet und, sofern aus Aluminium, vor der Verankerung in massive Wände, mit Bitumen gestrichen.
Aluminiumdächer, die vollständig aufliegen, müssen immer eine Unterlage aus teerfreier 500er Bitumendachpappe erhalten. Grundsätzlich sind Bitumendachpappen mit beidseitiger Deckschicht nach DIN 52128 zu verwenden. Empfehlenswert sind talkumierte Dachpappen, gegebenenfalls solche mit feiner Besandung. Sehr vorteilhaft sind Glasvliesdachbahnen, die aufgrund ihres anorganischen Aufbaues nicht zur Feuchtigkeitsaufnahme neigen. Keinesfalls genügen nackte Pappen. Die Bitumendeckschichten dürfen nur aus Bitumen mit einem nicht zu niedrigen Erweichungspunkt hergestellt sein, sonst besteht bei sehr intensiver Sonneneinstrahlung Gefahr, daß die Dachpappe an der Dachhaut festklebt. Zum Aufkleben der Bitumendachpappen ist geblasenes Bitumen 85/25 oder 84/40 zu verwenden.
Abschließend seien noch die aus Aluminium gefertigten Dachabschluß- und sonstigen Dachzubehörprofile erwähnt. Diese werden in den verschiedensten Systemen, meist als Strangpreßprofile, aber auch aus gekanteten Blechen einbaufertig mit Zubehör und Befestigungsmaterial angeboten. Desgleichen sind Mauerabdeckungen und Fensterbänke aus denselben Materialien in großer Vielfalt erhältlich.

Anschrift der Beratungsstelle s. S. 187.

Deutsches Kupferinstitut

Kupferdachdeckung

DK 69.024

Kupfer, das wohl traditionsreichste Baumetall, wird nach wie vor gern als Dachdeckungsmaterial eingesetzt. Und das hat seine guten Gründe:

- Dem Architekten bietet das Kupfer den Vorzug, daß es sich jeder noch so schwierigen Dachform sturmsicher und wetterdicht anpaßt; Kupfer harmoniert mit anderen Bauwerkstoffen und trägt – je nach Verlegungstechnik – zur Gliederung der Dachfläche bei.
- Für den Verarbeiter sind die leichte Formbarkeit und die einfache Herstellung von Verbindungen ausschlaggebend. Zusätzlich fördern maschinelle und industrielle Vorfertigung die rationelle Verlegung der Kupferbauteile.
- Für den Bauherrn bedeutet die große Lebensdauer eines Kupferdaches Wirtschaftlichkeit auf lange Sicht, denn ein fachgerecht ausgeführtes Kupferdach erfordert keine Wartungskosten.

1. Werkstoffangaben und Produktdaten

1.1 Metallkundliche Angaben

SF-Cu = sauerstofffreie, phosphordesoxidierte Kupfersorte mit einem Reinheitsgrad von mind. 99,90 Gew.-% Kupfer nach DIN 1787 „Kupfer; Halbzeug". Gute Dauerstandfestigkeit, geringe Wärmedehnung, infolge guter Kaltumformbarkeit und hoher Bruchdehnung, gut biegbar und damit erleichterte Verbindungstechnik.

1.2 Herstellung

Vorgewärmte Kupferwalzplatten werden zu Vorwalzblechen von 10 bis 20 mm Dicke ausgewalzt. Dieses Vormaterial wird dann in der Regel gefräst und in kaltem Zustand – evtl. unter Einschaltung von Zwischenglühungen und Beizen – zu Tafeln und Bändern der erforderlichen Dicke fertiggewalzt. Kupfer läßt sich zu sehr dünnen Folien auswalzen. Dicken- und Maßtoleranzen für kaltgewalzte Tafeln, Bänder und Streifen sind in DIN 1751 und 1791 festgelegt.

1.3 Mechanisch-physikalisch-technologische Angaben

Wärmedehnung ($\Delta t = 100$ °C)	1,7 mm/m
Zugfestigkeit (R_m)	
F 22 (weich)	220–250 N/mm²
F 25 (halbhart)	250–300 N/mm²
Bruchdehnung (A_5)	
F 22 (weich)	$\geq$ 45 %
F 25 (halbhart)	$\geq$ 15 %
Spez. Gewicht	8,93 kg/dm³
Schmelzpunkt	1083 °C

Zwischen Zugfestigkeit und Bruchdehnung besteht ein enger Zusammenhang:

- Je geringer die Zugfestigkeit, um so größer die Bruchdehnung;
- je größer die Bruchdehnung, um so besser das Formänderungsvermögen;
- je häufiger Kupfer kalt umgeformt wird, um so mehr nimmt seine Zugfestigkeit zu.

Kein anderes Baumetall weist eine so hohe Bruchdehnung auf wie Kupfer (F 22). Hieraus erklärt sich auch, warum Kupfer für Treibarbeiten und für die Eindeckung komplizierter Dachaufbauten eingesetzt wird.

Die Kenntnis dieser Zusammenhänge erleichtert die Wahl des jeweils benötigten Festigkeitszustandes:

Für schwierig zu deckende Dachformen, die ein Treiben und Drücken des Kupfers oder ein Strecken und Stauchen der Falze erforderlich machen, wählt man Kupfer in weichem Festigkeitszustand, für ebenflächige Dachdeckungen dagegen Kupfer halbharter Qualität.

In der Praxis liegen die Gewichte von Metalldächern mit 0,6 mm Tafeldicke einschließlich Holzschalung und Bitumendachpappe zwischen 20 und 40 kg/m². Ein Doppeldach aus Biberschwänzen wiegt dagegen etwa 85 kg/m². Aus diesem Vergleich wird deutlich, daß die Gewichtsunterschiede von Metalldächern nicht in einer Größenordnung liegen, die einen besonderen Aufwand für die statische Ausbildung der Dachunterkonstruktion erfordern.

Der Schmelzpunkt, der bei Kupfer mit 1083 °C relativ hoch liegt, ist erfahrungsgemäß im Brandfalle eines Gebäudes von Bedeutung. Das Kupferdach ist sehr widerstandsfähig gegen Feuer und kann entscheidend zur Rettung eines in Brand geratenen Gebäudes beitragen, da es die Ausdehung des Feuers, die mit dem Verlust des Daches durch den entstehenden Sog einsetzt, unterbindet. Außerdem wird ein Übergreifen des Feuers auf benachbarte Gebäude erschwert.

Ein weiterer Aspekt spielt vor dem Hintergrund der gegenwärtigen Diskussion über die Umweltverschmutzung eine wichtige Rolle: Kupfer ist umweltfreundlich!

Kupferschrott und -abfälle belasten nicht die Umwelt, sondern werden wieder in den Herstellungsprozeß eingegliedert.

1.4 Technische Lieferprogramme

1.4.1 Handelsformate

Bänder in Coils, Bandlänge nach Wunsch

max. Breite	1250 mm
Dicke	0,1 … 2 mm
Tafeln	1000 × 2000 mm (Normalformat)
Dicke	0,2 … 2 mm

Sondermaße möglich

1250 mm breite Bänder in Bedachungs- oder Fassadenqualität lieferbar, vorgefertigte profilierte Kupferbahnen (TECU®)

Toleranzen für
Bleche (Tafeln)	DIN 1751
Bänder	DIN 1791

1 Lieferform und Zuschnitt von Kupferwalzmaterial für die Band- und Tafeldachdeckung.

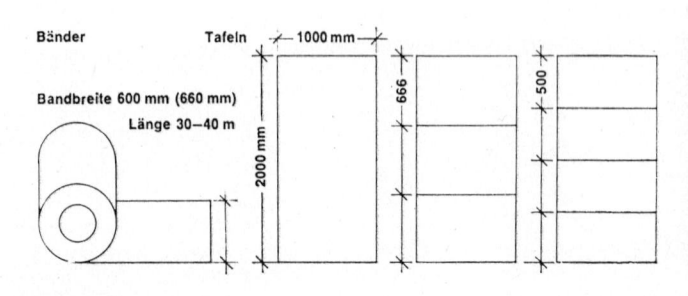

2 Vorgefertigte Dachrandverkleidungen aus Kupfer.

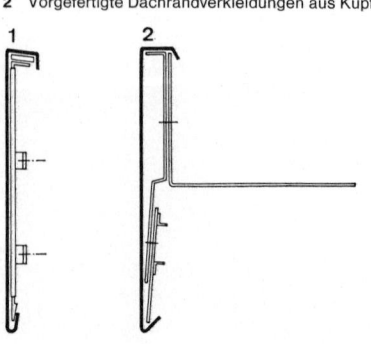

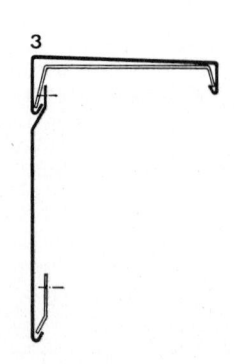

1.4.2 Zubehör

Vorgefertigte Dachrandverkleidungen (Abb. 2), Schiebehafte, geraubte Deckstifte, Holzschrauben aus Zinnbronze oder Messing.

1.5 Bauphysikalische Angaben

Brandschutz (DIN 4102)
Kupfer: nicht brennbare Baustoffe: Klasse A 1, DIN 4102, Teil 4
Holz-Unterkonstruktion: ab 2 mm Materialdicke: Klasse B 2, DIN 4102, Teil 4

Beständigkeit

Korrosionsbeständigkeit durch die für Kupfer typische Patina (natürliche Schutzschicht aus wasserunlöslichem basischem Kupfercarbonat, Kupfersulfat oder Kupferchlorid), UV-beständig, verrottungsfest, bruchsicher, gute Beständigkeit gegen Gips, Kalk und Zement sowie gegen Bestandteile aus Luftverschmutzungen bei gleichzeitig hoher Luftfeuchtigkeit.

Kontaktkorrosion

Unmittelbarer Zusammenbau von Kupfer und elektrochemisch weniger edlen Metallen (walzblankem Aluminium, Titanzink, verzinktem Stahl) muß vermieden werden, sonst Trennung durch isolierende Trennschichten. Zusammenbau mit Blei und Edelstahl, z. B. der Werkstoffnummer 1.4401, ist unbedenklich. Die Anordnung von Kupferdächern oberhalb von eloxierten Aluminium- oder beschichteten Stahlfenstern hat sich in der Praxis ebenfalls als unbedenklich erwiesen. Die theoretische Erklärung hierfür liegt in der Tatsache begründet, daß die Oberflächenschicht (Eloxal, Beschichtung u. ä.) elektrisch nicht leitfähig ist.

Farbgebung

Harmonische Anpassung der natürlichen Kupferfarben an Sichtbeton, Waschbeton, Holz, Klinkermauerwerk, Natursteinfassaden usw.
Im Montagezustand: kupferrot. Durch Oxidschichtbildung Änderung über rotbraun, dunkelbraun bis anthrazitgrau, atmosphärische Verunreinigungen sind ebenfalls für die Farbgebung mitentscheidend. Eisenrostanteile führen zu einer lindgrünen Patina, Rußanteile trüben und verdunkeln die Patina. Nähere Einzelheiten s. DKI-Sonderdruck „Oberflächenverhalten von Kupferbauteilen in der Atmosphäre" (Bestell-Nr. s. 131).

1.6 Gewichte

Tabelle 1 Gewichte von Kupfertafeln nach DIN 1751 (Juni 1973); Kupferband nach DIN 1791 (Juni 1973); Kupfer-Rechteckstangen (Flachstangen) nach DIN 1759 (Juni 1974)

Dicke	Tafel	Band	
		100 mm breit	600 mm breit
mm	kg/m²	kg/m	kg/m
0,3	2,67	0,267	1,602
0,4	3,56	0,356	2,136
0,55	4,90	0,490	2,940
0,6	5,34	0,534	3,204
0,65	5,78	0,579	3,474
0,7	6,23	0,623	3,738
0,8	7,12	0,712	4,272
0,9	8,01	0,801	4,806
1,0	8,90	0,890	5,340

1.7 Bestellbeispiele

Bestellbeispiel Blech (Tafel) nach DIN 1751: 1000 kg Blech (oder Bl) 0,7 × 1000 × 2000 DIN 1751-SF-Cu F 25
Bestellbeispiel Band nach DIN 1791: 1000 kg Band (oder Bd) 0,6 × 600 DIN 1791-SF-Cu F 22
Es erleichtert und beschleunigt die Ausarbeitung eines Angebotes sowie die Auftragsabwicklung, wenn Anfragen und Bestellungen entsprechend den DIN-Bestellbeispielen aufgegeben werden. Gleichzeitig sichert sich der Besteller die Einhaltung der in den entsprechenden Maß- und Festigkeitsnormen (DIN 17 670 und 17 672) getroffenen Aussagen.

1.8 Kennzeichnung

Im Interesse von Verarbeitern und Bauherren sowie zur Erfüllung und zum Nachweis der Sorgfaltspflicht sollten nur gekennzeichnete Kupfertafeln und -bänder verwendet werden.
Kennzeichnungsbeispiel:
„kabelmetal-SF-Cu-F 25-DIN"
Die laufende Überwachung derart gekennzeichneter Produkte sichert dem Abnehmer hohe Qualität. Gleichzeitig bedeutet die Kennzeichnung einen Schutz des Verbrauchers bei Reklamationen.

Anschrift der Beratungsstelle s. S. 187.

Deutscher Verzinkerei Verband e.V.

Das bandverzinkte Feinblech

Geschichtliches

Unter den Verfahren, Eisen und Stahl gegen Rost zu schützen, spielen die metallischen Überzüge eine ganz bedeutende Rolle. Die bekannteste und am häufigsten angewandte Methode ist die Feuerverzinkung.

Bereits im Jahre 1742 entdeckte der französische Chemiker Malouin die Möglichkeit, Eisen- und Stahlgegenstände nach entsprechender Oberflächenvorbereitung in eine Zinkschmelze zu tauchen und somit das Eisen und den Stahl mit einer Zinkschicht zu versehen, die diesen dauerhaft gegen Korrosion schützt.

Aber es vergingen fast noch hundert Jahre, bis dieses Verfahren breite industrielle Anwendung fand.

Im Jahre 1836 führte Sorel in England ein praktisches Verfahren zum Beizen von Gegenständen aus Eisen und Stahl ein, welches das Feuerverzinken wirtschaftlich gestaltete. Um diese Zeit begann dann in Europa die Erzeugung feuerverzinkter Gegenstände. Diese Entwicklung führte bald zu einem besonderen Industriezweig.

Im Jahre 1847 wurde in Deutschland die erste Verzinkerei in Solingen errichtet und im Jahre 1851 wurde eine Anlage in der Nähe von Wien in Betrieb genommen.

Auch Profilbleche wurden bald hergestellt, so in Deutschland durch die Firma Wesenfeld jr., später Hein Lehmann u. Co in Berlin, die bereits 1875 Trägerwellbleche fertigten.

Bevor die Bleche in die Zinkschmelze getaucht werden, müssen sie eine metallisch reine Oberfläche besitzen. Das Entfernen von Öl, Fett, Farben oder oxidischen Bestandteilen ist vor der Verzinkung unerläßlich.

Die Herstellungsverfahren bei der Blechverzinkung hatten sich lange Zeit nicht geändert. Mit Rücksicht auf die hohen Ansprüche an die Verformbarkeit der Zinküberzüge wurde in Deutschland fast ausschließlich die Trockenverzinkung bei der sogenannten Handkesselverzinkung angewandt. Die Bleche werden auf der einen Seite des Kessels senkrecht in das Zinkbad geführt und nach einer der Blechdicke angepaßten Tauchdauer auf der anderen Seite des Kessels, oft mechanisch, wieder herausgezogen.

Herstellung

Wegen der zunehmenden Verwendung des feuerverzinkten Stahlblechs wurde nach dem Zweiten Weltkrieg, um den steigenden Bedarf zu decken, auch im Bundesgebiet kontinuierliche Verzinkungsanlagen nach dem Sendzimir-Verfahren gebaut. Diese Anlagen sind nach dem Erfinder Sendzimir benannt. Der grundsätzliche Unterschied gegenüber dem Handkesselverfahren besteht darin, daß weder Beiz- noch Flußmittel zur Vorbereitung der Oberfläche benutzt werden. Auch werden im allgemeinen statt der warmgewalzten Tafelbleche nunmehr kaltgewalzte Breitbänder verzinkt. Diese Bänder werden zunächst leicht oxidierend erhitzt, um evtl. Verunreinigungen durch Fett oder Öl zu entfernen, und in einer Zone von gekracktem Ammoniak reduziert. Nach dem Abkühlen bis auf etwa 50 °C über Zinkbadtemperatur in einer neutralen Kühlzone wird das Band, ohne mit der Luft in Berührung gekommen zu sein, in das Zinkbad ein- und nach entsprechender Tauchzeit wieder herausgeführt.

Wie bedeutungsvoll das feuerverzinkte Feinblech auch für das Klempnerhandwerk ist, sieht man aus der Entwicklung der Lieferzahlen.

Die Herstellerwerke in der Bundesrepublik lieferten 1965 erst 323 000 t, 1980 hingegen bereits rund 1,5 Mill. t.

Eigenschaften

Die charakteristischen Eigenschaften des verzinkten Feinblechs sind für die Anwendung von ganz besonderer Bedeutung. Feuerverzinktes Stahlblech ist dauerhaft, nicht brennbar und unempfindlich gegen mechanische Beschädigungen.

Es läßt sich leicht verformen, d. h. biegen, falzen, bördeln, pressen, ziehen und tiefziehen. Die Verbindungsmöglichkeiten sind wie beim Feinblech. Die Verbindung kann durch Falze, z. B. stehend oder liegend durch einfache und Doppelfalze, Pittsburgh-Falze oder Schnappfalze erfolgen, weiter durch schrauben, nieten, hart- und weichlöten, durch schweißen oder kleben.

Gerade das Hartlöten feuerverzinkter Bleche gewinnt zunehmend an Bedeutung, da zugfeste Verbindungen möglich sind und die Zinkschicht beim Hartlöten nicht verletzt wird.

Der Korrosionswiderstand der Zinkschicht ist gleich dem des Zinks. Die Wärmeausdehnung (Dilatation) ist äußerst gering. Um ein Beispiel zu nennen: Bei einer Temperaturdifferenz von 100 °C und 1 m Länge beträgt die Ausdehnung nur 1,2 mm. Die Wärmeleitzahl nach DIN 4108 beträgt beim feuerverzinkten Stahl $\lambda = 50$ kcal/m h grad. Die Rohwichte des Stahls beträgt 7,85. Im allgemeinen wird beim Blech aber mit rund 8 gerechnet, d. h. 1 m² eines 1 mm dicken Blechs wiegt etwa 8 kg, ein 0,5 mm dickes Blech etwa 4 kg.

Die Reflexion bei Sonneneinstrahlung beträgt beim feuerverzinkten Stahlblech mit frischer Oberfläche etwa 80%, die Absorption etwa 20%. Bei oxidierter Oberfläche sind entsprechend dem Alter die Reflexionswerte niedriger anzusetzen.

Da das feuerverzinkte Stahlblech ein Verbundmaterial zwischen Stahl und Zink ist, sind die Werte für die Zugfestigkeit und das Elastizitätsmodul außerordentlich günstig. Durch die Besonderheit des Verfahrens verklammert sich die Zinkschicht mit dem Stahlkern so fest, daß die Zinkschicht selbst bei schwierigen Bearbeitungsvorgängen nicht reißen oder abblättern kann.

Entsprechend den zahlreichen Anwendungsgebieten sind auch die lieferbaren Abmessungen sehr unterschiedlich.

Feuerverzinktes Feinblech gibt es als Blech (Tafeln) mit Breiten von 600 bis 1524 mm und Dicken von 0,40 bis über 3 mm Dicke. Die Längen sind bis 6000 mm lieferbar.

Weiter gibt es bandverzinktes Feinblech als Bänder (Rollen), als Spaltband aus feuerverzinkten Rollen geschnitten und als Stäbe aus Spaltband geschnitten.

Durch die heutige allgemein übliche Kaltprofilierung von feuerverzinktem Feinblech werden Trapez-, Wellblech und Stahldachpfanne hergestellt.

Die Sorten (Güten) gliedern sich auf in St 01 Z, St 02 Z, St 03 Z, St 04 Z, St 05 Z.

Für die handwerkliche Verarbeitung sind die Sorten St 01 Z und St 02 Z von Bedeutung.

Die Zinkauflagegruppen sind eingeteilt in 001, 100, 200, 275, 350 und mehr. Die Zinkauflagegruppe 275 g/m² ist die normale Zinkauflagegruppe, die auch international von Bedeutung ist.

Die Zinkauflagen werden immer in g/m² zweiseitig angegeben. Die Umrechnung von g/m² auf Zinkschichtdicke und μm ergibt sich annähernd wie folgt:

$$\frac{g/m^2}{7} \sim \text{etwa Schichtdicke in } \mu m$$

Beispiel: $\frac{275}{7}$ g/m² $\sim$ etwa 39 μm

Feuerverzinktes Feinblech gibt es sowohl aus weichen, unlegierten Stählen als auch aus allgemeinen Baustählen.

Bei den Oberflächenausführungen unterscheidet man zwischen üblicher Zinkblume, die sich nach dem Verzinken durch Erstarren des Zinküberzuges bildet, kleine Zinkblume, die durch gezieltes Beeinflussen des Erstarrungsvorganges erzielt wird und der Oberflächenausführung nachgewalzt.

Durch diese Sonderbehandlung entsteht ein grauer Zinküberzug für hohe Oberflächenansprüche.

Die Oberflächenbehandlung von bandverzinktem Feinblech ist im allgemeinen chromatisiert.

Nähere Einzelheiten wie Oberflächenart, Prüfung der Eigenschaften, Maßtoleranzen usw. sind in den Gütevorschriften des Verbandes „Charakteristische Merkmale für feuerverzinktes Band und Blech" festgelegt bzw. in den Normen

DIN 17 162 Teil 1 – Flachzeug aus Stahl – Feuerverzinktes Band und Blech aus weichen unlegierten Stählen – Technische Lieferbedingungen –

DIN 17 162 Teil 2 – Flachzeug aus Stahl – Feuerverzinktes Band und Blech – Technische Lieferbedingungen – Allgemeine Baustähle –

DIN 59 232 – Flachzeug aus Stahl – Feuerverzinktes Breitband und Blech aus weichen unlegierten Stählen und aus allgemeinen Baustählen – Maße, zulässige Maß- und Formabweichungen –

Diese nationalen Normen sind mit den internationalen Normen abgestimmt.

Profilbleche

Für Balkonverkleidungen, die Eindeckung von Flach- und Steildächern und für Wandbekleidungen werden in großem Umfang feuerverzinkte Trapezbleche verwendet, die die verschiedensten Profilierungen aufweisen. Die Längen sind verschieden bis 12 000 oder aber 15 000 mm.

Für Stahltrapezblechdächer (einschalige, sehr flach geneigte Warmdächer) und für Geschoßdecken sind die tragenden Trapezbleche zulassungspflichtig. Die Herstellerwerke von solchen tragenden Trapezblechen verfügen über die entsprechenden Zulassungen durch das Institut für Bautechnik (IfBt), Berlin. Dort sind auch die entsprechenden zulässigen Belastungswerte für die verschiedenen Belastungsfälle aufgeführt.

Feuerverzinkte Wellbleche gibt es in den unterschiedlichsten Profilierungen. Alle Profile sind in den verschiedensten Dicken und Längen lieferbar. Die Längen sind je nach Profil unterschiedlich und betragen bis zu 12 000 mm. Nähere Einzelheiten wie Belastungen und Toleranzen sind der DIN 59 231 zu entnehmen.

Bei den feuerverzinkten Stahldachpfannen variieren die Dicken von 0,63 bis 1 mm. Die Baubreiten betragen 850 mm. Die Längen sind bis 10 000 mm lieferbar.

Auch für feuerverzinkte Stahldachpfannen ist die DIN 59 231 zuständig.

Alle Profilbleche werden heute nicht nur feuerverzinkt, sondern noch zusätzlich kunststoffbeschichtet geliefert.

Feuerverzinkter Bandstahl

Feuerverzinkter Bandstahl gewinnt in der handwerklichen Verarbeitung zunehmend an Bedeutung. Unter Bandstahl versteht man Flachzeug unter 600 mm Breite, im allgemeinen auf diese Ausgangsbreite ausgewalzt. Für die kontinuierliche Feuerverzinkung werden nach entsprechender Oberflächenvorbereitung aber auch Spaltbänder aus Warmbreitband eingesetzt.

Es gibt feuerverzinkten Bandstahl in Ringen mit Breiten von 15 bis 125 mm und Dicken von 1 bis 5 mm. Die Ringgewichte betragen von 20 bis 450 kg.

Feuerverzinkter Bandstahl in Stäben wird für manche Verarbeitungsvorgänge, z. B. für die Anfertigung von Rinnenhaltern und Rohrschellen, bevorzugt eingesetzt, die Längen reichen von 500 bis 9000 mm, Dicken- und Breitenabmessungen wie vor.

Die Zinkauflagegruppen sind 150, 225, 300, 500 g/m² Oberfläche, die normale 225 g/m².

Die Grundmaterialeigenschaften entsprechen den Stahlsorten nach DIN 17 100.

Feuerverzinkter Bandstahl hat also verzinkte Kanten und dem Einsatzzweck entsprechend wesentlich dickere Zinkauflagen, z. B. 500 g/m² Oberfläche (d. h. einseitig).

Nähere Einzelheiten wie Maßabweichungen, Bestellgruppen, Oberflächenmerkmale, Zinkauflagegruppen, Prüfverfahren usw. sind in dem technischen Regelwerk des DVV „Charakteristische Merkmale für feuerverzinkten Bandstahl" festgelegt.

Korrosionsschutz

Es wurde bereits erwähnt, daß die Schutzschicht beim feuerverzinkten Stahlblech sich bei der Korrosion wie Zink verhält. Es bilden sich Zinkoxidschichten, die in der Atmosphäre durch die Einwirkungen von Schnee, Regen, Wind, Hagel usw. abgetragen werden. Neue Oxidschichten entstehen, die wiederum dem atmosphärischen Abrieb unterliegen und so fort. Diesen Abrieb und somit die Substanzverringerung der Zinkschicht kann man völlig unterbinden, und zwar durch einen nachfolgenden Schutzanstrich (heute Beschichtung genannt); Spezialbeschichtung auf frisch feuerverzinkten Stahlblechen sind heute möglich. Durch diese Beschichtung erhält das feuerverzinkte Stahlblech eine fast unbegrenzte Lebensdauer. In gewissen Zeitabständen, je nach Aggressivität der Luft, müssen jedoch die Beschichtungen erneuert werden. Eine Erneuerungsbeschichtung genügt in jedem Falle, da Unterrostungen des Lackfilms nicht stattfinden können. Selbst bei rissigen oder schadhaften Beschichtungen schließen sich die Poren und Risse durch Zinkoxide.

Die Empfindlichkeit der Zinkschicht gegenüber Beton und Mörtel ist im allgemeinen nur im feuchten Zustand gegeben. Auch hier haben sich die Auffassungen, gestützt auf längere Erfahrungen, gewandelt. Bei Verbundkonstruktionen zwischen Beton und feuerverzinktem Stahlblech wird der vorübergehende Angriff, der aus dem feuchten Beton bis zum Austrocknen erfolgt, zur Verzahnung und Verklammerung beider Materialien ausgenutzt. Wenn keine Dauerfeuchtigkeit zu befürchten ist, kann feuerverzinkter Stahl bedenkenlos mit Beton verbunden werden.

Kondensat greift die Zinkhaut verhältnismäßig stark an. Muß mit dauernder Kondensatbildung gerechnet werden, so sollten diese Oberflächen mit einer zusätzlichen Beschichtung versehen werden.

Die Schnittflächen sind bei dünneren Blechen ausreichend gegen Korrosion geschützt, da die Zinkschicht sich beim Schneiden über die Schnittfläche herüberzieht, vorausgesetzt, daß richtige Schneidwerkzeuge verwendet werden und die Schnittgeschwindigkeit angepaßt wird. Auch die elektrochemische Fernschutzwirkung an den Schnittkanten ist von Bedeutung.

Zusammenfassung

Die Anwendung durch das Handwerk umfaßt die verschiedensten Gebiete, die sich kaum noch vollzählig zusammenstellen lassen: Dacheindeckung, Wandverkleidung, Herstellen von Stahlleichtdecken, von Zu- und Abluftkanälen, von Rinnen und Fallrohren, Isolationsummantelungen, Fenster-, Türzargen sind nur einige Anwendungsgebiete im Bauwesen, während das feuerverzinkte Stahlblech auch in der industriellen Massenproduktion zunehmend Verwendung findet.

Alle Herstellerwerke verfügen heute über einen technischen Informationsdienst, der über die verschiedensten Verarbeitungsgebiete Auskünfte erteilt. Auch der Deutsche Verzinkerei Verband mit seiner technischen Beratung steht dem Handwerk mit Auskünften zur Verfügung.

Anschrift der Beratungsstelle s. S. 187.

Informationsstelle Edelstahl Rostfrei

Edelstahl Rostfrei, Werkstoff und Eigenschaften

Jährlich werden rund 800 000 t Rohblöcke aus nichtrostenden Stählen in der Bundesrepublik erzeugt. Mehr als die Hälfte dieser Menge wird zu kaltgewalztem Blech und Band verarbeitet; knapp zwei Drittel sind austenitische Chrom-Nickel-Stähle.
„Edelstahl Rostfrei" als Gattungsbegriff umfaßt eine Gruppe von Werkstoffen, deren wichtigste gemeinsame Eigenschaft die Korrosionsbeständigkeit gegen zahlreiche aggressive Medien ist. Die wichtigsten Stähle dieser Gruppe sind in DIN 17 440 genormt. Ein Auszug daraus stellt die Tafel 1 dar. Anfangs erfolgte die Verwendung dieser Stähle vorwiegend in der chemischen Industrie. In neuerer Zeit hat Edelstahl Rostfrei zahlreiche neue Märkte erobert vom Bauwesen bis zur Lebensmittelindustrie, Gastronomie, Haushalt, Sanitär, Heizung/Klima, Medizin/Krankenhaus, Wasserwirtschaft.
Im Bauwesen gewinnt Edelstahl Rostfrei zunehmende Bedeutung, da er als Blech, Band und Stangenmaterial in Form zahlreicher Profile und Zubehörteile, wie Schrauben und Niete, verfügbar ist. Der Werkstoff bietet hohen Nutzungswert durch gute Verarbeitbarkeit und lange Lebensdauer bei unverändert gutem Aussehen ohne großen Pflegeaufwand.
Edelstahl Rostfrei ist durch und durch korrosionsbeständig; er verhält sich aufgrund seiner chemischen Zusammensetzung, die eine Passivierung bewirkt, ähnlich wie Edelmetall. Oberflächenschutz ist somit überflüssig. Nichtrostende Stähle enthalten mindestens 13% Chrom, meist aber 18% Chrom und 8% Nickel. Die letztgenannten Stähle werden als austenitische Chrom-Nickel-Stähle bezeichnet und können neben diesen beiden Elementen noch Molybdän, Titan und Niob enthalten.
Austenitische Chrom-Nickel-Stähle werden im Bauwesen für Außenanwendungen verwendet, und zwar vorwiegend – je nach Korrosionsbeanspruchung – die Sorten 1.4301, 1.4401 und 1.4571/1.4580. Die Sorte 1.4571 findet vor allem für Befestigungselemente (Steinanker) Anwendung. Im Bedachungswesen reduziert sich die Zahl der in Frage kommenden Stähle auf zwei, nämlich die Werkstoffe 1.4301 und – für stark aggressive Atmosphäre – 1.4401.
Wie aus Tafel 1 hervorgeht, sind die Stähle durch einen Kurznamen und eine fünfstellige Werkstoffnummer gekennzeichnet. Aus dem Kurznamen kann man bereits die chemische Zusammensetzung erkennen. Jede einzelne Bezeichnung – Name oder Werkstoffnummer – genügt zur eindeutigen Identifizierung des Stahles, vorwiegend findet jedoch die Werkstoffnummer Anwendung. Es ist deshalb nicht notwendig, die zahlreichen Handelsnamen der Hersteller zu kennen. Eine hochwertige Erschmelzung und Verarbeitung bewirkt, daß die Stähle in gleichbleibender Güte geliefert werden.
Der austenitische Chrom-Nickel-Stahl 1.4301 ist sowohl für Außen- als auch Innenanwendung gut geeignet. In ausgesprochen aggressiver Atmosphäre (Industrieluft, Meernähe) reicht seine Korrosionsbeständigkeit nicht aus, und es ist der zusätzlich mit Molybdän legierte 1.4401 zu verwenden. Beide Werkstoffe lassen sich mit artähnlichen Schweißzusatzwerkstoffen gut schweißen und bedürfen keiner Wärmenachbehandlung.
Die Festigkeitseigenschaften der hier behandelten Stähle enthält Tafel 2a. Aus Tafel 2a erkennt man, daß die Zugfestigkeit der Stähle etwa dem Stahl St52 entspricht, die übrigen mechanischen Eigenschaften, besonders die Streckgrenze, jedoch dem Stahl St37-2.
Seit 1974 gibt es vom Institut für Bautechnik, Berlin (IFBT), eine Zulassung für überwachungspflichtige Bauteile aus nichtrostenden Stählen. Die in Tafel 1 genannten CrNi-Stähle (nicht jedoch der ferritische Chromstahl 1.4016) sowie die Sorte 1.4541 sind mit den in Tafel 2b angegebenen Berechnungskennwerten vom IFBT zugelassen worden, und zwar für Bauwerke mit vorwiegend ruhender Belastung.
Die Festigkeitsstufe E225 entspricht dem Weichglühzustand, die Festigkeitsstufe E355 wird durch eine Teilkaltverfestigung der Halbzeuge erzielt. Die zugeordneten Dehngrenzen entsprechen den Streckgrenzwerten der Baustähle St37 und St52. Die Zulassung gilt auch für nichtrostende Schrauben aus den Werkstoffen A2 und A4 nach DIN 267, Blatt 11. Für geschweißte Bauteile ist der Zustand E355 auf Flachhalbzeug ≤ 6 mm Dicke und Stangen oder Drähte ≤ 20 mm begrenzt; für den Zustand E225 gibt es keine Dickenbegrenzung.
Die nichtrostenden Stähle lassen sich ähnlich wie St37-2 verarbeiten, ihre Kaltformbarkeit ist sogar wesentlich besser. Durch Kaltumformen (Kaltwalzen, Ziehen, Tiefziehen, Biegen, Drücken) erhöhen sich die Festigkeitswerte des weichen Zustandes (Tafel 2), wie dies auch aus den folgenden Werten für den Stahl 1.4301 hervorgeht:

Verfestigungsstufe	Zugfestigkeit N/mm^2	0,2-Grenze N/mm^2	Dehnung %
K70	700– 850	350	25
K80	800–1000	500	12
K100	1000–1200	750	8
K120	1200–1400	950	3

Von den physikalischen Eigenschaften sind Wärmeausdehnung und Wärmeleitfähigkeit wichtig (Tafel 3). Bei einer Temperaturdifferenz von 100 °C (–25 bis +75 °C) dehnt sich z. B. der Stahl

Tabelle 1. **Mittlere chemische Zusammensetzung einiger nichtrostender Stähle nach DIN 17 440.**

Werkstoff-Nummer	Kurzname DIN 17 400	C	Cr	Ni	Mo	Sonstige
1.4016	X 8 Cr 17	0,10	17	–	–	–
1.4301	X 5 CrNi 18 9	0,07	18	9	–	–
1.4401	X 5 CrNiMo 18 10	0,07	18	11,5	2,2	–
1.4571	X 10 CrNiMoTi 18 10	0,10	18	11,5	2,2	Ti ≧ 5% C

Tabelle 2a. **Mechanische Eigenschaften der nichtrostenden Stähle nach DIN 17 440 bei Raumtemperatur.**

Werkstoff-Nummer	Zugfestigkeit N/mm^2	Streckgrenze oder 0,2-Grenze N/mm^2	Bruchdehnung*) längs %	Kerbschlagzähigkeit längs J (DVM-Probe)	Elastizitätsmodul 20 °C 10^3 N/mm^2
1.4016	450–600	270	20	–	220
1.4301	500–700	185	50	85	200
1.4401	500–700	205	45	85	200
1.4571	500–750	225	40	85	200

*) Für Flachmaterial < 5 mm Dicke

Tabelle 2b. **Anforderungen an die mechanischen Eigenschaften (bei Raumtemperatur) nach bauaufsichtlicher Zulassung.**

Zelle	Stahlsorte			Behandlungs-zustand	Dehngrenze $\beta_{0,2}$ mindestens N/mm²	Zugfestigkeit β_z N/mm²	Bruch-dehnung δ_5 mindestens %
	Kurzname	Festig-keits-klasse	Bezeichnung				
1	X 5 CrNi 18 9	E 225	1.4301 E 225	abgeschreckt, ggf. leicht teil-kaltverfestigt	225	490–690	50
2	X 10 CrNiTi 18 9		1.4541 E 225				40
3	X 5 CrNiMo 18 10		1.4401 E 225			490–740	45
4	X 10 CrNiMoTi 18 10		1.4571 E 225				40
5	X 5 CrNi 18 9	E 355	1.4301 E 355	abgeschreckt, teilkaltverfestigt	355	540–780	25
6	X 10 CrNiTi 18 9		1.4541 E 355			540–830	
7	X 5 CrNiMo 18 10		1.4401 E 355			540–780	
8	X 10 CrNiMoTi 18 10		1.4571 E 355			540–830	

Tabelle 3. **Physikalische Eigenschaften der nichtrostenden Stähle nach Tafel 1.**

Werkstoffnummer	Dichte g/cm³	Lineare Wärmedehnung zwischen +20 und +100 °C $\frac{10^{-6}}{m \cdot °C}$	Wärmeleitfähigkeit bei 20 °C $\frac{W}{m \cdot °C}$	Spezifische Wärme bei +20 °C $\frac{J}{g \cdot °C}$
1.4016	7,7	10	25	0,46
1.4301	7,9	16	15	0,50
1.4401	7,95	16,5	15	0,50
1.4571	7,95	16,5	15	0,50

Tabelle 4. **Wichtigste Oberflächenarten.**

Verfahren	Behandlung	Bemerkung
Ic	warmgeformt, wärmebehandelt, nicht entzundert	mit Walzhaut
IIa	wie Ic, aber entzundert	metallisch sauber
	wie Ic, aber gebeizt	metallisch sauber
IIIb	kaltgeformt*, wärmebehandelt, gebeizt	glatt und sauber
IIIc	kaltgeformt, wärmebehandelt, gebeizt, leicht nachgewalzt	glatter als IIIb
IIId	kaltgeformt, blankgeglüht, leicht nachgewalzt oder blankgezogen	noch glatter und blanker
IV	geschliffen	Schliff vereinbaren
V	poliert	Politur vereinbaren

* kaltgewalzt oder kaltgezogen

1.4301 bei einer Konstruktionslänge von 10 m um 16 mm. Nichtrostender Stahl hat also eine Wärmeausdehnung ähnlich der von Kupfer.

Die Wärmeleitfähigkeit des 18/8-Chrom-Nickel-Stahles ist besonders niedrig im Vergleich zu anderen im Bauwesen verwendeten metallischen Werkstoffen:

18/8-Chrom-Nickel-Stahl (1.4301)	12 kcal/m °C h
Kupfer	300 kcal/m °C h
Aluminium	185 kcal/m °C h
Zink	96 kcal/m °C h
Unlegierter Stahl	45 kcal/m °C h

Das bedeutet, daß nichtrostender Stahl – z. B. bei Dachflächen und Fenstern – nicht so fühlbare Kältebrücken im Winter oder Wärmebrücken im Sommer bildet wie die reinen Metalle. Durch seine glänzende Oberfläche und das damit verbundene Reflexionsvermögen strahlt er auch Wärme besser ab und bleibt im Sommer kühler als weniger reflektierende Werkstoffe.

Rostfreie Edelstähle werden in allen Halbzeugarten hergestellt. Für Bedachungs- und Klempnerarbeiten sind die Flacherzeugnisse (Bleche und Bänder) sowie Rohre von besonderer Bedeutung. Die Erzeugnisse sind in verschiedenen Oberflächenausführungen erhältlich, von denen einige für die Verwendung im Bauwesen besonders geeignet sind.

Die Oberflächenausführung ist sehr wichtig; rauhe Oberflächen begünstigen das Ansetzen von Schmutz und Eisenpartikeln. Eisenstaub, der sich auf der Oberfläche niederschlägt, rostet und ruft den Eindruck hervor, daß der Edelstahl roste (Fremdrost). Hingegen begünstigen glatte Oberflächen die Reinigung durch Regen und vereinfachen die Pflege. Die wichtigsten Oberflächenausführungen sind in Tafel 4 zusammengestellt:

Die Verfahren Ic und IIa sind für Erzeugnisse geeignet, die anschließend weiterbearbeitet und nach der Bearbeitung oberflächenbehandelt werden. Sie kommen für Klempnerarbeiten nicht in Frage. Von den weiteren aufgeführten Oberflächenverfahren eignen sich vor allem IIIc und IV für Rostfrei-Teile im Bauwesen. Gebeizte Oberflächen (IIIb) wirken matt und reflektieren weniger; diese Oberfläche wirkt ansprechend und läßt Beulen und Verwerfungen bei Klempnerteilen weniger erkennen als hochblankes Material. Bearbeitungsspuren lassen sich durch Nachschleifen beseitigen. Eine solche Maßnahme ist im Bedachungswesen aber meist überflüssig. Polierte Oberflächen (V) reflektieren zu stark und sind gegen Kratzer empfindlich. Sie kommen deshalb für Bauteile kaum in Frage.

Im Zusammenhang mit der Oberflächenausführung soll nun die Korrosionsbeständigkeit näher erläutert werden. Sie entsteht durch eine äußerst dünne und sehr zähe Chromoxidschicht auf der Stahloberfläche, die sich selbständig mit dem Sauerstoff aus der Luft oder anderen sauerstoffhaltigen Medien, z. B. oxidierenden Säuren (wie verdünnte Salpetersäure), bildet. Eine Beschädigung dieser Schicht durch Abrieb, Kratzer oder Bearbeitung wird automatisch wieder behoben, solange die umgebende Atmosphäre bzw. das Medium Sauerstoff enthalten. Hier liegt der entscheidende Vorteil gegenüber Werkstoffen, die durch Überzüge, wie galvanische Metallschichten, Lacke, Email und dergleichen, geschützt werden müssen. Bei diesen Werkstoffen setzt nach Beschädigung der Schutzschicht sofort verstärkt die Korrosion an der verletzten Stelle ein.

Die in aggressiven Medien in der Chemie vorkommenden Korrosionsarten bei nichtrostenden Stählen sind im Bauwesen fast immer auszuschließen; lediglich bei Bauten in Chemiewerken, in denen aggressive Medien in größeren Mengen freigesetzt werden, ist besondere Sorgfalt geboten. Im Zweifelsfalle ist der Stahl 1.4401 stets vorzuziehen, da er auf Grund seiner höheren Gehalte an Chrom, Nickel und Molybdän auch in aggressiver Industrie- und Meerwasserluft vollkommen beständig ist.

Die deutschen Edelstahlhersteller haben gemeinsam seit 1962 10 Jahre lang eine Reihe von Korrosionsprüfständen in den verschiedensten klimatischen Zonen von Cuxhaven über Essen bis München unterhalten. Das Ergebnis ist in einer Abhandlung zusammengefaßt, es gibt deutlich die eingangs erwähnten Folgerungen wieder.

Kaltumformen

Die Warmformgebung nichtrostender Stähle wird im allgemeinen von den Lieferwerken durchgeführt und soll hier nicht besprochen werden.

Die austenitischen Chrom-Nickel-Stähle lassen sich dank ihrer niedrigen Dehngrenzwerte und hohen Dehnungswerte gut kaltumformen. Da sie eine relativ hohe Zugfestigkeit besitzen, erfordert das Kaltumformen höhere Kräfte als etwa bei Kupfer oder unlegiertem Stahl. Für Klempnerarbeiten ist eine geringe Verfestigung sehr nützlich. Die Umformbarkeit ist vom Legierungsgehalt abhängig. Je höher der Nickelgehalt, desto leichter lassen sich die Stähle kaltformen. In üblichen Lieferzuständen IIIb, IIIc, IIId lassen sich die austenitischen Chrom-Nickel-Stähle biegen, abkanten, streckziehen, profilieren und tiefziehen.

Der molybdänhaltige Stahl (1.4401) hat eine etwas geringere Duktilität als der Cr-Ni-Stahl (1.4301). Das gleiche gilt für die mit Titan legierten Stähle (1.4541 und 1.4571).

Spanabhebende Bearbeitung

Hier dürften in der Bauklempnerei vor allem das Schneiden, Bohren und Sägen in Betracht kommen. Zum Bearbeiten sind stets scharfe Werkzeuge mit kleiner Schneidenrundung zu verwenden, um ein Drücken und damit eine Kaltverfestigung zu vermeiden. Der Vorschub soll groß und gleichmäßig sein, um kaltverfestigte Oberflächenschichten zu „unterschneiden". Gleichzeitig ist die Schnittgeschwindigkeit genügend hoch anzusetzen, um Aufbauschneiden zu vermeiden. Aus diesen Gründen kommen für Edelstahl Rostfrei nur Schnellstahl- oder Hartmetallwerkzeuge in Betracht. Es sind stabile Maschinen, kurze Einspannung und kräftige Werkzeuge von Vorteil. Beim Bohren ist es zweckmäßig, durch Ausschleifen der Nebenschneiden die Querschneide des Bohrers zu verringern, da diese nicht schneidet, sondern staucht und schabt. Außerdem ist die Spanabfuhr behindert. Hier sind gleichmäßiger Vorschub und guter Kühlmittelzufluß besonders wichtig. Über die Schneidengeometrie, Schnittgeschwindigkeiten und Vorschube für rostfreie Stähle gibt es ein umfangreiches Schrifttum.

Schweißen

Die nichtrostenden Stähle lassen sich mit nahezu allen in der Praxis üblichen Verfahren schmelz- und widerstandschweißen. Im allgemeinen werden die für unlegierte Stähle vorhandenen Anlagen und Maschinen verwendet. Die Schweißzusatzwerkstoffe entsprechen weitgehend den Grundwerkstoffen, sind jedoch in bezug auf verfahrensbedingte Abbrandverhältnisse modifiziert. Ihre Zusammensetzung ist so abgestimmt, daß sie bei ordnungsgemäßer Handhabung ein einwandfreies warmrißfreies Schweißgut ergeben.

Bei rostfreien Stählen sind elektrische Schweißverfahren üblich. Vom Gas-Schweißen ist abzuraten.

Schweißeignung und Vorbereitungen

Gegenüber unlegierten Stählen
- sind die Wärmeausdehnungskoeffizienten nichtrostender Chrom-Nickel-Stähle etwa 50% größer,
- ist ihre Wärmeleitfähigkeit um etwa 50% geringer,
- liegen ihre Schmelzpunkte etwa 110° niedriger,
- ist ihr elektrischer Widerstand etwa sechsmal größer.

Diese Unterschiede beeinflussen die Wahl und Durchführung des Schweißverfahrens. Besonders die drei letztgenannten Eigenschaften erfordern, daß mit niedrigen Stromstärken geschweißt wird.

Da außerdem einige nichtrostende Stähle dazu neigen, in der wärmebeeinflußten Zone Karbide auszuscheiden, sollen nur solche Schweißverfahren angewendet werden, bei denen das Wärmeeinbringen gering ist und ein nur kleiner Bereich des Werkstoffs erwärmt wird.

Es empfiehlt sich, die nichtrostenden Stähle wegen ihres relativ hohen Wärmeausdehnungskoeffizienten vor dem Schweißen fester zu spannen, als bei unlegierten Stählen üblich. Klammern und Unterlagen aus Kupfer erleichtern das Abfließen der Wärme und begünstigen das Durchschweißen, wenn nur von einer Seite geschweißt wird. Andernfalls müssen Heftschweißungen – und zwar mehr als sonst üblich – vorgenommen werden.

Bei dünnen Blechen genügen leichte Heftpunkte im Abstand von 25 bis 50 mm. Bei dickeren Blechen können die Heftschweißungen weiter auseinander liegen, müssen aber stark genug sein, um das Werkstück hinreichend abzustützen.

Für einwandfreie Schweißung sind fettfreie, saubere und glatte Schnittkanten wesentlich.

Lichtbogenschweißen mit umhüllter Elektrode

Zum Metall-Lichtbogen-Schweißen werden Elektroden mit kalkbasischer oder mit rutilhaltiger Umhüllung verwendet.

Um Porosität der Schweißnaht zu verhindern, müssen die Elektroden trocken gelagert und verarbeitet werden. Zweckmäßig werden die ausgepackten Elektroden vor dem Schweißen ein bis zwei Stunden in einem Elektrodenofen bei 250 bis 300 °C getrocknet.

Die Stromstärke wird den Empfehlungen der Gerätehersteller entsprechend gewählt (etwa 20% geringer als beim Schweißen unlegierter Stähle). Grundsätzlich ist die Stromstärke so niedrig zu halten, daß gerade noch ein guter Schmelzfluß erzielt und übermäßiger Wärmestau vermieden wird. Den Lichtbogen hält man kurz.

Außer bei dünnen Blechen wird vorzugsweise mit Wurzelgegenschweißung gearbeitet. Ist das nicht möglich, so erleichtert eine Kupferunterlage das Durchschweißen.

Vor dem Aufbringen einer neuen Lage muß die Schlacke der letzten Lage mit Bürsten oder anderen Werkzeugen aus nichtrostendem Stahl vollständig entfernt werden.

Schutzgas (WIG)-Schweißung

Zum WIG-Schweißen von Hand oder mit vollautomatischen Einrichtungen eignen sich sowohl wasser- als auch luftgekühlte Pistolen. Schweißen mit Wechselstrom ist möglich, doch wird im allgemeinen mit Gleichstrom gearbeitet; dabei ist die Elektrode mit dem Minuspol verbunden. Überlagert man zum Zünden des Lichtbogens den Schweißstrom mit einem hochfrequenten Strom, so läßt sich verhindern, daß die Elektrode das Werkstück berührt.

Als Schutzgas dient Schweißargon (99,95%), dem man zum Erhöhen der Schweißgeschwindigkeit Wasserstoff zusetzen kann. Üblicherweise beträgt der Wasserstoffzusatz 2%; man kann aber bis zu 5% verwenden, ohne befürchten zu müssen, daß die Nähte porös werden.

Die Ausströmgeschwindigkeit des Gases ist so zu bemessen, daß Luft nicht zu den vom Lichtbogen erwärmten Bereichen zutreten kann oder durch Turbulenzbildung an die erwärmten Bereiche herangeführt wird. Verbrauchsmengen von 6 bis 7 l/min sind üblich. Bei Arbeiten im Freien müssen Schirme aufgestellt werden, damit das Schutzgas nicht weggeweht wird.

Die Schweißpistole wird genauso gehandhabt wie beim Schweißen unlegierter Stähle.

Ein Pendeln ist im allgemeinen nicht erforderlich. Alle Schweißnähte müssen ebenso wie die Heftschweißungen vor dem Weiterschweißen – auch nach kurzen Unterbrechungen der Schweißarbeiten – sorgfältig mit Stahlwolle oder Drahtbürsten aus nichtrostendem Stahl von anhaftenden Oxiden befreit werden.

Sonstige Schmelzschweißverfahren

Kennzeichnend für das MIG-Verfahren ist das Zünden und Aufrechterhalten eines Lichtbogens zwischen einer blanken, sich verzehrenden Metallelektrode und dem Werkstück. Der Draht wird mechanisch durch einen Schweißbrenner zugeführt, von dem gleichzeitig ein Schutzgasstrom ausgeht.
Der Metallübergang von der Elektrode auf das Werkstück erfolgt üblicherweise sprühend. Die Elektrode hat gewöhnlich einen Durchmesser zwischen 0,8 und 1,6 mm, und das Verfahren ist durch eine hohe Mindesttemperatur zur Erzielung des Sprühvorganges gekennzeichnet. Für einen Draht von 1,6 mm Durchmesser sind etwa 300 A notwendig.
Für das MIG-Schweißen von Stumpfnähten an Blechen von etwa 6 bis 25 mm Dicke sind erforderlich:
a) Gleichstrom-Maschine mit mindestens 400 A (u. U. 600 A)
b) Flaschenargon mit Sauerstoffgehalten von 1 bis 3%
c) Vorrichtungen zum Spannen der Werkstücke
d) gespulter Zusatzdraht nach DIN 8556
Wie bei allen Schutzgasverfahren ist die Reinheit des Gases besonders wichtig. Auch ist auf Sauberkeit von Draht und Nahtkanten zu achten, da Verschmutzungen der Nahtkanten und des Zusatzdrahtes das Schweißbad verunreinigen. Es ist jeweils ein besonderer Zuführungsschlauch für nichtrostenden Zusatzdraht zu verwenden.
Das Plasmaverfahren läßt sich für Werkstücke bis 8 mm Dicke ohne Zusatzwerkstoffe einsetzen; die Kanten werden stumpf gestoßen. Das Verfahren wird in der Regel nur maschinell angewendet und ermöglicht hohe Schweißgeschwindigkeiten. Als Plasma und Schutzgas wird Argon verwendet. Das Mikro-Plasma-Verfahren eignet sich für sehr dünne Teile (Wanddicken von 0,1 bis 0,5 mm), die sich mit dem WIG-Verfahren kaum noch schweißen lassen.

Widerstandsschweißen (Punkt- und Rollennahtschweißung)

Da nichtrostende Stähle verhältnismäßig hohen elektrischen Widerstand haben, sind zum Widerstandsschweißen geringere Stromstärken erforderlich als bei unlegierten Stählen. Sie eignen sich daher besonders gut für das Schweißen nach diesem Verfahren. Wegen des hohen Übergangswiderstandes und der hohen Festigkeit der nichtrostenden Stähle müssen die Elektroden stärker angepreßt werden. Dies erfordert eine hohe Härte der Elektroden, damit sie sich nicht aufstauchen. Es empfiehlt sich, die Elektroden mit Wasser zu kühlen. Auch das Werkstück kann beim Schweißen mit Wasser gekühlt werden. Die zu schweißenden Flächen müssen fett-, öl- und zunderfrei sein. Nur so kann man den Schweißdruck optimal niedrig und die Verfahrensbedingungen konstant halten.

Bolzenschweißung

Unter Bolzenschweißen versteht man das Verbinden von Schrauben und stiftförmigen Teilen mit flächigen Werkstücken durch Preßschweißen.
Für den Schweißvorgang wird die schnelle Entladung von Kondensatoren hoher Kapazität benutzt. Nach dem Auslösen des Schweißvorganges bewegt sich der Bolzen auf das Werkstück zu. Sobald die Zündspitze des Bolzens das Werkstück berührt, entsteht ein Lichtbogen. Im schmelzflüssigen Zustand taucht das Bolzenende in das Schweißbad ein. Dabei entsteht eine homogene Schweißverbindung. Wegen der geringen Schweißzeit von 1–3 ms ist die Wärmeeinbringung außerordentlich gering.
Für das Anbringen von Befestigungselementen (in der Hauptsache Schrauben) ist das Bolzenschweißen bei Rostfrei-Blechen sehr gut geeignet. Selbst bei 0,8 mm dünnen Blechen verursachen auf die Rückseite geschweißte M 4-Schraubenstifte keine merkliche Beeinträchtigung der Vorderseite.

Nachbehandlung von Schweißnähten

Nach dem Schweißen müssen alle Spritzer und Anlauffarben vom Werkstück entfernt werden, da sonst an solchen Stellen Korrosion auftreten kann.

Chemische Nachbehandlung

Zum Entfernen von Anlauffarben und Zunder verwendet man handelsübliche Beizbäder oder Beizpasten. Säurereste dürfen keinesfalls auf den gebeizten Teilen zurückbleiben (besonders gefährlich bei Spalten und Hohlräumen), da sich infolge der Wasserverdunstung die Säure konzentriert und örtlichen Angriff hervorruft. Nach der Beizbehandlung wird daher mit basischen Lösungen (Sodalösungen, Kalkmilch) neutralisiert und gut nachgespült. In vielen Fällen genügt kräftiges Spülen mit Wasser.
(Weitere Einzelheiten unter „Beizen und Passivieren")

Mechanische Nachbehandlung

Zum restlosen Entfernen von Anlauffarbe und Zunder genügt eine Überarbeitung mit Bürsten aus nichtrostendem Draht oder auch ein Glasperlenstrahlen. Wird ein einheitliches Schliffbild über die Schweißnaht gewünscht, ist dies durch Schleifen oder Bürsten zu erreichen.
(Siehe unter „Oberflächenbehandlung")

Löten

Hartlöten

Hartlotverbindungen lassen sich mit niedrig schmelzenden Silberloten und zugehörigen Flußmitteln sehr gut durchführen. Es wird mit weicher Flamme gearbeitet; punktförmige Erhitzung bzw. Überhitzung ist zu vermeiden. Die zu verbindenden Flächen sind chemisch oder mechanisch aufzurauhen. Der Lötspalt soll 0,1 mm, die Überlappung mindestens 2 mm betragen.
Zum Hartlöten werden Silberlote mit 35–56% Silber, vorzugsweise AG 56 nach DIN 8513 mit Flußmittel F-SH 1 nach DIN 8511, eingesetzt.
Die beim Hartlöten entstehenden Anlauffarben müssen durch Beizen oder Bürsten entfernt werden.

Weichlöten

Nichtrostende Stähle lassen sich mit Lötzinn (L-SnAg5 oder L-Sn60Pb nach DIN 1707) weichlöten, wenn man aggressive Flußmittel (F-SW 11, S-SW 21 nach DIN 8511) benutzt.
Die zu verbindenden Oberflächen müssen gereinigt und metallisch blank gemacht werden. Da die nichtrostenden Stähle Wärme schlechter leiten als Kupfer oder Eisen, sind örtliche Überhitzungen zu vermeiden. Für den Lötspalt gilt das gleiche wie beim Hartlöten. Die Überlappung soll 6 mm betragen.
Für beide Verfahren gilt: Bei geschliffenem Material soll die Schleifrichtung in Flußrichtung liegen. Der Lötspalt darf sich in Flußrichtung nicht vergrößern. Er muß konstant sein oder sich leicht verengen.

Kleben

Für kaltgewalzte Bleche und Bänder ist das Kleben ein gutes Fügeverfahren, zumal keine Anlauffarben entstehen.
Man unterscheidet zwischen kalt- und warmaushärtenden Klebern. Kaltkleber (bei etwa 20 °C Raumtemperatur) sind meist Zweikomponentenkleber, die drucklos bzw. mit geringerem Druck aushärten. Erhöhung der Temperatur kürzt, Herabsetzung der Temperatur verlängert die Aushärtezeit. Eine gewisse Andruckkraft ist wünschenswert, um den Kleber sparsam zu verarbeiten und gutes Anliegen der zu klebenden Flächen zu gewährleisten.
Warmkleber sind entweder Epoxyd-Harze, die unter Druck bei Wärmezufuhr zu einem Kunststoff aushärten, oder Phenolharze, bei denen durch Druck und Wärme eine Kondensationsreaktion erfolgt. Beide Klebearten ergeben hohe mechanische Festigkeit und geringe Wärmeempfindlichkeit.
Besteht bei geklebten Konstruktionen die Gefahr einer Schälwirkung, so sollten Sicherungsschrauben oder -niete angebracht werden.
Warmkleber härten bei 100–200 °C. Die Aushärtezeiten betragen 20 Minuten bis 6 Stunden. Das Warmkleben kommt in der Regel nur bei einer Serienfertigung in Betracht.
Bei der Verarbeitung von Blechen aus nichtrostendem Stahl kommt weitgehend das Kaltkleben in Frage. Kaltkleber sind flüssig und pastös; sie werden mit dem Härter unmittelbar vor Gebrauch vermischt.
Die Aushärtezeit der Kaltkleber liegt zwischen 6 Stunden und 3 Tagen. Bei speziellen Klebern wird 40–50% der Endfestigkeit bereits nach 1–2 Stunden erreicht. Diese schnellhärtenden Kleber haben jedoch den Nachteil einer kurzen „Topfzeit", d. h. sie

müssen nach dem Ansetzen der Mischung in kurzer Zeit (20–60 Minuten) verarbeitet werden. Ist man auf lange Topfzeit, aber kurze Aushärtezeit angewiesen, verwendet man einen langsam härtenden Kaltkleber und beschleunigt die Aushärtung bei etwas erhöhten Temperaturen zwischen 60 und 100 °C.

Die Bleche brauchen keine spezielle Vorbehandlung; ein Aufrauhen ist nicht erforderlich. Es ist lediglich darauf zu achten, daß die zu verklebenden Flächen absolut frei von Schmutz, Fett und Ölrückständen sind.

Mindestzugscherfestigkeit bei einwandfreier Verklebung von rostfreien Blechen: 10 N/mm².

Nieten

Nietlöcher können gebohrt oder gestanzt werden; hierfür ist ein Aufmaß von 0,4 mm vorzusehen. Bei der Konstruktion und Ausführung ist große Sorgfalt erforderlich, da sich Fehler nicht so einfach korrigieren lassen wie bei unlegierten Stählen. Die Verwendung eines Durchschlages oder eines Dornes ist unzweckmäßig. Vor dem Nieten sind von den Blechen Grate, Späne und Verunreinigungen zu entfernen.

Verwendet werden Voll- und Hohlniete aus nichtrostendem Stahl oder NiCu 30 Fe, die im Handel erhältlich sind.

Schraubverbindungen

Das Verschrauben von Teilen aus nichtrostenden Stählen dient zum Herstellen wiederholt lösbarer Verbindungen, deren Belastung genau berechenbar ist.

Für Schrauben und Muttern aus Edelstahl Rostfrei gilt DIN 267, Teil 11 (Ausgabe Januar 1980). Darin werden die am häufigsten verwendeten genormten Werkstoffarten genannt.

Werkstoffkurzzeichen nach DIN 267, Teil 11	zu verwenden für Werkstoff-Nr.
A 2	1.4303 1.4301 1.4541
A 4	1.4401 1.4571

Nichtrostende Schrauben sind in zahlreichen Lieferformen erhältlich.

Für die mechanischen Eigenschaften bei Raumtemperatur gelten für Schrauben und Muttern mit den Kurzzeichen A 1, A 2 und A 4 bis zu einer Schraubenlänge von 8 × Gewindedurchmesser die Werte der DIN 267, Teil 11, Tabelle 4.

Auf eine sachgemäße Vorspannung – möglichst unter Verwendung von Drehmomentschlüsseln – sollte geachtet werden.

Um ein Fressen der Schrauben zu vermeiden, sollte man die Angaben in Tafel 5 über die Richtwerte für Bohrlochdurchmesser in Abhängigkeit von Blechdicke und Schrauben-Nenndurchmesser berücksichtigen.

Tabelle 5. **Blechschrauben A2 und A4: Richtwerte für Bohrlochdurchmesser in Abhängigkeit von Blechdicke und Schrauben-Nenndurchmesser.**

Blechdicke mm	Nenndurchmesser 2,9	Nenndurchmesser 3,5	Nenndurchmesser 3,9
0,6–1,4	2,4	2,8	3,0
1,4–2,0	2,5	2,9	3,2
2,0–3,0	2,5	3,0	3,6

Für selbstfurchende Blechschrauben sollten cadmierte Schrauben aus nichtrostendem Stahl verwendet werden, um Kaltschweißen zu vermeiden. (Nicht bei Teilen für die Lebensmittelindustrie!) Bei sichtbaren Schraubverbindungen sind Kreuzschlitz- oder Innensechskantschrauben zweckmäßig; denn sie erfordern kein Ausrichten der Schlitze (was zu Verwerfungen führen könnte).

Oberflächenbehandlung
Mechanisch

Schleifarbeiten können bei Bauteilen aus Edelstahl Rostfrei aus zwei Gründen erforderlich sein: Einmal müssen Schweißnähte an Sichtflächen oder während der Verarbeitung entstandene Oberflächenfehler nachgearbeitet werden. Zum anderen erhalten Bauteile zur Erzielung eines bestimmten optischen Effekts einen Fertigschliff oder eine Politur.

Wenn Bleche, Profile, Quadarat- und Rechteckrohre mit Fertigschliff oder Mattpolitur geschweißt werden, ist es nötig, ein einheitliches Schliffbild über die Schweißnaht hinweg zu erzielen.

Die Wärmeleitfähigkeit des Werkstoffs ist geringer als bei unlegiertem Stahl. Daher darf nicht mit zu großem Andruck gearbeitet werden, sonst könnte wegen örtlicher Erwärmung das Material anlaufen oder sich verwerfen.

Das Schleifmittel muß eisenfrei sein, um Fremdrost zu vermeiden. Für Schleifscheiben, Schleifbänder oder Schleifkorn zum Selbstbeleimen darf also nur **eisenoxidfreier** Edelkorund verwendet werden.

Schleifscheiben oder -bänder, die für Teile aus unlegiertem Stahl verwendet werden, dürfen nicht auch für Edelstahl Rostfrei benutzt werden, da sich sonst Eisenteilchen einpressen, die Fremdrost verursachen.

Für das Nacharbeiten von Schweißnähten benutzt man Handschleifmaschinen mit Schleifscheiben oder -steinen. Die Körnung liegt zwischen 16 und 46, die Umlaufgeschwindigkeit bei 30 m/sec. Die Nahtstelle wird dann mit feinerer Körnung in der Stufung 80–120–180 geglättet. Hierzu können auch Bandschleifgeräte verwendet werden.

Für Fertigschliff sind die Kornabstufungen 80–120–180–240 üblich. Die Körnung richtet sich oft nach optischen Gesichtspunkten; für Außenanwendung sollte mindestens Korn 180 bis 240 vorgesehen werden. Bei stabilisierten Stahlsorten (= Stähle mit Titan- oder Niob-Gehalten) ist feineres Korn als Größe 180 zu verwenden. Hochglanzpolitur läßt sich nur auf unstabilisierten Stählen erreichen.

Die Schleifgeschwindigkeit darf 40 m/sec. nicht überschreiten, weil sonst starke Erwärmung auftritt. Aus dem gleichen Grunde ist für rostfreie Stähle Naßschliff vorzuziehen. (Gleiche Körnung ergibt bei Naßschliff eine feinere Oberfläche als bei Trockenschliff.) Für Naßschliff werden pflanzliche Öle oder tierische Fette sowie Gemische aus Talg und Stearinsäure verwendet.

Chemisch
Beizen und Passivieren

Gebeizt wird in Beizbädern oder mit Beizpasten. Für den Metallbauer sind hauptsächlich die Beizpasten zum Entfernen von Anlauffarben und Zunder – z. B. an Schweißnähten – interessant.

Durch Passivieren beschleunigt man die Bildung der Passiv-Schicht, die unter Sauerstoffeinfluß entsteht und den Korrosionsschutz der rostfreien Stähle bewirkt. Das Passivieren ist deshalb eine empfehlenswerte Abschlußbehandlung. Hierzu dienen stark oxidierende Mittel. Die Passivierungslösung kann man mit Kieselgur eindicken. Nach dem Passivieren ist gut mit Wasser nachzuspülen.

Die Sicherheitsvorschriften für das Arbeiten mit Säuren sind zu beachten.

Unter A ist eine gängige Passivierungslösung, unter B eine gängige Beizlösung angegeben.

A:	Salpetersäure (50%ig) Wasser Badtemperatur Dauer	10 ... 25% Rest 20 ... 60 °C etwa 60 Min.
B:	Salpetersäure (50%ig) Flußsäure Wasser Badtemperatur Beizdauer	10 ... 30 Vol.-% 2.5 ... 3 Vol.-% Rest 20 ... 40 °C etwa 20 Min.

Reinigung und Pflege

Grundreinigung

Bei Bauteilen an der Außenatmosphäre ist es unbedingt erforderlich, Schutzüberzüge – gleich welcher Art – sofort nach der Montage zu entfernen. Unter Wärme- und Lichteinwirkung können nämlich die Überzüge altern, so daß sie sich nicht mehr rückstandsfrei oder überhaupt nicht mehr abziehen lassen. Darüber hinaus kann es zu Abspaltung von Chloriden und zur Bildung von Salzsäure kommen.

Da Rückstände des Klebers oder Schutzlacks (auch unsichtbare) zu Korrosion führen können, ist immer Grundreinigung mit einem Grundreiniger erforderlich.

Farbspritzer lassen sich mit einem Lösungsmittel (Terpentin bei Ölfarben, sonst Benzol, Toluol oder ähnliche Medien) entfernen. Kalk- oder Zementspritzer sollte man möglichst vor Aushärtung mit einem Holzspan abschaben; keinesfalls hierzu Werkzeuge aus normalem Stahl – Spachtel, Stahlwolle und dergleichen – benutzen (Fremdrost!).

Niemals darf Salzsäure – auch nicht als schwache Lösung – verwendet werden oder (z. B. beim Absäuern von angrenzendem Mauerwerk oder keramischen Bauteilen) auf die Oberfläche gebracht werden.

Pflege

Wie oft man reinigen sollte, hängt von Stärke und Art der Verschmutzungen und von den Ansprüchen ab, die man an die optische Beschaffenheit der Bauteile aus Edelstahl Rostfrei stellt. Teile von Eingangshallen und Schaufenstern wird man ebenso wie das Glas häufiger reinigen. Aber auch Fassadenteile oder Fensterrahmen in höheren Stockwerken sollten, je nach klimatischen oder atmosphärischen Bedingungen, gesäubert werden. Mehr Aufmerksamkeit ist den Stellen zu widmen, die der Regen nicht erreicht bzw. wo sich der Schmutz länger ablagern kann. Dies gilt besonders für Industrieatmosphäre mit hoher Luftverunreinigung.

Kennzeichnung nichtrostender Stähle

Da die verschiedenen nichtrostenden Stahlsorten je nach Legierungsgehalt recht unterschiedliche Korrosionsbeständigkeit aufweisen, ist ihre Kennzeichnung wichtig; besonders wenn Stücke von Tafeln abgeschnitten werden, ist dafür zu sorgen, daß die Reststücke einwandfrei gekennzeichnet sind, um eine spätere Verwechslung zu vermeiden.

Grundsätzlich unterscheiden sich die ferritischen von den austenischen Sorten durch ihr magnetisches Verhalten und – weniger signifikant – durch ihre mehr bläuliche Tönung. Eine Trennung ist daher möglich. Die austenitischen Sorten ohne Molybdän lassen sich von denen mit Molybdän durch eine Tüpfelprobe unterscheiden:

- 20 ml Eisen (III)-Chloride 536 g/ml
- 20 ml wäßriges Königswasser, bestehend aus 7,5 ml Salzsäure (Dichte 1,18 g/ml)
    2,5 ml Salpetersäure (Dichte 1,42 g/ml)
    10 ml destilliertes Wasser
- 2 ml Tannin (5prozentige Lösung in destilliertem Wasser)
- 15 g ausgefälltes Siliciumdioxid
- 35 g Quarzsand (Körnung 0,84 mm)

Die Lösung ist grell-gelb; beim Verreiben eines Tüpfels auf die saubere Oberfläche eines molybdänhaltigen nichtrostenden Stahles entwickelt sich eine braune Farbe in weniger als einer Minute.

Auf molybdänfreien nichtrostenden Stählen entwickelt sich keine braune Farbe, jedoch tritt nach einigen Minuten eine Dunkelfärbung des Tropfens vom Rand auf und breitet sich nach innen zu aus. Gegebenenfalls ist die Wirkung der Tüpfelprobe an definierten Stahlproben mit und ohne Molybdän zu überprüfen.

Eine weitergehende Unterscheidung bei Verwechselungsgefahr ist nur mit analytischen Methoden (Spektral-Analyse, Naß-Analyse) möglich.

Literatur

Ergang, R.: Edelstahl Rostfrei – Eigenschaften, Verwendung; Informationsstelle Edelstahl Rostfrei, Düsseldorf, 1980

Houdremont, E.: Handbuch der Sonderstahlkunde, Springer Verlag, Berlin/Göttingen/Heidelberg, 1956

Schierhold, P.: Nichtrostende Stähle, Eigenschaften, Verarbeitung, Anwendung, Normen; Verlag Stahleisen, Düsseldorf, 1977

Straßburg, W.: Schweißen nichtrostender Stähle; Deutscher Verlag für Schweißtechnik, Düsseldorf, 1976

Zulassung Nichtrostende Stähle, Institut für Bautechnik, Berlin, 1979

Anschriften der Beratungsstellen s. S. 187

Zinkberatung e.V.

Die Zinkberatung ist eine Auskunfts- und Beratungsstelle für die industrielle und gewerbliche Anwendung von Zink, Zink-Halbzeug und Zink-Legierungen.

Sie erfüllt ihre Aufgabe durch allgemeine und objektbezogene Beratungen, durch Information mit Druckschriften, Vorträgen, Ausstellungen, Veröffentlichungen und Insertionen.

Die Zinkberatung steht allen am Zink Interessierten kostenlos zur Verfügung. Sie ist tätig in Fachgremien, Normenausschüssen und insbesondere in der ständigen Arbeitsgemeinschaft aller Zinkberatungen in der Welt.

Der Werkstoff Zink und seine Bedeutung

Nach seinem Verbrauch in der Welt ist Zink das drittwichtigste Metall. In der Bundesrepublik stieg der Zinkabsatz in den letzten Jahren auf über 400 000 t. Auf die verschiedenen Hauptanwendungsgebiete verteilt sich der Verbrauch in folgender Größenordnung:

Verzinkung	Walzzink	Messing	Zink-Druckguß	Farben und sonstiges
40%	16%	17%	22%	5%

An vorderster Stelle steht die Verzinkung, d. h. der Schutz von Stahl vor Korrosion. Unterschieden wird zwischen Feuerverzinkung, galvanischer (elektrolytischer) Verzinkung und Spritzverzinkung. Darüber hinaus sind als weitere Schutzverfahren Beschichtungen mit zinkstaubhaltigen Farben sowie der kathodische Schutz (z. B. bei Erdtanks und Schiffen) zu nennen.

Auf dem Walzzinksektor liegt der Absatz zu etwa 2/3 im Bauwesen. Hier sind es vor allem Dachrinnen, Regenfallrohre, Dachrandeinfassungen und andere Klempnereiprofile. Auch Dacheindeckungen und Fassadenverkleidungen gewinnen als Anwendungsbereiche immer mehr an Bedeutung. Ein weiterer Teil des gewalzten Zinks geht in den graphischen Sektor (z. B. Klischeeherstellung) und insbesondere in die Herstellung von Batterien (Elementebecher).

Zink-Druckguß findet zum überwiegenden Teil im Kfz-Bau Verwendung: für Türgriffe, Heckleuchten, Rahmen – meist in verchromter Ausführung – sowie für Vergaser, Benzinpumpen usw., ferner in der Spielzeugindustrie (z. B. Modelleisenbahnen und -autos) und in vielen anderen Industriezweigen.

Gewinnung

Der Zinkgehalt der Erdrinde wird bis zu einer Tiefe von etwa 16 km auf 0,02% geschätzt. Lagerstätten in der Bundesrepublik sind Rammelsberg und Bad Grund (Harz), Meggen (Sauerland) und Bensberg (Bergisches Land). Außerdem befinden sich Lagerstätten in Europa (Oberschlesien, Jugoslawien, Spanien, Schweden) sowie in Amerika, Afrika, Asien und Australien.

Nach dem Abbau werden die Zinkerze aufbereitet und zu Zink verschiedener Reinheitsgrade verhüttet. Das modernste Verfahren, das als Endprodukt hochreines Feinzink mit 99,995% Zn ergibt, ist die elektrolytische Gewinnung. Über die Hälfte der Welt-Zinkproduktion wird schon auf diese Art erzeugt. In der Bundesrepublik bestehen bisher zwei Zink-Elektrolysen: in Datteln/Westfalen und in Nordenham.

Weiterverarbeitung

Die Weiterverarbeitung gliedert sich je nach Anwendungsbereich in bestimmte Arbeitsgänge:

Bei der Feuerverzinkung werden die zu verzinkenden Stahlteile nach entsprechender Vorbehandlung in mit flüssigem Zink gefüllten Bäder getaucht, um sie mit einer Zinkschicht zu überziehen. Die üblichen Schichtdicken betragen 20 bis 30 μm bei bandverzinkten Feinblechen, 70 bis 100 μm bei Profilstahl und darüber bei Guß. Bei der galvanischen Verzinkung wird durch Gleichstrom Zink aus dem wäßrigen Elektrolyten auf den zu verzinkenden Teilen abgeschieden. Die Schichtdicken variieren zwischen 5 und 25 μm. Beim Spritzverzinken (DIN 8565, 8566, 8567) wird das als Draht zugeführte Zink geschmolzen und mit Druckluft auf die zu verzinkende Fläche aufgesprüht. Die Spritzverzinkung mit Schichtdicken um 100 μm kommt vor allem da in Frage, wo aus technischen Gründen eine Feuerverzinkung nicht vorgenommen werden kann. Zinkstaubhaltige Beschichtungen gelten ebenfalls wie der kathodische Schutz von Schiffen und Erdtanks als bewährte Maßnahmen, Stahl- und Eisenwerkstoffe vor der Zerstörung durch Korrosion zu bewahren.

Die Weiterverarbeitung auf dem Walzzinksektor ist heute gekennzeichnet durch modernste Gießwalzanlagen, auf denen kontinuierlich bandgewalztes Titanzink sehr gleichmäßiger Dicke (± 0,03 mm) und hoher Oberflächenqualität erzeugt wird. Es gelangt als Band- und Tafelmaterial in den Handel oder wird zu Fertigteilen weiterverarbeitet.

Das Zink-Druckguß-Verfahren dokumentiert durch leistungsfähige Gießmaschinen, moderne Zinklegierungen (DIN 1743), ausgeklügelten Formenbau ein hochtechnisiertes Fertigungsverfahren zur Herstellung von Großserien-Präzisionsteilen mit Produktionsleistungen zwischen 60 und mehr als 1000 Stück pro Stunde.

Titanzink

Titanzink ist ein modernes Baumetall, welches das früher übliche Walzzink abgelöst hat. Mit seinen wesentlich verbesserten Eigenschaften präsentiert es sich als fortschrittorientiertes Material für den zeitgemäß arbeitenden Fachbetrieb.

Nachstehend sind alle wichtigen Angaben zusammengestellt:

Lebensdauer und Wirtschaftlichkeit

Die Lebensdauer von Titanzink- bzw. Zink-Bauteilen ist, wie interessante Beispiele beweisen, überdurchschnittlich hoch. Voraussetzung dafür ist, daß sich die im Absatz Beständigkeit erwähnte Schutzschicht aus basischem Zinkkarbonat an den Oberflächen bilden kann.

Bekanntgeworden sind Zink-Dacheindeckungen, die fast ein Jahrhundert allen Beanspruchungen standgehalten haben (z. B. Kirche St. Bartholomäus, Lüttich, Petri-Kirche, Berlin, Dachreiter des Kölner Domes u. a.).

Untersuchungen von Professor Schikorr, Stuttgart, haben ergeben, daß die Abtragung der Zinkoberfläche in Stadtluft zwischen 2 bis 7 μm jährlich beträgt. In feuchter Industrieatmosphäre wurden Werte zwischen 3 und 20 μm jährlich gemessen, was immerhin noch einer mindestens 20jährigen Lebensdauer entspricht.

Oft ist es auch so, daß schon die Beachtung gewisser Grundregeln bei der Erstellung der Bauleistung bzw. bei der Planung vermeidet, daß Schäden entstehen können. Im Absatz „Beanspruchungen, Forderungen, Maßnahmen" finden sich dazu nähere Angaben.

In speziellen Fällen, bei stark aggressiver Industrieatmosphäre und Feuerungsabgasen (vgl. auch Bundesimmissionsschutzgesetz – Verordnung über Feuerungsanlagen –) mit hohem SO_2-Gehalt und gleichzeitig hoher Luftfeuchtigkeit oder bei direktem Kontakt mit ungeschützter Bitumendachhaut können jedoch Anstriche zur Erhöhung der Lebensdauer notwendig werden (Technische Mitteilung K 9).

Selbst in der heutigen, aggressiver gewordenen Atmosphäre unserer Stadt- und Industrielandschaften erreichen Titanzink-Bauteile zufriedenstellende Lebensdauer, so daß in den meisten Fällen der Aufwand für Anstrich- und Wartungsarbeiten eingespart wird.

1. Werkstoffangaben

Metallurgische Angaben Titanzink: Legiertes Zink nach DIN 17 770 (D-Zn bd) auf Basis Feinzink 99,995% Zn nach DIN 1706 mit geringen metallischen Zusätzen (z. B. Titan) und normenmäßig definierten Eigenschaften. Wesentlich verbesserte Dauerstandfestigkeit (Zeitdehngrenze), geringere Wärmedehnung, gleichmäßiger, feinkörniger Gefügeaufbau, sehr gute Verarbeitbarkeit unabhängig von der Walzrichtung. Verringerung der Kaltsprödigkeit, Erhöhung der Rekristallisationsgrenze (Grobkornbildung erst über 300 °C, entscheidend bei Lötarbeiten).

Herstellung Bandwalzung im kontinuierlichen Gieß-Walzverfahren mit besonders geringen Dickentoleranzen und hervorragender Oberflächengüte.

2. Mechanisch-technologische Angaben

Kurzzeichen nach DIN 17 770	D-Zn bd	
Werkstoff-Nr. nach DIN 17 770	2.2203.38	
Dickentoleranz nach RAL-RG 681	± 0,03 mm	
Dickentoleranz nach DIN 9722	± 0,035 mm	
Wärmedehnung	0,02 mm/m °C	
0,2-Grenze	mind. 100 N/mm²	(10 kp/mm²)
Zugfestigkeit	mind. 170 N/mm²	(17 kp/mm²)
Bruchdehnung	mind. 35 %	
Härte HB oder HV	mind. 40	
Zeitdehngrenze 1%/Jahr	mind. 50 N/mm²	(5 kp/mm²)
Biegeradius für Faltprobe	0 mm	

3. Bauphysikalische Angaben

Feuerschutz (DIN 4102) nicht brennbare Baustoffe: Klasse A (A 1, A 2).

Beständigkeit korrosionsbeständig durch natürlich sich bildende Schutzschicht aus unlöslichem Zinkkarbonat (Patina), UV-beständig, verrottungsfest, umweltfreundlich, bruchsicher, wiederverwendbar (Recycling).

Farbgebung harmonische Anpassung der blaugrauen Patina an alle Baustoffe, z. B. Sichtbeton, Mauerwerk und Holz; bei gewünschter Farbgebung Anstrich (Merkblatt K 9).

Güteüberwachung Bauelemente aus Titanzink mit dem Gütezeichen RAL-RG 681 sind geprüft auf Zusammensetzung, Eigenschaften, Dicke und Maße, damit normengerecht und geprüft durch staatlich anerkannte Materialprüfanstalt; sie gewährleisten die Einhaltung der VOB DIN 18 339.

4. Normen

DIN 1706   Zink;
DIN 1707   Weichlote für Schwermetalle;
DIN 8511   Blatt 2, Flußmittel zum Löten metallischer Werkstoffe;
DIN 9722   Bleche und Bänder aus Zink, Maße;
DIN 17 770 Bleche und Bänder aus Zink, technische Lieferbedingungen;
DIN 18 339 VOB Teil C – Klempnerarbeiten;
DIN 18 460 Dachrinnen und Regenfallrohre, Begriffe, Bemessung;
DIN 18 461 Hängedachrinnen, Regenfallrohre und Zubehörteile aus Metall;
DIN 50 975 Zinküberzüge durch Feuerverzinkung, allgemeine Richtlinien;
DIN 50 976 Korrosionsschutz – Anforderungen an Zinküberzüge auf Gegenständen aus Eisenwerkstoffen, die als Fertigteile feuerverzinkt werden.
RAL-RG 681 Güte- und Prüfbestimmungen für Bauelemente aus Titanzink

5. Diverse Merkblätter der Zinkberatung e.V. und der Gütegemeinschaft Bauelemente aus Titanzink e.V.

6. Technische Lieferprogramme

Handelsformate
Bänder in Coils Breite max.: 1000 mm
Bleche   1000 x 2000 mm
         1000 x 3000 mm
Dicke   0,80; 0,70; 0,65; 0,60 mm
Sondermaße
Oberfläche walzblank oder chem. „vorbewittert"
Bauelemente GÜTE-geprüfte Bauelemente:
Dachrinnen, Traufbleche, Regenfallrohre (gelötete, doppeltgefalzt)
Dachrandeinfassung und Mauerabdeckung

Zubehör, Bauklempnereiprofile
Standardlängen: 3,0 m,
Fixlängen: bis 6,0 m
Toleranzen bandgewalzte Bänder und abgelängte Bleche: nach DIN 9722
GÜTE-geprüfte Bauelemente: nach RAL-RG 681

Gewichte

0,80 mm dick	5,7 kg/m²	0,65 mm dick	4,6 kg/m²
0,70 mm dick	5,0 kg/m²	0,60 mm dick	4,2 kg/m²

7. Funktionstechnische Angaben

Anwendung
überwiegend im Bauwesen:
dauerhafter Schutz im Dach- und Wandbereich, dekorativer Innenausbau

Nutzungsart
Dachentwässerung
Dachrinnen, Regenfallrohre, Zubehör

Verwahrung
Dachrandprofile, Einfassungen, Abdeckungen, Anschlüsse

Dacheindeckung
im geneigten Dachbereich (ab 3°)

Wandverkleidung
Fassadenverkleidungen und Wandverkleidungen für innen und außen

Innenausbau
Dekorelemente (Ätz- sowie Schleif- und Poliertechnik)

8. Verarbeitungstechnische Angaben

Fertigung industrielle Vorfertigung und/oder handwerkliche Verarbeitung

Verarbeitung runden, biegen, kanten, falzen, doppelfalzen, bördeln

Verbindung löten, kleben, schweißen, falzen, doppelfalzen, nieten, schrauben

Befestigung Haft, Schiebehaft, Vorstoß: mit Breitkopfstiften oder Schrauben

Eindeckungen und Abdeckungen: nur indirekt durch Hafte, Schiebehafte, durchgehende Zahnleisten, Vorstoß oder Haftstreifen

Dachrandeinfassung und Mauerabdeckung, auch mit Spezialhaltern

Dehnungsausgleicher Gewährleistung laut VOB einer ungehinderten Längenänderung durch Temperaturwechsel; mit einer Temperaturdifferenz bis 100 °C ist zu rechnen (–20 bis 80°)

Richtwerte für die max. Abstände von Dehnungsausgleichsmöglichkeiten

Einfassungen in der Wasserebene:
Winkelanschluß, Rinneneinhang,
Dachrandeinfassung; Shedrinnen .... 6 m
Mauerabdeckungen; Dachrandabschlüsse außerhalb der
Wasserebene; innenliegende, nicht eingeklebte Dachrinnen –
Zuschnitt größer 500 mm .... 8 m
Scharenlänge für Dacheindeckungen und Wandverkleidungen; innenliegende, nicht eingeklebte Dachrinnen –
Zuschnitt kleiner 500 mm, Hängedachrinnen –
Zuschnitt größer 500 mm .... 10 m
Hängedachrinnen bis 500 mm Zuschnitt .... 15 m

Diese Richtwerte gelten nur für die gestreckte Länge; von den Ecken aus gemessen müssen jeweils die halben Richtwerte eingehalten werden.

Beanspruchung durch	Forderung	Konstruktive Maßnahmen
Nässe aus Niederschlägen: Regen, Schnee, Hagel, Tau	sichere Ableitung, Dichtigkeit	richtiges Gefälle, ausreichende Überdeckung, evtl. Dichtungsstreifen, Tropfkanten, Überstände
Wind, Sturm, Bauwerksbewegungen	Aufnahme von Sog und Druck, Hub- und Schubbewegungen, Kanten- und Flächenstabilität	normgerechte Blechdicke, fachgerechte Verbindung mit der Unterkonstruktion, bewegliche Anschlüsse, genügende Anzahl Hafte, besondere Sicherung gefährdeter Bereiche (z. B. Traufe, First, Gesims)
Temperaturwechsel, jahreszeitlich und witterungsbedingt	Aufnahme und Ausgleich thermischer Wechselbewegungen	Ausdehnungsmöglichkeiten schaffen durch indirekte Befestigungen, Schiebehafte und entsprechende First- und Traufausbildung sowie Gefällestufen
Bau- und Nutzfeuchte, Alkalien aus frischem Mörtel oder Beton, evtl. aggressive Holzschutzmittel	Beständigkeit	zweischalige, belüftete Konstruktionen bevorzugen. Sperr- bzw. Trennschichten vorsehen; ggf. Bitumenvoranstriche
Schädigende Bestandteile aus Luftverschmutzungen bei gleichzeitig hoher Luftfeuchtigkeit und aus ungeschützten (nicht bekiesten) Bitumendachbahnen	Beständigkeit	bei normaler Beanspruchung genügt natürliche Schutzschichtbildung, extreme Beanspruchung und ungeschütztes Bitumen erfordern Schutzanstriche
Kontaktkorrosion bei Berührung mit Kupfer oder ungeschütztem Stahl durch elektrochemische Reaktion*	Beständigkeit	Unmittelbaren Zusammenbau mit Cu vermeiden. Stahlteile verzinken; notfalls Trennschichten vorsehen

* Das Normalpotential des metallisch-blanken Zinks beträgt −0,76 V. Im Gebrauch entsteht ein Passivpotential von −0,1 bis −0,3 V.

9. Organisatorische Angaben

Lieferbereich EG

Gewährleistung VOB, RAL-RG 681

Vertriebsweg Fachhandel – Klempner- und Dachdeckerhandwerk

Kennzeichnung Bänder – Bleche ... TITANZINK ... DIN 17 770 D-Zn bd ... mm Dicke für RAL-RG 681 zugelassen

Bauelemente mit Gütezeichen

Farbkennzeichnung

grün = 0,80 mm Dicke
rot = 0,70 mm Dicke
blau = 0,65 mm Dicke
gelb = 0,60 mm Dicke

Anschrift der Beratungsstelle s. Seite 187

Anschriften der Beratungsstellen:

Aluminium-Zentrale e.V. Tel. (02 11) 32 08 21
Königsallee 30
Postfach 12 07
4000 Düsseldorf 1

Deutsches Kupfer-Institut Tel. (03 11) 31 02 71
Knesebeckstraße 96
1000 Berlin 12

Deutscher Verzinkerei Verband e.V. Tel. (02 11) 82 92 23
Kasernenstraße 36
Postfach 84 13
4000 Düsseldorf 1

Informationsstelle Edelstahl-Rostfrei Tel. (02 11) 8 29-1
Kasernenstr. 36
Postfach 28 07
4000 Düsseldorf 1

Zinkberatung e.V. Tel. (02 11) 35 08 67
Friedrich-Ebert-Straße 37–39
4000 Düsseldorf 1

Die wichtigsten Veröffentlichungen der Beratungsstellen, die von dort z. T. kostenlos bezogen werden können:

Aluminiumzentrale e.V., Postfach 12 07, 4000 Düsseldorf 1

Aluminium-Bearbeitung für Dach und Wand, Fachlehrgang für die berufliche Fortbildung

Aluminium-Merkblätter:

A1 Aluminium-Dachdeckung, Einführung
A2 desgl. Doppelfalz- und Leistendach
A3 desgl. Firste, Maueranschlüsse usw.
A5 Reinigen von Aluminium im Bauwesen
A6 Folien und dünne Bänder aus Aluminium im Bauwesen

ferner die Reihen:

O 2, 3, 4, 12 betreffend **O**berflächen
V 1, 2, 4, 5, 6 betreffend **V**erbindungen
W 1, 2, 3 betreffend **W**erkstoffe
Dach und Wand, Planen und Bauen mit Aluminium-Profiltafeln

Deutsches Kupfer-Institut, Knesebeckstraße 96, 1000 Berlin 12

Kupferdachdeckung – Kupferbauklempnerei

DKI-Sonderdrucke (kostenlos):
Oberflächenverhalten von Kupferbauteilen
an der Atmosphäre – Bestell-Nr. s. 131
Kupferdachdeckung – Bestell-Nr. s. 145
Dachentwässerung mit Kupfer – Bestell-Nr. s. 146
Außenwandverkleidung mit Kupfer – Bestell-Nr. s. 149
Dekorativer Innenausbau mit Kupfer und
Kupferlegierungen – Bestell-Nr. s. 153
Fassadengestaltung mit Kupfer – Bestell-Nr. s. 154
Vorgefertigte Kupferprofilbahnen (TECU®)
Fachprospekt über
Kabelmetal, Klosterstraße 29, 4500 Osnabrück

Deutscher Verzinkerei Verband e.V., Postfach 84 13, 4000 Düsseldorf 1

Technische Regelwerke:

- Charakteristische Merkmale für feuerverzinktes Band und Blech
- Charakteristische Merkmale für elektrolytisch verzinktes Feinblech in Tafeln und in Rollen
- Charakteristische Merkmale für bandbeschichtetes Feinblech in Tafeln und in Rollen
- Charakteristische Merkmale für feuerverzinkten Bandstahl

Schriften:

- Stahldächer und Stahldecken
- Stahltrapezbleche für Dach und Wand
- Langzeitbewährung eines wirtschaftlichen Korrosionsschutzsystems – Feuerverzinkte Stahlprofilbleche für Außenwände

- Eindeckung für geneigte Dächer
  Stehfalzdeckung – Stahldachpfannendeckung – Wellblechdeckung
- Die Verwendung von feuerverzinktem Feinblech für Steil- und Flachdächer
- Stahl – Zink – Kunststoff – Korrosionsbeständiger Werkstoff für formstabile Dachrinnen und Regenfallrohre
- Wellbleche – feuerverzinkt und kunststoffbeschichtet – idealer Baustoff für vielseitige Verwendung
- Stahldachpfannen – feuerverzinkt und kunststoffbeschichtet
- Falzen von Stahlblech
- Schnittflächenschutz bei bandverzinktem und bandverzinktem plus bandbeschichtetem Feinblech
- Rinnenhalter aus feuerverzinktem Bandstahl – Korrosionsschutz rund um die Dachentwässerung

und weiteres, umfangreiches Schrifttum

**Informationsstelle Edelstahl Rostfrei
Postfach 28 07, 4000 Düsseldorf 1**

Edelstahl Rostfrei – Eigenschaften, Verwendung

Die Verarbeitung von Edelstahl Rostfrei – Leitfaden für den Praktiker

Die Korrosionsbeständigkeit der nichtrostenden Stähle an der Atmosphäre

Allgemeine Bauaufsichtliche Zulassung für nichtrostende Stähle, erteilt vom Institut für Bautechnik, Berlin.

Lieferverzeichnisse Rostfrei

B Bauwesen

H Heizung/Klima

I Installation

V Verbindungsmittel

3H Heimwerker, Handwerker, Hobby

S Sanitärtechnik

Zinkberatung e.V., Friedrich-Ebert-Straße 37/39, 4000 Düsseldorf 1

Handbuch Titanzink im Bauwesen
Titanzink – Dachrinnen und Regenfallrohre
Titanzink – Dacheindeckungen und Wandverkleidungen
Titanzink – Abdeckungen, Einfassungen, Anschlüsse
Zink – Mitteilungsblatt der Zinkberatung

ferner umfangreiche Sonderdrucke, Prospekte, Güte-Informationen

Dehnungsausgleicher
für Traufbleche

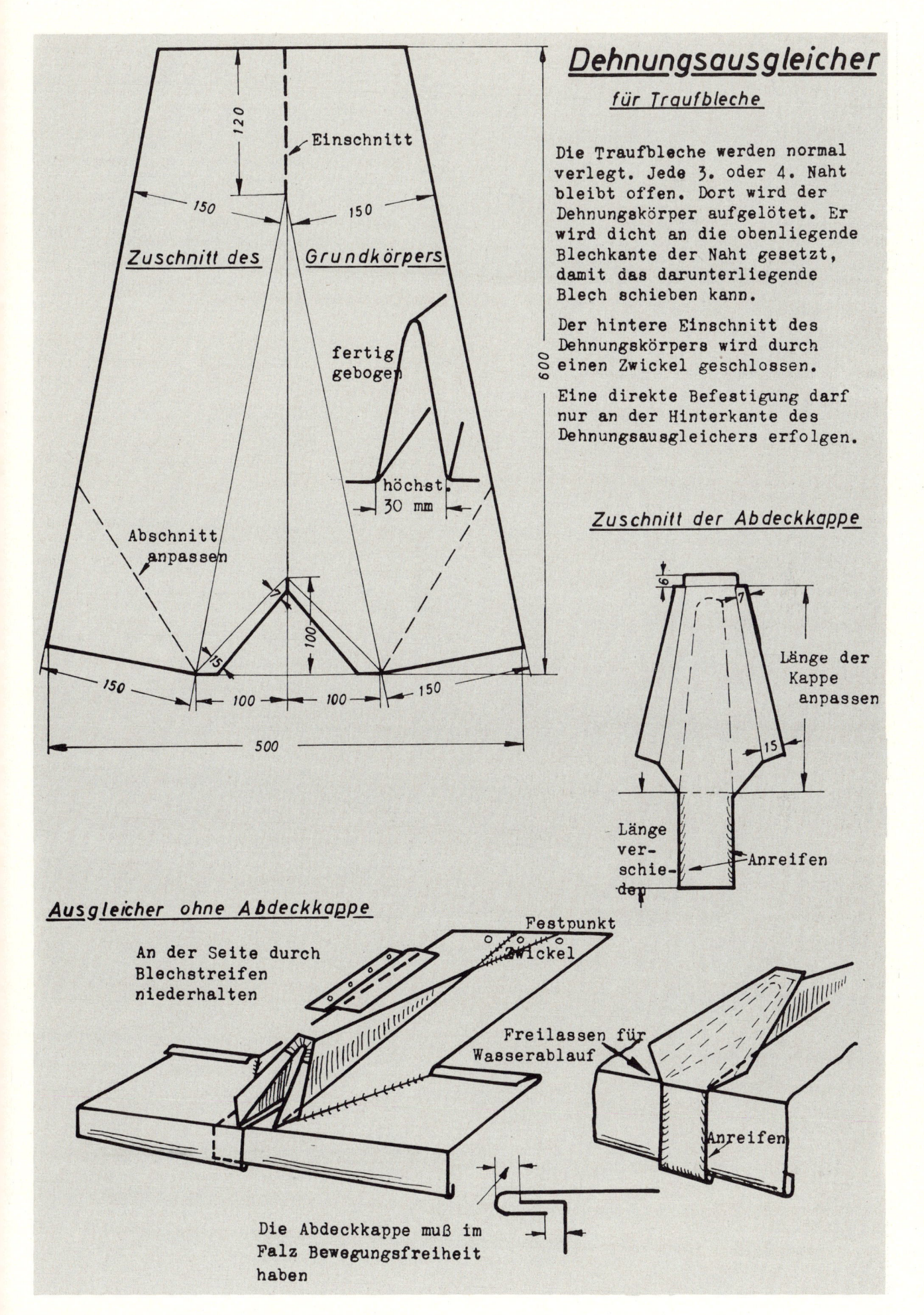

Die Traufbleche werden normal verlegt. Jede 3. oder 4. Naht bleibt offen. Dort wird der Dehnungskörper aufgelötet. Er wird dicht an die obenliegende Blechkante der Naht gesetzt, damit das darunterliegende Blech schieben kann.

Der hintere Einschnitt des Dehnungskörpers wird durch einen Zwickel geschlossen.

Eine direkte Befestigung darf nur an der Hinterkante des Dehnungsausgleichers erfolgen.

Zuschnitt des Grundkörpers — Einschnitt, 120, 150, 150, fertig gebogen, höchst. 30 mm, Abschnitt anpassen, 100, 15, 150, 100, 100, 150, 500, 600

Zuschnitt der Abdeckkappe — 6, 7, 15, Länge der Kappe anpassen, Länge verschieden, Anreifen

Ausgleicher ohne Abdeckkappe

An der Seite durch Blechstreifen niederhalten

Festpunkt — Zwickel — Freilassen für Wasserablauf — Anreifen

Die Abdeckkappe muß im Falz Bewegungsfreiheit haben

Dehnungsausgleicher
für Ortgangbleche

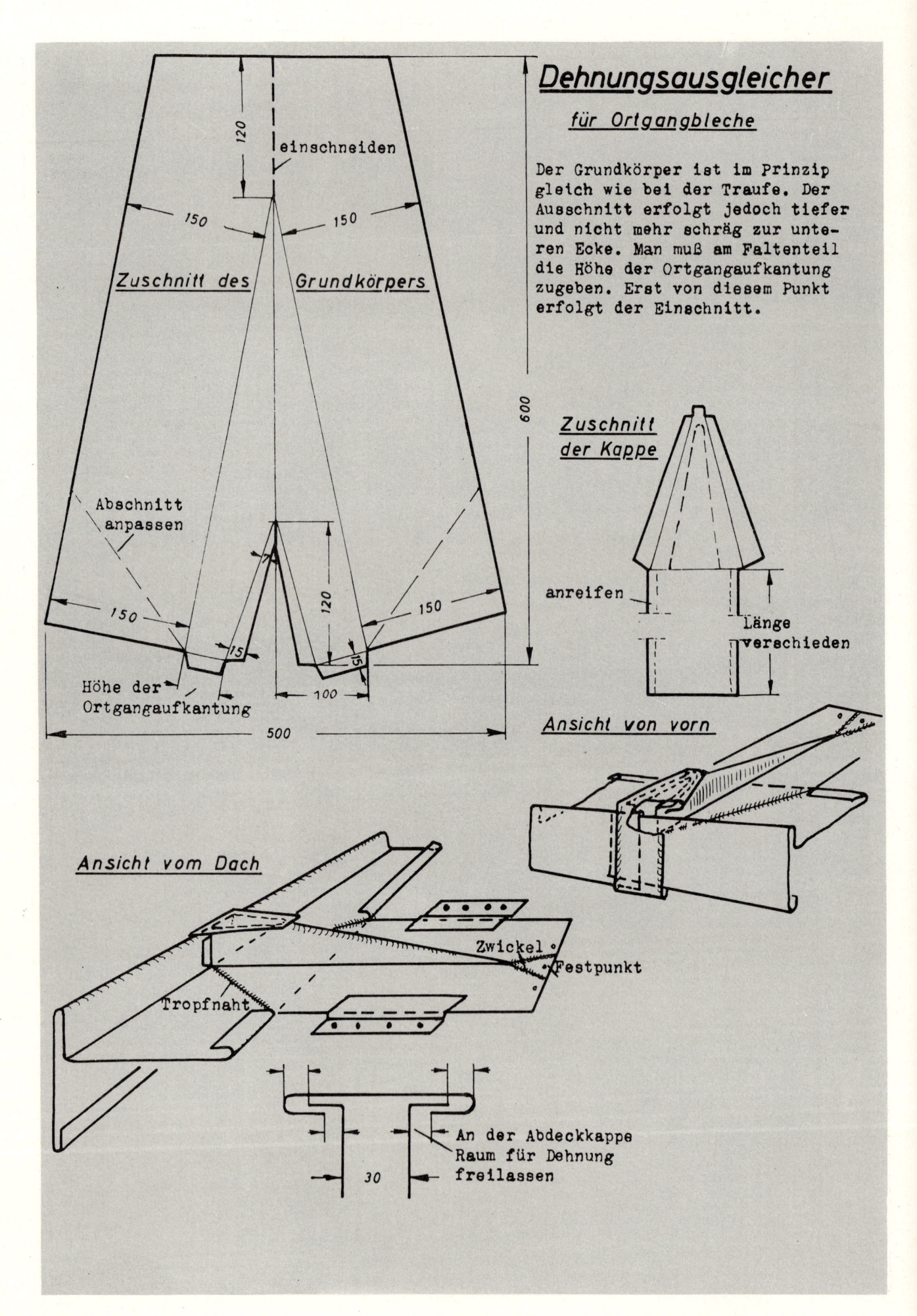

Der Grundkörper ist im Prinzip gleich wie bei der Traufe. Der Ausschnitt erfolgt jedoch tiefer und nicht mehr schräg zur unteren Ecke. Man muß am Faltenteil die Höhe der Ortgangaufkantung zugeben. Erst von diesem Punkt erfolgt der Einschnitt.

Zuschnitt des Grundkörpers

einschneiden
Abschnitt anpassen
Höhe der Ortgangaufkantung

Zuschnitt der Kappe

anreifen
Länge verschieden

Ansicht von vorn

Ansicht vom Dach

Tropfnaht
Zwickel
Festpunkt

An der Abdeckkappe Raum für Dehnung freilassen

Dehnungsausgleicher
für Maueranschlüsse

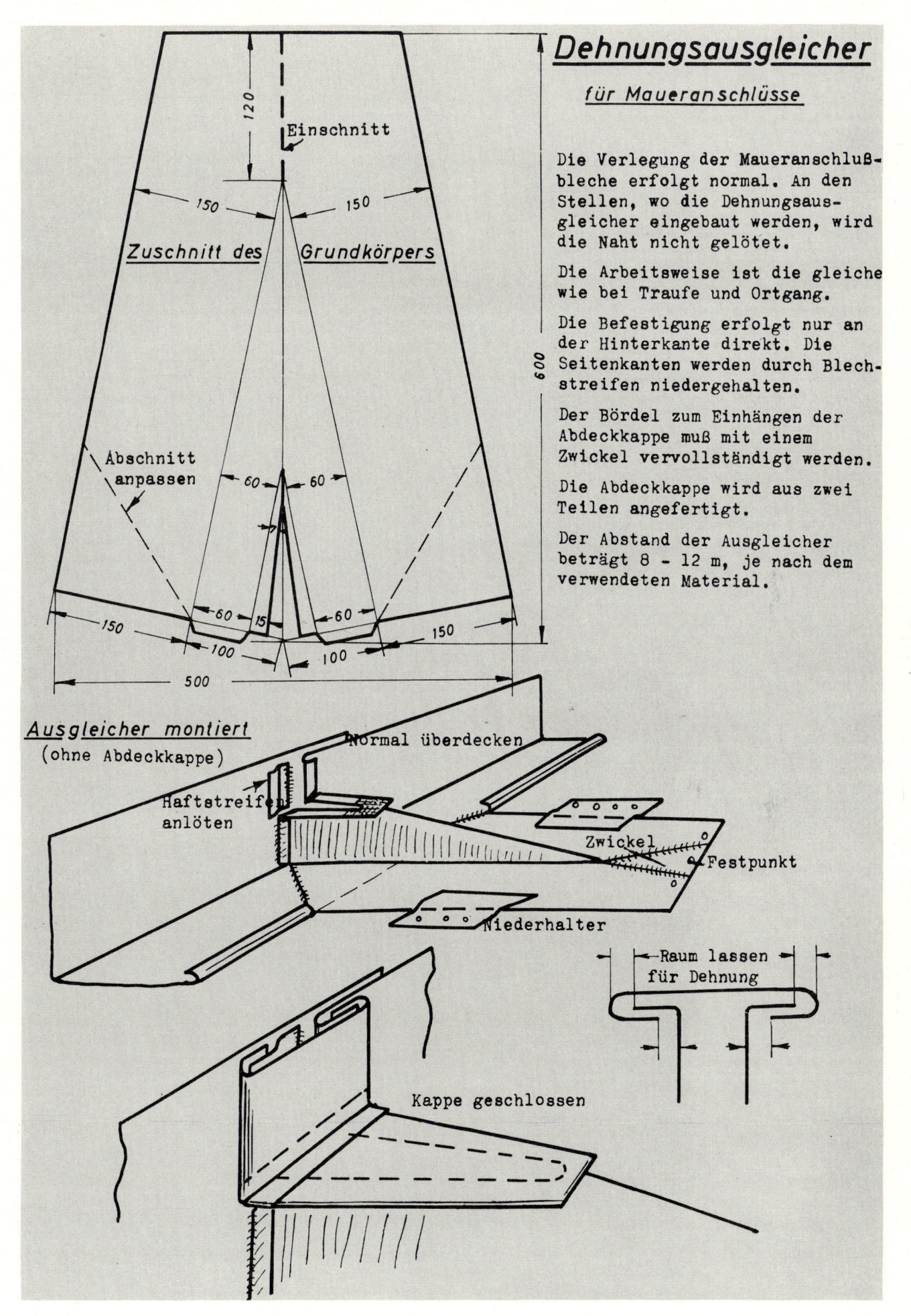

Die Verlegung der Maueranschluß-
bleche erfolgt normal. An den
Stellen, wo die Dehnungsausgleicher eingebaut werden, wird
die Naht nicht gelötet.

Die Arbeitsweise ist die gleiche
wie bei Traufe und Ortgang.

Die Befestigung erfolgt nur an
der Hinterkante direkt. Die
Seitenkanten werden durch Blechstreifen niedergehalten.

Der Bördel zum Einhängen der
Abdeckkappe muß mit einem
Zwickel vervollständigt werden.

Die Abdeckkappe wird aus zwei
Teilen angefertigt.

Der Abstand der Ausgleicher
beträgt 8 – 12 m, je nach dem
verwendeten Material.

Tabellen

Titanzinkblech: Wichte: 7,18   Schmelzpunkt: 419 °C   Dehnung/m 100 °C: 2,2 mm
Gewichte in kg/m

Zuschnitte in mm:	1000	666	600	500	400	333	285	250	200	166	125
0,60 mm dick	4,31	2,87	2,59	2,16	1,72	1,44	1,23	1,08	0,86	0,72	0,54
0,65 mm dick	4,67	3,11	2,80	2,34	1,87	1,56	1,33	1,17	0,94	0,78	0,58
0,70 mm dick	5,03	3,35	3,02	2,52	2,01	1,68	1,43	1,26	1,01	0,84	0,63
0,75 mm dick	5,38	3,59	3,23	2,69	2,15	1,79	1,53	1,35	1,08	0,90	0,67
0,80 mm dick	5,74	3,83	3,44	2,87	2,30	1,91	1,64	1,44	1,15	0,96	0,72
1,00 mm dick	7,18	4,78	4,27	3,59	2,88	2,39	2,05	1,80	1,44	1,20	0,90

Verzinktes Stahlblech: Dehnung/m 100 °C: 1,2 mm
Gewichte in kg/m

Zuschnitte in mm:	1000	666	600	500	400	333	285	250	200	166	125
Nr. 22 = 0,63 mm dick	5,00	3,33	3,00	2,50	2,00	1,67	1,43	1,25	1,00	0,83	0,63
Nr. 21 = 0,75 mm dick	6,00	4,00	3,60	3,00	2,40	2,00	1,71	1,50	1,20	1,00	0,75
Nr. 20 = 0,88 mm dick	7,00	4,67	4,20	3,50	2,80	2,33	2,00	1,75	1,40	1,17	0,88
Nr. 19 = 1,00 mm dick	8,00	5,33	4,80	4,00	3,20	2,66	2,28	2,00	1,60	1,33	1,00

Kupferblech: Wichte: 8,96   Schmelzpunkt: 1083 °C   Dehnung/m 100 °C: 1,7 mm
Gewichte in kg/m

Zuschnitte in mm:	1000	666	600	500	400	333	285	250	200	166	125
0,60 mm dick	5,40	3,60	3,24	2,70	2,16	1,80	1,54	1,35	1,08	0,90	0,68
0,65 mm dick	5,85	3,90	3,51	2,93	2,34	1,95	1,67	1,47	1,17	0,98	0,74
0,70 mm dick	6,30	4,20	3,78	3,15	2,52	2,10	1,80	1,58	1,26	1,05	0,79
0,80 mm dick	7,20	4,80	4,32	3,60	2,88	2,40	2,05	1,80	1,44	1,20	0,90

Aluminiumblech: Wichte: 2,70   Schmelzpunkt: 658 °C   Dehnung/m 100 °C: 2,4 mm
Gewichte in kg/m

Zuschnitte in mm:	1000	666	600	500	400	333	285	250	200	166	125
0,60 mm dick	1,62	1,08	0,97	0,81	0,64	0,54	0,46	0,41	0,32	0,27	0,20
0,65 mm dick	1,76	1,18	1,05	0,88	0,70	0,59	0,50	0,44	0,35	0,30	0,22
0,70 mm dick	1,89	1,26	1,13	0,95	0,75	0,63	0,54	0,47	0,38	0,32	0,23
0,80 mm dick	2,16	1,44	1,30	1,08	0,86	0,72	0,62	0,54	0,43	0,36	0,27
1,00 mm dick	2,70	1,80	1,62	1,35	1,08	0,90	0,77	0,68	0,54	0,45	0,34

Walzblei: Wichte: 11,34   Schmelzpunkt: 327 °C   Dehnung/m 100 °C: 2,9 mm
Gewichte in kg/m

Zuschnitte in mm:	1000	666	600	500	400	333	285	250	200	166	125
0,80 mm dick	9,04	6,02	5,42	4,52	3,62	3,01	2,58	2,26	1,81	1,51	1,13
1,00 mm dick	11,30	7,53	6,78	5,65	4,52	3,76	3,22	2,83	2,26	1,88	1,41
1,25 mm dick	14,20	9,47	8,52	7,10	5,68	4,73	4,05	3,55	2,84	2,37	1,78
1,50 mm dick	17,00	11,33	10,20	8,50	6,80	5,66	4,85	4,25	3,40	2,83	2,13
2,00 mm dick	22,60	15,06	13,56	11,30	9,04	7,53	6,44	5,65	4,52	3,76	2,82

Fachfragen I. Teil

Zu Dachrinnen, Allgemeines:

1. Welche Bestimmungen gelten für die Herstellung von Dachrinnen?
2. Nach der DIN 18 460 wird nicht die Größe der Dachrinne berechnet; wie erhält man die Rinnengröße?
3. Gilt für die Größenbestimmung die Dachfläche oder die Dachgrundfläche? Nenne Gründe.
4. Welche Bemessungsgrundlagen gelten für die Größenbestimmung der Regenfalleitungen, denen die Dachrinnen zugeordnet werden.
5. Wie wird zweckmäßig der Rinnenablauf ausgebildet, wenn das Wasser von beiden Seiten zuläuft?
6. Skizziere eine halbrunde Rinne auf ihren Konstruktionslinien und benenne die Rinnenteile.
7. Wie groß ist nach der DIN-Norm die Mindestüberhöhung der Hinterkante an einer Dachrinne?
8. Der Durchmesser einer halbrunden Dachrinne kann bei gleichem Zuschnitt verschieden sein. Von was ist das abhängig?
9. Errechne den Rinnendurchmesser einer halbrunden Dachrinne bei 7teiligem Zuschnitt, Wulstdurchmesser 18 mm, Überhöhe 10 mm, Einkantung 8 mm.
10. Fertige zu dieser gegebenen Rinne die Konstruktionsskizze für einen Rinnenboden aus Zinkblech an (zum Auflöten).
11. Desgleichen für einen Boden aus Kupferblech (zum Auffalzen).

Zu Dehnungsmöglichkeiten von Dachrinnen:

1. Nenne die Dehnung in Millimetern für eine Dachrinne von 10 m Länge und einer Temperaturerhöhung von 50 °C: a) verzinktes Stahlblech, b) Kupferblech, c) Titanzinkblech, d) Aluman.
2. Nenne die Dehnungszahlen in Millimetern für alle Werkstoffe, aus denen Dachrinnen hergestellt sind. Grundlage: 1 m Länge, 100 °C Temperaturdifferenz.
3. Skizziere den Schnitt durch eine Rinnenschiebenaht im Wasserlauf.
4. Wie hoch sind bei einer Rinnenschiebenaht die Böden, wie sind sie miteinander verbunden, wie sind sie in der Rinne eingebaut?
5. Skizziere den Schnitt durch eine Dehnungsmöglichkeit am Ablaufpunkt einer Dachrinne.
6. Neben dem Rinnenkessel gibt es noch weitere Möglichkeiten, welche die Dehnung am Ablaufpunkt gestatten. Skizziere einen Schnitt durch eine solche Lösung.
7. Eine 40 m lange Rinne kann aus baulichen Gründen nur an einer Seite entwässert werden. Wie kann man trotzdem eine Dehnungsmöglichkeit einbauen?
8. Wie berücksichtigt man im Hochsommer die Dehnung einer Dachrinne zwischen zwei Mauern?
9. Desgleichen im Winter?
10. Eine 20 m lange Dachrinne aus Titanzink befindet sich zwischen zwei Gebäudemauern. Wie breit muß der Spalt belassen werden, wenn die Rinne bei +10 °C verlegt wird und wenn sich die Rinne bei Sonneneinstrahlung auf 70 °C erwärmt?
11. Skizziere den Einlauf der Rinne in einen Rinnenkessel und bezeichne dabei die Punkte, auf die besonders zu achten ist.
12. Was ist in bezug auf die Dehnungsmöglichkeit zur Befestigung der Rinne im Rinnenhalter zu sagen?

Zu Halbrunde Dachrinnen:

1. Welche entscheidenden Vorteile hat die halbrunde Dachrinne gegenüber Kastenrinnen?
2. Warum wird man bei Dachrinnen aus Kupfer-, Aluminium- und verzinktem Stahlblech zweckmäßig keine Rinnenhalter mit Nasen verwenden?
3. Welche Dachrinne dürfte – ohne Berücksichtigung architektonischer Belange – die zweckmäßigste sein? Nenne die Gründe.
4. Nenne die Vor- und Nachteile einer Liegerinne.
5. Wie verstärkt man in schneereichen Gegenden die Dachrinnen?
6. Welche Vorkehrungen sind zu treffen, damit die Dachrinne nicht durch herabrutschenden Schnee beschädigt wird?
7. Eignen sich Rinnenhalter mit hochgestelltem Flachprofil auch für Zinkrinnen? Nenne Gründe.
8. Nenne die Vorteile des Rinnenhalters mit Spreize.
9. Skizziere eine vorgehängte, halbrunde Dachrinne mit Rinnenhalter (Federn auch vorn) und Traufblech.
10. Ein Dach mit einer Neigung von 30° soll mit einem Fußblech und einer Liegerinne versehen werden. Welcher Mindestzuschnitt ist erforderlich, wenn die Hinterkante der Rinne 30 mm höher sein soll als die Vorderkante? Wie groß ist der Gesamtzuschnitt mit dem Fußblech?
11. Eine Dreieckrinne mit Spreizenhaltern kann man nicht beziehen. Was wirkt bei der Herstellung verteuernd?
12. Wo kann man eine Dachrinne auf Pickeisen anbringen, wo kann dies nötig werden?

Zu Profilrinnen, Gesimsrinnen, Kastenrinnen:

1. Skizziere den Schnitt durch eine einfache Simarinne.
2. Skizziere eine Gesimsrinne mit Verkleidung im Sima-Profil.
3. Eine Gesimsrinne ist mit der Verkleidung so zu verbinden, daß beim Überlaufen kein Gebäudeschaden entsteht (Skizze).
4. Skizziere zwei verschiedene Möglichkeiten am Abtropfpunkt einer Rinnenverkleidung einschließlich Befestigung.
5. Wie wird man die Unterlage einer begehbaren Gesimsrinne aus Zinkblech gestalten? (Skizze)
6. Wie kann man an den Haltern einer schweren Gesimsrinne das Rinnengefälle herstellen?
7. Nenne die Vorteile eines leicht geneigten bzw. leicht gewölbten Wasserlaufs bei den Kastenrinnen.
8. Welche Mindest-Blechdicken wird man bei glatten, unprofilierten Verkleidungen verwenden?
9. Nenne die Vor- und Nachteile von Rinnenverkleidungen aus stranggepreßten Aluminiumprofilen.
10. Was ist an Isolierungsmaßnahmen vorzusehen, wenn die Gesimsrinnen in Holz- oder Betonkanäle verlegt werden?
11. Wie kann man mit der Gesimsrinne und ihrer Verkleidung unsichtbare Belüftungsmöglichkeiten für die Dachdeckung eines Kaltdaches herstellen? (Skizze)
12. Warum dürfen Verkleidungsbleche nicht direkt befestigt werden?

Zu Shedrinnen:

1. Was ist im Hinblick auf die Lage der Shedrinne besonders zu beachten?
2. Welche Mindestblechdicken sind für Shedrinnen zu verwenden?
3. Ist bei Shedrinnen die flache oder die nach unten gewölbte Rinnensohle zu empfehlen? Nenne die Gründe.
4. Erläutere bzw. skizziere zwei verschiedene Dehnungsmöglichkeiten für Shedrinnen.
5. An jeder Shedrinne bzw. an jeder Abtreppung sollen Sicherheitsüberläufe eingebaut werden. Begründe diese Maßnahme.
6. Wie kann man bei großen Rinnenlängen und schmaler werdendem Wasserlauf die Abkantpunkte der Einzelstücke auf einer Blechtafel ermitteln? (Skizze)
7. Wie muß bei bewohnten Gebäuden die Wärmeisolierung unter einer innenliegenden Rinne beschaffen sein?
8. Sind Falze zum Verbinden der Teilstücke von großen Rinnen zweckmäßig?
9. Ein Bauherr wünscht 3 mm dickes Walzblei als Werkstoff für eine innenliegende Rinne. Wie werden Sie auf diesen Wunsch eingehen?
10. Wie wird der Rinnenablauf einer Shedrinne ausgebildet und zusätzlich gesichert?

Zu Traufbleche:

1. Nenne den Zweck solcher Bleche.
2. Wie weit sollen Traufbleche auf das Dach hinaufgreifen? (Maßangaben nach DIN.)

3. Skizziere zwei Möglichkeiten des Anschlusses an die Dachrinne.
4. Wie breit sollen die Klebeflächen für Pappe und Asphaltdächer vorgesehen werden?
5. In welchem Falle kann man Traufbleche direkt aufnageln?
6. Skizziere das Traufblech für ein Metalldach.
7. Desgleichen für ein Pappdach und für ein Asphaltdach.
8. Für ein Asphaltdach ist ein Traufblech aus Kupfer vorgesehen. Wie ist die Anschlußfläche vorzubereiten?
9. Skizziere zwei verschiedene Möglichkeiten einer Kiesleiste für das Traufblech eines Kiesdaches.
10. Für Kies-, Papp- und Asphaltdächer müssen die Traufbleche durchgehend dicht verlegt sein. Welche Maßnahmen gestatten auch bei großen Gebäudelängen die unvermeidliche Dehnung der Bleche?
11. Mit Hilfe eines Laschenhafts im Schlitzloch kann man ein Traufblech indirekt befestigen. Wie sieht solch ein Laschenhaft aus und wie wird er befestigt? (Skizze)

Zu Regenfallrohren:
1. In welchem DIN-Blatt finden wir Bestimmungen über Regenfallrohre?
2. Für welche Regenspende sind Regenfalleitungen zu bemessen?
3. Welche Form können Regenfallrohre haben und was ist dabei in bezug auf den Rohrquerschnitt wichtig?
4. Wie werden Richtungsänderungen der Rohre ausgeführt und wie benennt man solche Rohrteile?
5. In welchem Abstand sollen die Rohrschellen montiert sein?
6. Wie wird die Dehnung der einzelnen Rohrlängen ermöglicht?
7. Skizziere den Schnitt einer Gesimsdurchführung für ein Regenfallrohr; dabei soll das Entfernen des Rohres möglich sein.
8. Der Sockelwinkel wird in ein Gußrohr ohne Muffe eingeführt. Er soll als Schiebe- oder Putzstück dienen. Skizziere dieses Teilstück im Schnitt.
9. Skizziere die Wanddurchführung eines Regenfallrohres ins Gebäudeinnere.
10. Skizziere zwei einfache Wasserspeier und gib an, wo solche Wasserspeier angebracht werden dürfen.
11. Skizziere den Schnitt durch einen Auslaufwinkel.
12. Skizziere die Wirkungsweise einer Regenwasserklappe.
13. Wie sichert man die Regenfallrohre gegen Abrutschen?
14. Bei der Montage sollen die einzelnen Rohrstücke jeweils am oberen Ende befestigt werden. Nenne die Gründe dafür!

Zu Rinnenanschlüsse:
1. Welche Formen von Rinnenanschlüssen kennen wir und wo werden diese eingesetzt?
2. Der konische Schrägstutzen wird viel verwendet. Nenne dessen Vorteile.
3. Eine Rinnenerweiterung gestattet zugleich einen trichterförmigen Ablauf. Kann man sie auch als Dehnungsmöglichkeit am Ablaufpunkt verwenden?
4. Nenne bzw. skizziere verschiedene Formen von Schwanenhälsen.
5. Wie verbindet man den Schwanenhals mit dem Rinnenstutzen? Warum?
6. Wie sehen „Schweizerbogen" aus und wie werden sie verwendet?
7. Welche Möglichkeiten sind uns bei niederen Traufhöhen und vorspringendem Gesimse gegeben, damit die Passanten nicht gestört werden? Skizziere zwei solche Möglichkeiten.
8. Welchen Querschnitt muß das waagrechte Verbindungsstück von der Dachrinne zum Fallrohr aufweisen und wie kann man es montieren?
9. Auf welche Weise kann man die Rohrwinkel bzw. deren Einzelstücke miteinander verbinden? (Skizze)
10. Wie stellt man die Schwanenhälse her, damit bei kleinen Ungenauigkeiten des Dachvorsprungs eine Korrekturmöglichkeit vorhanden ist?

Zu Dachwasserabläufen:
1. Skizziere den Schnitt durch einen einfachen Ablauf für ein Vordach.
2. Skizziere den Schnitt durch den Ablauf eines Kiesdaches über dem Gebäude.
3. Ein Metalldach hat die Dachneigung nach innen. Das Wasser wird in einem großen Kessel aufgefangen. Skizziere Schnitt mit dem Anschluß der Dachhaut.
4. Wie kann man Dachwasserabläufe, welche bei Schadhaftwerden große Gebäudeschäden hervorrufen können, zusätzlich sichern?
5. Skizziere den Schnitt für einen Terrassenablauf, der in ein Regenfallrohr geführt wird und lösbar sein muß.

Zu Rinnenheizungen:
1. Wie entstehen die Eiszapfen an den Dachrinnen und die gefährlichen Eiswülste an der Traufe eines Daches.
2. Wird ein Heizkabel für Dachvorsprung und Dachrinne gesondert verwendet?
3. Wie verhindert man die Eisbildung im Ablaufrohr, wie wird das Kabel geführt?
4. Welche Leistung in Watt erfordert die Rinnenheizung pro Meter Kabel?
5. Wie befestigt man das Heizkabel auf dem Dach?
6. Was ist vorzusehen, wenn das kupferummantelte Kabel auf einer Zinkdeckung vorgesehen ist?

Zu Kehlblechen:
1. Skizziere fünf verschiedene Kehlblechprofile.
2. Skizziere ein Kehlblechprofil für Dachflächen von unterschiedlicher Größe oder unterschiedlicher Neigung. Nenne eine weitere Möglichkeit.
3. Wie wird das Kehlblech für ein Metalldach aussehen, das gleichzeitig die Dehnung der einmündenden Dachflächen ermöglichen soll.
4. Wie ist das Kehlblech bei der Einmündung in die Dachrinne gerichtet?
5. Wie erfolgt auf einem Ziegeldach die Verbindung der Kehlbleche an den Stößen?
6. Wie werden zwei Kehlbleche aus Kupferblech oder verzinktem Stahlblech miteinander verbunden, wenn sie am First aufeinandertreffen?

Zu Eckbleche, Firstbleche:
1. Wo wird man die verhältnismäßig seltenen Eckbleche montieren?
2. Wie werden die Eckbleche befestigt und wie werden sie überdeckt?
3. Skizziere den Schnitt durch ein Eckblech, bei dem auf einer Seite Wandverkleidungen aus Asbestzementplatten vorgesehen sind.
4. First- und Gratbleche haben auch bei Ziegel- und Schieferdächern gewisse Vorteile. Nenne diese.
5. Wie wird bei Firsthöhen der Giebelabschluß gerichtet?
6. Wie werden die First- und Gratbleche befestigt?

Zu Seitenblechen:
1. Skizziere den Schnitt durch ein einfaches Seitenblech mit dem erforderlichen Wandanschluß.
2. Welche Formen von Seitenblechen gibt es und wo wird man sie einsetzen?
3. Skizziere das Seitenblech für ein Pappdach, welches über den Belag geführt ist.
4. Wie kann man bei Seitenblechen einen dichteren Anschluß an Profilziegel herstellen?
5. Wie werden Walzbleilappen befestigt und bei welchen Seitenblechprofilen werden sie verwendet?
6. Wird man Walzbleistreifen als zusätzliche Sicherung in einem Stück durchgehend auf die Ziegel legen? Nenne Gründe.
7. Skizziere Schnitt durch einen Überhangstreifen, der in einen eingefrästen Nut einer Klinkerwand geführt wird.
8. Wie kann auf einfache Art das Herausbröckeln vom Wandputz am Überhangstreifen verhindert werden?
9. Welche moderne Art des Wandanschlusses kennen wir und wie sieht dies aus?
10. In welchem Falle wird man Seitenbleche mit angebogener Rinne oder angebogenem Steg verwenden?

11. Wie werden die Einzelstücke der Seitenbleche auf dem Bau zusammengesetzt?
12. Kann man bei Pappdächern die Seitenbleche, welche unter dem Belag verlegt werden, in einer Länge, z. B. 30 m, dicht verlegen? Begründe die Lösung.
13. Wie erreicht man die Dehnungsmöglichkeit von dicht verlegten Seitenblechen auf Pappdächern?

Zu Noggen:

1. Wo werden Noggen hauptsächlich angewendet?
2. Man hält den Wandanschluß mit Noggen für die beste Art bei der Verwendung von Biberschwanzziegeln. Begründe dies.
3. Erkläre den Unterschied zwischen der Biberschwanz-Doppeldeckung und der Biberschwanz-Kronendeckung.
4. Nenne die Zuschnittsgröße der Noggen für die Doppel- und Kronendeckung, bezeichne die Abkantpunkte und die Anzahl/Tafel.
5. Lassen sich Noggen auch für Dachkehlen verwenden? Wo ist dies möglich.
6. Wie ist die Reihenfolge der Schichten von Ziegel und Noggen beim Doppeldach und beim Kronendach?
7. Kann man die Noggen, statt auf den Ziegel zu hängen, auch anders befestigen?
8. Worauf ist beim Abkanten der Noggen zu achten?
9. Wie wird beim Hochführen der Noggen an der Wand die jeweilige Ziegeldicke ausgeglichen, damit eine gerade Abschlußkante entsteht?

Zu Ortgangbleche:

1. Skizziere den Schnitt durch die Ortgangverwahrung einfacher Art.
2. Wie werden Ortgangbleche befestigt?
3. Welche Form muß das Ortgangblech haben, wenn die Dachkante nach unten hin schräg einwärts zur Rinne verläuft?
4. Wie heißt die Verkleidung des Holzbrettes auf der Sichtseite des Giebels?
5. Wie wird man den Ortgang bei einer Leistendeckung aus Zink herstellen? (Skizze)
6. Bei einem Pappdach ist am Giebel die Pappe über einen Dreikant aus Holz hochgezogen. Das Blech soll den Belag überdecken. Fertige eine Schnittskizze.
7. Der Giebelabschluß ist bei einem Pappdach unter den Belag geführt. Was ist in diesem Falle besonders zu beachten?
8. Wie sieht die Ortgangbildung bei einem Falzdach aus? (Skizze)
9. Der Bauherr wünscht als Giebelabschluß einen vollkommen glatten Metallstreifen aus herkömmlichem Material. Wie sieht Ihr Vorschlag aus?
10. Wie wird die Tropfkante eines Ortgangbleches aussehen, wenn das Dach nicht übersteht?

Zu Dachkantenabschlüsse, stranggepreßte Aluminiumprofile:

1. Stranggepreßte Aluminiumprofile sind nicht billig. Weshalb werden sie trotzdem in steigendem Maße verwendet?
2. Wie werden solche Profile befestigt; wie kann man sie ausrichten?
3. Kann man solche Dachkantenprofile in einem Arbeitsgang verlegen, oder sind Vorarbeiten nötig?
4. Bis zu welcher Breite werden die stranggepreßten Profile geliefert?
5. Wie werden die Ecken ausgebildet?
6. Gibt es auch einfachere Arten solcher Dachkantenabschlüsse? Wenn ja, erkläre diese im Prinzip.
7. Wie sind die Baulängen solcher Profile zusammengesetzt?
8. Auf welche Weise berücksichtigt man die Dehnung der einzelnen Baulängen?
9. Welche farblichen Gestaltungen kann man dem Bauherrn vorschlagen?
10. Wie verfährt man mit der Verlegung bei großen Gebäudelängen, deren Wände nicht schnurgerade sind?

Zu Dehnungsausgleicher:

1. Erkläre die Wirkungsweise eines Dehnungsausgleichers.
2. Skizziere die Grundform eines Dehnungsausgleichers mit den notwendigen Maßangaben.
3. Wie wird das Ausgleichsstück für Traufbleche angeschnitten?
4. Wie sieht das angeschnittene Ausgleichsstück für Ortgangbleche aus?
5. Skizziere einen Dehnungsausgleicher für einen Wandanschluß.
6. In welchen Abständen sollen Dehnungsausgleicher in Pappdach-Ortgangbleche eingebaut werden: a) Zinkblech, b) verzinktes Stahlblech, c) Kupferblech, d) Aluminiumblech?
7. Welche Bleche können mit Zahnleisten befestigt werden, damit sie schieben können?
8. Ein Wandanschluß ist etwa 40 m lang und wird mit Aluminium verwahrt. Das Dach ist mit Pappe gedeckt. Wieviel Dehnungsausgleicher werden für diese Strecke benötigt; wo befinden sich diese Festpunkte? (Skizze)
9. Lassen sich auch für Kiesdächer solche Vorkehrungen treffen? Wie müßte in diesem Fall das Ausgleichsstück aussehen?
10. Wie erfolgt die Abdeckung der Blechfalte am Dehnungsausgleicher? Fertige eine Schnittskizze mit Maßangaben für: a) Wandanschlüsse, b) Ortgangbleche.
11. Wie wird ein Dehnungsausgleicher auf die jeweiligen Stoßverbindungen der Abdeckungen aufgesetzt, damit die Dehnung gewährleistet ist? (Skizze)
12. Beim Herstellen der Grundform eines Dehnungsausgleichers lassen sich Einschnitte nicht vermeiden. Wo sind diese, wie werden sie geschlossen?

Zu Gesimsabdeckungen:

1. Ein Sandsteingesimse soll auch auf der Vorderfläche mit abgedeckt werden. Als Material ist verzinktes Stahlblech vorgesehen. Skizziere den Schnitt dieser Abdeckung mit der Befestigung und dem Anschluß an die verputzte Hauswand.
2. Skizziere verschiedene Tropfkanten und gebe dazu in Stichworten einen Kommentar.
3. Wie hoch soll der Wandanschluß nach DIN-Blatt 18 339 geführt werden?
4. Skizziere Schnitte durch zwei einfachere Nahtverbindungen, die gleichzeitig die Dehnung der Abdeckung gestatten.
5. Wie werden großflächige Gesimsabdeckungen abgedeckt? (Evtl. Schnittskizze)
6. Direkte Befestigungsarten sind normalerweise nicht erwünscht. Wo trotzdem eine solche Befestigung verlangt wird, läßt sich dennoch etwas für die Dehnungsmöglichkeit tun! Skizziere zwei verschiedene Möglichkeiten.
7. Skizziere eine gute Dehnungsmöglichkeit für Gesimsabdeckungen.
8. Wie werden nach DIN 18 339 Gesimsabdeckungen aufgemessen und abgerechnet?
9. Skizziere verschiedene Möglichkeiten von indirekten Befestigungen an der Vorderkante bzw. Unterkante der Gesimsabdeckungen.

Zu Mauerabdeckungen, Gebäude-Dehnungsfugen:

1. Wie sind Mauerabdeckungen zu befestigen? (Skizzen)
2. Wie erreicht man bei Mauerabdeckungen eine zusätzliche Versteifung der Bleche?
3. Skizziere verschiedene Verbindungsarten für Mauerabdeckbleche.
4. Eine Mauerabdeckung soll zur Sichtseite hin mit einem stranggepreßten Aluminiumprofil abschließen. Skizziere einen Schnitt, bei dem auch die Befestigung zu erkennen ist.
5. Welche Entfernung der Tropfkante vom Mauerwerk werden wir vorschlagen?
6. Wie werden Mauerabdeckungen größerer Breite gegen Abheben durch Sturm zusätzlich gesichert?
7. Skizziere zwei verschiedene Abdeckbleche für Gebäude-Dehnungsfugen.
8. Eine sehr lange Gebäudedehnungsfuge soll mit Zink-Titan überdeckt werden. Skizziere den Schnitt durch eine solche Abdeckung und gib einen Kommentar.
9. Die Abdeckung einer Gebäude-Dehnungsfuge soll nicht über die Dachfläche hinausragen. Wie wird man eine solche herstellen? (Schnittskizze)

10. Skizziere die Abdeckung einer Gebäude-Dehnungsfuge an einer Wand. Die Befestigung soll dabei ersichtlich sein.
11. Ein Ablaufrohr soll vor einer Dehnungsfuge montiert werden, um diese zu verdecken. Skizziere die Art der Befestigung und nenne den Mindestabstand der Rohrschellen für ein Rohr mit 120 mm Durchmesser.
12. Wie kann man eine Gebäudedehnungsfuge an der Wand mit Blech verdecken, wenn diese Wand anschließend verputzt wird?

Zu Brustbleche, Fensterbankabdeckungen:

1. Ein Biberschwanz-Doppeldach stößt oben gegen eine Wand. Skizziere den Anschluß mit einem Brustblech im Schnitt; trage dabei auch die beiden letzten Ziegelreihen mit ein.
2. Welche Furral-Elemente braucht man, um diese Deckung oben an eine Wand anzuschließen?
3. Wo werden Brustbleche in Verbindung mit anderen Abdeckungen noch verwendet?
4. Wie sichert man Brustbleche gegen das Abrutschen? (Skizze)
5. Beschreibe oder skizziere verschiedene Anschlüsse von Fensterbankabdeckungen an den Fensterrahmen.
6. Wie werden Fensterbankabdeckungen aus stranggepreßtem Aluminium bei einer verputzten Fassade befestigt?
7. Skizziere eine Fensterbankabdeckung in Verbindung mit einem Brustblech, das etwa 10 cm tiefer an ein Pfannenziegeldach anschließt.
8. Wie werden Fensterbankabdeckungen in einer Dachfläche seitlich an Fensterpfosten und Seitenbleche angeschlossen? (Evtl. Skizze)
9. Wie ermöglicht man bei langen, durchgehenden Fensterreihen die Dehnung der Abdeckung? Fertige dazu eine Skizze an.

Zu Dachgaupen:

1. Welche Blechverwahrungen können bei einer ziegelgedeckten Satteldachgaupe in einem ziegelgedeckten Dach vorkommen?
2. Welche Maßangaben sind für die Walmfläche einer Dachgaupe, die mit Blech gedeckt werden soll, notwendig? (Skizze)
3. Die rhomboidförmige Fläche, die an den Walm einer Dachgaupe anschließt, muß mit Blech gedeckt werden. Fertige eine Maßskizze mit den erforderlichen Messungen.
4. Welche Möglichkeiten zum Maßnehmen haben wir bei der Dreiecksfläche einer Schleppgaupe, für die Seitenbacken gerichtet werden müssen?
5. Wie werden die Seitenbacken einer Dachgaupe befestigt? (Skizzen)
6. Eine solche Wandfläche ist verhältnismäßig groß. Wie wird man in diesem Fall die Abdeckung mit Blech herstellen?
7. Skizziere die indirekte Befestigung eines Seitenbackens an der Außenkante des Fensterpfostens.

Zu Dachspitzen und Wetterfahnen:

1. Wie wird man zweckmäßig Dachspitzen befestigen, damit sie einen guten Halt haben?
2. Wie soll der Anschluß einer Dachspitze oder Wetterfahne an die Dachdeckung ausgeführt sein?
3. Die Verankerung einer Wetterfahne soll besonders stabil sein. Wie führt man das zweizöllige Stahlrohr unterhalb der Deckung und wie wird es befestigt?
4. Was ist bei der Herstellung des Drehteils einer Wetterfahne zu beachten?
5. Skizziere zwei einfache Drehpunkte, die möglichst reibungsfrei arbeiten sollen.
6. Wie kann man die Wetterfahne gegen das Abheben durch Sturm sichern?
7. Skizziere den Einbau eines Kugellagers im unteren Bereich des Drehteils einer Wetterfahne.
8. Wie kann man kleine Dachspitzen im Holzgebälk befestigen?

Zu Verwahrungen:

1. Was versteht man allgemein unter einer Verwahrung?
2. Skizziere die Verwahrung eines Dunstrohres, das lösbar über ein Ziegeldach geführt werden soll.
3. Ein Gußrohr ragt etwa 25 cm über ein Flachdach, welches mit Pappe gedeckt ist. Skizziere den Schnitt durch die Verwahrung; ein Dunsthut soll aufgesetzt werden.
4. Skizziere den Schnitt durch die Verwahrung eines Antennenmastes. Die Dachschräge soll für eine Serienproduktion variabel gehalten werden.
5. Wie wird man Geländerpfosten in einem asphaltbelegten Terrassenboden verwahren?
6. Der Stiefel einer Verwahrung kann auf verschiedene Weise mit der Dachscheibe verbunden werden. Skizziere einige Möglichkeiten.
7. Wie wird man ein Abgasrohr mit rechteckigem Querschnitt aus Asbestzement über einem Ziegeldach verwahren, und wie vermindert man dabei das Abkühlen der Abgase?
8. Skizziere das Rohrende eines Dunstrohres mit einer „Meidinger Scheibe" und trage die erforderlichen Maße ein.
9. Sind Gummimanschetten als Übergang von einem Antennenmast zur Blechverwahrung zweckmäßig? Begründe die Meinung.
10. Die Dachscheibe ist mit einem Dunstrohr aus Zinkblech direkt verbunden. Wie wird man die Vorderkante dieser Scheibe bei einem Pfannenziegeldach ausführen? (Skizze)
11. Wie kann man einen Abschlußtrichter aus Walzblei 1 mm als Übergang von einem Gußrohr zur Blechverwahrung befestigen bzw. abdichten?
12. Bei der Verwahrung eines eckigen Asbestzementrohres möchte man möglichst wenig Blech sehen. Wie geht man in diesem Falle vor? (Skizze)

Zu Schornsteinverwahrungen:

1. Wie wird man Schornsteinverwahrungen herstellen, um die bekannten Schäden an den Eckpunkten zu vermeiden?
2. Wie werden die Vorderkanten der Schornstein-Brustbleche bei den verschiedenen Dachdeckungen ausgebildet?
3. Wie weit müssen Vorder- und Hinterkanten von Schornsteinverwahrungen in jedem Falle über bzw. unter die Ziegel greifen?
4. Skizziere verschiedene Arten von Seitenanschlüssen an Schornsteinverwahrungen.
5. Soll man Schornsteinverwahrungen auf dem Dach zusammenbauen? Gib dazu einen Kommentar.
6. Wie gleicht man den Knick im Seitenblech aus, der durch das Hochziehen der Verwahrung auf die vordere Ziegelreihe notwendig ist?
7. Die Verwahrung einer Ausstiegluke in einem Ziegeldach hat seitlich einen angebogenen Steg. Der Wasserlauf soll in einer Ebene verlaufen. Wie kann man in diesem Fall den Ziegelanschluß seitlich mit dem erforderlichen Knick ausführen? (Skizze)
8. Beschreibe die Herstellung einer Schornsteinverwahrung, die an die Wellplatten einer Deckung aus Asbestzement angeschlossen werden soll.
9. Welche Möglichkeiten haben wir für den Einbau der Überhangstreifen an die Klinkersteine eines Schornsteins.
10. Wie geht man vor, wenn in einem Biberschwanzdach die Seitenteile einer Schornsteinverwahrung mit Noggen hergestellt werden sollen?

Fachfragen II. Teil

Allgemeines

Zu Beanspruchungen, Unterkonstruktion:

1. Welchen Einwirkungen ist die Dachdeckung unterworfen?
2. Wie begegnet man den Temperaturschwankungen, denen die Dachhaut ausgesetzt ist?
3. Wieviele Hafter/m² sind zur Befestigung mindestens zu verwenden?
4. Ist bei den Windeinwirkungen der Winddruck oder der Windsog stärker zu beachten? Begründe die Antwort.
5. Die Dachdeckung kann auch von unten her zerstört werden. Gebe eine Erklärung dafür.
6. Was versteht man unter der „relativen Luftfeuchtigkeit"?
7. Wo ist bei der Dach-Unterkonstruktion die Wärmedämmschicht einzubringen?
8. Was versteht man unter einem „Kaltdach"?
9. Desgleichen unter einem „Warmdach"?
10. Was ist eine „Dampfsperre" und an welcher Stelle der Gesamtdecke wird sie eingebaut?
11. Welchen Querschnitt sollen beim belüfteten Dach die Be- und Entlüftungsöffnungen besitzen?

Falzdächer

1. Nenne die Werkstoffe, die für Falzdächer Verwendung finden, dazu ihre Mindest-Blechdicke.
2. Nenne vier verschiedene Tafelgrößen, die bei Tafeldeckungen verwendet werden.
3. Was spricht bei Verwendung von Bandmaterial gegen Bandbreiten von 800 und 1000 mm?
4. Skizziere den Werdegang von einem Längsfalz (Stehfalz).
5. Desgleichen von einem Querfalz (Liegefalz).
6. Skizziere einen Normalhaft zur Scharenbefestigung mit seinen Abmessungen.
7. Skizziere zwei verschiedene Schiebehafte.
8. In welchen Abständen sollen die Hafte gesetzt werden?
9. Was versteht man unter einem „Anschlußfalz"?
10. Was sind „Einfalzverluste"?
11. Wie werden bei einer langen Schar die festen Hafte und die Schiebehafte verwendet? Wo werden sie beim Flachdach und wo beim Steildach gesetzt?

Zu Traufen- und Firstanschlüsse:

1. Wie erfolgt der Übergang von der Dachdeckung zur Dachrinne? Fertige eine Schnittskizze.
2. Wie kann man den Anschluß des Stehfalzes an der Traufe gestalten? (Skizze)
3. In Frankreich hat man einen sehr einfachen, aber wirkungsvollen Traufanschluß. Wie wird dieser zugeschnitten?
4. Wie breit soll die Vorkantung des Traufbleches in die Dachrinne sein, um ein Aushängen der Dachhaut zu verhindern?
5. Skizziere den Werdegang der Einfalzung eines Satteldaches am First.
6. Wie werden die Längsfalzenden der Scharen am First niedergelegt?
7. Wie ist zu verfahren, wenn von zwei Dachflächen die Längsfalze am First an einem Punkt zusammentreffen?
8. Welchen Vorteil hat die Verwendung einer Firstleiste anstelle eines Firstfalzes?
9. Skizziere den Schnitt durch eine Firstentlüftung.

Zu Wandanschlüsse:

1. Ein Längsfalz stößt oben gegen eine Wand. Wie sind die Scharen vorzubereiten, wo liegen die Faltlinien, die Ein- und Abschnitte am Blech? (Skizze)
2. Wo läßt sich ein Längsfalz für einen Wandanschluß niederlegen und in diesem Zustand an der Wand hochführen?
3. Wie werden die Faltlinien für eine Mauerecke im Falzdach angetragen? (Skizze)
4. Fertige eine Schnittskizze für einen Wandanschluß mit Entlüftung.
5. Wie kann man im Bereich der Falten eines Wandanschlusses die Dehnung nach der Scharenbreite verbessern?
6. Welche Werkzeuge sind für die runde Einfalzung eines Wandanschlusses zweckmäßig?

Kehlen und Grate:

1. Wie ist der Einlauf der Kehle in die Dachrinne zu gestalten?
2. Wie wird das Kehlblech mit den Dachflächen verfalzt? Nenne die zweckmäßigste Reihenfolge.
3. Wie erfolgt die Falzlegung der Längsfalze, welche in den Kehlfalz münden?
4. Nenne die Vorteile einer tiefergelegten Kehle im Falzdach.
5. Wie kann man bei Verwendung von Tafeln für die Kehle unnötigen Verschnitt vermeiden? (Evtl. Skizze)
6. Ein schräg auf die Wand auftreffender Kehlfalz läuft schräg an der Wand hoch. Wie ist am oberen Ende der Kehle zu verfahren, wenn der Kehlfalz senkrecht stehen soll? (Skizze)
7. Wie ist die Falzlegung der Längsfalze, wenn diese in einen Gratfalz einmünden?
8. Beschreibe die Reihenfolge der Einfalzung an einem Grat.
9. Welchen Vorteil haben Gratleisten anstelle von Falzen?
10. Beschreibe oder skizziere die Einführung zweier Gratfalze in einen Firstfalz. Wie werden die einzelnen Blechteile geschnitten?

Schornsteinanschlüsse:

1. Wie sollen die Scharen an einem Schornstein liegen, um auf die einfachste Art den Anschluß an die Dachdeckung herzustellen?
2. Wie verlaufen die Eckfalze des Schornsteins bei Verwendung von Bandmaterial? (Skizze)
3. Wie läßt sich ein Schornstein verwahren, wenn zur Dachdeckung schmale Bänder verwendet werden?
4. Zeige in einer Skizze den Zuschnitt für das Brustblech eines Schornsteins mit den nötigen Zugaben, das Antragen der Dachschräge und der Faltlinien, wenn der Eckfalz nach unten in einen Querfalz geführt wird.
5. Ein Schornstein kommt in einen Längsfalz zu stehen; das ist aus der Eindeckungsskizze zu ersehen. Zeige in einer Skizze eine Anschlußmöglichkeit. Gebe dabei auf den einzelnen Blechstücken die Reihenfolge der Eindeckung an.
6. Wo wird am Seitenblech eines Schornsteins die Dachschräge angetragen, wie verlaufen an dieser Stelle die Faltlinien?
7. Wie groß sind die Mindestzugaben für das Brustblech eines Schornsteins, um die Aufkantungen rundschneiden zu können?
8. Desgleichen am Seitenblech für den oberen Eckfalz?
9. Ein Schornstein kommt so in eine Dachdeckung zu stehen, daß ein Längsfalz etwa 40 mm am Schornstein vorbeiläuft. Zeige in einer Skizze die Führung der Eckfalze sowie die Reihenfolge der Eindeckung.
10. Wie kann man hinter einem breiten Oberlicht den Wasserlauf zur Seite hin verbessern? Was ist dabei zu beachten?
11. Wie läßt sich ein Schornstein im Falzdach verwahren, wenn man auf Eckfalze gänzlich verzichten will?

Zu Eindeckmöglichkeiten:

1. Wie läßt sich Tafelmaterial ansprechend für eine Dachdeckung verlegen? Zeige in einer Skizze zwei Möglichkeiten.
2. Was versteht man unter einer „Spiegeldeckung" beim tafelgedeckten Falzdach?
3. Wie würde man Tafelmaterial an senkrechten Flächen verlegen? (Skizze)
4. Wie werden bei einer Kuppeldeckung die zur Mitte drängenden Längsfalze aufgefangen und angeschlossen?
5. An einem halbrunden Vorbau mit Gefälle nach außen werden die Scharen strahlenförmig verlegt. Zeige in einer Skizze, wie die zusammenlaufenden Längsfalze gefaßt werden können.
6. Beim gleichen Vorbau geht das Gefälle nach innen. Die Deckung ist strahlenförmig. Wie wird in diesem Falle der Wasserablauf gestaltet?
7. Wie werden Keilscharen für eine Strahlendeckung aus einem Band geschnitten? Zeige in einer Skizze die zweckmäßigste Art.

8. Nenne die zwei klassischen Arten der Tafelverlegung bei einem Turmdach.

Zu Berechnungen:
1. Errechne den Einfalzverlust in Prozent für Tafelmaterial 1000 × 666 mm bei Längsfalzaufkantungen von 45 und 35 mm und einem Querfalzaufwand von insgesamt 80 mm.
2. Die gleiche Tafelgröße hat statt dem Querfalz eine Nietnaht von 25 mm Breite. Wie groß sind hier die Einfalzverluste in Prozent?
3. Wie werden nach DIN 18 339 Metalldachdeckungen aufgemessen und abgerechnet?
4. Was sind „Maßverluste"? Nenne dazu fünf Beispiele.
5. Was versteht man unter „aufgemessene Dachfläche"?
6. Aus welchen beiden Summen setzt sich der Gesamtmaterialaufwand für eine Dachdeckung zusammen?
7. Errechne den Einfalzverlust in Prozent für Bandmaterial 670 mm breit mit Falzaufkantungen von 40 und 50 mm.

Leistendächer

Zu Systeme:
1. Welches sind die drei „klassischen" Leistensysteme?
2. Skizziere den Schnitt durch die Leiste beim belgischen System. Dazu die Kleinleiste (ohne Holz), die damit identisch ist.
3. Desgleichen für das deutsche Leistensystem.
4. Skizziere Schnitt durch eine Wulst-Verbindung einer Vordach-Deckung.
5. Wie wird die Dehnung nach der Scharenbreite bei der Leistendeckung erreicht?
6. Wie erfolgt die Befestigung der Holzleisten, um den größten Halt zu erzielen?
7. In welchen Abständen sind die Leistenhafte anzubringen? Wie erreicht man den besten Halt, um die Deckung sturmsicher zu verlegen?

Zu Dehnungsmöglichkeiten der Scharenlänge:
1. Durch welche Maßnahmen erreicht man eine sichere Dehnung der Scharen?
2. Ein Leistendach wird im Hochsommer verlegt. Wie wird in diesem Falle die Dehnungsmöglichkeit an der Traufe gewahrt? (Skizze)
3. Skizziere den Schnitt durch einen Zusatzfalz, der bei einem flachen Dach die Längenausdehnung einer Schar halbiert?
4. Eine Abtreppung ist die sicherste Art, große Scharenlängen zu unterteilen. Skizziere den Schnitt durch eine solche „Gefällestufe" mit Angabe der Mindesthöhe.
5. Wie wird das Abrutschen der Scharen bei einem Satteldach verhindert? (Skizze)
6. Auf welche Weise kann man den Leistenkappen die Dehnung gestatten?

Zu Leistenanschlüsse:
1. Wie wird bei der belgischen Deckart das Leistenende an der Traufe gestaltet?
2. Wie verfährt man in diesem Falle bei der deutschen Deckart?
3. Was ist ein Leistenschuh und wozu wird er gebraucht?
4. Wie wird der Ortgang bei den Leistendeckungen hergestellt?
5. Wie werden die Scharen der Leistendeckungen bei Wandanschlüssen an ihren Aufkantungen gefaltet?
6. Wie wird bei der deutschen Deckart die Fortsetzung der Leistenkappe an der Wand ausgeführt?

Zu den weiteren Anschlüssen:
1. Kehlen sind im Leistendach besonders kritische Punkte. Wie sollen bei einer normalen Deckung die Dachflächen an die Kehle angeschlossen werden? (Skizze)
2. Eine auch nur um Schalbretterdicke tiefergelegte Kehle bringt bedeutende Vorteile. Nenne diese und fertige eine Schnittskizze.
3. Wie wird bei gleich hohen Scharen- und Firstleisten die Verbindung bzw. der Anschluß ihrer Leistenkappen ausgeführt?
4. Wie erfolgt bei einer 15 mm höheren Firstleiste der Anschluß der Scharen-Leistenkappen?
5. Wo kann man bei Leistendeckungen auf die Firstleisten überhaupt verzichten?
6. Sondersysteme sind weitgehend ausgestorben und nur wenig bekannt. Zeige ein solches in einer Skizze.
7. Wie werden Schornsteine und Oberlichter bei Leistendeckungen angeschlossen?
8. Bei den Leistendeckungen ist bei der Berechnung der Eindeckverluste auch die Deckfläche der Leiste und der Materialverbrauch der Leistenkappe zu berücksichtigen. Errechne die Eindeckverluste in Prozent für die belgische Deckart bei Verwendung von Bandmaterial, 700 mm breit und vorgesehenen Aufkantungen von 35 mm.
9. Was sagt die DIN-Norm 18 339 über die Ausführung von Leistendächern?

Dachdeckungen mit Profilblechen

Zur Einleitung:
1. Nenne drei verschiedene Arten von Profilblechen und ihre Vorteile im Vergleich zu den Flachblechen.
2. Welche Werkstoffe werden zu Profilblechen verarbeitet?
3. In welchen Bereichen werden Wellbleche zu Abdeckungen eingesetzt?
4. Bis zu welchen Lieferlängen werden Wellbleche und Pfannenbleche gefertigt?
5. Warum sind Dachdeckungen mit Profilblechen ausgesprochen leichte Dächer?

Zu Wellblechen:
1. Nenne eine Reihe von Eigenschaften des feuerverzinkten Stahl-Wellblechs.
2. Verwendet man für Dachdeckungen groß- oder kleinwellige Formate? Gebe eine Begründung der Antwort.
3. Nenne die üblichen Baulängen für die Wellblech-Dachdeckung.
4. Welche drei Faktoren bestimmen die Belastbarkeit der Wellbleche?
5. Skizziere drei Möglichkeiten der Seitenüberdeckungen bei Wellblechen.
6. Nenne fünf verschiedene Zubehörteile (Normteile), die werkseitig mitgeliefert werden können.
7. Wie groß ist bei Wellblechen die Längenüberdeckung und welche Dachneigung darf nicht unterschritten werden?
8. Skizziere zwei Arten von Firstabdeckungen beim Wellblechdach.
9. Nenne einige Befestigungsteile für Wellbleche sowie die Mindestanzahl von Befestigungen pro Tafel.
10. Skizziere Schnitt durch einen seitlichen Maueranschluß beim Wellblechdach.
11. Desgleichen bei einem oberen Wandanschluß am Pultdach.
12. Skizziere die Möglichkeit eines oberen Pultdachabschlusses.
13. Wie werden die Rinnenhalter am Wellblech zweckmäßig befestigt?

Zu Pfannenblechen:
1. Nenne die Normalgröße einer Stahldachpfanne.
2. Welche Zwischen- und Überlängen stehen zur Verfügung?
3. Skizziere den Schnitt durch die Überdeckung bei Berücksichtigung der Wetterseite sowie die Anordnung der Plattenstöße bei den Überdeckungen.
4. Nenne fünf verschiedene Zubehörteile, die werkseitig geliefert werden können.
5. Mit welchen Befestigungsteilen können Stahldachpfannen fixiert werden?
6. Wie ist die Eindeckung am Dachfuß beim Einbau von Schneefanggittern gestaltet (Skizze)?
7. Stahldachpfannen werden ohne Schalung verlegt. Wie stark müssen die Latten an Traufen, First und bei den Überdeckungen sein? Wie stark die Zwischenlatten?
8. Skizziere den Schnitt durch die Traufe mit Dachrinne beim Pfannendach.

9. Wie wird der Ortgang (Giebelabschluß) beim Pfannendach gestaltet?
10. Skizziere den Schnitt durch den seitlichen Wandanschluß beim Pfannendach.
11. Desgleichen beim oberen Pultdachabschluß.
12. Welchen Vorteil hat die dreiteilige First- oder Gratabdeckung bei der Eindeckung mit verzinkten Stahldachpfannen?

Zu Wand- und Fassadenverkleidungen:

1. Fassaden können auf vielerlei Arten mit Metall verkleidet werden. Nenne einige Möglichkeiten mit Flach- und Profilblechen.
2. Nenne die Werkstoffe, mit denen Fassaden verkleidet werden können. Gebe an, wie die Oberflächen der Bleche gestaltet sein können.
3. Fassadenverkleidungen sollen möglichst hinterlüftet verlegt werden. Wie erfolgt dies bei a) Flachblechen, b) Profilblechen?
4. Wie wird die Dehnung der Metalle bei Wärmeeinflüssen sichergestellt?
5. Welchen Windkräften muß eine Deckung oder Verkleidung standhalten? Wie viele Hafte müssen bei gefalzten Blechtafeln mindestens eingebaut sein?
6. Wie kann man Wandverkleidungen an der Fassade unterteilen, um geringere Dehnungsspannungen zu erhalten?
7. Skizziere die Gestaltung einer Fassadenverkleidung am vorspringenden Sockel eines Gebäudes.
8. Skizziere den Schnitt durch die gefalzte Quernaht einer Flachblech-Verkleidung, die auf einer hinterlüfteten Holzschalung verlegt ist.
9. Skizziere die Gestaltung einer Gebäudeecke bei der Wellblech-Verkleidung.
10. Wo wird bei einer hinterlüfteten Fassade aus Profilblechen die Wärmedämmschicht für ein Wohngebäude angeordnet?

Zur DIN 18 339:

1. Was hat der Auftragnehmer vor Beginn seiner Arbeiten am Bau zu tun?
2. Was sagt das Normblatt bei der Ausführung in bezug auf die Dehnung?
3. Wie hoch sind Maueraufkantungen auszuführen und wie erfolgt der Anschluß an die Wand?
4. Was sagt das Normblatt über die Ausführung von Metalldächern?
5. Desgleichen über Dachrinnen?
6. Desgleichen über Regenfallrohre?
7. Was sind „Nebenleistungen"? Erläutere den Begriff und führe drei Beispiele an.
8. Welche Leistungen sind keine Nebenleistungen? Nenne Beispiele.
9. Wie werden aufgemessen und abgerechnet: a) Dachrinnen, b) Regenfallrohre, c) Gesimsabdeckungen, d) Metalldachdeckungen?

Bildnachweis:

Aluminium-Zentrale: 110, 116, 118, 136

Bau-Berufsgenossenschaft: 165, 166

Bundesfachschule Karlsruhe: 10, 16, 22, 24, 28, 30, 32, 34, 38, 40, 58, 59, 70, 84, 86, 95, 96, 118

Deutscher Verzinkerei-Verband, Düsseldorf: 130

Firma Karl Eisenbach, Frankfurt/M.: 65

Firma Kabelmetal, Osnabrück: 134, 136

Firma Kramer u. Gaus, Karlsruhe: 68, 69, 82

Firma Schlebach, Friedewald: 69

Stahlberatung Düsseldorf: 123, 124, 126, 128, 132

Firma Theo Weber, Karlsruhe: 36, 48, 50, 58, 92, 93, 112

Zinkberatung e.V., Düsseldorf: 58, 96, 100, 109, 134

DIN-Normen sind wiedergegeben mit Erlaubnis des DIN, Deutsches Institut für Normung e.V. Maßgebend für das Anwenden der Norm ist deren Fassung mit dem neuesten Ausgabedatum, die bei der Beuth-Verlags-GmbH, Burggrafenstr. 4–10, 1000 Berlin 30, erhältlich ist.